T0245454

CAMBRIDGE LIBRARY COLLECTION

Books of enduring scholarly value

Earth Sciences

In the nineteenth century, geology emerged as a distinct academic discipline. It pointed the way towards the theory of evolution, as scientists including Gideon Mantell, Adam Sedgwick, Charles Lyell and Roderick Murchison began to use the evidence of minerals, rock formations and fossils to demonstrate that the earth was older by millions of years than the conventional, Bible-based wisdom had supposed. They argued convincingly that the climate, flora and fauna of the distant past could be deduced from geological evidence. Volcanic activity, the formation of mountains, and the action of glaciers and rivers, tides and ocean currents also became better understood. This series includes landmark publications by pioneers of the modern earth sciences, who advanced the scientific understanding of our planet and the processes by which it is constantly re-shaped.

Über die vulkanischen Gesteine in Sicilien und Island und ihre submarine Umbildung

This mineralogical study, published in 1853 by Darwin's German contemporary Wolfgang Sartorius von Waltershausen (1809–76) illustrates the author's dedication to interdisciplinary research and his desire for greater scientific rigour in geology. Seeking to understand the formation of palagonite, a mineral commonly found in rocks produced by submarine eruptions, Waltershausen realised he would also need to understand the precise composition of another class of minerals, the feldspars, on which Robert Bunsen, also at Göttingen, was working independently. Building on his earlier fieldwork, Waltershausen here reports detailed chemical analyses of minerals from olivine to titanium-iron oxides, dividing rocks into five types according to the proportion of oxygen they contain. He compares palagonites from Iceland and Sicily, and explains the role of erupted ash in producing volcanic edifices. His investigations allow him to propose a detailed model of metamorphic processes, taking into account such factors as pressure, temperature and presence of water.

Cambridge University Press has long been a pioneer in the reissuing of out-of-print titles from its own backlist, producing digital reprints of books that are still sought after by scholars and students but could not be reprinted economically using traditional technology. The Cambridge Library Collection extends this activity to a wider range of books which are still of importance to researchers and professionals, either for the source material they contain, or as landmarks in the history of their academic discipline.

Drawing from the world-renowned collections in the Cambridge University Library and other partner libraries, and guided by the advice of experts in each subject area, Cambridge University Press is using state-of-the-art scanning machines in its own Printing House to capture the content of each book selected for inclusion. The files are processed to give a consistently clear, crisp image, and the books finished to the high quality standard for which the Press is recognised around the world. The latest print-on-demand technology ensures that the books will remain available indefinitely, and that orders for single or multiple copies can quickly be supplied.

The Cambridge Library Collection brings back to life books of enduring scholarly value (including out-of-copyright works originally issued by other publishers) across a wide range of disciplines in the humanities and social sciences and in science and technology.

Über die vulkanischen Gesteine in Sicilien und Island und ihre submarine Umbildung

Wolfgang Sartorius von Waltershausen

CAMBRIDGE UNIVERSITY PRESS

Cambridge, New York, Melbourne, Madrid, Cape Town,
Singapore, São Paolo, Delhi, Mexico City

Published in the United States of America by Cambridge University Press, New York

www.cambridge.org
Information on this title: www.cambridge.org/9781108049504

This edition first published 1853
This digitally printed version 2013

ISBN 978-1-108-04950-4 Paperback

ÜBER DIE

VULKANISCHEN GESTEINE

IN

SICILIEN UND ISLAND

UND IHRE

SUBMARINE UMBILDUNG

VON

W. SARTORIUS VON WALTERSHAUSEN.

GÖTTINGEN,

IN DER DIETERICHSCHEN BUCHHANDLUNG.

1853.

Vorwort.

Die Aufgabe der vorliegenden Untersuchungen, welche seit fast fünf Jahren meine ganze Thätigkeit in Anspruch genommen hat, behandelt einen der wichtigsten Punkte der Geologie, den Ursprung und die Beschaffenheit der neueren crystallinischen Gesteine, ihren Zusammenhang mit ältern verwandten Formationen und ihre metamorphischen Umwandlungen, welche sie einstmals grösserntheils unter dem Spiegel der See erlitten haben. Um dieselbe möglichst allgemein zur Lösung zu bringen, habe ich den Weg der exacten Forschung, der andere Naturwissenschaften längst reformirt und in ein neues Stadium ihrer Entwicklung geführt hat, auch in der Geologie, wo er bisjetzt kaum noch betreten worden, anzubahnen gewagt.

Dieser erste Versuch, mehr ist es nicht, erfreut sich bereits eines guten Erfolgs und hat eine günstige Perspective in die Zukunft eröffnet, welche die Hoffnung erweckt, dass durch das Vorandringen in dieser Richtung manche für die Erdkunde wichtige Resultate zu erwarten sind, sobald nur sorgsame Beobachtungen in grösserer Zahl und in weiterm Umfange durch ein planmässiges, vereintes Zusammenwirken der Naturforscher gewonnen werden.

Die Geologie ist augenblicklich an eine Grenze ihrer Entwicklung gelangt, welche sie ohne den Weg, den die exacte Methode vorzeichnet, nicht wesentlich wird überschreiten können; ohne diesen Weg mit Ernst und Umsicht zu verfolgen, wird sie nie, auch nur von fern, jenen Grad der Zuverlässigkeit erlangen, der dem Studium der Astronomie und Physik einen so unbeschreiblichen Reiz verleiht. Verzichten wir auf die Aussicht einer solchen Vervollkommnung, so wird es kaum lohnen, ein ganzes Leben einer Wissenschaft zu widmen, die nur eine kümmerliche Ernte verspricht und deren Ergebnisse gleichsam durch die Mode der Zeit beherrscht, heute mit Eifer verfochten und morgen mit Bereitwilligkeit aufgegeben werden.

V

Eine Reihe von Untersuchungen, welche ich seit längerer Zeit über die Beschaffenheit der Vulkane von Island und Sicilien vorzunehmen Gelegenheit hatte, namentlich aber die Frage über den Ursprung des Palagonits, eines eisenoxydreichen wasserhaltigen Silicats, welches ausgedehnte Gebirgsmassen in vielen submarinen vulkanischen Formationen bildet, hat mich zur Bearbeitung dieses Buches angeregt. Bald drängte mich die nähere Erforschung über die Zusammensetzung dieses Minerals zu der eigentlichen Quelle des Räthsels zur Erforschung der chemischen Constitution des Feldspaths, zu einer Lehre, die ich als die wesentliche Grundlage der sich daran knüpfenden geologischen Arbeiten betrachten darf.

Es ist schwer begreiflich, wie die eben so einfache als naturgemässe Zusammensetzungsweise der Feldspathe, welche für die Bildung der crystallinischen Gesteine zu einem Cardinalpunkte in der Geologie wird, bisjetzt so gut wie ganz übersehen ist, die jedoch ohne Zweifel längst richtig erkannt worden wäre, wenn die Mineralogen und Chemiker, statt von der vorgefassten Meinung auszugehen, in den Sauerstoffverhältnissen immer ganze Zahlen zu erblicken, mit einer Zusammenstellung aller guten Beobachtungen begonnen und an diese ihre Theorie geknüpft hätten.

Um die für meinen Zweck nöthigen numerischen Grundlagen zu erhalten, fühlte ich gleich Anfangs das dringende Bedürfniss, die chemische quantitative Analyse zu Hülfe zu ziehen. Da ich in dieser Beziehung nicht auf fremden Beistand rechnen konnte, so sah ich mich veranlasst, mich selbst mit dem chemischen Theil dieser Arbeit zu befassen, und fühle mich meinem Freunde, Herrn Hofrath Wöhler, der mich bei meinen Arbeiten mit seinem gütigen Rathe und seiner grossen Erfahrung vielfach unterstützt hat, zum besondern Danke verpflichtet.

Während ich auf manchen Umwegen allmählich zu den jetzt zu veröffentlichenden Resultaten gelangte, war mein Freund und Reisegefährte Professor Bunsen mit ähnlichen Forschungen beschäftigt, deren Hauptergebnisse in einer Abhandlung „Über die Processe der vulkanischen Gesteinsbildung Islands" in Pogg. Ann. Band LXXXIII Nr. 6 niedergelegt sind.

Verschiedene in dieser sehr schätzbaren Arbeit gewonnene Resultate, die sich hauptsächlich auf Untersuchungen von Gebirgsarten des westlichen Islands beziehen, habe ich mit den meinigen, die die Gesteine des östlichen Theils jener Insel und die der sicilianischen Vulkane behandeln, zusammengestellt, so dass, wie ich hoffe, unsere Bemühungen sich gegenseitig ergänzen und dadurch mehrere Fragen genügend beantworten werden, die bisjetzt kaum angeregt oder nur unvollständig behandelt worden sind.

Mit einigen von Bunsen aufgestellten Ansichten, die sich theils auf die Bildung der crystallinischen Gesteine, theils auf die Bildung des Palagonits beziehen, kann ich mich jedoch nicht einverstanden erklären; ja ich bin sogar in geologischer Beziehung zu sehr abweichenden Ergebnissen gelangt, über deren Zulässigkeit die Wissenschaft in ihrer fernern Entwicklung ihr Urtheil abgeben wird.

Obgleich ich wohl fühle, dass die nachfolgende Arbeit nur als eine Skizze zu einem weitern Plane, nicht als ein schon geschlossenes Ganze anzusehen ist, schien es mir doch in mancher Hinsicht rathsam, das von Tage zu Tage immer mehr heranwachsende Material, welches ich in möglichst gedrängter Form nach Weglassung aller unnöthigen Zwischenglieder, zusammengestellt habe, endlich der Öffentlichkeit zu übergeben, während verschiedene Nachträge und Erweiterungen, auf die ich mehrfach hingedeutet habe, demnächst von mir nachgeliefert werden können.

Möchten die Freunde einer exactern geologischen Methode diese Blätter mit Nachsicht aufnehmen, und statt der nur sehr beschränkten und zum Theil selbst dürftigen Grundlagen, auf welche ich zu fussen genöthigt gewesen bin, vereint mit mir schärfere und umfangsreichere Beobachtungen, als die unerlässliche Bedingung weitern Fortschritts, zu erlangen suchen.

Göttingen im April 1853.

Der Verfasser.

Inhalt.

XIII. Besondere Untersuchungen über den Zusammenhang unter den neuern crystallinischen Gesteinen S. 367 bis 423.

Berechnung der Analysen verschiedener vulkanischer Gesteine von Abich. Übersicht der mineralogischen Zusammensetzung der in diesen Untersuchungen berechneten Gesteine in 5 Gruppen getheilt. Zusammensetzung der Feldspathe in den mineralogisch zergliederten vulkanischen Gesteinen nach wachsendem x geordnet. Mittelwerthe der mineralogischen Zusammensetzung der 5 Gruppen. Mittlere Zusammensetzung der Feldspathe dieser 5 Gruppen. Das specifische Gewicht der Gesteine als Function von x. Specifische Gewichte der Laven von Island. Der Laven des Aetna. Tiefe, aus der die Laven empordringen. Specifische Gewichte der Trachyte. Ausgleichungsrechnungen für die Gesteinszusammensetzung. Tabelle der theoretischen Gesteinszusammensetzung. Ausgleichungsrechnung für die Feldspathe. Tabelle der theoretischen Zusammensetzung der in den vulkanischen Gesteinen vorkommenden Feldspathe. Übersicht der theoretischen Gesteinszusammensetzung nach in Einheiten wachsenden Werthen von x berechnet. Vergleichung zwischen der theoretisch berechneten und beobachteten Zusammensetzung der vulkanischen Gesteine. Mittlere Fehler. Allgemeine Betrachtungen über die mitgetheilte Theorie.

XIV. Über die Palagonitbildung S. 424 bis 506.

Der Feldspath als wesentliches Element für die Palagonitbildung. Die Substitution von Eisenoxyd und Magnesia in den basischen Feldspath. Formeln dafür. Rechnungsbeispiele. Gemischte Palagonite. Der albitische Theil der Metamorphose. Der zeolithische Theil. Lösungsfähigkeit der Feldspathe und Umsatz der isomorphen Bestandtheile. Hydrosilicitbildung. Die Quelle der Magnesia für die Palagonitbildung ist vorzugsweise das Meerwasser. Austausch der Bestandtheile des Feldspaths mit dem Meerwasser. Einfluss der Kohlensäure auf die Metamorphose des Palagonits. Zur Zeolithbildung. Bildung der palagonitischen Conglomerate. Die grosse isländische Palagonitformation ist arm an Zeolith. Der Sideromelan. Bemerkungen über das relative

Nachträge und Berichtigungen.

Zu Seite 18. Es versteht sich wohl von selbst, dass in den Gleichungen $\frac{\dot{C}a}{k} = \frac{\dot{M}g}{l} = \frac{\dot{K}a}{m}$ .... gleiche Gewichtsmengen von $\dot{C}a$, $\dot{M}g$, $\dot{K}a$ u. s. w. verstanden sind.

Zu Seite 38. Das specifische Gewicht des Krablits habe ich noch ein Mal neu bestimmt, es ergab sich = 2,545. Indem ich für diese specifische Gewichtsbestimmung eine gewisse Quantität Krablit in kleine Stückchen zerschlug, bemerkte ich, wonach ich früher vergeblich gesucht hatte, zwischen demselben einen kleinen, vollkommen durchsichtigen, etwa 0,5 Millimeter langen Quarzcrystall. Der Quarz ist in dieser Gebirgsart jedenfalls sehr selten und unterscheidet sich auch in den kleinsten Körnchen sehr leicht von dem ihn umgebenden Krablit.

Zu Seite 94. Zeile 19 für $-\left(\frac{\xi + x}{\nu + x}\right)d\nu$ verbessere man $-\frac{\xi + x}{(\nu + x)^2}d\nu$. Die folgende numerische Rechnung ist richtig; es hat sich nur ein Druck-, kein Rechnungsfehler eingeschlichen.

Zu Seite 96. In der auf Seite 95 vorgenommenen Rechnung habe ich für einen ersten Versuch Kali und Natron zu einer Gruppe vereinigt. Da indess die Vertheilung dieser beiden Körper in der äussern Erdkruste durchschnittlich ohne Zweifel von der verschiedenen Dichtigkeit beider Alkalien abhängig ist, so muss diese Aufgabe künftig mit Zuziehung anderer bisjetzt fehlender Beobachtungen, eine etwas abgeänderte Gestalt erhalten; die mittlern Natron- und Kali-Feldspathe von Seite 99 werden sich alsdann zu einer Gruppe vereinigen.

Seite 107 Zeile 21 für 99,669 setze 99,698. Seite 107 Zeile 23 für 47,617 setze 47,618.

Zu Seite 129. Die Trachyte in den Andes haben jedenfalls einen weitern Spielraum für x, als hier angenommen ist. Im Chimborazo-Gestein ist $x = 12,9$, in dem Pichincha $x = 15,6$.

Seite 143 Zeile 1 für 48,473 lies 48,472.
Seite 147 Zeile 9 für 100,091 lies 9,991.
Seite 149 Zeile 25 für 99,540 lies 98,537.
Seite 175 Zeile 9 für 0,474 lies 0,475.
Seite 217 Zeile 16 für 16,262 lies 16,265.
Seite 248 Zeile 11 für 101,45 lies 101,45.
Seite 275 Zeile 26 fur 13,153 lies 13,155.
Seite 278 Zeile 21 für 2,433 lies 3,269.
Seite 279 Zeile 18 für 8, 3, 1, 6 lies 8, 3, 1, 5.

In der auf Seite 279 mitgetheilten Tabelle der verschiedenen Zeolith-Normen ist der Levyn mit (6, 3, 1, 4) noch hinzuzufügen. Er ist daher in der Zeolithgruppe das Mineral, welches in der Palagonitgruppe von mir mit dem Namen Hyblit benannt worden ist. Sodann ist Seite 289 nur Gmelinit und Chabasit unter eine Species zu vereinigen.

Seite 288 Zeile 6 für 1,234 lies 1,233.
Seite 294 Zeile 14 für 2,292 lies 2,299.
Seite 296 Zeile 17 für 0,3845 lies 0,1845.
Seite 298 Zeile 30 für 96 lies 96°.

Seite 273 Zeile 9 für 64,50 lies 64,53.

Seite 273 Zeile 14 für 3,00 lies 301.

Seite 376 Zeile 12 für 100,15 lies 100,60.

Seite 376 Zeile 19 für 1,32 lies 1,35.

Seite 377 Zeile 5 für 100,99 lies 100,97.

Seite 379 Zeile 4 für 10,95 lies 10,93.

Seite 380 Zeile 17 für 4,26 lies 4,25.

Seite 492 Zeile 19 für Haltjarnastadr-Kambur lies Halbjarnastadr-Kambur.

Beiträge zur Vulkanologie
von
Sicilien und Island.

Da wo ausgedehnte vulkanische Gebirgsbildungen im Querschnitt erscheinen, zeigen sich dem Beobachter gewöhnlich zwei verschiedene Arten von Schichten, welche durch ihren Aggregatzustand, durch ihre Farbe und öfter durch ihre chemische Zusammensetzung sich wesentlich von einander unterscheiden. Sie bilden in abwechselnder Folge übereinander gelagert und nicht selten aus ihrer ursprünglichen Lage gewaltsam hervorgehoben, vollständig ausgebildete Wallgebirge, die Erhebungscrater und Centralvulkane, oder parallel fortziehende Rücken, die sich unter Umständen zu Längenvulkanen entwickeln können.

Die erste Art dieser Schichten, meist von gelber, rothbrauner, oder schwarzer Färbung, besteht aus lockerem, leicht zerreiblichen Material, welches im staubförmigen Zustande den Namen vulkanische Asche führt, in mehr zusammenhängendem Tuff benannt wird. Die zweite Art dagegen ist in allen Theilen fest in sich verbunden und zeigt eine durch und durch crystallinische Structur. Alle diese Gesteine sind vormals an der Oberfläche der Erde oder in geringer Tiefe in feurigem Fluss gewesen und können mit dem allgemeinen Namen Laven bezeichnet werden, obwohl man ihnen nach ihrer chemischen und mineralogischen Zusammensetzung mitunter verschiedene Benennungen beilegt, und unter Laven im gewöhnlichen Sprachgebrauche diejenigen Gesteine begreift, welche in neuerer Zeit an der Aussenseite der Vulkane herabgeflossen sind.

Um über das Alter, die Entstehungsweise und den inneren Bau der Vulkane eine klare Ansicht zu gewinnen, ist es durchaus erforderlich die Thätigkeit dieser Feueressen in der Gegenwart genau zu erforschen, die unter unseren Augen neu gebildeten Theile derselben sorgfältig zu untersuchen, und daraus auf die Bildung derjenigen zu schliessen, die lange vor Menschengedenken unter ähnlichen, meist gewaltsameren Katastrophen entstanden sind. Bei der genauen Erörterung dieser Fragen wird zunächst die Nothwendigkeit fühlbar, die beiden eben erwähnten Gebirgsbildungen, die Tuffe und die Laven möglichst vollständig kennen zu lernen, ihre chemische und mineralogische Bedeutung, ihren gegenseitigen Zusammenhang und ihre Entstehungsweise zu ermitteln.

Eine genügende Beantwortung aller dieser Verhältnisse würde einen grossen, vielleicht den wesentlichsten Theil der Vulkanologie umfassen und in einem beschränkten Raume nicht zum Abschlusse zu bringen sein.

Die vorliegende Abhandlung setzt es sich daher nur

zur Aufgabe, die chemisch-mineralogischen Verhältnisse einiger vulkanischen Gebirgsarten von Sicilien und Island gründlich zu erforschen und die Umwandlungen hervorzuheben, die bei ihrer Entstehung unter dem Spiegel der See vor sich gegangen sind. Durch eine nähere Kenntniss derselben werden wir demnächst gewiss auch in den Stand gesetzt werden, für die Bildung aller vulkanischen Gesteine gewisse allgemeine Gesichtspunkte aufzufinden und die stets dabei wiederkehrenden Gesetze an den verschiedenen Stellen der Erde begreifen zu lernen.

Wenn wir uns über die Zusammensetzung der Gebirgsarten unterrichten wollen, so ist es durchaus nothwendig, die Mineralkörper, woraus sie zusammengesetzt sind, näher zu erforschen. In den vulkanischen Gebirgsarten, insofern es sich um die Hauptmassen handelt, ist weder die Zahl der chemischen Elemente, noch die Zahl der aus ihnen hervorgegangenen Verbindungen sehr mannigfaltig.

Es sind vorzugsweise 8 Grundstoffe, welche hier zur Sprache kommen, nämlich: Sauerstoff, Silicium, Aluminium, Eisen, Calcium, Magnesium, Natrium und Kalium. Obwohl durch die Verbindung von zweien oder mehrern dieser Bestandtheile eine grosse Anzahl von Körpern hervorgehen kann, so sind es doch nur 6, welche die ungeheuere Masse der vulkanischen Kegel, ihre Crater, ihre Lavaströme und ihre Aschenfelder zusammensetzen, nämlich: Feldspath, Augit, Hornblende, Olivin, Leuzit und Magneteisenstein. Bei dem gegenwärtig so vorgerückten Standpunkte der Mineralogie sollte man glauben, dass diese wenigen, so bekannten Körper nach allen

Richtungen hin erforscht sein und dass es überflüssig erscheinen möchte ihre Beschaffenheit aufs Neue zu ermitteln. Es ist dieses aber nicht der Fall und aus einem doppelten Grunde schien es mir wünschenswerth, mit Ausnahme des Leuzits, der Island und Sicilien durchaus fremd ist, die genannten Mineralkörper neuen chemischen Analysen zu unterwerfen; zuerst nämlich um über ihre moleculare Constitution grössern Aufschluss zu erhalten, dann aber um ihre besondern Eigenthümlichkeiten in Bezug auf secundäre Umbildungen (Metamorphosen) besser begreifen zu lernen.

Neben den erwähnten 8 Grundstoffen, welche sich zur Kieselsäuere und 6 Oxyden zunächst verbinden, erscheint oft in der feinsten Vertheilung mit jenen gemischt eine grosse Reihe anderer Elemente, die zwar für den Bau der Vulkane meist von sehr geringer Bedeutung sind, aber in Bezug auf Mineralogie und Chemie ein ganz besonderes Interesse darbieten.

Diese Elemente sind nach meinen Erfahrungen folgende: Zirkonium, Lithion, Kohle, Bor, Chlor, Fluor, Stickstoff, Wasserstoff, Phosphor, Arsen, Selen, Schwefel, Mangan, Titan, Kupfer, Nickel, Cobalt, Chrom, Vanadin, Zinn, Zink, Blei, Silber.

Es erscheint besonders lehrreich, die aus diesen Elementen, welche etwa die Hälfte aller bekannten ausmachen, durch vulkanische Vorgänge neugebildeten Mineralkörper genau zu prüfen, und sie mit ähnlichen zu vergleichen, welche sich in den ältern crystallinischen Gebirgsbildungen unseres Erdkörpers öfter unter grossartigern Verhältnissen wiederfinden.

Da einige der genannten Grundstoffe, wie ich glaube, bis jetzt in vulkanischen Formationen noch nicht nachgewiesen sind, so wird es nicht unangemessen erscheinen, hier über das Vorkommen derselben einige Bemerkungen einzuschalten.

1. Zirkonium findet sich, so viel mir bekannt, nur in der Gestalt des Zirkons am Vesuv und am Laacher-See von bläulicher, grauer oder grüner Färbung eingewachsen in glasigem Feldspath in Verbindung mit Granat, Mejonit u. s. w. Das Vorkommen des Zirkons in einigen Basaltformationen ist bekannt. In den vulkanischen Gesteinen des Aetna, des Val di Noto, von Lipari und Island habe ich vergeblich nach Zirkon gesucht.

2. Lithion. Dieses Alcali scheint in geringer Menge im Palagonittuff von Aci Castello vorhanden zu sein; dasselbe ist jedoch nicht mit Evidenz nachgewiesen.

3. Kohle findet sich als Kohlensäure und Kohlenwasserstoff in den Fumarolen der Vulkane, aber auch in ersterer Form in kohlensaurem Kalk, Natron u. s. w. Die Kohlensäure scheint in einigen Fällen der Atmosphäre, nicht eigentlich dem Innern der Vulkane anzugehören. Sehr merkwürdig ist das Vorkommen des Erdöls oder der Naphtha in klaren Tropfen, die in gewissen Drusenräumen und Höhlungen eines doleritischen Basalts bei Paternò am Fusse des Aetna gefunden worden. Diese Naphtha ist ohne Zweifel gleichzeitig mit dem crystallinischen Gestein entstanden und verflüchtigt sich mit dem ihr eigenthümlichen Geruch, beim Zutritt der Luft. Derselbe Geruch wird auch bei fliessenden Laven in den Cratern der Vulkane mitunter bemerkt und ist

wohl im Wesentlichen dem Kohlenwasserstoff zuzuschreiben. Die Lava, welche ich an verschiedenen Tagen im November 1838 im Crater des Aetna hervorbrechen sah, roch sehr stark nach dieser Naphtha.

4. Das Vorkommen von Borsäure im Crater von Vulkano ist bekannt, sie ist am Aetna und in Island bis jetzt noch nicht aufgefunden.

5. Chlor in Verbindung mit schweflicher Säure findet sich wahrscheinlich in allen brennenden und halberloschenen Cratern. Der Vesuv ist besonders reich daran, die schwefliche Säure ist dagegen verhältnissmässig zurückgedrängt. Im Aetna ist es umgekehrt; schwefliche Säure waltet vor und das Chlor tritt zurück. Das Chlor ist ein wesentliches Glied zur Bildung von Sublimationsproducten im Innern der Vulkane.

6. Fluor ist bis jetzt mit Sicherheit in einigen vesuvianischen Mineralkörpern entdeckt, scheint aber auch im isländischen Apophyllit vorhanden zu sein.

7 u. 8. Stickstoff und Wasserstoff finden sich in den Vulkanen; der letztere erscheint selten in Verbindung mit Schwefel und Kohle, meist als Wasserdampf. Diese Gase, die aus grossen Tiefen hervorgekommen, liefern wie ich vermuthe das Material zur Salmiakbildung.

Der von Bunsen aufgestellten Ansicht, dass der Salmiak aus verbranntem Grase bei den Lavaausbrüchen entstanden sei, kann ich unmöglich beipflichten und ich habe mich bereits in meiner Skizze von Island pag. 111 dagegen ausgesprochen. Seitdem hat Bunsen in Bezug auf diese Frage ein isländisches Document eines Geistlichen abdrucken lassen, aus welchem hervorgeht, dass der neue Lavastrom des Hekla vom Jahre 1845 und 1846 nach unten ausgedehnte Wiesen überdeckt habe.

Es ist zwar richtig, dass vor dem Erguss dieses Lavastromes in der Nähe des Melfells sehr kümmerlicher Graswuchs sich befand, von dessen Beschaffenheit der ebengenannte, vom Feuerstrome rings umgebene Hügel Zeugniss ablegt, doch ist es auch der einzige Punkt, wo die Lava mit Spuren von Vegetation in Berührung kam, während der hundertmal grössere Theil derselben, namentlich gegen Osten und Nordosten über eine absolut gras- und pflanzenleere Wildniss sich verbreitet, welche seit Erschaffung des Vulkans, jedenfalls seit historischen Zeiten nie anders gewesen ist.

Ich berufe mich hier nicht auf Aussagen anderer, sondern auf meine eigenen Untersuchungen, und auf eine sorgfältige topographische Aufnahme des ganzen hier in Frage kommenden Terrains, die ich demnächst zu veröffentlichen gedenke.

Namentlich fand ich den Salmiak, von dem ich noch gegenwärtig besitze, in Fumarolen am nordöstlichen Ende des Stromes sublimirt, wo auch nicht das kleinste Pflänzchen, nicht der kleinste Grashalm dem Wandrer begegnet. Die zweite von Bunsen mitgetheilte Ansicht, dass das Ammoniak zur Salmiakbildung aus der Atmosphäre entnommen sei, ist eher möglich und steht wenigstens nicht mit unzähligen Erfahrungen in einem so schroffen Widerspruch, auch scheint dadurch das spätere Erscheinen des Salmiaks nach beendeter Eruption erklärt zu werden. Der äusserst geringe, ja sogar von vielen noch bezweifelte

Ammoniakgehalt der Atmosphäre, lässt auch gegen die Richtigkeit dieser Ansicht einige Bedenken aufsteigen. Die directe Bildung des Ammoniaks aus den Elementen bei sehr hoher Temperatur im Innern des Vulkans ist mir unter allen Hypothesen die wahrscheinlichste und ich zweifele nicht daran, dass auch dieses Räthsel demnächst auf experimentellem Wege gelöst werden wird, umsomehr da durch Wöhlers Bemühungen neuerdings mehrere Stickstoffverbindungen in grosser Hitze dargestellt worden sind, und Bunsen selbst die Bildung des Cyankaliums an den Hochöfen beobachtet hat.

9. Phosphor ist in mehreren Laven des Aetna fein zertheilt, vielleicht als Phosphoreisen vorhanden und kömmt als Zersetzungsproduct in einzelnen Höhlungen zuweilen als phosphorsaures Eisenoxydul zum Vorschein.

Ausserdem enthalten der Phillipsit und Herschelit von Aci Castello geringe Mengen Phosphorsäure, ebenso der Palagonit von Militello; vielleicht hier nicht vulkanischer, sondern organischer Herkunft. In ähnlicher Weise wie am Aetna erscheint der Phosphor am Vesuv als Bestandtheil einiger crystallisirten Mineralkörper.

10. Arsen. Findet sich als Realgar im Crater von Vulcano und in der Solfatara.

11. Selen erscheint im Crater von Vulcano und ist zwar in geringer Menge, aber doch sehr deutlich in einem orangefarbenen Schwefel aus dem Crater des Aetna von mir aufgefunden worden.

12. Schwefel ist allgemein verbreitet in allen Cratern und Solfataren.

13 u. 14. Mangan und Titan erscheinen fast immer

in Verbindung mit dem Eisen in Laven und Aschen, wovon weiter unten ausführlicher gehandelt wird.

15. Kupfer ist ziemlich allgemein verbreitet in fast allen Vulkanen.

16 u. 17. Nickel findet sich mit Spuren von Cobalt in allen Olivinen. Beide Metalle sind von Bunsen, Genth und mir in mehreren isländischen Gesteinen entdeckt.

18. Das Chrom scheint bisjetzt nur wenig beachtet, doch habe ich es unzweifelhaft obwohl nur in geringer Menge im Palagonit von Aci Castello wahrgenommen.

19. Vanadin findet sich in geringer Menge, aber öfters sehr deutlich in den isländischen Grünerden von Berufiord und Eskifiord.

20. Spuren von Zink sind in gewissen Sublimationsproducten des Monte-Rosso bei Nicolosi wahrgenommen.

21. Zinn erscheint deutlich, obgleich in geringen Spuren mit Schwefel und Selen im Crater des Aetna.

22 u. 23. Blei, als Bleiglanz in Gesteinen des Somma, als Chlorblei im Vesuv. Blei ist von mir neuerdings in den Sublimationsproducten des Monte-Rosso (vom Jahre 1669) in Verbindung mit Kupferoxyd und Spuren von Silber entdeckt worden.

Herr Urlaub, welcher hier Chemie studiert, hat aus dem von mir mitgebrachten von Kupferoxyd durchzogenen Tuff des genannten Craters ein kleines, sehr deutliches Silberkorn dargestellt.

In vesuvianischen Gesteinen und Aschen ist bisjetzt noch kein Silber wahrgenommen (siehe Humboldts Ansichten der Natur Band 2. pag. 277); indess ist auch wohl zu wenig danach gesucht worden.

Bevor wir zu einer genaueren Untersuchung der aus jenen zuerst genannten Elementen zusammengesetzten Mineralkörper übergehen, werde ich einige Bemerkungen, welche sich auf die Methoden der chemischen Analysen und ihre Berechnung beziehen voraufschicken.

Allgemeine Bemerkungen zu den nachfolgenden chemischen quantitativen Mineralanalysen.

Es kann nicht meine Absicht sein die bekannten Methoden zu beschreiben, deren man sich bei der quantitativen Analyse von Silicaten bedient, doch scheint es mir für die nachfolgenden Untersuchungen nicht unwichtig wenigstens im Allgemeinen den Weg zu bezeichnen, dem ich gefolgt bin und auf einige Schwierigkeiten und Hindernisse aufmerksam zu machen, denen man bei diesen Arbeiten zu begegnen pflegt.

1. Wegen der vielfachen Fehlerquellen, denen eine an Bestandtheilen reiche Mineralanalyse unterworfen ist, soll man sich womöglich, insofern das zu verwendende Material ausreicht, nie mit einer einzigen Analyse begnügen, sondern die Untersuchung zwei oder mehrere Male wiederholen und aus den verschiedenen Resultaten das Mittel ziehen. Diese Vorsicht ist von mir, insofern es die Umstände gestatteten, meistens befolgt.

2. Man soll womöglich jeden Niederschlag nachdem er geglüht und gewogen ist aufs Neue prüfen, ob er das ist wofür man ihn hält. Namentlich muss bei der Analyse von Silicaten der erste Niederschlag, durch Fäl-

lung mit Ammoniak, insofern Kalk und Magnesia in dem Mineral enthalten sind, auf diese letztern geprüft werden. Das meiste Ammoniak enthält nämlich etwas Kohlensäure oder zieht dieselbe, selbst bei allen Vorsichtsmassregeln in grösserm oder geringern Masse aus der Luft an sich, wodurch ein Theil des Kalks zugleich mit dem Eisenoxyd und der Thonerde gefällt wird. Zwischen wenigstens 100 Analysen von kalkhaltigen Silicaten, welche ich im Laufe der letzten Zeit vornahm, habe ich in mehr als 90 bei dem Eisenoxyd und der Thonerde, sehr wägbare Mengen von Kalk gefunden. Vernachlässigt man eine zweite Trennung dieser Bestandtheile, so können Fehler entstehen, welche unter Umständen ein Procent übersteigen, und die das Endresultat einer Analyse wesentlich zu entstellen vermögen.

Bei der Analyse sehr magnesiareicher Silicate, z. B. bei Hornblenden, Augiten und Palagoniten fällt ein Theil dieser Erde mit dem Eisenoxyd, was ebenfalls genau zu beachten ist.

Das Gewicht des ersten durch Ammoniak gefällten Niederschlags gibt jedesmal eine Controlle für Eisenoxyd, Thonerde und die Beimengungen von Kalk und Magnesia, deren Prüfung man nicht vernachlässigen sollte. Das Gewicht jener muss der Summe der genannten vier Bestandtheile gleich sein. Da dieses nie genau der Fall ist, so vertheile ich den Fehler dem Gewichte proportional an die verschiedenen Bestandtheile. In guten Analysen pflegt dieser Fehler selten einige Milligramme zu übersteigen und hält sich in vielen Fällen noch unter einem Milligramm.

Der durch Oxalsäure erhaltene Kalkniederschlag ist nach meinen Erfahrungen frei von andern Bestandtheilen, nur muss man die Vorsicht anwenden denselben einige Zeit, mindestens einen halben Tag, stehen zu lassen und dann noch ein Mal zu prüfen, ob aller Kalk gefallen sei. Wird dieses vernachlässigt, so pflegt die durch phosphorsaures Ammoniak zu fällende Magnesia noch eine Beimischung von Kalk zu haben, wodurch eine Analyse sehr beeinträchtigt werden kann.

Die Trennung von Eisen und Thonerde muss mit Vorsicht geschehn; die Kalilauge muss namentlich kieselerdefrei und hinreichend concentrirt sein. Das gefällte Eisenoxyd ist wiederum zu lösen, Kalk und Magnesia sind zu trennen, und das Eisenoxyd denifitiv durch Fällung mit Ammoniak zu bestimmen.

Sollte nach der Abscheidung von Kieselerde, Thonerde, Kalk und Eisenoxyd die Flüssigkeit sich zu sehr verdünnet haben, so ist sie vor der Fällung der Magnesia erst in einem gewissen Grade zu concentriren, weil sonst ein Theil der zu bestimmenden Erde nicht gefällt wird und verloren gehen kann.

3. Die zuletzt übrig bleibenden Flüssigkeiten werden eingedampft und aufs Neue auf die Anwesenheit der in der Analyse vorkommenden Stoffe geprüft. In den meisten Fällen findet man hier noch Spuren von Eisen, Thonerde und Kalk, welche sich an das Ende der Analyse verschleppt haben.

4. Die grössten Hindernisse treten bekannterweise bei der Bestimmung der Alcalien auf; ich habe die verschiedensten Methoden geprüft und finde das indirecte

Verfahren, aus dem Gewicht der schwefelsauren Salze und der zugehörigen Schwefelsäure, Kali und Natron oder Lithion zu bestimmen am Einfachsten und Sichersten. Die Verwandlung der schwefelsauren Salze in Chlorverbindungen ist weitläuftig, zeitraubend und gar zu leicht mit Verlusten verbunden. In allen durch Salzsäure aufschliessbaren Silicaten ist die Trennung der Bittererde von den Alcalien durch Quecksilberoxyd vorzüglich zu empfehlen.

5. Die Bestimmung des Wassergehalts ist nicht so zuverlässig als man vielleicht zu glauben geneigt ist, da die Gränzen zwischen der Verflüchtigung des hygroscopischen und chemisch-gebundenen Wassers in einander übergehen.

Die wasserhaltigen Silicate trocknete ich bei meinen Analysen bei 100 C. und betrachtete das zwischen dem Siedepunkte und dem Rothglühen sich verflüchtigende Wasser als chemisch-gebundenes. Einige Silicate halten das Wasser beim Glühen fester als andere und man thut wohl diese Körper verschiedene Male zu glühen und inzwischen zu wiegen, bis man ein constantes Gewicht erhält. Einige Silicate scheinen einen Theil ihres Wassers schon weit unter den Siedepunkte zu verlieren. Mitunter befindet sich im Glühverlust, wie z. B. bei einigen Palagoniten, Kohlensäure, deren Verhältniss zum Wasser ich auf eine indirecte Weise zu bestimmen versucht habe. Ebenso können Spuren von Fluor im Glühverlust enthalten sein.

6. Dass für die Reinheit der Reagentien und für die des zu analysirenden Materials möglichst in den

nachfolgenden Untersuchungen Sorge getragen ist, bedarf wohl kaum angeführt zu werden.

Bei der Berechnung der Analysen sind in dieser Abhandlung folgende Atomengewichte zu Grunde gelegt:

$\dddot{\mathrm{Si}}$	566,820
$\dddot{\overline{\mathrm{Al}}}$	641,800
$\dddot{\overline{\mathrm{Fe}}}$	1001,054
$\dddot{\overline{\mathrm{Mn}}}$	989,368
$\dot{\mathrm{Ni}}$	469,330
$\dot{\mathrm{Ca}}$	351,651
$\dot{\mathrm{Mg}}$	250,500
$\dot{\mathrm{Na}}$	387,170
$\dot{\mathrm{Ka}}$	589,300
$\dot{\mathrm{Li}}$	181,660
$\dot{\overline{\mathrm{H}}}$	112,480
$\dot{\mathrm{Ba}}$	958,000
$\ddot{\mathrm{Ti}}$	903,100
$\ddot{\mathrm{C}}$	275,120
$\overline{\mathrm{P}}$ (five dots)	892,041
Pt	1232,080
$\dddot{\mathrm{S}}$	500,750
$\overline{\mathrm{Cl}}$	443,28.

Das Atomengewicht der Magnesia verdanke ich einer brieflichen Mittheilung des Herrn Professor Scheerer; er hat später dasselbe noch um ein Geringes abgeändert. Da die Magnesia eine verhältnissmässig untergeordnete Stellung einnimmt, so glaube ich bei der ersten Angabe stehen bleiben zu können; denn bei der Veröffentlichung der zweiten waren meine Rechnungen grösstentheils geschlossen und es schien nicht lohnend mit dem so wenig veränderten Atomengewichte dieselben noch ein Mal zu wiederholen.

Für die Atomengewichte der acht in dieser Abhandlung beständig wiederkehrenden Körper sind einfache Buchstaben eingeführt, welche in den vorkommenden Formeln benutzt werden. Für das Atomengewicht von

$\dddot{\text{A}\!\!\!-}\text{l}$, p
$\dot{\text{C}}\text{a}$, k
$\dddot{\text{F}\!\!\!-}\text{e}$, q
$\dot{\text{H}\!\!\!-}$, h
$\dot{\text{K}}\text{a}$, m
$\dot{\text{M}}\text{g}$, l
$\dot{\text{N}}\text{a}$, n
$\dddot{\text{S}}\text{i}$, s

Nach diesen vorläufigen Bemerkungen beginnen wir zunächst mit einer näheren Untersuchung des Feldspaths.

I. Feldspath.

Unter den Mineralkörpern, welche sowohl die jüngern als auch die älteren crystallinischen Gebirgsarten zusammensetzen, nimmt ohne Zweifel der Feldspath die wichtigste Stelle ein. Es ist daher sehr natürlich, dass die Chemiker und Mineralogen schon seit längerer Zeit die Bedeutung desselben erkannt haben und im Bezug auf seine Mischung und äussere Form immer neue und neue Thatsachen zu sammeln bemüht gewesen sind.

Manche schätzbare Arbeiten über den Feldspath verdanken wir Rose, Abich, Forchhammer, Delesse und andern; dem ungeachtet sind die Untersuchungen über diesen Gegenstand nicht vollständig geschlossen und es mag mir erlaubt sein in der vorliegenden Abhandlung einige bisjetzt übersehene Umstände zur Sprache zu bringen, auf welche ich zufälliger Weise bei der Analyse verschiedener vulkanischer Gesteine, womit ich mich in der letzten Zeit beschäftigt habe, nach und nach geleitet worden bin.

Sie beziehen sich vorzüglich auf die chemische Zusammensetzung des Feldspaths in Bezug auf seine äussere Form, indess ist es meine Absicht hier nur auf den ersten Theil, auf die chemischen Verhältnisse näher einzugehen, während ich die crystallographischen zwar zu berühren beabsichtige, aber erst später mit mehr Ausführlichkeit zu behandeln gedenke.

Man betrachtet allgemein den Feldspath als ein Doppelsalz, welches aus Kieselsäure und den Basen $\dot{R} = (\dot{C}a, \dot{M}g, \dot{N}a, \dot{K}a, \dot{L}i)$ und $\ddot{R} = (\ddot{A}l, \ddot{F}e, \ddot{M}n)$ zusammengesetzt ist. Das Lithion, so viel mir bekannt, ist bisjetzt nur im Petalit bemerkt worden, in einem Minerale, welches wir nahe an die äussere Grenze der sauern Salze setzen werden.

In $\ddot{R}$ ist die Thonerde in allen Fällen vorherrschend, das Eisenoxyd zwar wesentlich betheiligt, doch sehr untergeordnet, Mangan wird als kaum merkliche Beimischung des Eisens in einigen Analysen beobachtet.

Nach Berzelius Schreibweise wäre die allgemeine stöchiometrische Formel des Feldspaths

$$\dot{R}^{\lambda}\,\dddot{Si}^{\mu} + \ddot{R}^{\lambda}\,\dddot{Si}^{\varrho}.$$

Die Zahlen λ, μ und ϱ nennen wir Indices.

Nach den jetzt geltenden Ansichten herrscht bei der chemischen Zusammensetzung der Mineralkörper ein doppeltes Gesetz:

Zuerst verlangt man, dass die Indices durch rationale ganze Zahlen ausgedrückt sein, zweitens findet die isomorphe Substitution gewisser verwandter Bestandtheile statt, d. h. es gelten die Gleichungen

$$\frac{\dot{Ca}}{k} = \frac{\dot{Mg}}{l} = \frac{\dot{Ka}}{m} = \frac{\dot{Na}}{n} \dots$$

und $$\frac{\dddot{Al}}{p} = \frac{\dddot{Fe}}{q} \dots$$

wo die Grössen k, l, m, n, p, q, wie vorhin auf pg. 15, die Atomengewichte von Kalk, Magnesia, Kali u. s. w. bedeuten. Bezeichnet man den Sauerstoffgehalt in $\dot{R}$ mit A, in $\dddot{R}$ mit B und den der Kieselsäure mit C, so erhält man folgende Gleichungen:

$$\lambda M = A$$

$$3\lambda M = B$$

$$3(\mu + \varrho)M = C.$$

Dem Inbegriff der Zahlen $\left[1, 3, \frac{3(\mu + \varrho)}{\lambda}\right]$ geben wir den Namen Norm eines Feldspaths, während wir den der Norm gemeinsamen Factor M, mit dem Ausdruck Modulus bezeichnen.

Setzt man:

$$\frac{3(\mu + \varrho)}{\lambda} = x,$$

so kann die Norm eines Feldspaths auch

$$(1, 3, x)$$

geschrieben werden.

Nach der herkömmlichen Betrachtungsweise wird x für eine rationale ganze Zahl angesehen; allein die Erfahrung zeigt das Gegentheil, woraus für die allgemeine Gültigkeit des zuerst ausgesprochenen Grundgesetzes Zweifel erhoben werden können.

Werfen wir einen auch nur flüchtigen Blick besonders auf die neuen Feldspathanalysen, so wird ausser der grossen Mannigfaltigkeit der Bestandtheile auch ihre verschiedene Mischungsweise besonders auffallen. Abgesehen davon, dass sich der Kieselerdegehalt innerhalb sehr weit auseinander liegender Grenzen hin und her bewegt, sind auch die Thonerde und die Alcalien wesentlichen Schwankungen unterworfen.

Es war daher für eine wissenschaftliche Uebersicht in der Mineralogie ebenso wünschenswerth als natürlich die grosse Gruppe des Feldspaths in mehrere Species zu zertheilen, welche in morphologischer und chemischer Hinsicht bestimmt von einander unterschieden werden könnten. So wohl die Norm als auch die Vertheilung der Alcalien und die crystallographische Beschaffenheit schien zu diesem Zwecke geeignet zu sein. So wurde der labradorische Feldspath, dem man die Norm (1, 3, 6) beilegte, dann der Albit, der sich durch beträchtlichen Natrongehalt, und der Orthoklas, der sich durch Kaligehalt auszeichnete, beide von der Norm (1, 3, 12), als selbstständige Species hervorgehoben. Nach einiger Zeit sah man sich in Folge neuer Analysen genöthigt, den Anorthit mit der Norm (1, 3, 4), den Oligoklas mit der Norm (1, 3, 9) und endlich den Andesin mit der Norm (1, 3, 8) hinzuzufügen.

Zu diesen Species, über deren Selbständigkeit noch manche Bedenken vorliegen, hat man in neuerer Zeit für verschiedene Feldspathe eine nicht geringe Anzahl von Namen einzuführen gesucht, die von gewissen Eigenschaften oder von den Fundorten derselben entlehnt sind; ich erinnere z. B. an die Namen Saccharit, Adular, Periklin, Amazonenstein, glasiger Feldspath, Mondstein, Ryakolith, Hafnefiordit, Thiorsàit, Baulit, Krablit, Loxoklas, Indianit, Amphodelit, Vosgit und mehrere andere, welche entweder gar nicht oder nur auf eine sehr unvollkommene Weise in die eben angegebenen Normen hineinpassen.

Man suchte nun manche ungünstig scheinende Beobachtungen durch Isomorphismus zwischen Thon- und Kieselerde, durch mangelhafte Analysen, unreines Material u. s. w. zu erklären und man begnügte sich mit ungeprüften Hypothesen, statt die Erfahrung zu Hülfe zu nehmen, und aus ihr das Gesetzmässige nachzuweisen. Es ist daher hier zunächst meine Aufgabe einen allgemeinen Gesichtspunkt zu erstreben, von dem aus die so verwickelten Verhältnisse sich deutlicher überblicken und auf ein allgemeines Princip zurückführen lassen. Dieses ist im Nachfolgenden versucht; in wie weit mein Vorhaben gelungen ist, wird aus der Vergleichung zwischen der Beobachtung und der Theorie am Besten beurtheilt werden können.

Bevor wir zu einer näheren Untersuchung der Zusammensetzung des Feldspaths übergehen, ist es das erste dringende Bedürfniss, wenigstens die hauptsächlichsten Analysen, wie sie die directe Beobachtung ergeben hat, zusammen zu stellen.

Zu diesem Zwecke habe ich im Laufe der letzten Jahre über 100 Feldspathanalysen gesammelt, von denen 11 von mir selbst ausgeführt worden sind; die übrigen rühren von verschiedenen Chemikern her und sind ohne Zweifel auch von verschiedener Genauigkeit, wie dieses die nachfolgende Discussion klar nachweisen wird.

Durch Critik eine Auswahl aus diesen Beobachtungen zu treffen schien bedenklich. Es sind daher nur Beobachtungen aus älterer Zeit, welche zusehr das Gepräge der Approximation an sich trugen, dann einige, welche wahrscheinlicherweise grobe Irrthümer enthielten, und solche, welche von den Chemikern selbst als ungenau bezeichnet worden sind, von unsern Betrachtungen ausgeschlossen. Die nachfolgende Zusammenstellung enthält 100 Analysen wie sie die directe Beobachtung ergeben hat. Dieselben sind nach wachsendem Gehalte der Kieselerde von mir geordnet, mit den bis jetzt üblichen Namen der Species oder Varietät, mit dem Fundorte und dem Namen des Analytikers versehen worden.

Zur bessern Übersicht hielt ich es nicht für unzweckmässig alle diese Analysen nach dem Kieselerde-Gehalte in mehrere Gruppen zu zertheilen, und schliesslich einige erklärende Bemerkungen hinzuzufügen. Die Analysen sind grösstentheils aus den Originalquellen aus Poggendorff's Annalen, Berzelius Jahresbericht u. s. w. entlehnt; in einigen Fällen, wo mir die Literatur nicht sogleich zugänglich war, habe ich die beiden sorgfältig gearbeiteten Werke, Rammelsbergs Handwörterbuch, und Danas System of Mineralogie mit zu Hülfe genommen.

Gruppe I. Feldspathe mit einem Kieselerde-

	Analyse von	Fundort	Varietät	$\dddot{Si}$	$\ddot{\bar{A}}l$
1.	Chenevix	Carnatic	Indianit	42,00	34,00
2.	Nordenskjöld	Finnland	Lepolit	42,50	33,11
3.	Hermann	Finnland	Lepolit	42,80	35,12
4.	Laugier	Carnatic	Indianit	43,00	34,50
5.	Erdmann	Rådmansö	Anorthit	43,34	35,37
6.	Abich	Somma	Anorthit	43,79	35,49
7.	Abich	Somma	Anorthit	44,12	35,12
8.	Svanberg	Tunaberg	Amphodelit	44,553	35,912
9.	Nordenskjöld	Finnland	Amphodelit	45,80	35,45
10.	S. v. W.	Hekla	Anorthit	45,145	32,105
11.	Forchhammer	Selfjall	Anorthit	47,63	32,52
12.	Genth	Thiorså	Thiorsàit	48,75	30,59
13.	Delesse	Haut Rovillers	Vosgit	49,32	30,07

Gruppe II. Feldspathe mit einem Kieselerde-

	Analyse von	Fundort	Varietät	$\dddot{Si}$	$\ddot{\bar{A}}l$
14.	Rose	Somma	Ryakolith	50,31	29,44
15.	S. v. W.	Noto	Labrador	51,182	27,843
16.	Svanberg	Russgården	Labrador	52,148	26,820
17.	Kersten	Egersund	Labrador	52,20	29,05
18.	S. v. W.	Aetna	Labrador	52,221	28,372
19.	Kersten	Egersund	Labrador	52,30	29,00
20.	Le Hunte	Glasgow	Labrador	52,341	29,968
21.	Kersten	Egersund	Labrador	52,45	29,85
22.	Forchhammer	Farör	Labrador	52,52	30,03
23.	Delesse	Griechenland?	Labrador	53,20	27,31

*) In der Columne unter ⊙ befinden sich einige nur selten vor-
Nähere gesagt werden wird.

Gehalte zwischen 42 und 50 Procent.

$\dddot{Fe}$	$\odot$ *)	$\dot{Ca}$	$\dot{Mg}$	$\dot{Na}$	$\dot{Ka}$	$\dot{H}$	Summe
3,20		15,00		3,35		1,00	98,55
4,00		10,87	5,87	1,69		1,50	99,64
1,50		14,14	2,27	1,50		1,56	98,89
1,00		15,60		2,60		1,00	97,70
1,50		17,41	0,35	0,89	0,52	0,39	99,77
0,57		18,93	0,34	0,68	0,54		100,34
0,70		19,02	0,56	0,27	0,25		100,04
0,071		15,019	4,077			0,595	100,227
1,70		10,15	5,05			1,85	100,00
2,032	0,776	18,317		1,056	0,217	0,312	99,96
2,01		17,05	1,30	1,09	0,29		101,89
1,50		17,22	0,97	1,13	0,62		100,78
0,70	0,6 $\dot{Mn}$	4,25	1,96	4,85	4,45	3,15	99,35

Gehalte zwischen 50 und 55 Procent.

$\dddot{Fe}$	$\odot$	$\dot{Ca}$	$\dot{Mg}$	$\dot{Na}$	$\dot{Ka}$	$\dot{H}$	Summe
0,28		1,07	0,23	10,56	5,92		97,81
3,276		11,844	1,251	4,000	0,536	0,616	100,548
1,285		9,145	1,020	4,639	1,788	1,754	98,599
0,80		12,10	0,13	4,150	0,55		98,98
1,795		12,782	0,912	1,370	1,418	0,576	99,446
1,95		11,69	0,15	4,01	0,50		99,60
0,866		12,103		3,974	0,301		99,553
1,00		11,70	0,16	3,90	0,60		99,66
1,72		12,58	0,19	4,51			101,55
1,03		8,02	1,01	3,52	3,40	2,51	100,00

---

kommende Oxyde $\ddot{Mn}$, $\dot{Ni}$, $\dot{Cu}$, über die in den Anmerkungen das

	Analyse von	Fundort	Varietät	$\ddot{Si}$	$\ddot{Al}$
24.	Abich	Aetna	Labrador	53,48	26,46
25.	S. v. W.	Aetna	Labrador	53,560	25,821
26.	S. v. W.	Berlin	Labrador	53,666	26,669
27.	S. v. W.	Labrador	Labrador	53,746	27,061
28.	Nordenskjöld	Finnland	Labrador	54,13	29,23
29.	Le Hunte	Campise	Labrador	54,674	27,889

Gruppe III. Feldspathe mit einem Kieselerde-

	Analyse von	Fundort	Varietät	$\ddot{Si}$	$\ddot{Al}$
30.	Klaproth	Russland	Labrador	55,00	24,00
31.	Sejeth	Kijew	Labrador	55,487	26,829
32.	Delesse	Christiania	Labrador	55,70	25,23
33.	Klaproth	Labrador	Labrador	55,75	26,50
34.	S. v. W.	Aetna	Labrador	55,835	25,313
35.	Francis	Pisoje	Labrador	56,72	26,52
36.	S. v. W.	M. Somma	Eisspath	56,767	25,45
37.	Varrentrapp	Baumgarten	Labrador	58,41	25,23
38.	Delesse	Servance	Andesin	58,91	24,59
39.	Delesse	Servance	Andesin	58,92	25,05
40.	Schmidt	Schlesien	Saccharit	58,93	23,50
41.	Abich	Andes	Andesin	59,60	24,28
42.	Svanberg	Island	Hafnefiordit	59,66	23,28
43.	Delesse	Chagey	Andesin	59,95	24,13

Gruppe IV. Feldspathe mit einem Kieselerde-

	Analyse von	Fundort	Varietät	$\ddot{Si}$	$\ddot{Al}$
44.	S. v. W.	Vapnafiord	Andesin	60,288	23,747
45.	Francis	Ajatskaja	Oligoklas	61,06	19,680

$\dddot{Fe}$	⊙	$\dot{Ca}$	$\dot{Mg}$	$\dot{Na}$	$\dot{Ka}$	$\dot{H}$	Summe
1,60	0,89 $\dot{Ma}$	9,49	1,74	4,10	0,22	0,42	98,40
3,407		11,684	0,526	4,000	0,536	0,949	100,483
3,473		8,614	0,427	4,980	1,460	0,907	100,196
0,997		9,575	0,464	1,250	7,530	0,625	101,248
		15,45				1,07	99,88
0,309		10,60	0,181	5,050	0,490		99,193

Gehalte zwischen 55 und 60 Procent.

$\dddot{Fe}$	⊙	$\dot{Ca}$	$\dot{Mg}$	$\dot{Na}$	$\dot{Ka}$	$\dot{H}$	Summe
5,250		10,25		3,500		0,500	98,500
1,601		10,927	0,148	3,965	0,363	0,508	99,828
1,71		4,94	0,720	7,040	3,53	0,77	99,640
1,25		11,00		4,000		0,50	99,000
3,635		10,49	0,735	3,517	0,826		100,351
		9,38	0,700	6,190	0,80		100,310
0,561		1,406	0,181	9,639	6,372	0,57	100,946
		6,54	0,41	9,390			99,980
0,99		4,01	0,40	7,590	2,53	0,98	100,000
		4,64	0,41	7,200	2,06	1,27	99,55
1,27	0,39 $\dot{Ni}$	5,67	0,56	7,420	0,05	2,21	100,00
1,58		5,77	1,08	6,530	1,08		99,920
1,18		5,17	0,36	5,610	1,75		97,01
1,05		5,65	0,74	5,390	0,81	2,28	100,000

Gehalte zwischen 60 und 65 Procent.

$\dddot{Fe}$	⊙	$\dot{Ca}$	$\dot{Mg}$	$\dot{Na}$	$\dot{Ka}$	$\dot{H}$	Summe
3,207		6,292	0,645	5,702	0,87		100,751
4,110		2,160	1,050	7,550	3,91		99,520

	Analyse von	Fundort	Varietät	$\dddot{\mathrm{Si}}$	$\ddot{\mathrm{Al}}$
46.	Forchhammer	Island	Hafnefiordit	61,22	23,32
47.	Scheerer	Tvedestrand	Sonnenstein	61,30	23,77
48.	Berzelius	Ytterby	Oligoklas	61,55	23,80
49.	Kerndt	Boden	Oligoklas	61,96	22,66
50.	Laurent	Arriege	Oligoklas	62,60	24,60
51.	Rosales	Arendal	Oligoklas	62,70	23,80
52.	S. v. W	Ytterby	Oligoklas	62,811	23,21
53.	Kern	Laurvig	Oligoklas	62,89	21,31
54.	Kersten	Freiberg	Oligoklas	62,97	23,48
55.	Deville	Teneriffa	Oligoklas	62,97	22,29
56.	S. v. W.	Borodin	Oligoklas	63,199	18,406
57.	Kersten	Marienbad	Oligoklas	63,20	23,50
58.	Delesse	Mer de Glace	Oligoklas	63,25	23,92
59.	Plattner	Hammond	Loxoklas	63,50	20,29
60.	Hagen	Arendal	Oligoklas	63,51	23,09
61.	Berzelius	Danvikstull	Oligoklas	63,70	23,95
62.	Chodnew	Finnland	Oligoklas	63,80	21,31
63.	Delesse	Vogesen	Oligoklas	63,92	20,76
64.	Rammelsberg	Warmbrunnen	Oligoklas	63,94	23,71
65.	Brongniart	Ceylon	Mondstein	64,00	19,43
66.	Wolff	Flensburg	Oligoklas	64,30	22,34
67.	Mitscherlich	Lutterbach	Gl. Feldsp.	64,44	16,85
68.	Schnedermann	Hoherhagen	Gl. Feldsp.	64,86	21,46

Gruppe V. Feldspathe mit einem Kieselerde-

	Analyse von	Fundort	Varietät	$\dddot{\mathrm{Si}}$	$\ddot{\mathrm{Al}}$
69.	Abich	Sibirien	Amazonenst.	65,32	17,89
70.	Domeyko	Chili	Orthoklas	65,37	20,47
71.	Kersten	Freiberg	Orthoklas	65,52	17,61
72.	Abich	S. Gotthard	Adular	65,69	17,97

$\ddot{\text{F}}\text{e}$	⊙	$\dot{\text{C}}\text{a}$	$\dot{\text{M}}\text{g}$	$\dot{\text{N}}\text{a}$	$\dot{\text{K}}\text{a}$	$\dot{\text{H}}$	Summe
2,400		8,82	0,360	2,56			98,68
0,360		4,78		8,50	1,29		100,01
		3,18	0,800	9,67	0,38		99,38
0,350	0,40 $\ddot{\text{M}}\text{n}$	2,03	0,100	9,43	3,08		100,00
0,100		3,00	0,200	8,90			99,40
	0,62 $\dot{\text{F}}\text{e}$	4,60	0,020	8,00	1,05		100,79
0,099		3,805	0,185	8,176	0,577	0,814	99,677
0,965		1,965	0,665	6,11	5,75		99,655
0,510		2,83	0,240	7,24	2,42		99,69
		2,06	0,540	8,45	3,69		100,00
0,196		0,11	0,874	0,519	14,411	0,572	98,287
0,310		2,42	0,250	7,42	2,22		99,32
		3,23	0,320	6,88	2,31		99,91
0,670		3,22		8,76	3,03	1,230	100,70
		2,44	0,770	9,37	2,19		101,37
0,50		2,05	0,650	8,11	1,20		100,16
		0,47		12,04	1,98		99,60
		0,75	0,700	3,10	10,41		99,64
		2,52		7,66	2,17		100,00
		0,42	0,200	14,81		1,140	100,00
		4,12		9,01			99,77
1,64		2,39		0,43	12,45		98,20
				10,29	2,62		99,23

Gehalte zwischen 65 und 68 Procent.

$\ddot{\text{F}}\text{e}$	⊙	$\dot{\text{C}}\text{a}$	$\dot{\text{M}}\text{g}$	$\dot{\text{N}}\text{a}$	$\dot{\text{K}}\text{a}$	$\dot{\text{H}}$	Summe
	0,49	0,10	0,09	2,81	13,05		99,75
		2,60		4,00	6,30		98,74
0,80		0,94		1,70	12,98		99,55
		1,34		1,01	13,99		100,00

	Analyse von	Fundort	Varietät	$\ddot{Si}$	$\dddot{Al}$
73.	Abich	Baveno	Orthoklas	65,72	18,57
74.	Evreinoff	Arendal	Mikroklin	65,761	18,308
75.	Berthier	M. d'Or	Gl. Feldsp.	66,10	19,8
76.	Scheidhauer	Snarum	Albit	66,11	18,96
77.	Kröner	Marienberg	Orthoklas	66,43	17,03
78.	Delesse	Chamouni	Orthoklas	66,48	19,06
79.	Berthier	Drachenfels	Gl. Feldsp.	66,60	18,50
80.	Brush	Lancaster	Albit	66,65	20,79
81.	Plattner	Mexico	Valencianit	66,824	17,581
82.	Redtenbacher	Pensylvanien	Albit	67,200	19,64
83.	Brooks	St. Gotthard	Albit	67,390	19,24
84.	Mitscherlich	Scharfenberg	Gl. Feldsp.	67,630	15,939
85.	Ficinus	Penig	Albit	67,75	18,65
86.	Thomson	Glasgow	Erithryt	67,90	18,00
87.	Kersten	Freiberg	Albit	67,92	18,50
88.	Gmelin	Zöblitz	Periklin	67,94	18,93
89.	Tengström	Finnland	Albit	67,99	19,61

Gruppe VI. Feldspathe mit einem Kieselerde-

	Analyse von	Fundort	Varietät	$\ddot{Si}$	$\dddot{Al}$
90.	Abich	Pantellaria	Periklin	68,23	18,30
91.	Abich	Miask	Albit	68,45	18,71
92.	Kersten	Marienbad	Albit	68,70	17,92
93.	Lohmeyer	Riesengebirge	Albit	68,75	18,70
94.	Thaulow	St. Gotthard	Albit	69,00	19,43
95.	Erdmann	Brevig	Albit	69,11	19,34
96.	Brandes	Freiburg	Albit	69,80	18,20
97.	Eggertz	Finbo	Albit	70,48	18,45
98.	Stromeyer	Chesterfield	Albit	70,676	19,801
99.	Forchhammer	Island	Krablit	74,830	13,49
100.	Genth	Krabla	Krablit	80,230	12,08

F̈e	⊙	Ċa	Ṁg	Ṅa	K̇a	Ḣ	Summe
		0,34	0,10	1,25	14,02		100,00
		1,20			14,06		99,329
			2,0	3,7	6,9		98,50
0,34		3,72	0,16	9,24	0,57		99,10
0,49		1,03		0,91	13,96		99,85
		0,63		2,30	10,52		98,99
0,60		1,00		4,00	8,00		98,70
		2,05	0,52	9,36			99,37
0,087					14,801		99,293
		1,44	0,31	9,91	1,57		100,07
		0,31	0,61	6,23	6,77		100,55
2,836		2,779	0,147	0,434	10,550		100,306
0,95	0,25 M̈n		0,34	10,060			98,00
2,70		1,00	3,25		7,500	1,00	101,35
0,50		0,85	0,42	8,01	2,55		98,75
0,48		0,15		9,99	2,41	0,36	100,26
0,70		0,66		11,12			100,08

Gehalte zwischen 68 und 85 Procent.

F̈e	⊙	Ċa	Ṁg	Ṅa	K̇a	Ḣ	Summe
1,01		1,26	0,51	7,99	2,53		99,83
0,27		0,50	0,18	11,24	0,65		100,00
0,72		0,24		11,01	1,18		99,77
0,90		0,39	0,09	10,90	1,21		100,94
0,20					11,47		100,10
0,62				10,98	0,65		100,70
		0,6		10,0			98,60
		0,55		10,50			99,98
0,111		0,235		9,056			99,879
4,40		1,98	0,17	5,56			100,43
		0,95		2,26	4,92		100,44

Bemerkungen zu den Gruppen I — VI. der Feldspathanalysen.

---

1. Sill. Am. Jour. Sci. (2), VIII. Sp. Gew. = 2,740.
2. Jour. f. pr. Ch. XLVI, 387.
3. Jour. f. pr. Ch. XLVI, 387.
4. Sill. Am. Jour. Sci. (2), VIII.
5. Ofv. K. V. Ak. Förh. 1848, 67.

6 und 7. Poggend. An. LI, 522. Eine dritte Analyse über den Anorthit von Abich findet sich schon im Bande 4 von Poggend. Ann. Ich habe sie indess hier nicht mit aufgenommen, da Natron und Kali darin nicht geschieden ist und die beiden oben angegebenen diese erste zu ersetzen bestimmt sind. Spec. Gew. = 2,7636.

8. Jour. f. pr. Ch. XLVI, 391.
9. Jour. f. pr. Ch. XLVI, 391. Spec. Gew. 2,763.
10. Zu dieser Analyse sind von mir kleine Crystallfragmente benutzt worden, welche ich sorgfältig aus einer ältern Lava getrennt hatte, die oberhalb Näferholt von der neuen Lava des Jahres 1845 und 1846 gedeckt wird. Die Analyse ist mit grosser Vorsicht von mir angestellt, einige Theile derselben wurden doppelt bestimmt. An dem Gehalt von Cobalt und Nickel von 0,776 kann nicht gezweifelt werden; doch hatte ich

zu wenig Material um beide Metalle von einander zu trennen; Cobalt scheint indess das Vorherrschende zu sein. Dieser Feldspath besitzt eine weissgelbe Farbe, ist aber sonst rein und homogen. Ob Nickel und Cobalt an der Zusammensetzung des Feldspaths theilnehmen, oder ob sie in feinen Pünktchen durch denselben selbstständig vertheilt sind, liess sich nicht entscheiden. Ich habe diese Bestandtheile mit in $\ddot{R}$ aufgenommen, stimmt man damit nicht überein, so wird die nachfolgende Rechnung unbedeutend modificirt werden. Der herkömmliche Name Anorthit ist einstweilen für diese Varietät beibehalten worden.

11. Jour. f. pr. Ch. XXX, 388. In den Tuffen von Selfjall in Island finden sich unzählige zum Theil ziemlich deutlich ausgebildete Crystalle, in Verbindung mit dunkelgrünem Augit, dessen Analyse weiter unten mitgetheilt werden wird. Die Crystalle dieses Anorthit sind von Forchhammer auch gemessen worden. Sp. G. = 2,70.

12. Ann. der Chem. u. Pharm. LXVI, pag. 19. Die Crystalle dieser von Genth analysirten Varietät haben wir im Sande an dem Ufer der Thiorsà in Island aufgelesen; ihre Form ist wenig deutlich, ihr äusserer Habitus gleicht dem der Labradorcrystalle des Aetna auf eine auffallende Weise.

13. Ann. d. Min. Ser. 4, 12. 287. Spec. Gew. = 2,771.

14. Poggend. Ann. XV, 193. XXVIII, 143.

15. Zu dieser Analyse wurden von mir kleine wasserhelle rautenförmige Crystalle verwandt, welche man aus dem labradorischen Palagonit von Palagonia mit Mühe

sammeln kann. Da ich nur über sehr wenig Material zu verfügen hatte, so konnten die Alkalien nicht bestimmt werden. Ich habe sie daher aus der Analyse Nro. 25 vom Aetna ergänzt, und hoffe, dass bei dieser Voraussetzung sich das Resultat nicht bedeutend von der Wahrheit entfernen wird. Sollte sich mir demnächst die Gelegenheit darbieten, in grösserer Menge neues Material zu erhalten, so werde ich diese Analyse namentlich in Bezug auf die nachfolgenden Untersuchungen noch ein Mal wiederholen.

16. Jahresber. von Berzelius XXIII, 285.

17. Poggend. Ann. LXIII, 123. Spec. Gew. = 2,71.

18. Dieser von mir analysirte Labrador von weisser oder schwach fleischrother Färbung bildet die Grundmasse eines eigenthümlichen ätnäischen Gesteins, das beim ersten Anblick für einen umgewandelten Granit gehalten werden könnte; bei näherer Betrachtung bemerkt man weder Quarz noch Glimmer, sondern einen schwarzgrünen nicht sehr deutlich ausgeschiedenen Augit. Nur ein einziges erratisches, offenbar aus grosser Tiefe herstammendes Stück dieser Gebirgsart wurde von mir am Fusse der grossen Serra Gianicola im Val del Bove am Aetna gefunden. Es schien gelegentlich bei einer Eruption aus grosser Tiefe hervorgeschleudert zu sein, und war in Verbindung mit einem grauen Trachyt, welcher in den untern Schichten des Val del Bove zwischen dem Zoccolaro und Giannicola häufig angetroffen wird. Aus der gegenseitigen Berührung beider Gesteine liess sich jedoch nicht mit Sicherheit entnehmen, welches von beiden für das ältere zu halten sei; wahrscheinlicherweise

aber hat jenes den Trachyt umhüllt, und mit emporgeführt. Beim Zerschlagen der Gebirgsart hielt es nicht schwer sehr reine, zur Analyse brauchbare Stückchen des Feldspaths zu erhalten, deren Sp. Gew. = 2,711 gefunden worden ist.

19. Poggend. Ann. LXIII, 123. Sp. Gew. = 2,72.

20 und 29. Ed. N. Phil. Jour. 1832. Juli 86.

21. Poggend. Ann. LXIII, 123. Sp. Gew. = 2,705.

22. Jour. f. pr. Chem. XXX, 387. Sp. Gew. 2,6882.

23. Ann. d. Min. (4) XII, 251.

24. Ann. d. Chem. Phys. LX, 332. Jour. f. pr. Chem. XXX, 387. Sp. Gew. = 2,714.

Diese Analyse stimmt ziemlich nahe mit der meinigen unter Nro. 25 überein; der geringe Mangangehalt ist als Oxyd, das Eisenoxyd vertretend, berechnet worden. Die Unterschiede zwischen beiden Analysen scheinen indess nicht bloss Beobachtungsfehlern zugeschrieben werden zu müssen, sondern einen innern Grund zu haben.

25. Zu dieser Analyse habe ich kleine etwa 5 Millimeter lange und ebenso breite Crystalle von gelbgrauer Farbe verwendet, welche sich gemeinsam mit Augit, Hornblende, Olivin und Magneteisenstein in der Fiumara von Mascali am östlichen Fusse des Aetna finden und von mir gesammelt worden sind.

Das Sp. Gew. ergab sich = 2,618.

26. Ist die Analyse von rauchgrauem Labrador aus einem nordischen, bei Berlin gefundenen Geschiebe, das ich der gütigen Mittheilung des Herrn Hofrath Wöhler verdanke.

Das Sp. Gew. = 2,699.

27. Schöner in blauer Farbe spielender Labrador von Labrador aus der Sammlung des Herrn Pastor Müller in Hamburg, der die Güte hatte mir dieses Mineral zur Untersuchung zu überlassen.

Das Sp. Gew. = 2,646.

28. Schweiggers Jour. XXXI, 417.

30. Klaproths Beiträge VI, 256. Sp. Gew. = 2,750.

31. Jour. f. pr. Ch. XX, 253. und Berz. Jahr. B. 21. 293.

32. Ann. d. Min. 4, 12, 265.

33. Klaproths Beiträge VI, 255. Sp. Gew. = 2,690.

34. Zu dieser Analyse sind von mir ziemlich deutlich ausgebildete Zwillingscrystalle, welche sich häufig als Auswürflinge auf dem Crater Mompiliere bei Nicolosi am Aetna finden, benutzt worden. Die vorliegende, auf wasserfreien Labrador reducirte Beobachtung, ist ein Mittel aus 4 sorgfältigen Analysen. In zweien wurden die Alkalien bestimmt; bei den beiden andern wurde das Mineral mit kohlensaurem Kali und Natron aufgeschlossen. Diese Analyse an deren Zuverlässigkeit nicht zu zweifeln ist, hat die erste Anregung zu den nachfolgenden Untersuchungen gegeben, indem die Rechnung zeigte, dass der Sauerstoff der Kieselerde in keinem einfachen Zahlenverhältnisse zu dem der Basen $\ddot{R}$ und $\dot{R}$ stehe. Sp. Gew. = 2,633.

35. Poggend. Ann. LII, 472. Sp. Gew. = 2,640.

36. Ich benutzte zu dieser Analyse sehr ausgesuchte fast wasserhelle rautenförmige Crystalle, welche nur lose untereinander zusammenhängen und mit kleinen

Hornblenden und Granaten hin und wieder verwachsen waren. Für die Reinheit und Homogenität des Materials glaube ich einstehen zu können; um so auffallender aber ist das vorliegende Resultat, welches sich den herkömmlichen Annahmen der Zusammensetzung nicht fügt. Unter dem Namen Eisspath, Ryakolith, glasiger Feldspath u.s.w. sind am Vesuv sehr verschiedene Substanzen begriffen. Sie sind noch genauer zu untersuchen und helfen ohne Zweifel die ausgedehnte Scala der Feldspathe wesentlich vervollständigen.

Das Spec. Gew. dieses Feldspaths fand sich = 2,449.

37. Poggend. Ann. LII, 474.

38. Rammelsb. Handw. Supp. IV, 217. Sp. G. = 2,651.

39. Rammelsb. Handw. Supp. IV, 217. Sp. G. = 2,683.

40. Poggend. Ann. LXI, 385.

41. Poggend. Ann. LI, 525. Sp. Gew. = 2,7328.

42. Dana Sy. of Min. 332.

43. Dana Sy. of Min. 334.

44. Die zu dieser Analyse verwandten Crystalle, besitzen eine honig- bis weingelbe Farbe; sie sind ein bis zwei Millimeter lang, klar, fast durchsichtig und vollkommen homogen. Ihr Sp. Gew. = 2,650. Mittel aus 2 Beob.

Sie finden sich in einem zur isländischen Surturbrandformation gehörigen Tufflager von schwarzer Färbung am südlichen Ufer des Vapnafiord. Die ausführlicheren geologischen Verhältnisse dieser Gegend denke ich demnächst zu beschreiben.

Die oben mitgetheilte Beobachtung ist auf wasserfreien Feldspath reducirt, und ist ein Mittel aus zwei Analysen, von denen eine von Herrn Dr. Limpricht, die andere von mir angestellt worden ist.

45. Poggend. Ann. LII, 471.

46. Jour. f. pr. Ch. XXX, 390, 1842. Sp. Gew. 2,7296

47. Poggend. Ann. LXIV, 155. Spec. Gew. 2,656.

48. Berz. Jahresbericht, IV, 148.

49. J. f. Pr. Ch. XLIII, 217.

50. Ann. d. Ch. Phys. LIX, 108. Pogg. Ann. XLIV, 329.

51. Poggend. Ann. LV, 110.

52. Dieser Feldspath von Ytterby schien vorzüglich rein und zu einer Analyse besonders geeignet; das Sp. Gew. = 2,610. Das zu dieser Analyse verwandte Material ist aus der Sammlung des Herrn Pastor Müller in Hamburg.

53. Ist ein Mittel aus zwei Analysen, siehe Zeitschrift der deutschen geologischen Gesellschaft. Band. 1. Heft 3. 381.

54. Jour. für Pract. Chem. XXXVII, 173.

55. Compt. Rend. XIX, 46. Spec. Gew. = 2,585.

56. Ist ein rauchbrauner für Labrador gehaltener Feldspath von Borodin in Finnland aus der Sammlung des Herrn Pastor Müller in Hamburg. Sp. Gew. = 2,5830.

57. Leonhards Jahrb. f. 1845, 653. Sp. Gew. = 2,631.

58. Ann. d. Ch. Ph. (3) XXIV.

59. Poggend. Ann. LXVII, 420. Sp. Gew. = 2,609.

60. Poggend. Ann. LXIV. 329. 61. Berz. Jahresb. XIX, 302. Poggend. Ann. XL. Sp. Gew. = 2,668.

62. Poggend. Ann. LXI, 391. Sp. Gew. = 2,63.

63. Rammelsb. Handw. Supp. IV, 216. Sp. Gew. = 2,551.

64. Poggend. LVI, 617. u. Rammelsb. Handw. Supp. I, 104.

65. Ann. des Mines (4) Ser. II, 465.

66. J. f. pr. Chem. XXXIV, 234. Sp. Gew. = 2,651.

67 u. 84. Diese Analyse verdanke ich der gefälligen Mittheilung des Herrn Geheimrath Mitscherlich in Berlin.

68. Studien des Göttinger Vereins berg. Freunde. V. 1.

69. Berg- und hüttenm. Zeitung I, 19. Diese Analyse enthält unter $\odot$ 0,19 $\ddot{Mn}$ und 0,3 $\dot{Cu}$.

70. Ann. d. Mines (4) IX, 529. Sp. Gew. = 2,596.

71. Jour. f. pr. Chem. XXXVII, 172.

72. Poggend. Ann. LI, 528.

73. Poggend. Ann. LI, 530. Sp. Gew. = 2,5552.

74. Rammelsb. Handw. I, 233.

75. Rammelsb. Handw. I, 234.

76. Poggend. Ann. LXI.

77. Poggend. Ann. LXVII, 422.

78. Ann. Chem. u. Phys. (3) XXV.

79. Rammelsb. Handw. I, 234.

80. Amer. Jour. of Sc. (2) VIII, 390.

81. Poggend. Ann. XLVI, 302.

82. Poggend. Ann. LII, 470.

83. Poggend. Ann. LXI, 392.

85. Rammelsb. Handw. I, 13.

86. Phil. Mag. III. Ser. 1843. Rammelsb. Handw. Supp. I, 56. Sp. Gew. = 2,541.

87. J. f. pr. Chem. XXXVII, 172.

88. Karstens Arch. 1824, I. Sp. Gew. = 2,641.

89. Rammelsb. Handwörterb. I, 13.

90. Poggend. Ann. LI, 428. Sp. Gew. = 2,595.

91. Berg- u. hüttenm. Zeitg. I. Jahr. 19. Berz. Jahresb. 23. Z. 28.

92. Leonh. Jahrb. 1845. 648. Sp. Gew. = 2,612.

93. Poggend. Ann. LXI, 390.

94. Poggend. Ann. XLII, 571.

95. Berz. Jahresb. XXI, 192.

96. Schweigg. J. XXIX, 320.

97. Rammelsb. Handw. I, 13.

98. Strom. Untersuch. 307.

99. Skandin. Natur. Samm. i Stockholm. Juli 1842.

100. Ann. d. Ch. u. Pharm. LXVI, 271.

Dieser kieselerdereichste aller bekannten Feldspathe, dessen Existenz noch von einigen Mineralogen bezweifelt zu werden scheint, ist zuerst durch Forchhammer beschrieben und benannt worden. Er bildet die Grundmasse aller Trachyte, Obsidiane und Pechsteine in Island und erscheint ausgezeichnet rein öfter in wasserhellen, kleinen, dem triclinischen Systeme angehörigen Crystallen in Verbindung Magneteisenstein, in erratischen Blöcken in der Nähe von Viti am Krabla, wo wir mehrere sehr wohl erhaltene Exemplare gesammelt haben. Genth hat davon diese letzte Analyse ausgeführt, die ich aus Mangel an Zeit bis jetzt noch nicht wiederholen konnte. Das Sp. Gew. des Krablit finde ich = 2,572. Diese Zahl ist wohl noch etwas zu gross, da sich der Magneteisenstein vom Kablit nicht vollständig trennen liess.

Discussion der Feldspathanalysen.

Diese 6 Gruppen von Feldspathen enthalten, so viel mir bekannt ist, alle neueren guten, selbst mehrere weniger genaue Analysen in uncorrigirter Form, wie sie in den verschiedenen wissenschaftlichen Zeitschriften von den Chemikern bekannt gemacht sind, geben aber über die so complicirten Verhältnisse, welche wir sogleich näher betrachten werden, keinen deutlichen Ueberblick.

Es finden sich darin Kieselsäure und 12 Oxyde, fünf derselben, nämlich Manganoxyd, Manganoxydul, Eisenoxydul, Kupfer- und Nickeloxyd sind als durchaus unwesentlich anzusehen; in Bezug auf die beiden letzten ist es überhaupt sehr zweifelhaft, ob sie in die Verbindung gerechnet werden dürfen oder nicht.

Ich betrachte dieselben als isomorph mit dem Eisenoxyd. Diejenigen, welche diese Ansicht nicht theilen sollten, mögen sie von der Verbindung ausscheiden, ohne im Endresultate einen Unterschied zu bekommen, welcher die gewöhnlichen Beobachtungsfehler überstiege. Das Nickeloxyd findet sich nur in 3 Analysen. Manganoxyd und Manganoxydul erscheint in vier, das Kupferoxyd allein in Analyse 69 und übersteigt nicht ein halbes Procent. In den Analysen 13 und 24 wird allein Manganoxydul angegeben, indess ist es viel wahrscheinlicher, dass das Mangan als Oxyd isomorph in der Verbindung mit dem Eisenoxyd auftritt. Von dieser Voraussetzung bin ich bei meiner Rechnung ausgegangen.

In der Analyse Nr. 51 wird eine geringe Menge Eisenoxydul angegeben; ich habe dieselbe zwar in $\dot{R}$ aufgenommen, obgleich es ebensogut unter $\dddot{R}$ gerechnet werden dürfte, insofern nicht directe Beobachtungen die Anwesenheit des Oxyduls als unzweifelhaft darlegen. In der Analyse des Anorthit Nr. 5 ist die Anwesenheit des Eisenoxyds sehr viel wahrscheinlicher, als die des Oxyduls.

Endlich enthalten sehr viele Feldspathe vielleicht alle eine geringe Quantität Wasser, welche in den meisten Fällen unter einem Procente zu sein pflegt. Wenigstens zeigen sie nach meinen Erfahrungen einen gewissen Glühverlust, der als Wasser angesehen wird, der aber auch möglicher Weise Fluor oder andere flüchtige Substanzen mit enthalten kann.

In vielen zum Theil guten Analysen scheint derselbe offenbar vernachlässigt, woraus sich der Verlust an 100 im Wesentlichen erklären dürfte.

Bei sorgfältiger Arbeit ist es wahrscheinlicher, dass in Folge der Anwendung der Reagentien, des mangelhaften Auswaschens u. s. w. eher ein Ueberschuss als ein Mangel in den Analysen erhalten werden wird. Von den hier zusammengestellten, geben aber 58 weniger und 42 mehr als 100, obgleich nur in 33 Analysen inclusive von Nr. 34 und Nr. 44 Wasser oder Glühverlust beobachtet worden ist. Setzen wir den Wassergehalt durchschnittlich zu 0,75, so würden bei 77 Analysen die Summe der Bestandtheile die Zahl 100 übersteigen.

Bis jetzt ist die Frage nicht mit Sicherheit zu beantworten, welche Stellung das Wasser bei der Zusammensetzung der Feldspathe einnimmt, doch ist es wahrscheinlich, dass ein Theil desselben als chemisch gebunden betrachtet werden müsse, indem ein Atom $\dot{R}$ durch 3 Atome $\dot{H}$ isomorph ersetzt wird. Bei der näheren Prüfung dieser Verhältnisse bin ich zu ähnlichen, wenn auch weniger vollständigen Resultaten gelangt, als die von Scheerer in Poggend. Ann. Band 84 mitgetheilten sind. Bei meinen Untersuchungen zeigte sich nämlich, dass gewisse Feldspathe, namentlich der Petalit, ihr Wasser sehr schwer verlieren und dass die Rothglühhitze kaum ausreicht, dasselbe vollständig zu vertreiben.

Demungeachtet unterliegt es keinem Zweifel, dass viele Feldspathe ihr Wasser secundär aufgenommen haben; vorzüglich werden alle basischen Feldspathe in den vulkanischen Gesteinen mit der Zeit selbst vom Regenwasser angegriffen und theilweise zersetzt. Ihre grosse Tendenz sich im Wasser zu lösen und Hydrate nach bestimmten Proportionen zu bilden, wird durch die nachfolgenden Untersuchungen noch deutlicher hervorgehoben werden.

Wenn ein gewisser Theil des Wassers der festen stöchiometrischen Verbindung angehört, so kann es keinem Zweifel unterliegen, dass dieser bei ihrer ursprünglichen Bildung bei dem Übergange vom feurigflüssigen in den festen Zustand mit vorhanden gewesen ist und nur unter einem ganz ungewöhnlichen Druck als permanent gedacht werden kann.

Das chemisch gebundene und das secundär hinzugekommene Wasser quantitativ zu veranschlagen ist bei den vorliegenden Beobachtungen unmöglich, umsomehr da der Wassergehalt, entweder gar nicht ermittelt ist, oder in den meisten Fällen nicht ein Procent übersteigt. Ich glaube daher bei meinen Untersuchungen auf die Beantwortung dieser Frage fürerst verzichten zu müssen, und reducire die wasserhaltigen, auf wasserfreie Analysen.

Es folgt nun zunächst eine Uebersicht jener vorhin zusammengestellten 6 Gruppen, in einer Tabelle. Man erblickt in derselben wasserfreie auf 100 reducirte Feldspathe, in denen höchstens nur 7 Bestandtheile erscheinen, da $\dot{Fe}$, $\dot{Cu}$, $\dot{Ni}$, $\dot{Mn}$ und $\dddot{\overline{Mn}}$ nach ihren Atomengewichten, unter $\dot{R}$ und $\dddot{\overline{R}}$ mit aufgenommen sind, nämlich: Kieselerde, Thonerde, Eisenoxyd, Kalk, Magnesia, Natron und Kali. Eisenoxyd, oder ein oder einige der genannten Alkalien können mitunter fehlen.

Die Beobachtungen habe ich nach zunehmendem Kieselerdegehalte geordnet, doch sind aus einleuchtenden Gründen die Ordnungszahlen etwas verschieden, von denen in der ersten Zusammenstellung in 6 Gruppen.

Zur schnelleren Orientirung habe ich auch hier die Namen der Varietäten, ihrer Fundörter und Beobachter, wie vorhin beibehalten.

Tabelle I.

Übersicht der in den 6 Gruppen enthaltenen Feld-
nach wachsendem Kie-

	Varietät	Fundort	Analyse von	$\ddot{Si}$
1.	Indianit	Carnatic	Chenevix	43,055
2.	Lepolit	Finnland	Nordensk.	43,350
3.	Anorthit	Rådmansö	Erdmann	43,610
4.	*Anorthit	Somma	Abich	43,642
5.	Lepolit	Lojo	Hermann	43,974
6.	*Anorthit	Somma	Abich	44,100
7.	Indianit	Carnatic	Laugier	44,467
8.	Amphodelit	Tunaberg	Svanberg	44,716
9.	*Anorthit	Hekla	S. v. W.	45,310
10.	Amphodelit	Finnland	Nordensk.	46,664
11.	*Anorthit	Island	Forchhammer	46,747
12.	*Thiorsáit	Island	Genth	48,372
13.	*Labrador	Palagonia	S. v. W.	51,216
14.	Vosgit	Vogesen	Delesse	51,337
15.	*Ryakolith	Somma	Rose	51,436
16.	*Labrador	Farö	Forchhammer	51,718
17.	Labrador	Egersund	Kersten	52,510
18.	*Labrador	Mingavie	Le Hunte	52,576
19.	Labrador	Egersund	Kersten	52,631
20.	Labrador	Egersund	Kersten	52,738
21.	*Labrador	Aetna	S. v. W.	52,817
22.	Labrador	Labrador	S. v. W.	53,413
23.	*Labrador	Aetna	S. v. W.	53,810
24.	Labrador	Russgården	Svanberg	53,845
25.	Labrador	Berlin	S. v. W.	54,049
26.	Labrador	Griechenland ?	Delesse	54,570
27.	*Labrador	Aetna	Abich	54,609

Tabelle I.

spathanalysen, wasserfrei auf 100 reducirt und selerdegehalte geordnet.

Äl	F̈e	Ċa	Ṁg	Ṅa	K̇a
34,854	3,280	15,377		3,434	
33,772	4,080	11,087	5,987	1,724	
35,591	1,510	17,519	0,352	0,895	0,523
35,370	0,677	18,865	0,339	0,568	0,539
36,083	1,541	14,529	2,332	1,541	
35,100	0,700	19,010	0,560	0,270	0,250
35,678	1,034	16,132		2,689	
36,043	0,070	15,076	4,095		
32,222	2,798	18,317		1,056	0,217
36,118	1,732	10,341	5,145		
31,917	1,973	16,733	1,276	1,070	0,284
30,354	1,488	17,087	0,963	1,121	0,615
27,862	3,279	11,852	1,252	4,003	0,536
31,300	0,729	4,913	2,040	5,049	4,632
30,100	0,286	1,094	0,235	10,796	6,053
29,572	1,693	12,389	0,187	4,441	
29,117	1,958	11,736	0,151	4,026	0,502
30,103	0,869	12,158		3,992	0,302
29,951	1,003	11,740	0,160	3,913	0,602
29,350	0,808	12,225	0,131	4,193	0,555
28,697	1,816	12,928	0,922	1,385	1,435
26,894	0,990	9,517	0,461	1,242	7,483
25,942	3,423	11,738	0,529	4,019	0,539
27,695	1,327	9,443	1,054	4,790	1,846
26,860	3,498	8,676	0,430	5,016	1,471
28,013	1,056	8,226	1,036	3,611	3,488
27,018	2,494	9,690	1,777	4,187	0,225

	Varietät	Fundort	Analyse von	$\ddot{S}i$
28.	Labrador	Finnland	Nordensk.	54,782
29.	*Labrador	Campise	Le Hunte	55,199
30.	*Labrador	Aetna	S. v. W.	55,641
31.	Labrador	Kijew	Segeth	55,867
32.	Labrador	Sibirien	Klaproth	56,122
33.	Labrador	Christiania	Delesse	56,337
34.	*Labrador	Pisoje	Francis	56,545
35.	*Eisspath	Somma	S. v. W.	56,555
36.	Labrador	Labrador	Klaproth	56,599
37.	Andesin	Baumgarten	Varrentrapp	58,422
38.	Andesin	Servance	Delesse	59,494
39.	*Andesin	Andes	Abich	59,648
40.	*Andesin	Vapnafiord	S. v. W.	59,838
41.	Andesin	Servance	Delesse	59,951
42.	Saccharit	Schlesien	Schmidt	60,271
43.	Sonnenstein	Tvedestrand	Scheerer	61,300
44.	Andesin	Chagey	Delesse	61,350
45.	Oligoklas	Ajatskaja	Francis	61,354
46.	*Hafnefiordit	Island	Svanberg	61,497
47.	Oligoklas	Ytterby	Berzelius	61,935
48.	Oligoklas	Boden	Kerndt	61,960
49.	*Hafnefiordit	Hafnefiord	Forchhammer	62,039
50.	Oligoklas	Arendal	Rosales	62,209
51.	Oligoklas	Arendal	Hagen	62,653
52.	*Oligoklas	Teneriffa	Deville	62,970
53.	Oligoklas	Arriege	Laurent	62,977
54.	Oligoklas	Lauervig	Kern	63,108
55.	Oligoklas	Freiberg	Kersten	63,165
56.	Oligoklas	Mer de Glace	Delesse	63,307
57.	Oligoklas	Danevikstull	Berzelius	63,598
58.	Oligoklas	Ytterby	S. v. W.	63,616

Äl	F̈e	Ċa	Ṁg	Ṅa	K̇a
29,582		15,636			
28,116	0,312	10,686	0,182	5,091	0,494
25,224	3,622	10,454	0,731	3,505	0,823
27,012	1,612	11,002	0,149	3,992	0,366
24,490	5,357	10,459		3,572	
25,519	1,729	4,997	0,728	7,120	3,570
26,438		9,351	0,698	6,171	0,797
25,354	0,559	1,401	0,180	9,603	6,348
26,904	1,269	11,167		4,061	
25,235		6,541	0,410	9,392	
24,833	0,999	4,050	0,404	7,665	2,555
24,300	1,581	5,774	1,081	6,535	1,081
23,570	3,183	6,245	0,640	5,660	0,864
25,489		4,721	0,417	7,326	2,096
24,035	1,682	5,799	0,573	7,589	0,051
23,770	0,360	4,780		8,500	1,290
24,693	1,074	5,782	0,757	5,515	0,829
19,775	4,129	2,171	1,055	7,587	3,929
23,997	1,219	5,329	0,371	5,783	1,804
23,948		3,200	0,805	9,730	0,382
22,660	0,750	2,030	0,100	9,430	3,080
23,632	2,432	8,938	0,365	2,594	
23,613	0,615	4,564	0,020	7,937	1,042
22,778		2,407	0,759	9,243	2,160
22,290		2,060	0,540	8,450	3,690
24,749	0,101	3,018	0,201	8,954	
21,384	0,968	1,972	0,667	6,131	5,770
23,553	0,512	2,839	0,241	7,263	2,427
23,942		3,233	0,320	6,886	2,312
23,912	0,499	2,047	0,649	8,097	1,198
23,508	0,100	3,853	0,187	8,152	0,584

	Varietät	Fundort	Analyse von	Si
59.	Oligoklas	Marienbad	Kersten	63,633
60.	Loxoclas	Hammond	Plattner	63,839
61.	Oligoklas	Warmbrunnen	Rammelsberg	63,940
62.	Oligoklas	Finnland	Chodnew	64,056
63.	Oligoklas	Vogesen	Delesse	64,151
64.	Oligoklas	Flensburg	Wolff	64,448
65.	Oligoklas	Borodin	S. v. W.	64,671
66.	Mondstein	Ceylon	Brongniart	64,738
67.	*Glas. Feldsp.	Hoherhagen	Schnedermann	65,364
68.	Amazonenst.	Sibirien	Abich	65,485
69.	*Glas. Feldsp.	Lutterbach	Mitscherlich	65,621
70.	Adular	St. Gotthard	Abich	65,690
71.	Orthoklas	Baveno	Abich	65,720
72.	Orthoklas	Freiberg	Kersten	65,816
73.	Mikroklin	Arendal	Evreinoff	66,205
74.	Orthoklas	Chili	Domeyko	66,205
75.	Orthoklas	Marienberg	Kröner	66,529
76.	Albit	Snarum	Scheidhauer	66,711
77.	Albit	St. Gotthard	Brooks	67,023
78.	Albit	Lancaster	Brush	67,072
79.	*Glas. Feldsp.	M. d'Or	Berthier	67,105
80.	Albit	Pensylvanien	Redtenbacher	67,153
81.	Orthoklas	Chamouni	Delessè	67,158
82.	Valencianit	Mexico	Plattner	67,299
83.	*Glas. Feldsp.	Scharfenberg	Mitscherlich	67,423
84.	*Glas. Feldsp.	Drachenfels	Berthier	67,447
85.	*Erythrit	Glasgow	Thomson	67,664
86.	Albit	Finnland	Tengström	67,936
87.	Periklin	Zöblitz	Gmelin	68,008
88.	Albit	Riesengebirge	Lohmeyer	68,110
89.	*Periklin	Pantellaria	Abich	68,347

Äl	F̈e	Ċa	Ṁg	Ṅa	K̇a
23,661	0,312	2,436	0,252	7,471	2,235
20,398	0,674	3,237		8,806	3,046
23,710		2,520		7,660	2,170
21,396		0,472		12,088	1,988
20,836		0,753	0,703	3,111	10,446
22,391		4,130		9,031	
18,835	0,201	0,113	0,894	0,540	14,746
19,654		0,425	0,202		14,981
21,626				10,370	2,640
17,935	0,490	0,100	0,090	2,817	13,083
17,159	1,670	2,434		0,438	12,678
17,970		1,340		1,010	13,990
18,570		0,340	0,100	1,250	14,020
17,690	0,804	0,944		1,708	13,038
18,431		1,208			14,156
20,731		2,633		4,051	6,380
17,056	0,491	1,032		0,911	13,981
19,133	0,342	3,754	0,161	9,324	0,575
19,134		0,308	0,606	6,196	6,733
20,922		2,063	0,523	9,420	
20,102			2,031	3,757	7,005
19,626		1,439	0,310	9,903	1,569
19,254		0,636		2,324	10,628
17,706	0,088				14,907
15,882	2,827	2,771	0,147	0,433	10,517
19,743	0,608	1,013		4,053	8,106
17,937	2,690	0,996	3,239		7,474
19,594	0,699	0,660		11,111	
18,949	0,481	0,150		10,000	2,412
18,526	0,892	0,386	0,089	10,799	1,198
18,331	1,012	1,262	0,511	8,003	2,534

	Varietät	Fundort	Analyse von	$\ddot{S}i$
90.	Albit	Miask	Abich	68,450
91.	Albit	Freiberg	Kersten	68,780
92.	Albit	Marienbad	Kersten	68,859
93.	Albit	St. Gotthard	Thaulow	68,931
94.	Albit	Penig	Ficinus	69,101
95.	Albit	Brevig	Erdmann	69,627
96.	Albit	Eggertz	Fimbo	70,494
97.	Albit	Nordamerica	Stromeyer	70,752
98.	Albit	Freiburg	Brandes	70,791
99.	*Krablit	Island	Forchhammer	74,511
100.	*Krablit	Krabla	Genth	79,879

Eine nähere Betrachtung dieser so geordneten Analysen ist in mehr als einer Hinsicht lehrreich und interessant.

Die Feldspathe, welche hier zusammengestellt sind und einer genaueren Prüfung unterworfen werden sollen, kommen von den verschiedensten Gegenden der Erdoberfläche aus Norden und Süden, aus Europa, Asia und Amerika. Sie nehmen den wesentlichsten Antheil an der Bildung der neueren vulkanischen Gesteine, der Trachyte, Porphyre und des Urgebirges.

Unter hundert analysirten Feldspathen finden sich 30, die entschieden vulkanischen Formationen angehören, während 70 aus dem Urgebirge abstammen. Die erstern, welche in der Tabelle I. mit * bezeichnet sind, vertheilen sich ziemlich gleichmässig zwischen den letztern und erscheinen im Anfang, in der Mitte und am Ende der ganzen Reihe. Es würde nicht schwer halten durch neu

$\dddot{\text{Al}}$	$\ddot{\text{Fe}}$	$\dot{\text{Ca}}$	$\dot{\text{Mg}}$	$\dot{\text{Na}}$	$\dot{\text{Ka}}$
18,710	0,270	0,500	0,180	11,240	0,650
18,734	0,506	0,861	0,425	8,111	2,583
17,961	0,722	0,241		11,035	1,182
19,411	0,200			11,458	
19,022	1,269		0,347	10,261	
19,206	0,617			10,904	
18,454		0,550		10,502	
19,825	0,111	0,235		9,067	
18,458		0,609		10,142	
13,432	4,381	1,971	0,169	5,336	
12,027		0,945		2,250	4,899

---

hinzugefügte Analysen vulkanischer Feldspathe dieses Durcheinandergreifen noch auffallender zu machen.

Doch auch schon jetzt muss man zur Überzeugung gelangen, dass alle die Glieder eines grossen Ganzen sind, die als Geschwister einer Familie neben einander stehen, über deren gemeinsame Entstehungsweise kein Zweifel obwalten kann.

Weder zwischen ihren Namen noch zwischen ihrer innern chemischen Zusammensetzung lassen sich sichere Grenzen festsetzen. Es ist z. B. unbestimmt, wo die Grenze zwischen Anorthit und Labrador, zwischen Labrador und Andesin, zwischen Andesin und Oligoklas, zwischen Oligoklas und Albit liegen soll.

Alle äussern Charactere reichen zur Speciesbestimmung eben so wenig aus, als die chemische Analyse, die nur einem jeden Feldspathe in der allgemeinen Reihe seinen Platz anweist. Die Richtigkeit dieser Ansicht wird durch die nachfolgenden Untersuchungen noch deutlicher hervorgehoben werden. Betrachten wir zuerst die Zahlen in der Tabelle I, so können wir daraus folgende Schlüsse ziehen:

Der Kieselerdegehalt ist den wesentlichsten Schwankungen unterworfen; er beginnt hier beim sogenannten Indianit mit 43,055 und steigt ganz allmählig, fast alle Einheiten berührend, bis zum Krablit von Island, der nach Genths Untersuchung mit 79,879 Procent Kieselerde die Reihe der Beobachtungen schliesst. Namentlich ist zwischen 61 und 70 Procent das Wachsen so langsam, dass es von einer Analyse zur andern öfter kaum ein Zehntheil eines Procentes beträgt. Es ist von selbst einleuchtend, dass mit einem solchen Wachsthum der Kieselerde in der procentischen Zusammensetzung im Allgemeinen eine Abnahme der übrigen Bestandtheile verbunden sein wird. So ist die Thonerde am Anfang der Scala beim Indianit 34,854, während sie beim Krablit am Ende auf 12,027 herabsinkt.

Auch in $\dot{R}$ gilt dasselbe Verhältniss, obwohl die isomorphe Substitution dabei berücksichtigt werden muss; wovon weiter unten ausführlicher gehandelt werden wird.

Es ist einleuchtend, dass die wahre Stellung eines Feldspaths nur nach seiner Norm, nicht aber ohne weitere Prüfung nach dem Hauptbestandtheil der Kieselerde, beurtheilt werden darf, da derselbe für eine gegebene Norm bei den sehr verschiedenen Atomengewichten der in Frage kommenden isomorphen Körper beträchtlichen Schwankungen ausgesetzt sein muss.

Nehmen wir z. B. die dem Labrador zugeschriebene

Norm (1, 3, 6) und berechnen danach Kalk-, Magnesia-, Natron- und Kali-Labrador, so ergibt sich folgende Zusammensetzung:

$\dddot{\mathrm{Si}}$ 53,298	$\dddot{\mathrm{Si}}$ 55,957	$\dddot{\mathrm{Si}}$ 52,420	$\dddot{\mathrm{Si}}$ 47,940
$\dddot{\mathrm{Al}}$ 30,173	$\dddot{\mathrm{Al}}$ 31,678	$\dddot{\mathrm{Al}}$ 29,677	$\dddot{\mathrm{Al}}$ 27,140
$\dot{\mathrm{Ca}}$ 16,529	$\dot{\mathrm{Mg}}$ 12,365	$\dot{\mathrm{Na}}$ 17,903	$\dot{\mathrm{Ka}}$ 24,920

In der Natur pflegen zwar Feldspathe von so einfacher Beschaffenheit entweder gar nicht oder nur sehr selten vorzukommen, da meistentheils drei oder vier isomorphe Bestandtheile neben einander auftreten, wesshalb bei derselben Norm die Unterschiede im procentischen Gehalte der Kieselerde weniger auffalland sind als in den eben angeführten Beispielen.

Soll aber, wie in unserm Falle, in einer grössern Reihe von Feldspathanalysen das allmählige Fortschreiten der Kieselerde ungetrübt hervortreten, so müssen $\dddot{\mathrm{R}}$ und $\dot{\mathrm{R}}$ nur durch einen Körper repräsentirt sein. Wir wählen dazu für $\dddot{\mathrm{R}}$ die Thonerde, für $\dot{\mathrm{R}}$ die Kalkerde.

Feldspathe dieser Art nennen wir Thonkalkfeldspathe, die man durch Reduction der Beobachtungen mit Grundlage der vorhin angegebenen Atomengewichte leicht aus Tab. I. ableitet. Die auf 100 reducirten Thonkalkfeldspathe nach wachsendem Kieselerdegehalte geordnet, finden sich in der Tab. III. unter der Überschrift Beobachtungen. Ihre Ordnung ist offenbar von der in Tab. I. etwas verschieden; zur schnellern Übersicht und Vergleichung sind die Namen der Varietäten, ihre Fundorte und die Namen der Chemiker, wie vorhin hinzugefügt.

Bedeutet (x, β, γ) die Norm eines auf 100 reducirten Thonkalkfeldspaths, M den zugehörigen Modulus und A, B, C den Sauerstoff der Kalk-, Thon- und Kieselerde, so ist:

$$\gamma M = A$$
$$\zeta M = B$$
$$xM = C.$$

Da es sich aus den Beobachtungen ergibt, dass $\zeta = 3$ und $\gamma = 1$ ist, so ist der Gleichung von ζ das dreifache Gewicht der Gleichung von C zu geben. In Beziehung darauf finden sich die wahrscheinlichsten Werthe für $M = \frac{3B + A}{10}$ und $x = \frac{10C}{3B + A}$

Dieselben Werthe gehen aus der Behandlung der drei Gleichungen nach der Methode der kleinsten Quadrate hervor.

Setzen wir z. B.

$$xM = 28{,}165$$
$$3M = 16{,}786$$
$$M = 5{,}610.$$

Nehmen wir ferner als Näherungswerthe $M = 5{,}61$ und $x = 4{,}13$, so sind die Fehlergleichungen:

$$4{,}13\,dM + 5{,}61\,dx + 0{,}004 = 0$$
$$3\,dM + 0{,}044 = 0$$
$$dM - 0{,}169 = 0.$$

Daraus folgt nach der Methode der kleinsten Quadrate:

$$27{,}057\,dM + 23{,}169\,dx - 0{,}02048 = 0$$
$$23{,}169\,dM + 31{,}471\,dx + 0{,}02240 = 0.$$

Und $dx = -\,0{,}00345$

$dM = +\,0{,}00371.$

Die verbesserten Werthe von x und M sind alsdann:

$$x = 4,1265$$
$$M = 5,6137.$$

Dieselben Zahlen ergeben sich einfacher aus den obigen Gleichungen für x und M.

Berechnen wir nun aus den Analysen in Taf. I. die Norm (x, $\mathfrak{G}$, γ) und M, der auf 100 reducirten Thonkalkfeldspathe, die nach wachsendem Kieselerdegehalte in Taf. IV. geordnet sind, so erhalten wir folgende Übersicht:

Tabelle II.

Übersicht der Normen und des ihnen zugehörigen Modulus der reducirten Thonkalkspeldspathe aus Tab. IV.

Ord. Tb. IV.	Ord. Z. Tb. I.	x	$\mathfrak{G}$	γ	M
1	2	4,0241	2,9833	1,0503	5,6566
2	1	3,9921	3,0265	0,9205	5,7945
3	4	4,1265	2,9901	1,0297	5,6137
4	5	4,0491	3,0167	0,9501	5,7334
5	3	4,0701	3,0134	0,9597	5,7105
6	8	4,1874	2,9848	1,0457	5,5421
7	6	4,1991	2,9836	1,0492	5,5584
8	7	4,1845	3,0202	0,9392	5,6591
9	9	4,4912	2,9875	1,0379	5,3981
10	10	4,4081	3,0133	0,9600	5,5092
11	11	4,7357	2,9737	1,0790	5,2347
12	12	5,1680	2,9541	1,1380	4,9787
13	13	5,7657	2,9791	1,0626	4,7611
14	16	5,7343	3,0020	0,9940	4,8188

Ord. Tb. IV.	Ord. Z. Tb. I.	x	$\mathfrak{G}$	γ	M
15	14	5,5625	3,0398	0,8805	4,9730
16	18	5,8540	3,0150	0,9549	4,7917
17	19	5,8739	3,0159	0,9523	4,7850
18	17	5,9044	3,0131	0,9607	4,7649
19	20	5,9957	2,9966	1,0100	4,6989
20	15	5,8730	3,0539	0,8384	4,8003
21	21	6,0076	3,0004	0,9987	4,6980
22	26	6,3647	2,9554	1,1337	4,4772
23	24	6,3641	2,9868	1,0397	4,5340
24	23	6,4527	2,9800	1,0601	4,4853
25	28	6,3124	3,0106	0,9681	4,5931
26	27	6,4639	2,9916	1,0252	4,5009
27	25	6,3587	3,0234	0,9299	4,5975
28	22	6,5617	2,9869	1,0393	4,4558
29	29	6,6065	2,9933	1,0201	4,4496
30	31	6,7807	3,0061	0,9818	4,4064
31	30	6,8585	2,9987	1,0039	4,3662
32	34	7,1700	2,9607	1,1180	4,1994
33	36	6,9513	3,0066	0,9802	4,3454
34	32	6,8986	3,0316	0,9052	4,4046
35	33	7,1877	2,9994	1,0020	4,2516
36	35	7,4676	2,9984	1,0048	4,1566
37	37	7,7622	2,9610	1,1171	4,0115
38	39	8,0040	2,9999	1,0003	3,9908
39	38	7,9812	3,0184	0,9447	4,0226
40	41	8,0330	3,0163	0,9512	0,0512
41	40	8,0066	3,0265	0,9206	4,0258
42	42	8,1664	3,0051	0,9847	3,9493
43	44	8,3030	3,0339	0,8981	3,9467
44	43	8,4788	2,9974	1,0078	3,7973
45	47	8,7660	2,9937	1,0187	3,7665

Ord. Tb. IV.	Ord. Z. Tb. I.	x	ξ	γ	M
46	46	8,5190	3,0312	0,9065	3,8807
47	49	8,4884	3,0441	0,8677	3,9059
48	50	8,9494	3,0008	0,9974	3,7256
49	48	9,3130	3,0026	0,9921	3,6888
50	53	8,7604	3,0485	0,8545	3,8347
51	45	9,2500	2,9854	1,0438	3,6320
52	51	9,2924	2,9838	1,0486	3,6195
53	57	9,0688	3,0518	0,8448	3,7172
54	58	9,2418	3,0246	0,9263	3,6779
55	56	9,1068	3,0418	0,8747	3,7327
56	55	9,1146	3,0433	0,8701	3,7325
57	52	9,5582	2,9882	1,0354	3,5596
58	59	9,2120	3,0505	0,8484	3,7154
59	61	9,3192	3,0522	0,8436	3,6895
60	64	9,7726	2,9985	1,0044	3,5197
61	54	9,7526	3,0034	0,9898	3,5294
62	62	10,0920	2,9769	1,0695	3,4251
63	60	10,2630	2,9575	1,1276	3,3689
64	67	10,2930	3,0233	0,9302	3,4304
65	63	10,5220	3,0163	0,9510	3,3710
66	76	11,4720	2,9393	1,1821	3,1133
67	78	10,9000	3,0029	0,9914	3,2780
68	80	11,5100	2,9710	1,0871	3,1323
69	74	10,9660	3,0331	0,9007	3,2919
70	65	11,5560	2,9929	1,0214	3,1416
71	79	11,4000	3,0156	0,9531	3,1907
72	86	11,5370	3,0062	0,9814	3,1565
73	66	11,3060	3,0315	0,9054	3,2225
74	77	11,8620	2,9908	1,0275	3,0841
75	88	12,0540	2,9837	1,0488	3,0455
76	90	12,1940	2,9713	1,0862	3,0105

Ord. Tb. IV.	Ord. Z. Tb. I.	x	$\mathfrak{G}$	γ	M
77	85	11,6610	3,0247	0,9260	3,1488
78	68	12,1180	2,9823	1,0531	3,0322
79	87	11,9820	2,9965	1,0104	3,0672
80	89	12,1900	2,9894	1,0317	3,0253
81	70	12,3250	2,9770	1,0690	2,9933
82	71	12,0440	3,0056	0,9832	3,0633
83	93	12,0170	3,0084	0,9748	3,0704
84	72	12,2440	2,9909	1,0272	3,0171
85	95	12,1190	3,0127	0,9620	3,0561
86	94	11,9500	3,0297	0,9110	3,0994
87	91	12,2670	3,0022	0,9934	3,0218
88	92	12,5860	2,9742	1,0774	2,9470
89	84	12,0850	3,0275	0,9175	3,0735
90	81	12,0150	3,0422	0,8735	3,0978
91	69	12,7830	2,9706	1,0881	2,9125
92	75	12,9170	2,9786	1,0643	2,8969
93	73	12,3890	3,0462	0,8614	3,0346
94	96	12,9490	3,0007	0,9980	2,9027
95	83	12,8780	3,0085	0,9744	2,9084
96	97	12,3540	3,0684	0,7947	3,0579
97	98	13,0660	3,0088	0,9736	2,8945
98	82	12,9840	3,0263	0,9220	2,9198
99	99	15,8800	3,0571	0,8287	2,5343
100	100	22,7960	3,0313	0,9062	1,8960

Aus den Zahlenangaben in dieser Tabelle gehen in Bezug auf die chemische Zusammensetzung der Feldspathe folgende wichtige Resultate hervor.

Die Zahlen unter $\mathfrak{G}$ und γ stehen nahe zu, innerhalb der Grenzen der möglichen Beobachtungsfehler in allen Gegenden der ganzen Reihe im Verhältniss von 3 : 1.

Der Mittelwerth ist $= 3{,}0057$ und der aus γ ist $= 0{,}9829$.

Der mittlere zu befürchtende Fehler für β findet sich $= 0{,}0262$. Der mittlere Fehler für γ wird $= 0{,}0798$.

Die Unterschiede zwischen der theoretischen Voraussetzung und der Beobachtung in den Grössen von β und γ stellen sich auffalland günstig heraus; sie sind leicht erklärlich, und haben ohne Zweifel theils in einer noch nicht hinreichend genauen Kenntniss der Atomengewichte, theils aber auch wohl in der viel unsicherern, öfter mit einem Verlust verbundenen Bestimmung der isomorphen Bestandtheile in $\dot{R}$ ihren Grund. Eine unvollkommene Trennung von Kali und Natron kann γ bald grösser bald kleiner machen; Fehler dieser Art werden sich aber im Mittelwerthe aus vielen Beobachtungen aufheben. Verluste, welche bei den complicirten Operationen selbst bei grosser Vorsicht gar zu leicht vorkommen, haben eine Verkleinerung von γ zur Folge. Man findet ferner (siehe Tab. I.) in 31 Analysen keine Magnesia und in 6 Analysen keinen Kalk angegeben, obgleich hin und wieder bei den Originaluntersuchungen bemerkt worden ist, dass eine Spur von Kalk oder Magnesia anwesend war, die oft grösser sein konnte als man glaubte. Nach meinen Erfahrungen enthalten alle Feldspathe Kalk und Magnesia. Der magnesiaärmste Feldspath, den ich kenne, ist der Anorthit aus einer alten Lava des Hekla Tab. I. Nro. 9, in dem so wenig Magnesia vorhanden war, dass ihre Bestimmung unmöglich wurde. Sie betrug gewiss kein Hunderttheil eines Procentes.

In andern Analysen mag der Magnesia- oder Kalkgehalt etwas grösser gewesen sein, und er ist ebenfalls unberücksichtigt geblieben. Sodann ist es zu beachten, dass bei der Fällung der Thonerde und des Eisenoxyds durch Ammoniak im Anfang der Analyse bei Anwesenheit von Kohlensäure eine bald grössere bald geringere Quantität Kalk, auch Magnesia mit jenen beiden erstern Körpern niederfällt. Bei allen meinen Analysen habe ich die Thonerde jedesmal geprüft, ob sie noch Kalk enthalte oder nicht. War dieses der Fall, so habe ich eine neue Trennung der Bestandtheile nicht unterlassen, um den so entstandenen Fehler möglichst unschädlich zu machen. Ohne diese Vorsichtsmassregel wird β zu gross, γ zu klein ausfallen.

Endlich haben wir zu berücksichtigen, dass aus vorhin angeführten Gründen der Wassergehalt ganz ausser Acht gelassen worden ist. Nimmt man durchschnittlich auch nur ein halbes Procent chemisch gebundenes Wasser an, welches mit unter $\dot{R}$ aufgenommen werden muss, so wäre der darin enthaltene Sauerstoff $= 0{,}4445$. Ein Drittheil dieser Grösse 0,1482 ist mehr als ausreichend um den Fehler im mittleren Werthe von $\gamma = 0{,}9829$ zu erklären.

Den Einfluss, welchen eine unrichtige Kenntniss der in Frage kommenden Atomengewichte auf die Bestimmung von β und γ ausübt, von den übrigen möglicherweise begangenen Beobachtungsfehlern zu trennen, ist nicht ohne Schwierigkeit. Ungleich genauere Analysen als die meisten hier zusammengestellten sind, würden zur Beantwortung dieser Frage das erste Bedürfniss sein;

ohne dieselben, auf die vorhandenen Beobachtungen gestützt, eine grössere Rechnung zu unternehmen, würde zu keinem befriedigenden Ziele führen.

2. Ein ganz entgegengesetztes Resultat geben die Beobachtungen in Bezug auf x, von welcher Grösse man vorausgesetzt hat, dass sie sich im Verhältniss zu β und γ, in rationalen ganzen Zahlen ausdrücken lasse.

Aus den Werthen für x in Tafel II. geht es entschieden hervor, dass dieselben durch rationale ganze Zahlen nicht darstellbar sind. Das x besitzt in Nr. 2. beim Indianit den kleinsten Werth von 3,9921 und steigt dann nach und nach, bis es beim Krablit den Werth 22,796 erlangt. An einigen Stellen der Scala ist dieses Steigen so langsam, dass es von einer Analyse zur andern sich nur sehr wenig verändert, oder in Folge von Beobachtungsfehlern auch einen kleinen Rückschritt machen kann. Die jedem x zugehörige Kieselsäure der reducirten Thonkalkfeldspathe, wie aus der ersten Spalte in Tab. IV. hervorgeht, ist von einer Analyse zur folgenden immer im Wachsen begriffen, was aber begreiflicher Weise für x, das auch von A und B abhängt, nicht immer stattfindet. An anderen Stellen der Scala findet von einer Beobachtung zur andern ein rascheres Zunehmen von x statt, wie z. B. von 11 nach 12, von 98 nach 99 und von 99 nach 100. Indess unterliegt es keinem Zweifel, dass die noch offenen Lücken durch neue Beobachtungen immer mehr und mehr ausgefüllt werden.

Die Chemiker und Mineralogen, welche die Rationalität von x allgemein angenommen haben, werden sich aus dieser Zahlenzusammenstellung überzeugen müssen, dass die bisjetzt geltende Ansicht nicht die richtige sein kann. Jedenfalls würden die Zahlen 5, 7, 10, 11, 13 u. s. w. zu zusammengesetzten, sehr wenig wahrscheinlichen Formeln führen, während man für 4, 6, 8, 9, 12 zwar die bekannten Formeln des Anorthit, Labrador, Andesin, Oligoklas und Albit annimmt, in die man aber nicht ohne den grössten Zwang alle zwischenliegenden Beobachtungen einzuschalten bestrebt ist.

Wollte man z. B. die Analyse 30. Tab. I. in die Formel des Labrador mit der Norm (1, 3, 6) aufnehmen, so hiesse dieses der Beobachtung Gewalt anthun oder ihr Fehler zuschreiben, die sie in der That nicht besitzt. Namentlich müsste die Kieselerde etwa um 3 Procent zu gross beobachtet sein; sie ist aber von allen hier in Frage kommenden Bestandtheilen der, welcher mit der grössten Sicherheit bestimmt wird, so dass Beobachtungsfehler dieser Ordnung durchaus unzulässig erscheinen.

Es ist ferner zu berücksichtigen, dass die Beobachtungsfehler der einzelnen Theile von $\ddot{R}$ und $\dot{R}$, die aus dem mittlern Fehler von β und γ beurtheilt werden können, sich keineswegs so ungünstig herausstellen, obgleich bei ihrer Bestimmung grössere Fehler zu erwarten sind, als bei der der Kieselerde.

Da aus den wahrscheinlicherweise begangenen Beobachtungsfehlern sich diese scheinbare Anomalie von x nicht erklären lässt, so könnte man sich vielleicht veranlasst finden, dieselbe aus der Unreinheit des angewandten Materials herzuleiten, indem man annehmen müsste, fremde Mineralkörper, z. B. Augit, Glimmer u. s. w., seien dem Feldspathe mit beigemischt gewesen. Dass eine solche Verunreinigung hin und wieder in untergeordnetem Grade stattgefunden haben mag, will ich nicht in Abrede stellen, allein dann müssten sich die Folgen davon in einem höheren Masse in $\ddot{\text{R}}$ und $\dot{\text{R}}$ als in der Kieselerde zeigen, was aus der Mehrzahl der von mir gesammelten Analysen durchaus nicht hervorgeht.

So geben z. B. reine homogene fast wasserhelle Crystalle, die zur Analyse 35 Tab. I. benutzt sind, für x einen irrationalen Werth, welcher den hergebrachten Ansichten völlig widerspricht.

Es erscheint daher einerseits in Bezug auf die Erhaltung des allgemeinen stöchiometrischen Grundgesetzes, anderseits zur Rettung vieler, gewiss zum Theil sehr richtiger und guter Beobachtungen ein dringendes Bedürfniss eine andere Betrachtungsweise aufzusuchen, welche mit den Grundprincipien der Chemie nicht im Widerspruch steht, die aber doch auch zugleich den Beobachtungen, soweit es erwartet werden kann, Genüge leistet. Dieses ist im Nachfolgenden versucht worden.

Wir gehen von der continuirlichen Zahl x aus, die jeden beliebigen Werth von $x = 0$, bis $x = \infty$ annehmen mag, während wir den Beobachtungen zufolge berechtigt sind $\beta = 3$ und $\gamma = 1$ zu setzen.

Bezeichnen wir mit y, u, t den procentischen Gehalt der Kieselerde, Thonerde und Kalkerde eines beliebigen Thonkalkfeldspaths von der Norm (1, 3, x), mit M den Modulus desselben, mit s, p, k die Atomengewichte der

Kieselerde, Thonerde und Kalkerde, so erhält man folgende Gleichungen:

$$(1)\quad y = \frac{Msx}{300}$$

$$(2)\quad u = \frac{Mp}{100}$$

$$(3)\quad t = \frac{Mk}{100}$$

$$(4)\quad M\left(\frac{sx}{300} + \frac{p}{100} + \frac{k}{100}\right) = 100.$$

Verbindet man (1), (2), (3) mit (4), so folgt

$$y = \frac{100\ sx}{3(p+k)+sx},\quad u = \frac{300\ p}{3(p+k)+sx},\quad t = \frac{300\ k}{3(p+k)+sx}$$

Mit Annahme der oben angeführten Zahlenwerthe für s, p und k finden sich die Gleichungen:

$$y = \frac{56682\ x}{2980{,}35 + 566{,}82\ x}$$

$$u = \frac{192540}{2980{,}35 + 566{,}82\ x}$$

$$t = \frac{105495{,}3}{2980{,}35 + 566{,}82\ x}.$$

Zunächst erscheint es nicht unangemessen die geometrische Bedeutung der Gleichungen

$$y = \frac{100\ sx}{3(p+k)+sx} \text{ und } y' = \frac{100\ (3p + sx)}{3(p+k)+sx}$$

näher zu betrachten.

Beide Gleichungen repräsentiren offenbar zwei gleichseitige Hyperbeln, deren Asymptoten, parallel mit den rechtwinkligen Coordinatenaxen in dem Punkte x =

$-\frac{3(p+k)}{s}$ und $y = 100$ sich einander schneiden. Die negativen Arme haben für unsere Untersuchungen keine Bedeutung; die positiven interessiren uns nur innerhalb der Grenzen, in denen x positive Werthe besitzt. Das Rechteck von der Höhe $y = 100$ und der Grundlinie $x = 0$ bis $x = \infty$ wird dann durch die beiden Hyperbeln in drei Flächenräume getheilt, welche graphisch den Verlauf der Kieselerde, Thonerde und Kalkerde vorstellen.

Setzen wir für x alle ganzen Zahlen von 1 bis 30, so erhält man für y, u und t die nachfolgende Tabelle III, nach der hauptsächlich die anliegende Figur sorgfältig construirt worden ist und aus der näherungsweise die Zusammensetzung eines beliebigen Thonkalkfeldspaths von der Norm (1, 3, x) durch Interpolation entnommen werden kann.

Tabelle III.

x	$\ddot{\mathrm{Si}} = y$	$\ddot{\mathrm{Al}} = u$	$\dot{\mathrm{Ca}} = t$
0	0,000	64,603	35,397
1	15,980	54,280	29,740
2	27,556	46,801	25,643
3	36,329	41,133	22,538
4	43,205	36,691	20,104
5	48,742	33,114	18,144
6	53,296	30,172	16,532
7	57,105	27,712	15,183
8	60,340	25,622	14,038
9	63,121	23,825	13,054
10	65,639	22,263	12,198
11	67,660	20,897	11,443
12	69,534	19,683	10,783
13	71,202	18,605	10,193
14	72,697	17,639	9,664
15	74,043	16,769	9,188
16	75,266	15,979	8,755
17	76,380	15,258	8,362
18	77,392	14,605	8,003
19	78,325	14,003	7,672
20	79,182	13,450	7,368
21	79,976	12,936	7,088
22	80,710	12,462	6,828
23	81,393	12,021	6,586
24	82,033	11,636	6,361
25	82,623	11,226	6,151
26	83,178	10,868	5,954
27	83,701	10,530	5,769
28	84,192	10,212	5,596
29	84,652	9,915	5,433
30	85,089	9,632	5,279
∞	100,000	0,000	0,000

Indem wir nun mit den verschiedenen Werthen von x aus Tabelle II, die Werthe von y, u und t berechnen und diese Zahlen mit den reducirten, nach wachsendem Kieselerdegehalte geordneten Thonkalkfeldspathen vergleichen, so erhalten wir die Tabelle IV; die unter D, D′, D″ stehenden Zahlen geben die Berechnung — Beobachtung, oder die nach der Theorie übrig bleibenden Beobachtungsfehler, für die Kieselerde, Thonerde und Kalkerde.

Tabelle IV.

Vergleichung der beobachteten und berechneten

x = 3,9921 und

	Varietät	Fundort	Analyse von	$\ddot{Si}$ Beob.	Berech.
1.	Lepolit	Finnland	Nordenskjöld	43,008	43,355
2.	Indianit	Carnatic	Chenevix	43,707	43,156
3.	Anorthit	Somma	Abich	43,768	43,971
4.	Lepolit	Lojo	Hermann	43,865	43,506
5.	Anorthit	Rådmansö	Erdmann	43,915	43,632
6.	Amphodelit	Tunaberg	Svanberg	43,999	44,281
7.	Anorthit	Somma	Abich	44,015	44,355
8.	Indianit	Carnatic	Laugier	44,743	44,316
9.	Anorthit	Hekla	S. v. W.	45,808	46,068
10.	Amphodelit	Finnland	Nordenskjöld	45,887	45,604
11.	Anorthit	Island	Forchhammer	46,838	47,387
12.	Thiorsáit	Island	Genth	48,614	49,568
13.	Labrador	Palagonia	S. v. W.	51,867	52,303
14.	Labrador	Farö	Forchhammer	52,208	52,166
15.	Vosgit	Vogesen	Delesse	52,262	51,406
16.	Labrador	Mingavie	Le Hunte	53,000	52,682
17.	Labrador	Egersund	Kersten	53,106	52,766
18.	Labrador	Egersund	Kersten	53,155	52,896
19.	Labrador	Egersund	Kersten	53,188	53,278
20.	Ryakolith	Somma	Rose	53,268	52,763
21.	Labrador	Aetna	S. v. W.	53,344	53,327
22.	Labrador	Griechenland	Delesse	53,843	54,761
23.	Labrador	Russgården	Svanberg	54,518	54,760
24.	Labrador	Aetna	S. v. W.	54,684	55,101
25.	Labrador	Finnland	Nordenskjöld	54,782	54,558
26.	Labrador	Aetna	Abich	54,967	55,144
27.	Labrador	Berlin	S. v. W.	55,229	54,736

Tabelle IV.

Thonkalkfeldspathe innerhalb der Grenzen
x = 22,796.

D	Äl Beob.	Berech.	D'	Ċa Beob.	Berech.	D''
+ 0,347	36,101	36,595	+ 0,494	20,891	20,050	— 0,841
— 0,551	37,517	36,723	— 0,794	18,776	20,121	+ 1,345
+ 0,203	35,909	36,197	+ 0,288	20,323	19,832	— 0,491
— 0,359	36,979	36,497	— 0,482	19,156	19,997	+ 0,841
— 0,283	36,841	36,415	— 0,399	19,271	19,953	+ 0,682
+ 0,282	35,510	35,996	+ 0,486	20,491	19,723	— 0,768
+ 0,340	35,479	35,949	+ 0,470	20,506	19,696	— 0,810
— 0,427	36,567	35,973	— 0,594	18,690	19,711	+ 1,021
+ 0,260	34,501	34,842	+ 0,341	19,691	19,090	— 0,601
+ 0,283	35,514	35,142	+ 0,372	18,599	19,254	— 0,655
+ 0,549	33,300	33,989	+ 0,689	19,862	18,624	— 1,238
+ 0,954	31,463	32,581	+ 1,118	19,923	17,851	— 2,072
+ 0,436	30,344	30,814	+ 0,470	17,789	16,883	— 0,906
— 0,042	30,948	30,902	— 0,046	16,844	16,932	+ 0,088
— 0,856	32,340	31,393	— 0,947	15,398	17,201	+ 1,308
— 0,318	30,907	30,569	— 0,338	16,093	16,749	+ 0,656
— 0,340	30,872	30,515	— 0,357	16,022	16,719	+ 0,697
— 0,259	30,745	30,431	— 0,314	16,100	16,673	+ 0,573
+ 0,090	30,122	30,184	+ 0,062	16,690	16,538	— 0,152
— 0,505	31,362	30,517	— 0,845	15,370	16,720	+ 1,350
— 0,017	30,156	30,152	— 0,004	16,500	16,521	+ 0,021
— 0,918	28,309	29,226	— 0,917	17,848	16,013	+ 1,835
+ 0,242	28,904	29,226	+ 0,322	16,578	16,014	— 0,564
+ 0,417	28,595	29,006	+ 0,411	16,721	15,893	— 0,828
— 0,224	29,582	29,357	+ 0,225	15,636	16,805	+ 0,449
+ 0,177	28,807	28,979	+ 0,172	16,226	15,877	— 0,349
— 0,493	29,737	29,240	— 0,497	15,034	16,024	+ 0,990

	Varietät	Fundort	Analyse von	$\ddot{Si}$ Beob.	Berech.
28.	Labrador	Labrador	S. v. W.	55,244	55,515
29.	Labrador	Campise	Le Hunte	55,545	55,683
30.	Labrador	Kijew	Segeth	56,452	56,324
31.	Labrador	Aetna	S. v. W.	56,578	57,169
32.	Labrador	Pisoje	Francis	56,890	57,692
33.	Labrador	Sibirien	Klaproth	57,074	56,934
34.	Labrador	Labrador	Klaproth	57,413	56,748
35.	Labrador	Christiania	Delesse	57,738	57,751
36.	Eisspath	Somma	S. v. W.	58,649	58,681
37.	Andesin	Baumgarten	Varrentrapp	58,831	59,616
38.	Andesin	Andes	Abich	60,353	60,365
39.	Andesin	Servance	Delesse	60,661	60,285
40.	Andesin	Servance	Delesse	60,770	60,440
41.	Andesin	Vapnafiord	S. v. W.	60,902	60,360
42.	Saccharit	Schlesien	Schmidt	60,936	60,831
43.	Andesin	Chagey	Delesse	61,918	61,227
44.	Oligoklas	Tvedestrand	Scheerer	62,193	61,723
45.	Oligoklas	Ytterby	Berzelius	62,384	62,507
46.	Hafnefiordit	Island	Svanberg	62,464	61,837
47.	Hafnefiordit	Hafnefiord	Forchhammer	62,644	61,750
48.	Oligoklas	Arendal	Rosales	63,012	62,991
49.	Oligoklas	Boden	Kerndt	63,434	63,915
50.	Oligoklas	Arriege	Laurent	63,470	62,492
51.	Oligoklas	Ajatskaja	Francis	63,471	63,758
52.	Oligoklas	Arendal	Hagen	63,549	63,864
53.	Oligoklas	Danevikstull	Berzelius	63,690	63,300
54.	Oligoklas	Ytterby	S. v. W.	64,223	63,738
55.	Oligoklas	Mer de Glace	Delesse	64,228	63,397
56.	Oligoklas	Freiberg	Kersten	64,278	63,416
57.	Oligoklas	Teneriffa	Deville	64,284	64,511
58.	Oligoklas	Marienbad	Kersten	64,665	63,665

D	Äl Beob.	Berech.	D'	Ċa Beob.	Berech.	D''
+ 0,271	28,472	28,738	+ 0,266	16,284	15,747	— 0,537
+ 0,138	28,493	28,630	+ 0,137	15,962	15,687	— 0,275
— 0,128	28,337	28,216	— 0,121	15,211	15,460	+ 0,249
+ 0,591	28,010	27,670	— 0,340	15,412	15,161	— 0,251
+ 0,802	26,599	27,332	+ 0,733	16,511	14,976	— 1,535
— 0,140	27,951	27,820	— 0,131	14,975	15,246	+ 0,271
— 0,665	28,567	27,942	— 0,625	14,020	15,310	+ 1,290
+ 0,017	27,282	27,292	+ 0,010	14,980	14,953	— 0,027
+ 0,032	26,664	26,693	+ 0,029	14,687	14,626	— 0,061
+ 0,785	25,412	26,089	+ 0,677	15,757	14,295	— 1,462
+ 0,012	25,611	25,605	— 0,006	14,036	14,030	— 0,006
— 0,376	25,975	25,657	— 0,318	13,364	14,058	+ 0,694
— 0,330	25,837	25,557	— 0,280	13,393	14,003	+ 0,610
— 0,542	26,066	25,608	— 0,458	13,032	14,032	+ 1,000
— 0,105	25,388	25,303	— 0,085	13,676	13,866	+ 0,190
— 0,691	25,617	25,048	— 0,569	12,465	13,725	+ 1,260
+ 0,530	25,350	24,728	— 0,622	13,457	13,549	+ 0,092
+ 0,123	24,123	24,222	+ 0,099	13,493	13,271	+ 0,222
+ 0,627	25,166	24,654	+ 0,512	12,870	13,509	+ 1,139
+ 0,894	25,436	24,711	— 0,125	11,920	13,539	+ 1,619
— 0,021	23,919	23,909	— 0,010	13,069	13,100	+ 0,031
+ 0,481	23,694	23,312	— 0,382	12,872	12,773	— 0,099
— 0,978	25,008	24,231	— 0,777	11,522	13,277	+ 1,755
+ 0,287	23,197	23,414	+ 0,217	13,332	12,828	— 0,504
+ 0,315	23,105	23,345	+ 0,240	13,346	12,791	— 0,555
— 0,390	24,267	23,710	— 0,557	12,043	12,990	+ 0,947
— 0,485	23,796	23,426	— 0,370	11,981	12,836	+ 0,855
— 0,831	24,290	23,647	— 0,643	11,482	12,956	+ 1,474
— 0,862	24,302	23,634	— 0,668	11,420	12,950	+ 1,530
+ 0,227	22,756	22,927	+ 0,171	12,960	12,562	— 0,398
— 1,000	24,249	23,472	— 0,777	11,086	12,863	+ 1,777

	Varietät	Fundort	Analyse von	$\ddot{Si}$ Beob.	Berech.
59.	Oligoklas	Warmbrunnen	Rammelsberg	64,965	63,930
60.	Oligoklas	Flensburg	Wolff	64,989	65,018
61.	Oligoklas	Lauervig	Kern	65,037	64,971
62.	Oligoklas	Finnland	Chodnew	65,306	65,745
63.	Loxoclas	Hammond	Breithaupt	65,326	66,124
64.	Glas. Feldsp.	Hoherhagen	Schnedermann	66,710	66,189
65.	Oligoklas	Vogesen	Delesse	66,974	66,679
66.	Albit	Snarum	Scheidhauer	67,482	68,571
67.	Albit	Lancaster	Brush	67,513	67,460
68.	Albit	Pensylvanien	Redtenbacher	68,118	68,642
69.	Orthoklas	Chili	Domeyko	68,213	67,593
70.	Oligoklas	Borodin	S. v. W.	68,600	68,730
71.	Glas. Feldsp.	Lutterbach	Mitscherlich	68,721	68,437
72.	Albit	Finnland	Tengström	68,807	68,693
73.	Mondstein	Ceylon	Brongniart	68,841	68,256
74.	Albit	St. Gotthard	Brooks	69,121	69,287
75.	Albit	Riesengebirge	Lohmeyer	69,328	69,629
76.	Albit	Miask	Abich	69,363	69,873
77.	Erythrit	Glasgow	Thomson	69,373	68,922
78.	Amazonenst.	Sibirien	Abich	69,424	69,740
79.	Periklin	Zöblitz	Gmelin	69,440	69,503
80.	Periklin	Pantellaria	Abich	69,680	69,865
81.	Adular	St. Gotthard	Abich	69,687	70,096
82.	Orthoklas	Baveno	Abich	69,712	69,612
83.	Albit	St. Gotthard	Thaulow	69,715	69,563
84.	Orthoklas	Freiberg	Kersten	69,797	69,958
85.	Albit	Brevig	Erdmann	69,964	69,742
86.	Albit	Penig	Ficinus	69,980	69,445
87.	Albit	Freiberg	Kersten	70,036	69,997
88.	Albit	Marienbad	Kersten	70,083	70,534
89.	Glas. Feldsp.	Drachenfels	Berthier	70,176	69,681

D	Äl Beob.	Berech.	D'	Ċa Beob.	Berech.	D''
— 1,035	24,090	23,303	— 0,787	10,945	12,767	+ 1,822
+ 0,029	22,579	22,599	+ 0,020	12,432	12,383	— 0,059
— 0,066	22,678	22,630	+ 0,048	12,285	12,399	+ 0,114
+ 0,439	21,813	22,130	+ 0,317	12,881	12,125	— 0,756
+ 0,798	21,316	21,885	+ 0,569	13,358	11,991	— 1,367
— 0,521	22,071	21,843	— 0,228	11,219	11,968	+ 0,749
— 0,295	21,753	21,527	— 0,226	11,273	11,794	+ 0,521
+ 1,089	19,577	20,304	— 0,727	12,941	11,125	— 1,816
— 0,053	21,059	21,021	— 0,038	11,428	11,519	+ 0,091
+ 0,524	19,908	20,259	+ 0,351	11,974	11,099	— 0,875
— 0,620	21,361	20,936	— 0,425	10,426	11,471	+ 1,045
+ 0,130	20,114	20,202	— 0,088	11,286	11,068	+ 0,218
— 0,284	20,584	20,391	— 0,193	10,695	11,172	+ 0,477
— 0,114	20,300	20,225	— 0,075	10,893	11,082	+ 0,189
— 0,585	20,900	20,507	— 0,393	10,259	11,237	+ 0,978
+ 0,166	19,734	19,841	+ 0,107	11,145	10,872	— 0,273
+ 0,301	19,440	19,621	+ 0,181	11,232	10,750	+ 0,482
+ 0,510	19,137	19,464	+ 0,327	11,500	10,663	— 0,837
— 0,451	20,374	20,078	— 0,296	10,253	10,000	+ 0,747
+ 0,316	19,348	19,549	+ 0,201	11,228	10,711	— 0,517
+ 0,063	19,662	19,703	+ 0,041	10,898	10,794	— 0,104
+ 0,185	19,347	19,468	+ 0,121	10,973	10,667	— 0,306
+ 0,409	19,063	19,319	+ 0,256	11,250	10,585	— 0,665
+ 0,100	19,698	19,632	+ 0,066	10,590	10,756	— 0,166
— 0,152	19,760	19,663	— 0,097	10,525	10,774	+ 0,249
+ 0,161	19,306	19,408	+ 0,102	10,897	10,634	— 0,263
— 0,222	19,697	19,547	— 0,150	10,339	10,711	+ 0,372
— 0,535	20,088	19,740	— 0,348	9,932	10,815	+ 0,883
— 0,039	19,408	19,383	— 0,025	10,556	10,620	+ 0,064
+ 0,451	18,751	19,036	— 0,285	11,166	10,430	+ 0,736
— 0,495	19,908	19,587	— 0,321	9,916	10,732	+ 0,816

	Varietät	Fundort	Analyse von	$\dddot{Si}$ Beob.	Berech.
90.	Orthoklas	Chamouni	Delesse	70,323	69,560
91.	Glas. Feldsp.	Lutterbach	Mitscherlich	70,346	70,856
92.	Orthoklas	Marienberg	Kröner	70,697	71,070
93.	Mikroklin	Arendal	Evreinoff	71,033	70,205
94.	Albit	Finbo	Eggertz	71,179	71,167
95.	Glas. Feldsp.	Scharfenberg	Mitscherlich	71,317	71,167
96.	Albit	Nordamerica	Stromeyer	71,380	70,147
97.	Albit	Freiburg	Brandes	71,458	71,305
98.	Valencianit	Mexico	Plattner	71,630	71,177
99.	Krablit	Island	Forchhammer	76,040	75,125
100.	Krablit	Krabla	Genth	81,662	81,258

Eine nähere Betrachtung der Zahlen in dieser Tabelle führt zu ähnlichen Schlüssen, als die waren, welche wir aus den Zahlen in Tab. II. gezogen haben.

Es finden sich bei $\dddot{Si}$ 47 positive 53 negative Fehler
bei $\dddot{Al}$ 41 — 59 — —
bei $\dot{Ca}$ 59 — 41 — —

Stellen wir uns die Zahlen in Tab. IV. geometrisch vor, so ist es einleuchtend, dass die beiden Hyperbeln oder die berechneten Grenzlinien, welche die Flächenräume zwischen Kiesel- und Thonerde, und zwischen Thon- und Kalkerde trennen, von den beobachteten Grenzlinien bei jedem Zeichenwechsel geschnitten werden.

Man kann nun die Forderung stellen, die Constanten der beiden Hyperbeln, d. h. die Atomengewichte, s, p, k so zu wählen, dass die berechneten Curven sich den beobachteten so gut als möglich anschliessen, oder dass

D	Äl Beob.	Berech.	D′	Ċa Beob.	Berech.	D″
− 0,763	20,161	19,665	− 0,496	9,516	10,775	+ 1,259
+ 0,510	18,510	18,829	+ 0,319	11,144	10,315	− 0,829
+ 0,373	18,460	18,690	+ 0,230	10,843	10,240	− 0,603
− 0,828	19,776	19,249	− 0,527	9,191	10,546	+ 1,355
− 0,012	18,634	18,627	− 0,007	10,187	10,206	+ 0,019
− 0,150	18,718	18,627	− 0,091	9,965	10,206	+ 0,241
− 1,233	20,073	19,286	− 0,787	8,547	10,567	+ 2,020
− 0,153	18,631	18,537	− 0,094	9,911	10,158	+ 0,247
− 0,453	18,903	18,621	− 0,282	9,467	10,202	+ 0,735
− 0,915	16,574	16,070	− 0,504	7,386	8,805	− 1,419
− 0,404	12,296	12,108	− 0,188	6,042	6,634	+ 0,592

die Summe der Quadrate der übrigbleibenden Fehler ein Minimum werde.

Die Lösung dieser Aufgabe hat zwar keine Schwierigkeiten, obwohl die Rechnung für 100 Gleichungen ziemlich weitläuftig ausfallen muss. Demungeachtet würde ich dieselbe ausgeführt haben, wenn die Thonkalkfeldspathe wirkliche Beobachtungen vorstellten, während sie nur mit Hülfe der Atomengewichte q, l, m, n abgeleitete Grössen sind und gewisse Beobachtungsfehler, die bei der Bestimmung jener begangen sind, mit involviren.

Es findet sich der mittlere Fehler für die Bestimmung

der Kieselerde $m = \sqrt{\frac{24,9614}{99}} = 0,50212$

der Thonerde $m' = \sqrt{\frac{18,1544}{99}} = 0,42823$

der Kalkerde $m'' = \sqrt{\frac{73,7436}{99}} = 0,86306$

Die Bemerkung wird dem Leser nicht entgehen, dass im Anfang der Tabelle die Beobachtungsfehler der Kieselerde kleiner sind, als die der Thonerde; in den Beobachtungen 26 bis 28 werden beide einander fast gleich. Von da an überwiegen die Beobachtungsfehler der Kieselerde die der Thonerde bis an das Ende der Reihe.

In einer allen Ansprüchen genügenden Theorie müsste dieser Missstand wegfallen, der nur allein durch eine mangelhafte Kenntniss der Atomengewichte vornehmlich durch Fehler in s, p und k, aber auch in q, l, m, n, veranlasst wird. Über die vollständigere Behandlung dieser Aufgabe habe ich vorhin schon einige Bemerkungen gemacht, jedoch sind die oft noch gar zu rohen chemischen Analysen wenig ermunternd, auf sie gestützt, eine so weitläuftige Rechnung auszuführen.

Bei der Berechnung der Tafel IV. wurden folgende Atomengewichte angenommen:

$$s = 566{,}820$$
$$p = 641{,}800$$
$$k = 351{,}651$$

Das Atomengewicht des Siliciums = 266,820
des Aluminiums = 170,900
des Calciums = 251,651

Das erstere beruht auf Untersuchungen von Pelouze, siehe Cours d. Chim. génér. 1. XLIII. Die frühere Angabe des Atomengewichts des Siliciums von Berzelius war 277,778, Berz. Chem. III. 1040. Man hat in neuerer Zeit der erstern Zahl den Vorzug gegeben und auch bei meinen Rechnungen ist sie mit zu Grunde gelegt.

Die in der Tabelle IV. ausgeführte Rechnung macht es mir sehr wahrscheinlich, dass das Atomengewicht des Siliciums 266,820 jedenfalls zu klein sei, während das von Berzelius angenommene etwas zu gross sein mag. Das Mittel aus beiden 272,299 würde jedenfalls vorzuziehen sein.

Die Atomgewichte der hier in Frage kommenden Körper aus so zusammengesetzten Feldspathanalysen durch Rechnung zu verbessern, ist jedenfalls ein Bemühen von sehr zweifelhaftem Erfolg und eine Andeutung allein wird genügen, dass diese für die Chemie und die Mineralogie so wichtigen Zahlen gewisser Abänderungen bedürfen, welche demnächst auf directem Wege herbeigeführt werden müssen.

Zunächst erscheint es nicht unwichtig die Grenzen festzustellen, innerhalb derer x erscheint. Nach den in Tab. II. zusammengestellten Zahlen beginnt x mit 3,9921; niedrigere Werthe sind, so viel mir bekannt, bisjetzt noch nicht beobachtet worden. Nach unsern jetzigen Kenntnissen muss man $x = 4$, als die kleinste ganze Zahl, als den unteren Grenzwerth ansehen, um welche die Analysen 1, 2, 4, 5 Tab. II. innerhalb der möglichen Beobachtungsfehler hin und her schwanken; dann aber wird ein allmähliges Steigen ersichtlich, bis endlich nach vielen durchlaufenen Zwischenstufen beim Krablit die andere Grenze mit $x = 22,796$ erreicht wird.

Die zweite Hälfte der Feldspathreihe mit grösseren Werthen von x als 12, ist noch sehr unvollständig vertreten und die Chemiker haben darin noch weite Lücken durch neue Beobachtungen auszufüllen. So wahrscheinlich es ist, dass die Reihe mit $x = 4$ beginnt, eben so unwahrscheinlich ist es, dass sie mit $x = 22{,}7960$ schliesst. Zuverlässige Analysen von reinem Feldspath mit grössern Werthen von x als der angegebene, sind mir nicht bekannt, indess zeigt eine nähere Untersuchung der isländischen Trachyte, Pechsteine und Obsidiane, wovon weiter unten die Rede sein wird, dass x sogar noch etwas über 24 hinausgeht, und dieser Werth wahrscheinlicher Weise als oberer Grenzwerth zu betrachten ist. Sollten demnächst kleinere Werthe als 4 und grössere als 24 aufgefunden werden, so thut dieses unsern Betrachtungen keinen Eintrag.

Es ist augenscheinlich, dass die Bestimmung von x um so unsicherer ausfällt, je kleiner A und B und um soviel grösser C wird. Aus der Gleichung:

$$dx = \frac{10}{A + 3B} dC - \frac{30C}{(A + 3B)^2} dB - \frac{10C}{(A + 3B)^2} dA$$

ist der Einfluss, welchen eine fehlerhafte Bestimmung in A, B, C auf x ausübt, leicht zu übersehen.

Setzen wir z. B.

1) $A = 5{,}941$ | 2) $A = 1{,}7182$
$B = 16{,}875$ $x = 4{,}024$ | $B = 5{,}7476$ $x = 22{,}796$
$C = 23{,}292$ | $C = 43{,}2210$,

so wird in 1, $dx = 0{,}1768\,dC - 0{,}2181\,dB - 0{,}0728\,dA$
2, $dx = 0{,}5274\,dC - 3{,}6065\,dB - 1{,}2050\,dA$

Würde $dC = dB = dA = 1$, so fände sich im ersten Falle, $dx = -0{,}1144$,
im zweiten, $dx = -4{,}2841$.

Es geht daraus hervor, dass in den kieselerdereichern Feldspathen die Bestimmung des x weniger zuverlässig ist, als in den kieselerdeärmern und dass daher auf die Analyse jener eine um so viel grössere Vorsicht und Aufmerksamkeit zu verwenden ist.

Die unzweifelhafte Thatsache, dass allen Feldspathen die Norm (1, 3, x) zu Grunde liegt, scheint gegen das Princip der Zusammensetzung der Körper nach einfachen Zahlenverhältnissen anzustossen. Wären alle drei Glieder durch irrationale Zahlen repräsentirt, so hätte man allerdings Grund, an der allgemeinen Gültigkeit jenes Gesetzes zu zweifeln; da sich aber $\beta : \gamma$ überall sehr nahe wie 3 : 1 verhält, und nur x eine continuirliche Zahlenreihe bildet, so wird es nothwendig, eine Erklärung aufzusuchen, welche mit jenem Gesetze leicht vereinbar ist.

Diese liegt sehr nahe. Mischen wir nämlich eine gewisse Quantität des kieselerdereichsten mit einer andern Quantität des kieselerdeärmsten Feldspaths, also Anorthit, von der Norm (1, 3, 4) mit Krablit von der Norm (1, 3, 24), so kann, indem das richtige Verhältniss beider gewählt wird, jeder zwischen beiden liegende Feldspath von der Norm (1, 3, x) hervorgebracht werden.

Will man innerhalb der Grenzen 4 und 24 noch gewisse rationale Zwischenwerthe annehmen, z. B. 12, so ist es klar, dass alle Feldspathe zwischen x = 4 und x = 12 als Gemische von Anorthit und Albit, die zwischen x = 12 und x = 24 als Gemische von Albit und Krablit betrachtet werden können. Noch andere Zwischenstufen zwischen dem Anorthit und Krablit einzuschalten, ist in Bezug auf die Rechnung erlaubt, und es entsteht nur die Frage, ob eine solche Annahme naturgemäss oder zweckmässig sei.

Betrachten wir einen beliebigen Feldspath von der Norm (1, 3, x) und dem Modulus M zusammengesetzt aus zwei andern Feldspathen, deren Normen (1, 3, m) und (1, 3, n) sind, und bezeichnen wir den Modulus des erstern mit v, den des zweiten mit w, so erhält man folgende Gleichungen:

$$mv + nw = xM$$
$$3v + 3w = 3M$$
$$v + w = M$$

Daraus folgt $v = -\left(\frac{n - x}{m - n}\right)M$ und $w = \left(\frac{m - x}{m - n}\right)M$

Setzen wir beim Anorthit $n = 4$, beim Krablit $m = 24$,

so wird $v = \frac{x - 4}{20} \cdot M$ und $w = \frac{24 - x}{20} \cdot M$

Ein Thonkalkfeldspath von der Norm (1, 3, x), dessen Modulus M ist, bestehet demnach aus zwei Theilen, aus dem sauern und basischen, oder aus Krablit und Anorthit. Die Zusammensetzung beider Theile wird:

Krablit Anorthit

$$\frac{s}{300} \cdot \frac{24}{20} (x - 4)M + \frac{s}{300} \cdot \frac{4}{20} (24 - x)M = \dddot{Si}$$

$$\frac{p}{300} \cdot \frac{3}{20} (x - 4)M + \frac{p}{300} \cdot \frac{3}{20} (24 - x)M = \dddot{Al}$$

$$\frac{k}{100} \cdot \frac{1}{20} (x - 4)M + \frac{k}{100} \cdot \frac{1}{20} (24 - x)M = \dot{Ca}$$

Substituirt man die Zahlenwerthe für s, p, k, so findet man:

$$2{,}26730\,(x - 4)M + 0{,}37788\,(24 - x)M = \ddot{S}i$$
$$0{,}32090\,(x - 4)M + 0{,}32090\,(24 - x)M = \ddot{\ddot{A}}l$$
$$0{,}17583\,(x - 4)M + 0{,}17583\,(24 - x)M = \dot{C}a$$

Das Verhältniss vom Anorthit zum Krablit in einem Feldspathe, dessen Norm (1, 3, x) ist, ergibt sich wie

$$1 : 3{,}1602\left(\frac{x - 4}{24 - x}\right).$$

Die Tabelle V. enthält für die obigen Analysen unter der Überschrift T diese Verhältnisszahl. Die Ordnungszahlen sind dieselben wie in Tab. IV.

Tabelle V.

	T		T
1.	0,0038	18.	0,3326
2.	—0,0013	19.	0,3503
3.	0,0201	20.	0,3265
4.	0,0078	21.	0,3522
5.	0,0111	22.	0,4238
6.	0,0299	23.	0,4236
7.	0,0318	24.	0,4417
8.	0,0294	25.	0,4132
9.	0,0796	26.	0,4440
10.	0,0658	27.	0,4225
11.	0,1207	28.	0,4642
12.	0,1960	29.	0,4736
13.	0,3060	30.	0,5103
14.	0,3001	31.	0,5270
15.	0,2678	32.	0,5953
16.	0,3229	33.	0,5471
17.	0,3267	34.	0,5356

	T		T
35.	0,5992	66.	1,8849
36.	0,6250	67.	1,6646
37.	0,7322	68.	1,9002
38.	0,7909	69.	1,6890
39.	0,7854	70.	1,9189
40.	0,7982	71.	1,8560
41.	0,7917	72.	1,9112
42.	0,8316	73.	1,8189
43.	0,8663	74.	2,0469
44.	0,9119	75.	2,1306
45.	0,9887	76.	2,1934
46.	0,9357	77.	1,9621
47.	0,9144	78.	2,1596
48.	1,0393	79.	2,0999
49.	1,1432	80.	2,1915
50.	0,9872	81.	2,2534
51.	1,1248	82.	2,1262
52.	1,1372	83.	2,1143
53.	1,0728	84.	2,2162
54.	1,1224	85.	2,1595
55.	1,0663	86.	2,0850
56.	1,0856	87.	2,2267
57.	1,2163	88.	2,3772
58.	1,1138	89.	2,1437
59.	1,1450	90.	2,1134
60.	1,2822	91.	2,4744
61.	1,2754	92.	2,5426
62.	1,3842	93.	2,2833
63.	1,4408	94.	2,5591
64.	1,4508	95.	2,5227
65.	1,5292	96.	2,2688

	T		T
97.	2,6203	99.	4,6237
98.	2,5773	100.	49,3460

Es ist einleuchtend, dass eine jede beliebige Feldspathanalyse in ihre beiden Componenten zerlegt werden kann, wenn man eine proportionale Vertheilung der isomorphen Bestandtheile voraussetzt. Ein Beispiel mag dieses erläutern. Der Feldspath des Aetna Nr. 30 Tab. I. hat folgende Zusammensetzung:

		Sauerstoff	
Kieselerde	55,641	29,449	
Thonerde	25,224	11,791	12,876
Eisenoxyd	3,622	1,085	
Kalkerde	10,454	2,937	
Magnesia	0,731	0,292	4,310
Natron	3,505	0,905	
Kali	0,823	0,140	
	100,000		

Daraus folgt $M = 4,2938$, $x = 6,8585$
$v = 0,6137$, $w = 3,6801$

Hiermit berechnet man:

	Krablit		Anorthit		Labr. Ber.	Labr. Beob.	D
Kieselerde	27,829	+	27,813	=	55,642	55,641	+ 0,001
Thonerde	3,607	+	21,628	=	25,235	25,224	+ 0,011
Eisenoxyd	0,518	+	3,106	=	3,624	3,622	+ 0,002
Kalkerde	1,489	+	8,926	=	10,415	10,454	— 0,039
Magnesia	0,104	+	0,624	=	0,728	0,731	— 0,003
Natron	0,499	+	2,992	=	3,491	3,505	— 0,014
Kali	0,117	+	0,703	=	0,820	0,823	— 0,003
	34,163		65,792				

Die hieraus auf 100 berechnete Zusammensetzung des Krablit und Anorthit ist alsdann:

Kieselerde	81,460	43,1130	24	42,275	22,375	4
Thonerde	10,558	4,9348	3	32,874	15,366	3
Eisenoxyd	1,516	0,4543		4,720	1,414	
Kalkerde	4,357	1,2391	1	13,567	3,858	1
Magnesia	0,305	0,1216		0,948	0,379	
Natron	1,461	0,3773		4,548	1,175	
Kali	0,343	0,0582		1,068	0,181	
	100,000			100,000		

Betrachtet man diesen Labrador des Aetna aus Anorthit und Albit zusammengesetzt, so stellt sich die Rechnung folgendermassen:

	Albit		Anorth.		Labr. Ber.	Labr. Beob.	D
Kieselerde	34,788	+	20,855	=	55,643	55,641	+ 0,002
Thonerde	9,018	+	16,218	=	25,236	25,224	+ 0,012
Eisenoxyd	1,295	+	2,329	=	3,624	3,622	+ 0,002
Kalk	3,721	+	6,693	=	10,414	10,454	— 0,040
Magnesia	0,260	+	0,468	=	0,728	0,731	— 0,003
Natron	1,248	+	2,244	=	3,492	3,505	— 0,013
Kali	0,293	+	0,527	=	0,820	0,823	— 0,003
	50,623		49,334				

Die aus den entsprechenden Zahlen berechnete procentische Zusammensetzung des Albit findet sich alsdann:

Kieselerde	68,718
Thonerde	17,815
Eisenoxyd	2,558
Kalkerde	7,351
Magnesia	0,514
Natron	2,465
Kali	0,579
	100,000

während für den Anorthit dieselben Zahlen wie vorhin sich ergeben würden.

Es steht daher an dem einen Ende der Reihe der Feldspathe der Anorthit als basisches, am andern Ende der Krablit als saueres Salz. Zwischen beiden kann naturgemässerweise, ohne dass es für die Theorie nothwendig wird, der Albit als neutrales Salz eingeschoben werden.

Andere Zwischenstufen noch anzunehmen ist ebenso unnöthig als es naturwidrig scheint. Man könnte mit demselben Rechte ebenso gut 10 oder 100 Zwischenglieder einschalten, ohne etwas anderes zu gewinnen als unbeholfene stöchiometrische Formeln und oft geschmacklose Namen, die das Gedächtniss der Mineralogen mit Ballast überhäufen.

Die Namen Anorthit, Albit und Krablit sind einmal eingeführt, wesshalb ich eine Veränderung derselben als ungeeignet halte; sie allein haben das Recht in der Mineralogie als Species angesehen zu werden, da ihr inneres Wesen bestimmten mathematischen und chemischen Verhältnissen entspricht. Alle übrigen Feldspathe, Labrador, Andesin, Oligoklas u. s. w. sind nur Mischungen aus jenen, und sollten besser in einer nach wissenschaftlichen Principien angeordneten Mineralogie als Species nicht mit aufgenommen werden.

Es sind Normen des Anorthit (1, 3, 4)
des Albit (1, 3, 12)
des Krablit (1, 3, 24)

Multiplicirt man dieselben mit 3, so wird:

Anorthit (3, 9, 12),

Albit	(3, 9, 36)
Krablit	(3, 9, 72)

oder in Atomen ausgedrückt:

Anorthit	3, 3, 4
Albit	3, 3, 12
Krablit	3, 3, 24.

Es entsteht nun die Frage, auf welche Weise die Kieselsäure an die beiden Basen am zweckmässigsten vertheilt werden könne, oder welche Werthe für μ und ϱ als die geeignetsten erscheinen.

Geht man von der, von Berzelius festgesetzten Bestimmung der neutralen Salze aus, so verbinden sich 3 Atome $\dot{R}$ mit 3 Atomen $\dddot{Si}$ und 3 Atome von $\ddot{R}$ mit 9 Atomen von $\dddot{Si}$, oder für den Albit würde $\mu = 3$ und $\varrho = 9$.

Dem analog würde dann:

	λ	μ	ϱ
Anorthit	3,	1,	3
Albit	3,	3,	9
Krablit	3,	6,	18,

woraus die stöchiometrischen Formeln:

$$\text{Anorthit} \quad \dot{R}^3 \dddot{Si} + \ddot{R}^3 \dddot{Si}^3 = \dot{R}^3 \dddot{Si} + 3\ddot{R} \dddot{Si}$$

$$\text{Albit} \quad \dot{R}^3 \dddot{Si}^3 + \ddot{R}^3 \dddot{Si}^9 = \dot{R} \dddot{Si} + \ddot{R} \dddot{Si}^3$$

$$\text{Krablit} \quad \dot{R}^3 \dddot{Si}^6 + \ddot{R}^3 \dddot{Si}^{18} = \dot{R} \dddot{Si}^2 + \ddot{R} \dddot{Si}^6$$

Dass auch andere Vertheilungen der Atome von $\dddot{Si}$ unter μ und ϱ gedacht werden können, ist einleuchtend. Ausser der angegebenen erscheint als wahrscheinlich:

	μ	ϱ
Anorthit	2,	2
Albit	6,	6
Krablit	12,	12

die Formeln werden dann:

Anorthit $\dot{R}^3 \dddot{Si}^2 + \dddot{R}^3 \dddot{Si}^2$

Albit $\dot{R}^3 \dddot{Si}^6 + \dddot{R}^3 \dddot{Si}^6 = \dot{R} \dddot{Si}^2 + \dddot{R} \dddot{Si}^2$

Krablit $\dot{R}^3 \dddot{Si}^{12} + \dddot{R}^3 \dddot{Si}^{12} = \dot{R} \dddot{Si}^4 + \dddot{R} \dddot{Si}^4$

Da wo die Aufstellung einer chemischen Formel zweifelhaft ist, und wo, wie in unserm Falle, die Säure in verschiedener Weise mit den Basen verbunden gedacht werden kann, stelle ich das Princip auf, dass die Formel die wahrscheinlichste oder doch zweckmässigste sei, in der die Summe der Quadrate der sogenannten Exponenten den kleinsten Werth annimmt. Danach würde die zweite Formelnreihe für die verschiedenen Feldspathe der ersten vorzuziehen sein; insofern aber das Princip von der Bildung der neutralen Salze (Wöhlers Grundriss der Chemie pag. 83, Berlin 1851) aufrecht erhalten werden soll, oder durch Versuche bestätigt erscheint, so kann an der Richtigkeit der ersten Formelreihe nicht gezweifelt werden und die zweite ist zu verwerfen, wenn auch die Exponenten derselben im Allgemeinen etwas kleiner ausfallen.

Ist nun das erste auf pag. 17 aufgestellte Gesetz, der Verbindung der Atome nach einfachen Zahlenverhältnissen auch für den Feldspath als gültig anzusehen, so ist an der Richtigkeit des zweiten, am Gesetze der isomorphen Substitution noch weniger zu zweifeln. Die mitgetheilte Reduction von 100 verschiedenen Feldspathanalysen, in denen die isomorphen Bestandtheile auf das Mannigfaltigste wechseln, auf Thonkalkfeldspathe und die für dieselben abgeleiteten Fehler liefern für die Richtigkeit dieses Gesetzes den besten Beweis; dass eine noch günstigere Übereinstimmung zwischen Theorie und Beobachtung mit verbesserten Atomengewichten erzielt werden würde, ist bereits bemerkt worden. Die Vertheilung der isomorphen Bestandtheile in beiden Basen ist in mehrfacher Weise interessant und scheint einer etwas ausführlichern Untersuchung nicht unwerth.

Was zuerst das Verhältniss von Thonerde zu Eisenoxyd betrifft, so zeigt sich zwar ein entschiedenes Vorwalten des ersten Bestandtheils, doch geben es die Beobachtungen deutlich zu erkennen, dass der zweite, das Eisenoxyd, nothwendig mit in die Verbindung gehöre und nicht etwa als etwas Accessorisches, zufälligerweise Beigemengtes, zu betrachten sei.

Zwischen den 100 Analysen in Tab. I. findet sich in 26 kein Eisengehalt, doch bin ich der Ansicht, dass derselbe gewiss meistens nur übersehen worden ist. Selbst der blendend weisse Feldspath von Ytterby Nr. 58. Tab. I. enthält nach meinen Untersuchungen noch 0,100 Procent Eisenoxyd. Ganz eisenfreie Feldspathe sind übrigens sehr wohl denkbar, obgleich ihr Vorkommen jedenfalls sehr beschränkt sein mag.

Um die Stellung der Thonerde zum Eisenoxyd richtig zu beurtheilen, ist es nothwendig, den Antheil, welchen beide an der Bildung von $\ddot{R}$ nehmen, hervorzuheben.

Das mittlere Verhältniss vom Sauerstoff des Eisenoxyds zum Sauerstoff der Thonerde, mit Benutzung von Taf. I. aus Decaden gezogen, ist:

Decad.	
1	0,0327
2	0,0305
3	0,0445
4	0,0421
5	0,0173
6	0,0091
7	0,0072
8	0,0059
9	0,0349
10	0,0326
Mittel	0,0257 $= \frac{\lambda}{\mu}$

Das mittlere Verhältniss von Thonerde zu Eisenoxyd aus allen 100 Analysen berechnet findet sich 1 : 0,0401.

Verwickelter sind die Substitutionsverhältnisse in $\dot{R}$, indem Kalk, Magnesia, Natron, Kali, auch wohl Lithion, Körper von sehr verschiedenen Atomengewichten sich nach dem oben ausgesprochenen Gesetze in der mannigfaltigsten Weise vertreten.

Man hat geglaubt, dass das alleinige Erscheinen oder das entschiedene Vorwalten eines dieser Bestandtheile in $\dot{R}$ zur Unterscheidung der verschiedenen Species dienen könne; es sind daher z. B. Kalk- und Natron-Labrador, Albit und Orthoklas von einander getrennt worden. Unter jenen hundert Analysen finden sich allein 5, in denen nur ein Bestandtheil auftritt: nämlich in Nr. 28 ist nur Kalk, in Nr. 82 nur Kali, in Nr. 86, 93 und 95 nur Natron beobachtet worden. Ob diese Analysen vollkommen zuverlässig sind, lasse ich dahin gestellt sein; im Kreise meiner Erfahrungen sind solche Fälle durchaus nicht vorgekommen.

In allen andern 95 Analysen findet ein sehr wechselndes Schwanken der 4 Bestandtheile statt, obwohl es nicht zu verkennen ist, dass die Magnesia eine untergeordnete Stellung einnimmt. Um indess die Vertheilung der Alkalien bei den verschiedenen Analysen besser beurtheilen zu können, berechnen wir den Antheil, welchen dieselben an der Bildung der Basis nehmen. Setzen wir den Sauerstoff in $\dot{R} = 1$ und bezeichnen wir die an der Einheit theilnehmende Sauerstoffmenge des Kalks mit a, der Magnesia mit b, des Natrons mit c, des Kalis mit d, so finden sich aus Tab. I. folgende Zahlenwerthe:

Tabelle VI.

Relative Vertheilung des Sauerstoffs in den Alkalien von $\dot{R}$.

	a	b	c	d
1.	0,831		0,169	
2.	0,527	0,399	0,074	
3.	0,914	0,026	0,043	0,017
4.	0,396	0,024	0,027	0,013
5.	0,756	0,171	0,073	
6.	0,942	0,039	0,012	0,007
7.	0,868		0,132	
8.	0,724	0,276		
9.	0,945		0,048	0,007
10.	0,589	0,411		
11.	0,851	0,091	0,049	0,009
12.	0,904	0,072	0,005	0,019
13.	0,675	0,100	0,207	0,018
14.	0,325	0,189	0,303	0,183

	a	b	c	d
15.	0,061	0,185	0,551	0,203
16.	0,742	0,016		0,242
17.	0,738	0,013	0,230	0,019
18.	0,762		0,227	0,011
19.	0,755	0,014	0,229	0,002
20.	0,739	0,011	0,230	0,020
21.	0,715	0,072	0,070	0,143
22.	0,604	0,041	0,072	0,283
23.	0,714	0,045	0,222	0,019
24.	0,577	0,090	0,266	0,067
25.	0,588	0,041	0,311	0,060
26.	0,547	0,097	0,218	0,138
27.	0,601	0,155	0,236	0,008
28.	1,000			
29.	0,674	0,016	0,292	0,018
30.	0,689	0,068	0,210	0,033
31.	0,731	0,014	0,241	0,014
32.	0,763		0,237	
33.	0,342	0,070	0,443	0,145
34.	0,570	0,060	0,341	0,029
35.	0,099	0,018	0,616	0,267
36.	0,752		0,248	
37.	0,418	0,037	0,545	
38.	0,309	0,044	0,531	0,116
39.	0,416	0,109	0,428	0,047
40.	0,488	0,070	0,402	0,040
41.	0,357	0,045	0,503	0,095
42.	0,379	0,052	0,567	0,002
43.	0,360		0,582	0,058
44.	0,468	0,086	0,406	0,040
45.	0,168	0,115	0,535	0,182
46.	0,438	0,043	0,431	0,088
47.	0,239	0,084	0,660	0,017
48.	0,162	0,011	0,681	0,146
49.	0,761	0,042	0,197	
50.	0,360	0,022	0,569	0,049
51.	0,183	0,081	0,638	0,098
52.	0,170	0,063	0,634	0,133
53.	0,264	0,025	0,712	
54.	0,174	0,083	0,492	0,251
55.	0,253	0,030	0,588	0,129
56.	0,287	0,040	0,552	0,121
57.	0,188	0,071	0,675	0,066
58.	0,325	0,022	0,624	0,029
59.	0,223	0,033	0,622	0,122
60.	0,248		0,613	0,139
61.	0,234		0,646	0,120
62.	0,037		0,868	0,095
63.	0,070	0,091	0,262	0,577
64.	0,335		0,665	
65.	0,010	0,118	0,046	0,826
66.	0,044	0,079		0,927
67.			0,880	0,120
68.	0,009	0,012	0,242	0,737
69.	0,234		0,038	0,728
70.	0,126		0,087	0,787
71.	0,034	0,014	0,114	0,838
72.	0,092		0,151	0,757
73.	0,125			0,875
74.	0,260		0,364	0,376
75.	0,101		0,081	0,818
76.	0,293	0,018	0,662	0,027

	a	b	c	d
77.	0,028	0,079	0,521	0,372
78.	0,181	0,065	0,754	
79.		0,273	0,327	0,400
80.	0,122	0,037	0,762	0,079
81.	0,070		0,232	0,698
82.				1,000
83.	0,287	0,021	0,041	0,651
84.	0,106		0,386	0,508
85.	0,099	0,452		0,449
86.			1,000	
87.	0,014		0,851	0,135
88.	0,035	0,011	0,889	0,065

	a	b	c	d
89.	0,117	0,067	0,675	0,141
90.	0,044	0,022	0,900	0,034
91.	0,083	0,057	0,711	0,149
92.	0,022		0,914	0,064
93.			1,000	
94.		0,050	0,950	
95.			1,000	
96.	0,054		0,946	
97.	0,028		0,972	
98.	0,062		0,938	
99.	0,272	0,033	0,695	
100.	0,159		0,346	0,495

Aus dieser Übersicht zeigt es sich deutlich, dass im Allgemeinen genommen bei den Kieselerde ärmern Feldspathen, Kalk und Magnesia grösseren Antheil an der Bildung von $\dot{R}$ nehmen, als Natron und Kali, während bei den Kieselerde reichern das Verhältniss umgekehrt wird. Da aber entweder in der Natur nicht so regelmässige Mischungen vorkommen oder auch Beobachtungsfehler Einfluss auf die Zahlen a, b, c, d ausüben, so leiten wir aus Tab. VI. aus Decaden gezogene Mittelwerthe ab, welche in Verbindung mit einem Mittelwerthe von x in Tab. VII. zusammengestellt worden sind.

Tabelle VII.

Relative Vertheilung des Sauerstoffs in den Alkalien von $\dot{R}$, in Mitteln aus Decaden zusammengestellt.

	a	b	c	d	a+b	c+d	x
1.	0,8032	0,1346	0,0578	0,0044	0,9378	0,0622	4,171
2.	0,6552	0,0691	0,2031	0,0726	0,7243	0,2757	5,647
3.	0,6710	0,0624	0,1897	0,0769	0,7334	0,2666	6,435
4.	0,4888	0,0422	0,4032	0,0658	0,5310	0,4690	7,421
5.	0,3692	0,0500	0,5131	0,0677	0,4192	0,5808	8,607
6.	0,2314	0,0448	0,6150	0,1088	0,2762	0,7938	9,337
7.	0,1099	0,0250	0,3734	0,4917	0,1349	0,8651	11,009
8.	0,1236	0,0486	0,3736	0,4542	0,1722	0,8278	11,770
9.	0,0772	0,0573	0,4974	0,3681	0,1345	0,8655	12,158
10.	0,0680	0,0140	0,8472	0,0708	0,0820	0,9180	13,798
Mittel =	0,3678	0,0548	0,4073	0,1781.			

Aus den Mittelwerthen der 100 Analysen geht hervor, dass Natron und Kalk an der Bildung von R den wesentlichsten Antheil nehmen, dagegen Kali und besonders Magnesia zurückgedrängt erscheinen. Bei gleicher relativer Vertheilung müsste durchschnittlich $a = b = c = d = 0{,}25$ sein.

Wir betrachten nun die beiden alkalischen Erden, oder die Grössen a und b als zusammengehörig; eben so verbinden wir die beiden Alkalien und schreiben $c + d = \tau$. Diese Grösse wächst einigermassen regelmässig mit x; diese Regelmässigkeit würde noch auffallender sein, wenn nicht die beiden Beobachtungen Nr. 15 und Nr. 28 Tab. I. zu grosse Störungen hervorbrächten; dieselben auszuschliessen schien jedoch einer richtigen Behandlung zuwider.

Die vorliegenden Beobachtungen erlauben eine Ausgleichung nach der Methode der kleinsten Quadrate. Betrachten wir nämlich die beobachteten Werthe von τ als Ordinaten, die zugehörigen x als Abscissen einer Curve, so kann man eine andere ähnliche Curve von der Beschaffenheit construiren, dass die Summe der Quadrate der Unterschiede beider gleichnamigen Ordinaten ein Minimum werde.

Die Function soll die Beschaffenheit haben, dass für $x = 0$, τ einen constanten Werth annehme und dass für $x = \infty$, $\tau = 1$ hervorgeht.

Diesen Anforderungen genügt eine Hyperbel von der Form:

$$\tau = \frac{\xi + x}{\nu + x}$$

Näherungswerthe von ν und ξ sind:

$$\nu = \frac{(1-\tau)\,x - (1-\tau')\,x'}{\tau - \tau'}$$

$$\xi = \frac{(1-\tau)\,\tau' x - (1-\tau')\,\tau x'}{\tau - \tau'}$$

Es wird alsdann:

$$d\tau = \frac{d\xi}{\nu + x} - \left(\frac{\xi + x}{\nu + x}\right) d\nu$$

Setzen wir als Näherungswerthe:

$$\xi = -\,4{,}0380 \text{ und } \nu = -\,1{,}8190,$$

so gelangen wir zu folgenden Bedingungsgleichungen:

$$+\,0{,}0056 = 0{,}4252\ d\xi - 0{,}0240\ d\nu$$
$$-\,0{,}1446 = 0{,}2612\ d\xi - 0{,}1098\ d\nu$$
$$-\,0{,}2526 = 0{,}2167\ d\xi - 0{,}1125\ d\nu$$
$$-\,0{,}1349 = 0{,}1785\ d\xi - 0{,}1078\ d\nu$$
$$-\,0{,}0923 = 0{,}1473\ d\xi - 0{,}0992\ d\nu$$

$$+\ 0{,}0890 = 0{,}1330\ d\xi - 0{,}0938\ d\nu$$
$$+\ 0{,}1066 = 0{,}1088\ d\xi - 0{,}0825\ d\nu$$
$$+\ 0{,}0429 = 0{,}1015\ d\xi - 0{,}0795\ d\nu$$
$$+\ 0{,}0801 = 0{,}0967\ d\xi - 0{,}0760\ d\nu$$
$$+\ 0{,}1032 = 0{,}0835\ d\xi - 0{,}0680\ d\nu.$$

Daraus findet man nach der Methode der kleinsten Quadrate:

$$0{,}40570\ d\xi - 0{,}13969\ d\nu + 0{,}08364 = 0$$
$$-\ 0{,}13969\ d\xi + 0{,}07907\ d\nu - 0{,}03296 = 0$$

Aus diesen Gleichungen folgt:

$$d\xi = -\ 0{,}15990 \text{ und } d\nu = +\ 0{,}13436$$

Die verbesserten Elemente sind:

$$\xi = -\ 4{,}19790 \text{ und } \nu = -\ 1{,}68464$$

Berechnet man hiermit die verschiedenen Werthe von τ, und vergleicht dieselben mit den Beobachtungen, so erhält man folgende Übersicht:

τ Beob.	Berech. mit den verb. Elem.	Beob. — Ber.
0,0622	— 0,0148	— 0,0770
0,2757	+ 0,3657	+ 0,0900
0,2666	+ 0,4708	+ 0,2042
0,4690	+ 0,5619	+ 0,0929
0,5808	+ 0,6369	+ 0,0561
0,7938	+ 0,6716	— 0,1222
0,8651	+ 0,7305	— 0,1346
0,8278	+ 0,7508	— 0,0770
0,8655	+ 0,7600	— 0,1055
0,9180	+ 0,7926	— 0,1254

Da diese Hyperbel die Scheidungslinie zwischen den relativen Sauerstoffmengen der alkalischen Erden und

Alkalien darstellt und dieselbe die Abscissenaxe bei $x = 4{,}1979$ schneidet, worauf τ negative Werthe annimmt, so heisst dieses, dass die Feldspathe von $x = 4$ bis $x = 4{,}1979$ keine Alkalien enthalten.

Die Beobachtung zeigt zwar in dieser Gegend geringe Beimischungen von Kali und Natron, doch ist es zu erwarten, dass durch das Hinzuziehen neuer verbesserter Analysen die Grössen ν und ξ gewisse Abänderungen erleiden werden, wodurch der bezeichnete Durchschnittspunkt vielleicht noch zwischen 3 und 4, z. B. auf 3,9, hinausrücken kann. Ein mittleres Verhältniss von Natron zu Kali in der Reihe der Feldspathe festzustellen, erscheint ohne Bedeutung, da bald das eine, bald das andere Alkali vorherrscht und jede beliebige Art der isomorphen Substitution möglicher Weise vorkommen kann. In dieser Beziehung ist die Tabelle VI. besonders lehrreich. So sind z. B. in der Analyse 74 die Grössen c und d fast gleich, in andern dagegen wird der Unterschied erheblich grösser, endlich kann $c = 0$, $d = 1$ werden und umgekehrt.

Man muss sich durch diese Zahlen überzeugen, dass das Vorwalten des einen oder des andern Alkali im Feldspath für die Speciesbestimmung durchaus ungeeignet ist. Zwischen Orthoklas und Albit existiren keine festen Grenzen, alle Übergänge sind möglich, die sich nicht nur durch das chemische Verhalten, sondern auch durch die crystallographische Beschaffenheit demnächst ohne Zweifel klar herausstellen werden. Für die geognostische Constitution des Urgebirges wird durch eine Unterscheidung von Kali und Natron Feldspath ebenso wenig gewonnen.

Das Verhältniss der Kalkerde zur Magnesia dagegen ist, ohne einen zu grossen Fehler zu begehen, eher als constant vorauszusetzen.

Mit dem aus der Erfahrung abgeleiteten mittleren Verhältnisse von Thonerde zu Eisenoxyd und von Kalk zu Magnesia kann man eine Reihe mittlerer Feldspathe ableiten, welche sich mit Ausnahme des schwankenden Verhältnisses von Natron zu Kali den beobachteten Feldspathanalysen näherungsweise anschliessen.

Nimmt man neben den constanten Theilen das eine Mal nur Natron, das andere Mal nur Kali in die Verbindung auf, so erhält man die Grenzen innerhalb deren die Schwankungen in der Feldspath-Zusammensetzung stattfinden werden. Bezeichnet man den procentischen Gehalt von $\dddot{Si}$, y

$\dddot{Al}$, u

$\dddot{Fe}$, t

$\dot{Ca}$, w

$\dot{Mg}$, z

$\dot{Na}$, ν

$\dot{Ka}$, ν',

so findet sich:

$$y = \frac{Msx}{300}, \quad u = \frac{M\lambda p}{300}, \quad t = \frac{M\mu q}{300}$$

$$w = \frac{Mak}{100}, \quad z = \frac{Mbl}{100}, \quad \nu = \frac{M\tau n}{100}$$

Sodann wird nur für die Anwesenheit von Natron:

$$100 = \frac{M}{300}(sx + \lambda p + \mu q) + 3(ak + bl + \tau n)$$

Schreibt man ferner $S = sx + \lambda p + \mu q + 3(ak + bl + \tau n)$, so wird die Zusammensetzung eines mittlern Natronfeldspaths von der Norm (1, 3, x) durch nachfolgende Gleichungen berechnet:

$$y = \frac{100\, sx}{S}$$

$$u = \frac{100\, \lambda p}{S}, \quad t = \frac{100\, \mu q}{S}$$

$$w = \frac{300\, ak}{S}, \quad z = \frac{300\, bl}{S}, \quad \nu = \frac{300\, \tau n}{S}$$

Für das alleinige Erscheinen von Kali wird m für n gesetzt.

Aus den Gleichungen $\lambda + \mu = 3$ und $\frac{\mu}{\lambda} = 0{,}0257$ bestimmt man: $\lambda = 2{,}9248$ und $\mu = 0{,}0752$. Ferner verhält sich $a : b = 0{,}3678 : 0{,}0548$. Da $a + b + \tau = 1$ ist, so berechnet man für die wichtigsten Werthe von x folgende Zahlen:

x	a	b	τ
4	0,87033	0,12967	0,0000
5	0,65927	0,09823	0,2425
6	0,50688	0,07552	0,4176
7	0,41149	0,06131	0,5272
8	0,34638	0,05162	0,6020
9	0,29896	0,04454	0,6565
10	0,26301	0,03919	0,6978
11	0,23480	0,03500	0,7302
12	0,21184	0,03156	0,7566
15	0,16423	0,02447	0,8113
18	0,13403	0,01997	0,8460
21	0,11323	0,01687	0,8699
24	0,09800	0,01460	0,8874

Mit den Grössen λ, μ, a, b, τ berechnet man die mittlern Feldspathe in Tab. VIII.

Tabelle VIII.

Zusammensetzung der mittleren Natron-Feldspathe.

x	$\dddot{Si}$	$\dddot{Al}$	$\dddot{Fe}$	Ca	$\dot{Mg}$	$\dot{Na}$
4	43,307	35,855	1,438	17,537	1,863	
5	48,550	32,157	1,290	11,914	1,264	4,825
6	52,893	29,194	1,171	8,316	0,882	7,544
7	56,579	26,768	1,074	6,190	0,657	8,732
8	59,740	24,731	0,992	4,814	0,551	9,212
9	62,477	22,990	0,922	3,863	0,410	9,338
10	64,868	21,483	0,862	3,175	0,337	9,275
11	66,975	20,164	0,809	2,660	0,282	9,110
12	68,843	19,000	0,762	2,261	0,240	8,894
15	73,367	16,198	0,650	1,495	0,159	8,131
18	76,744	14,121	0,567	1,064	0,113	7,391
21	79,367	12,517	0,502	0,797	0,080	6,737
24	81,436	11,240	0,451	0,619	0,062	6,172

Zusammensetzung der mittleren Kali-Feldspathe.

x	$\dddot{Si}$	$\dddot{Al}$	$\dddot{Fe}$	$\dot{Ca}$	$\dot{Mg}$	$\dot{Na}$
4	43,307	35,885	1,438	17,537	1,863	
5	47,357	31,367	1,258	11,622	1,234	7,164
6	50,888	28,088	1,126	8,001	0,850	11,047
7	54,269	25,674	1,030	5,938	0,631	12,748
8	57,000	23,596	0,946	4,593	0,487	13,378
9	59,573	21,921	0,879	3,683	0,391	13,553
10	61,877	20,492	0,822	3,029	0,322	13,458

11	63,935	19,248	0,772	2,539	0,269	13,237
12	65,789	18,156	0,728	2,161	0,229	12,037
15	70,382	15,538	0,623	1,433	0,152	11,872
18	73,893	13,596	0,546	1,024	0,109	10,832
21	76,667	12,090	0,485	0,770	0,082	9,906
24	78,909	10,889	0,437	0,600	0,064	9,101

Die Zusammensetzung dieser mittleren Natron- und Kali-Feldspathe kann in derselben Weise wie vorhin pag. 65 graphisch dargestellt werden. So würde das Rechteck von der Höhe $y = 100$ und von der Basis $x = 0$ bis $x = \infty$ von 5 Hyperbeln in 6 Flächenräume getheilt, die von y durchschnitten den Antheil ausdrücken, den die Kieselerde, die Thonerde, das Eisenoxyd u. s. w. an der Zusammensetzung eines jeden mittleren Natronfeldspaths von der Norm (1, 3, x) nehmen werden.

Dieselbe Construction gilt für die mittleren Kali-Feldspathe.

So schliessen dann z. B. die beiden Hyperbeln, die bei den mittleren Natron- und Kali-Feldspathen den Lauf der Kieselerde bezeichnen, einen gewissen zonenartigen Flächenraum ein, innerhalb von dem der Kieselerdegehalt solcher Feldspathe liegen muss, welche beide Alkalien gemeinsam enthalten.

Am Schlusse dieses Abschnittes würde die Frage noch zu erörtern sein, welchen Einfluss die so höchst verschiedenartige, und doch wieder ähnliche chemische Zusammensetzung der Feldspathe auf ihre Crystallbildung ausübt.

Eine definitive Erledigung derselben behalte ich mir

für eine mir gelegenere Zeit vor, während hier nur vorläufig einige wenige Andeutungen genügen mögen.

Die grosse Ähnlichkeit zwischen den Crystallgestalten und ihren Abmessungen beim Anorthit und Albit ist bekannt; beide gehören dem triklinen Crystallsysteme an. Der Orthoklas wird jedoch in das monokline System gesetzt; seine Crystallgestalten sind denen des Albits zwar ähnlich, doch in Bezug auf die Abmessungen nicht unbeträchtlich verschieden. Die Crystallformen des Labrador, Andesin, Oligoklas und Krablit waren bis jetzt wenig oder gar nicht beachtet, da sie nur selten wohl ausgebildet angetroffen werden. Ein längeres Nachforschen hat mich vollkommen belehrt, dass innerhalb sehr kleiner Schwankungen auch die ebengenannten Varietäten die dem Anorthit und Albit gleiche Crystallform besitzen. Die Labradore aus einigen Aschen des Aetna und der Palagonitformation von Palagonia im Val di Noto erlauben eine crystallographische Untersuchung. Die Andesin-Crystalle aus einem vulkanischen submarinen Tuff vom Vapnafiord in Island sind zwar klein aber vollkommen deutlich ausgebildet und messbar. Auch die sogenannten Hafnefiordite und Krablite, welche letztern ich selbst auf dem Krabla gesammelt habe, eignen sich theilweise zu angenäherten Messungen.

Ohne hier näher in das Detail einzugehen, kann der Satz aufgestellt werden, welchen ich gelegentlich zu beweisen gedenke, dass die beiden Endglieder der Feldspathreihe auf der einen Seite der Anorthit auf der andern der Krablit als isomorphe Substanzen zu betrachten sind und dass daraus der Isomorphismus der ganzen

Reihe, für jedes Glied von der Norm (1, 3, x) folgen muss.

Ich nenne diese Art des Isomorphismus Gruppen-Isomorphismus, da nicht einzelne Atome, sondern Gruppen von Atomen einander zu vertreten im Stande sind. Jeden Feldspathcrystall von der Norm (1, 3, x) denke ich mir nämlich aus unendlich kleinen Crystallen beider Grenzglieder zusammengesetzt, gleichsam aus Steinen von Anorthit und Krablit oder aus Anorthit und Albit erbaut, von denen bald die einen bald die andern der Zahl nach vorherrschen. Die Abmessungen dieser Bausteine oder die gegenseitige Lage der 3 Crystallaxen im Raum sind für ein und dieselbe Zusammensetzung innerhalb desselben Crystalls, bei gleicher Temperatur, als constant zu betrachten, während sie ohne Zweifel von der isomorphen Substitution der Bestandtheile in beiden Basen und in sofern in letzter Instanz von den Atomengewichten der in Frage kommenden Elemente mit abhängig sind. Die grosse Verschiedenheit des Atomengewichts von Kali, Kalk und Natron bedingt, vorzugsweise den Unterschied zwischen Orthoklas und Albit. Da indess zwischen der chemischen Beschaffenheit beider Mineralkörper keine feste Grenze zu ziehen ist, so glaube ich, dass man schon a priori behaupten kann, dass dieselben allmähligen Übergänge auch in den Crystallgestalten bemerkbar werden müssen. Die Neigungswinkel der drei Crystallaxen α, β, γ lassen sich hoffentlich bei vorgerückterer Kenntniss aus der chemischen Analyse ableiten; doch sind zum Angriff dieser Untersuchungen neue und sehr gründliche chemische und correspondirende crystallographische Beobachtungen das erste unabweisbare Bedürfniss.

Es ist zu vermuthen, dass mit dieser Gruppenisomorphie die fast immer wiederkehrende allgemein verbreitete Zwillingsbildung der Feldspathe im innigsten Zusammenhange stehe. Man kann sich nämlich vorstellen, dass die meisten, vielleicht alle grössern Feldspathcrystalle, mit Ausnahme der Endglieder und des neutralen Salzes, aus einer Reihe der Fläche M paralleler Lamellen basischer und sauerer Natur zusammengesetzt sind, die als Spiegelbilder neben einander gestellt, wie Zink und Kupferplatten in einer galvanischen Säule mit einander wechseln. Von der relativen Dicke beider Arten von Lamellen würde dann die chemische Zusammensetzung des componirten Feldspaths von der Norm (1, 3, x) abhängig sein.

Die bekannte Streifung der Feldspathe, welche im Oligoklas besonders deutlich hervortritt, die aber auch am Labrador, Andesin u. s. w. wahrgenommen wird, ist nichts anderes als eine fortgesetzte, stets sich wiederholende Zwillingsbildung in den kleinsten Theilen dieses Minerals und ist allen Feldspathen von der Norm (1, 3, x) eigenthümlich.

Einer besondern Beachtung dürften auch vielleicht demnächst die Finnländischen Feldspathe *) verdienen, die aus Albit und Oligoklas zusammengesetzt sind; sie zeigen den Isomorphismus beider Verbindungen und

*) Es wäre für die Kenntniss dieser Feldspathe sehr wichtig, dass sowohl die äussere Hülle, als auch der innere Kern derselben genau analysirt würde, was bisjetzt leider versäumt worden ist.

erinnern an Kalialaune, welche einen Kern von Chrom-Alaun besitzen.

Die Crystallform der Feldspathe in Bezug auf ihre chemische Zusammensetzung hat seit längerer Zeit meine Aufmerksamkeit gefesselt und ich hoffe demnächst bei mehr Musse eine eigene Abhandlung diesem Gegenstande zu widmen, der hier nur in der Kürze angedeutet sein mag.

Die vorgetragene Ansicht der Zusammensetzung des Feldspaths von der Norm (1, 3, x) aus einem basischen und einem saueren Salze, ist für das Studium der Mineralogie und Crystallographie neu und ich glaube nicht ohne Interesse; sie wird aber auch in Bezug auf die Bildung der crystallinischen Gebirgsarten zu einem Cardinalpunkte der Geologie, wie dieses die nachfolgenden Untersuchungen deutlich darlegen werden. Ohne dieselbe ist eine gründliche Kenntniss der crystallinischen Gesteine, namentlich der Trachyte, Basalte und Laven, so wie gewisser aus denselben abgeleiteter metamorphischer Bildungen nicht möglich.

Als ich mir vorgenommen hatte diese letztern genauer zu untersuchen, wurde mir sogleich das Bedürfniss fühlbar, dass es hauptsächlich auf eine eigenthümliche Bearbeitung des Feldspaths ankomme, die ich daher den nachfolgenden Untersuchungen nothwendigerweise voraufschicken musste.

Die anderen in den vulkanischen Gesteinen vorkommenden Mineralkörper, namentlich Augit, Hornblende, Olivin und Magneteisenstein gelangen zwar nicht zu der Bedeutung des Feldspaths, doch schien es mir nicht unzweckmässig, zu einer besseren Kenntniss der vulkanischen Gebirgsarten aus Sicilien und Island, dieselben aufs Neue zu untersuchen, wesshalb ich zunächst den Augit folgen lasse.

II. Augit.

In den vulkanischen Gebirgsmassen nimmt der Augit meistentheils eine untergeordnetere Stellung ein als der Feldspath; namentlich ist er für den Verlauf der nachfolgenden Untersuchungen von geringerer Bedeutung. Demungeachtet schien es mir wünschenswerth hier den Augit nicht ganz unberücksichtigt zu lassen und ich schalte daher zunächst einige neue, sehr sorgfältig angestellte Analysen zum Theil wenigstens in der Absicht mit ein, um über die Stellung der Kieselerde zur Thonerde in diesem Minerale einigen Aufschluss zu erlangen; jedenfalls werden neue Beobachtungen da immer erwünscht sein, wo es sich darum handelt, räthselhafte Erscheinungen zur Klarheit zu bringen.

Scheerers Lehre des polymeren Isomorphismus hat in neuerer Zeit manchen Widerspruch erfahren. Darauf näher einzugehen liegt nicht im Plane unserer Untersuchungen; immerhin mag es gestattet sein die weiter unten mitgetheilten Analysen mit den von Scheerer aufgestellten Grundsätzen zu vergleichen.

In den ätnäischen Formationen jedes Alters findet sich der Augit allgemein verbreitet; nur in einigen der ältesten, in trachytischen Gesteinen ist er seltener und kann lokal ganz verschwinden.

Der Augit dieser Gebilde ist dann meist von hellgrüner bis dunkelgrüner Färbung und enthält mehr Kalkerde und Magnesia, als Eisenoxydul, während in den neueren die dunkelern und schwarzen eisenreicheren Varietäten vorherrschen.

Es ist einleuchtend, dass sich in einer Lava das Verhältniss der einzelnen Theile, z. B. das des Feldspaths zum Augit, nicht ohne weiteres auf chemischem Wege bestimmen lässt; doch werde ich demnächst die Methode entwickeln, bei deren Anwendung es nicht schwer fällt, alle zusammengesetzten crystallinischen Gesteine, namentlich solche, die von der Natur aus sehr innig gemischt sind, wie z. B. sehr feine staubartige Aschen, durch Rechnung in ihre mineralogischen Bestandtheile zu zerlegen.

Nach meinen Erfahrungen enthalten die ätnäischen Formationen durchschnittlich kaum mehr als 10 Procent Augit, obwohl dieser Mittelwerth in einigen Fällen, namentlich in den neueren vulkanischen Producten, öfter bedeutend überschritten wird. In ähnlicher Weise verhält es sich mit den isländischen Gesteinen, die ältern besitzen zum Theil keinen Augit, während in den neueren ein Drittheil, sogar mitunter die Hälfte daraus zusammengesetzt ist.

Der Augit besitzt die Eigenthümlichkeit ungleich häufiger als der Feldspath in wohlausgebildeten Crystallen zu erscheinen, die von mikroskopischer Grösse an beginnen und mitunter die Grösse eines halben Zolles erreichen können.

In den Tuffen, besonders in denen der Lateralcrater, finden sich sehr häufig schwarze, ringsum ausgebildete Augitcrystalle; namentlich ist die Eruption des Aetna vom Jahre 1669 sehr reich daran und die Tuffe des Monte Rosso bei Nicolosi sind von denselben nach allen Richtungen hin durchwebt.

Schöne, vollkommen reine, scharf ausgebildete Crystalle dieser Localität vom Sp. Gew. = 2,886 gaben analysirt folgende Zusammensetzung:

	I.	II.	III.	Mittel
Kieselerde	47,845	47,120	47,925	47,630
Thonerde	6,739	6,893	6,586	6,739
Eisenoxydul	11,166	11,684	11,327	11,392
Manganoxydul	0,210	0,210	0,210	0,210
Kalkerde	21,130	20,965	20,517	20,871
Magnesia	12,961	12,872	12,863	12,898
Wasser	0,292	0,292	0,270	0,285
	100,343	100,066	99,669	100,025

Das auf 100 reducirte Mittel ist:

Kieselerde	47,617	25,203
Thonerde	6,737	3,149
Eisenoxydul	11,390	2,528
Manganoxydul	0,210	0,047
Kalkerde	20,866	5,934
Magnesia	12,894	5,184
Wasser	0,285	0,253
	100,000	

Setzen wir nach Scheerer $2\ddot{\ddot{S}}i = 3\ddot{\ddot{A}}l$ und $\dot{M}g = 3\dot{H}$, so findet man:

Beob.	Berech.	
27,301	27,337	+ 0,036
13,741	13,669	— 0,072.

Diesen Sauerstoffverhältnissen entspricht sehr nahe die Formel $(\dot{R})^3(\ddot{\ddot{S}}i)^2$.

Die Bestimmung der Kieselsäure in I. und III. halte ich für zuverlässiger, übrigens war kein Grund vorhanden, die Analyse II. auszuschliessen.

Ich analysirte darauf eine tiefdunkelgrüne fast schwarze Varietät des Augit aus der Fiumara von Mascali am östlichen Fusse des Aetna vom Sp. Gew. = 3,228 und fand folgende Zusammensetzung:

Kieselerde	49,687	50,012	26,470	
Thonerde	5,222	5,256	2,457	
Eisenoxydul	10,748	10,818	2,401	
Kalkerde	18,444	18,565	5,279	13,601
Magnesia	14,736	14,834	5,921	
Wasser	0,512	0,515	0,458	
	99,349	100,000		

Reducirt man wie vorhin Thonerde auf Kieselerde und Wasser auf Magnesia, so ergibt sich:

Beob.	Berech.	
28,108	27,988	— 0,120
13,753	13,994	+ 0,241.

Auch dieser Analyse entspricht die vorher angeführte Formel; dass hier die Übereinstimmung mit der Theorie weniger günstig erscheint, hat wie ich vermuthe hauptsächlich darin seinen Grund, dass die Zahl für die

Magnesia zu gering ausgefallen ist. Aus etwas verdünnten Lösungen wird nämlich die phosphorsaure Ammoniak Magnesia nicht vollständig gefällt und es ist bei dieser Analyse versäumt worden, die Flüssigkeit entweder vor dem Ausscheiden der Magnesia gehörig zu concentriren, oder dieselbe nachträglich einer Prüfung auf diese Substanz zu unterwerfen. Es ist einleuchtend, dass wenn das Fehlende der Analyse 0,651 allein für Magnesia gerechnet wird, eine sehr viel bessere Übereinstimmung zwischen Beobachtung und Theorie hervorgeht.

Zuletzt untersuchte ich eine hell-lauchgrüne Varietät von Augit ebenfalls aus der Fiumara von Mascali und fand folgendes Resultat:

Spec. Gew. = 3,204

Kieselerde	51,699	51,730	27,379
Thonerde	4,382	4,385	2,049
Eisenoxydul	4,240	4,243	0,942
Kalkerde	18,020	18,030	5,127
Magnesia	21,106	21,119	8,431
Wasser	0,493	0,493	0,439
	99,940	100,000	

Daraus folgt in derselben Weise wie vorhin:

Beob.	Berech.	
28,745	28,854	+ 0,109
14,646	14,427	— 0,219.

Alle diese Augitanalysen reduciren sich daher auf die Formel $(\dot{R})^3 (\dddot{Si})^2$.

Es folgt endlich die Analyse eines schwarzgrünen Augits von Sellfjall in Island, zu der ich allerdings nur wenig Material verwenden konnte, da kleine, reine Crystalle nur sehr mühsam aus dem Anorthittuff ausgelesen werden können.

Dieser Augit enthält:

Kieselerde	49,871	26,395
Thonerde	6,046	2,826
Eisenoxydul	5,925	1,315
Kalk	21,998	6,255
Magnesia	16,166	6,451
	100,000	

Daraus folgt:

Beob.	Berech.	
28,279	28,231	— 0,048
14,021	14,116	+ 0,095

Es ist einleuchtend, dass es sich bei der Frage um die Zusammensetzung des Augits zunächst um die atomistische Constitution der Kieselsäure handelt. Mit der Mehrzahl der Chemiker und Mineralogen nehme ich in einem Atom Kieselsäure 3 Atome Sauerstoff an. Die neueren Versuche von Kopp scheinen dieses zu bestätigen.

Nimmt man indess $\ddot{S}i$ an, so würde in den Augiten ein Atom Thonerde ein Atom Kieselerde vertreten können.

Augit und Hornblende sind sowohl durch die Einwirkung von Säuren und Alkalien schwerer zersetzbar als Feldspath und Olivin. Concentrirte Salzsäure greift den erstern kaum an; das Aufschliessen mit kohlensaurem Kali und Natron gelingt nur vollständig bei stärkerm Glühen und Schmelzen von sehr fein geriebenem, besser geschlämmten Pulver.

Wenn diese Vorsicht nicht angewendet wird, so findet man bei der Kieselerde noch zuweilen unzersetztes Mineral, wodurch die Analysen entstellt werden.

Die leichtere oder schwerere Zersetzbarkeit dieser Körper ist für die nachfolgenden Untersuchungen von besonderer Wichtigkeit, wesshalb wir später noch ein Mal darauf zurückkommen werden.

III. Hornblende.

In der Zusammensetzung der isländischen und ätnäischen Gesteine spielt die Hornblende eine verhältnissmässig viel geringere Rolle als Feldspath und Augit; dennoch sind einige Formationen am Aetna durch sie ganz besonders characterisirt.

Schwarzer Augit (Pyroxen) und Hornblende schliessen sich wie es scheint in Bezug auf ihre Bildung gegenseitig aus. Diejenigen Gänge im Aetna, welche ich der Grünsteinformation zurechne und welche im Innern dieses Vulkanes eine der grössten Revolutionen bewirkt haben, enthalten nur Hornblendecrystalle, ich habe nie einen einzigen Augit darin wahrgenommen; jedoch bemerkte ich in den trachytischen Gesteinen der Serra Giannicola unmittelbar neben hell-lauchgrünem Augit schwarze Hornblendecrystalle.

Die neueren Gesteine des Aetna enthalten dagegen

vorzugsweise Augit und schliessen die Hornblende mit wenigen Ausnahmen ganz aus.

Einige Tuffe des Val del Bove, vielleicht mit den erwähnten Grünsteinen von gemeinsamer Abkunft, enthalten mitunter schwarze an den Kanten abgerundete Hornblendecrystalle, welche das Aussehen haben, als ob sie zum zweiten Male einer höheren Temperatur ausgesetzt gewesen wären.

Sehr schöne, schwarze leicht spaltbare glänzende Crystalle dieser Art, welche ich in der Fiumara von Mascali am Ostfusse des Aetna gesammelt hatte, haben ein Spec. Gew. = 2,893. Ihre chemische Zusammensetzung ist folgende:

Kieselerde	43,838	44,064
Thonerde	9,269	9,317
Eisenoxydul	21,796	21,908
Kalkerde	12,052	12,114
Magnesia	11,696	11,756
Wasser	0,837	0,841
	99,488	100,000.

Der Glühverlust aus zwei Beobachtungen bestimmt ergab sich: 0,750 und 0,925 im Mittel 0,837; er wurde für Wasser genommen; auf Fluor ist aus mangelnder Zeit nicht untersucht worden. Die Sauerstoff-Verhältnisse finden sich berechnet wie oben:

	Beob.	Berech.	
($\ddot{Si}$)	26,224	26,239	+ 0,015
($\dot{R}$)	13,150	13,119	— 0,031

Andere Hornblende-Crystalle von mir in der Fiumara von Mascali gesammelt, geben ein sehr verschiedenes

Resultat, obwohl sie derselben Formel entsprechen. Ich finde darin:

Kieselerde	39,747
Thonerde	15,294
Eisenoxydul	14,398
Manganoxydul	1,062
Kalkerde	12,991
Magnesia	13,011
Wasser	1,019
	97,522

Die in dieser Analyse mangelnden 2½ Procent fallen wahrscheinlich auf Alkalien, welche bei beschränkter Zeit nicht bestimmt werden konnten, setzen wir dafür Kali, so findet man die Sauerstoffverhältnisse in:

$\dddot{Si}$	21,036
$\dddot{Al}$	7,149
$\dot{R}$	12,542
$\dot{H}$	0,906

Daraus ergibt sich:

	Beob.	Berech.	
($\dddot{Si}$)	25,802	25,779	— 0,023
($\dot{R}$)	12,844	12,890	+ 0,046.

Schliesslich folgt die Untersuchung einer ätnäischen Hornblende mit Bruchstücken eines fast fussgrossen Crystalls vom Rande des Zoccolaro im Val del Bove angestellt. Das Mittel aus zwei Analysen gab folgendes Resultat:

Spec. Gew. = 3,234 (2)

Kieselerde	40,909	41,088
Thonerde	13,684	13,744
Eisenoxydul	17,478	17,555
Kalk	13,443	13,502
Magnesia	13,193	13,251
Wasser	0,856	0,860
Spuren v. Mangan		
	99,563	100,000.

Reducirt man diese Analyse so findet sich:

	Beob.	Berech.	
($\dddot{Si}$)	26,029	26,135	+ 0,106
($\dot{R}$)	13,280	13,068	— 0,212.

Viele ältere Gesteine des Aetna enthalten statt schwarzen Augit grosse oft sehr schöne Hornblende-Crystalle. Namentlich sind die merkmürdigen 3 bis 20 Meter dicken Grünsteingänge, welche von einem gewissen Punkte im Val del Bove sternförmig sich nach allen Seiten verbreiten und die einst die bedeutendsten Umgestaltungen im Innern dieses Vulkanes veranlasst haben, aus Andesin und Hornblende zusammengesetzt.

Bei der ausserordentlichen Dicke dieser Gänge, die von ältern Gebirgsmassen umschlossen waren, konnte offenbar nur eine sehr langsame Abkühlung stattfinden, weshalb sich Hornblende, nicht Augit ausgeschieden hat. Da aber, wo aus diesen Gängen schmale, öfter nur fussdicke Injectionen in die Nachbarschichten vorkommen, welche in verhältnissmässig viel kürzerer Zeit erkalten mussten, enthält dieselbe Masse nicht mehr wie früher Hornblende-, sondern Augitcrystalle.

In den weissen und röthlichen Trachyten, welche das Fundament des Aetna in der Serra Giannicola bilden, werden schwarze Hornblenden und helllauchgrüne Augite neben einander gefunden, welche letztern bei einer andern chemischen Zusammensetzung sehr wahrscheinlich rascher als die erstern erkaltet sind.

Die neuen Lavaströme hingegen, welche bei mässiger Dicke ihre ganze Oberfläche der Luft zur Abkühlung darbieten, erkalten meistentheils zu rasch im Vergleich mit solchen geschmolzenen Massen, welche im Innern des Vulkans von der Atmosphäre abgeschlossen, viel langsamer in einen festen Zustand übergehen.

In allen neuern Laven des Aetna, z. B. von den Jahren 1669, 1787, 1809, 1811, 1819, 1832, 1838, 1842, habe ich nur Augite niemals Hornblende bemerkt. Die einzige mir bekannte Ausnahme zeigt eine Lavamasse von unbekannter jedenfalls sehr früher Entstehung, in der Nähe von Giarre am Ostfuss des Aetna, in der sich sehr eigenthümliche Hornblendecrystalle finden, welche ich gelegentlich beschreiben werde. Dass auch diese Hornblenden unter langsamer Abkühlung entstanden sind, ist zwar wahrscheinlich, obgleich die Grünsteingänge im Val del Bove ein deutlicheres Zeugniss dieser Erscheinung ablegen.

IV. Olivin.

An der Zusammensetzung der vulkanischen Gesteine hat der Olivin viel beschränktern Antheil als Augit und Feldspath, obgleich er verbreiteter ist als man dieses in der Regel anzunehmen scheint. Die älteren dioritischen, phonolitischen und trachytischen Gebirgsarten des Aetna enthalten gar keinen Olivin. In den Schichten mittlern Alters zeigt er sich sparsam und erst in den neueren Laven, Aschen und Tuffen bildet er ein wichtiges Glied, obgleich meistentheils jenen erst genannten Mineralkörpern untergeordnet. In den Isländischen Gesteinen hat man früher, wie es scheint, den Olivin übersehen, auch führen die Trappe von Vidoe und Esia nur geringere Quantitäten dieses Minerals, während die Trappe der Marine von Reykjavik, gewisse Gesteine am Fusse des Ok, von Almannagjà u. s. w. damit durchzogen sind. Ebenso enthalten alle neueren Laven des Hekla, Krabla u. s. w. so wie viele andere Ströme, welche aus den Spalten an verschiedenen Stellen Islands hervorgebrochen sind, Olivin in nicht unbeträchtlicher Menge. Dasselbe gilt von allen oder doch den meisten Lavaströmen des Aetna. Es ist übrigens sehr beachtungswerth, dass der Olivin als Bestandtheil der Laven immer nur in Körnern und abgerundeten Massen, nie aber in Crystallen ausgesondert erscheint, während er in Aschen und Tuffen, zumal am Aetna und im Val di Noto in den schärfsten und vollkommensten Crystallen enthalten ist.

Der Olivin wird gepulvert auch in kleinen Crystallen von concentrirter Salzsäure zersetzt.

Die Analyse reiner gelbgrüner Crystalle von Spec. Gew. = 3,334 aus der Fiumara von Mascali gab als ein Mittel von zwei Beobachtungen folgendes Resultat:

Kieselerde	40,952	40,945	21,671
Thonerde	0,643	0,643	0,301
Eisenoxydul	10,530	10,528	2,337
Magnesia	46,805	46,797	18,681
Nickeloxydul *)	0,197	0,197	0,042
Wasser	0,890	0,890	0,775
	100,017	100,000.	

Reducirt man wie bei Augit und Hornblende den Sauerstoff der Thonerde auf den der Kieselerde und den des Wassers auf $\dot{R}$, so findet man.

	Beob.	Berech.
($\ddot{Si}$)	21,872	21,595 — 0,277
($\dot{R}$)	21,318	21,595 + 0,277.

Diese Beobachtung stimmt nicht so scharf als ich erwartet hätte, ich habe daher die Mühe nicht gescheut, wenigstens die hauptsächlichsten Bestandtheile noch ein Mal zu untersuchen. Ich finde:

---

*) Bei dem Nickeloxydul sind Spuren von Cobalt bemerkt.

Kieselerde	41,010	40,917	21,655
Thonerde	0,643	0,642	0,300
Magnesia	47,274	47,168	18,830
Eisenoxydul	10,063	10,040	2,224
Nickeloxydul	0,197	0,197	0,042
Wasser	1,039	1,036	0,922
	100,226	100,000.	

	Beob.	Berechn.	
$(\ddot{Si})$	21,855	21,629	— 0,226
$(\dot{R})$	21,403	21,629	+ 0,226.

Auch diese Analyse ist von dem Mittelwerthe der beiden obigen Analysen nur wenig verschieden und der Sauerstoff von $(\ddot{Si})$ fällt in beiden gegen die Theorie etwas zu gross aus. Der Grund davon liegt ohne Zweifel in der unrichtigen hier zu Grunde gelegten Zahl des Atomengewichts der Kieselerde, während die Zahl 572,5 sehr nahe Genüge leistet.

Ich hatte vor einiger Zeit den Versuch gemacht, alle jetzt bekannten Olivinanalysen von Berzelius, Walmstädt u. a. einer gemeinsamen Discussion zu unterwerfen, indem ich nach der Methode der kleinsten Quadrate verbesserte Atomengewichte der Kieselerde, der Magnesia und des Eisenoxyduls ableitete. Aus dieser Rechnung ging auf das Bestimmteste hervor, dass die Atomengewichte der beiden ersten Körper, wie sie von Berzelius angegeben sind, etwa um 4 Einheiten zu gross seien, so dass, wie schon oben bemerkt, das Atomengewicht der Kieselerde etwa in der Mitte zwischen den Angaben von Berzelius und Pelouze zu stehen komme und dass die früher geltende, jetzt durch Scheerer verbesserte Zahl, des Atomengewichts der Magnesia, entschieden verkleinert werden müsse.

V. Titaneisen.

In den meisten vulkanischen Gebirgsarten ist das Eisen von grosser Bedeutung. Im Augit und Olivin erscheint es als Oxydul, im Feldspath, obgleich nur meist in geringerer Beimischung, theilweise die Thonerde isomorph vertretend als Eisenoxyd.

Als selbstständiger Mineralkörper findet man das Eisen in den vulkanischen Gebirgsarten als Oxydoxydul oder Magneteisenstein, gewöhnlich mit dem Titan in enger Verbindung. Der titanhaltige Magneteisenstein ist ein wesentlicher Bestandtheil aller Laven und Aschen, welche mitunter 15 Procent und mehr davon enthalten können. Man kann sich von der Gegenwart dieses Minerals auf jedem Punkte der Oberfläche des Aetna überzeugen, wenn man in lockern Boden, z. B. in den Staub der Landstrassen, einen Magneten hält, der sich sogleich mit einem Bart dieses Eisenerzes zu überkleiden pflegt.

Manche Gesteine des Aetna, namentlich die Basalte bei Trezza den Cyclopen-Felsen gegenüber, und gewisse Grünsteine im Val del Bove enthalten dieses Erz in sichtbaren Körnern, zuweilen in so grosser Menge, dass sie stark auf die Magnetnadel wirken. Die ausserordentlichen Unregelmässigkeiten in den magnetischen Elementen am Aetna, besonders in der Declination, rühren ohne Zweifel von einer sehr ungleichen Vertheilung dieses Körpers in den verschiedenen Erdschichten des Vulkanes her.

Der Magneteisenstein ist in den Laven, in den Aschen und Tuffen, älterer und neuerer Zeit überall verbreitet und ertheilt den Gesteinen, indem er mit Augit und Feldspath verschmolzen ist, eine graue oder schwarze Färbung.

Bei der Auflösung solcher Gebirgsarten, sei es durch Verwitterung oder mechanische Einflüsse, wird dieses Erz oft in beträchtlicher Menge durch den Regen ausgewaschen und durch sein grösseres specifisches Gewicht in der Tiefe der Flussbette, in den sogenannten Fiumaren, abgesetzt.

Die grossen Fiumaren von Giarre uud Mascali, welche am Ausgang des Val del Bove ihren Ursprung nehmen, enthalten zuweilen reiche Lager dieses Eisenerzes, im Gemisch mit Körnern von Feldspath, Olivin und Augit. Mit Hülfe eines Magneten lässt sich dasselbe von den zuletzt genannten Bestandtheilen leicht trennen und eignet es sich alsdann zu einer genaueren Untersuchung.

Dieser fast reine Magneteisensteinsand besteht theils aus abgerundeten Körnern, theils aus kleinen Crystallen, regelmässigen Octaedern, welche aber nur selten ein halbes Millimeter im Durchmesser erreichen. Combinationen vom Octaeder und Granatdodecaeder werden ebenfalls, obgleich seltener, dazwischen bemerkt.

Das Spec. Gew. ist = 4,43

Der ätnäische Magneteisenstein enthält, wie dieses schon aus qualitativen Versuchen hervorging, eine nicht unbeträchtliche Menge Titan.

Eine scharfe quantitative Trennung von Eisen und Titan scheint immer noch mit einigen Schwierigkeiten verbunden zu sein; dieselbe aber hier zur Ausführung zu bringen, liegt nicht im Plane meiner Arbeit; für unsern Zweck wird schon eine approximative Analyse genügen.

Sehr feingeriebenes Mineral wurde mit concentrirter Salpetersalzsäure zum grössten Theil aufgelöst und der Rest durch kohlensaures Natron und Kali aufgeschlossen. Beide Theile enthielten sowohl Eisen als Titan; die Trennung wurde durch Fällung von Schwefelammonium und nachherige Behandlung mit schwefliger Säure bewirkt; diese Operation, welche das erste Mal nur theilweise gelingt, muss zum zweiten Male wiederholt werden; sie ist beschwerlich und nicht hinreichend zuverlässig.

Die Analyse ergab für reines Titaneisen:

Eisenoxyd	92,192
Titansäure	12,371
	104,563.

Der Überschuss von 4,563 ist Folge der höheren Oxydation des Eisenoxyduls und des Titanoxyds. Die regelmässigen Octaeder, worin dieses Titaneisen crystallisirt, machen es mehr als wahrscheinlich, dass dasselbe analog dem Magneteisenstein und Spinell, nach der Formel $\dddot{\bar{R}}\dot{R}$ zusammengesetzt und dass das Titan als Oxyd in der Verbindung enthalten sei.

Unter dieser Voraussetzung findet sich die Zusammensetzung des Titaneisens:

$\dot{\mathrm{F}}\mathrm{e}$ =	30,000	6,659
$\ddot{\bar{\mathrm{F}}}\mathrm{e}$ =	58,862	17,640
$\ddot{\bar{\mathrm{T}}}\mathrm{i}$ =	11,138	3,700
	100,000	27,999.

Substituirt man für Titanoxyd, Eisenoxyd, so ergibt sich:

	Beob.	Berech.	
$\dot{\mathrm{F}}\mathrm{e}$	29,642	31,040	+ 1,398
$\ddot{\bar{\mathrm{F}}}\mathrm{e}$	70,358	68,960	— 1,398.

Der Sauerstoff aus beiden Theilen ist:

Beob.	Berech.
27,664	27,556.

Es leuchtet ein, dass ein geringer Fehler im Überschuss in der Zahl 4,563 sehr kräftig auf das Endresultat einwirken wird. Bei der schwierigen Trennung des Eisens vom Titan und den beigemengten Silicaten (Olivin und Augit), welche bei der sorgfältigsten Reinigung mit dem Magneten nicht vollständig vom Titaneisen gesondert werden können, ist die Übereinstimmung zwischen Theorie und Beobachtung befriedigend zu nennen.

Ich habe es zwei Mal versucht, dieses Titaneisen mit Wasserstoff in einem glühenden Porzellanrohre aufzuschliessen und obwohl die Reduction 4 bis 5 Stunden fortgesetzt wurde, ist sie doch nur unvollständig gelungen.

Die treffliche Methode von Wöhler, reine Titansäure aus Fluor-Titan-Kalium zu bereiten, hat sich für die quantitative Trennung von Titan und Eisen ebenfalls nicht brauchbar erwiesen, hauptsächlich aus dem Grunde, weil ein Theil dieses perlmutterartig glänzenden Körpers rasch auf dem Filter erstarrt und selbst durch längeres Waschen mit siedendem Wasser vom Eisen nicht vollständig getrennt werden kann.

Es wurde jedoch von mir nur ein einziger Versuch gemacht, und es ist möglich, dass bei grösserer Verdünnung der noch heissen Flüssigkeit, welche das Fluor-Titan-Kalium und Eisen zusammen enthält und bei raschem Filtriren die Trennung beider Körper gelingen kann. Es scheint aus den mitgetheilten Versuchen keinem Zweifel zu unterliegen, dass das Titanoxyd isomorph mit dem Eisenoxyd ist und dass es daher zwei Arten Titaneisen gibt, welche dem Eisenglanz und dem Magneteisenstein parallel laufen und jede beliebige Substitution des Titanoxyds verstatten.

Es ist im Voraus zu vermuthen, dass in den Gesteinen verschiedener Vulkane, so wie in verschiedenen Eruptionsmassen eines und desselben Vulkans ungleiche Quantitäten von Titan in der bezeichneten Verbindung mit Eisen auftreten werden.

Breithaupts Trappeisenstein (Siehe Naum. Min. 413) welcher nach Klaproth und Cordier 16 Procent Titanoxyd enthalten soll, ist ein vereinzeltes Beispiel zur Bestätigung unserer Ansicht.

Das octaedrische Titaneisen ist für die Composition der vulkanischen Gebirgsarten, zumal der Aschen, für ihren äusseren Habitus, so wie für ihre metamorphischen Umbildungen von sehr grosser Bedeutung. Bei der chemischen Analyse solcher Gebirgsarten wird man daher in sehr vielen Fällen in Begleitung des Eisenoxyds Titan antreffen, welches aber, wenn nicht besonders darauf geachtet wird, leicht übersehen werden kann.

In den weiter unten mitgetheilten Analysen vulkanischer Aschen ist in einigen Fällen auf die quantitative Bestimmung des Titans Rücksicht genommen, in andern ist sie bei der geringen Quantität, die meist nur einen Bruchtheil eines Procentes auszumachen pflegt, bei Seite gesetzt. In Verbindung mit Eisen und Titan erscheint Mangan, Chrom und Vanadium.

Spuren von Mangan sind in den isländischen und ätnäischen Gesteinen sehr allgemein verbreitet und finden sich im oben analysirten octoedrischen Titaneisen; Chrom wurde sehr deutlich im Palagonit von Aci Castello nachgewiesen und Vanadium in der Grünerde von Eskifiord und Berufiord in Island, die wahrscheinlicher Weise aus zersetzten Eisenerzen das Vanadin entlehnt hat.

Dass man häufig geringe Quantitäten dieser Metalle mit dem Eisen verbunden nachweisen kann, zeigen meine Versuche; man würde sie ohne Zweifel noch weit öfter und allgemein verbreiteter antreffen, wenn man aufmerksamer darauf achten würde.

Das Titaneisen widersteht zwar der vollkommenen Oxydation durch atmosphärische Einflüsse für geraume Zeit, es wird aber dennoch zuletzt in braunes Eisenoxyd und in Verbindung mit Wasser in gelbbraunes Eisenoxydhydrat verwandelt. Man kann sich davon am besten überzeugen, wenn man das Magneteisenerz in einigen Aschen betrachtet. Die Körner desselben sind von Aussen gelbbraun, und verhalten sich wie Eisen-oxyd-Hydrat, indem ihr Wasser bei höherer Temperatur entweicht; der innere Kern dagegen ist schwarz und folgt zugleich mit der äussern Hülle dem Magneten.

Weniger leicht als in den losen Aschen ist der Magneteisenstein in den Laven und in den ältern crystallinischen Schichten des Aetna der höheren Oxydation ausgesetzt. Aber auch hier macht eine Reihe von Jahrtausenden das möglich, was in kurzer Zeit nicht geschehen kann. Indem diese Gesteine, wie man es nennt, verwittern, findet eine theilweise Auflösung der Silicate, des Feldspaths, des Olivins und des Augits statt; der letztere wiedersteht immer am meisten. Zugleich wird das Eisenoxydul in diesen Silicaten sowohl als im Magneteisenstein in Oxydhydrat verwandelt und die Felsenmassen von solcher Zusammensetzung überziehen sich mit einer rostbraunen Kruste, welche eine oder einige Linien tief das Gestein angegriffen hat.

Diese Oxydation, die unter gewöhnlichen Temperaturverhältnissen der Sauerstoff der Atmosphäre in langen Zeiträumen bewirkt, geht bei Glühhitze im Innern der Vulkane unter Zutritt von Luft, besonders bei feinen Aschentheilchen, die eher angegriffen werden als fest zusammenhängende Massen, ungleich rascher von statten.

Je nachdem im Innern der Vulkane eine höhere Oxydation des Magneteisensteins stattfindet oder nicht, werden die ausgeworfenen Aschen entweder eine rostbraune oder schwarze Farbe annehmen. Ascheneruptionen beider Art habe ich öfter selbst beobachtet, obwohl in neuerer Zeit die schwarzen die gewöhnlichern sind.

Wenn aber dieser Oxydationsprocess nur theilweise vor sich gegangen ist und die Aschen darauf ausgeworfen werden, so wird auch der Sauerstoff der Atmosphäre unter den gewöhnlichen Verhältnissen weiter fortwirken und die vollständige Verwandlung des Magneteisensteins in Eisenoxydhydrat vollständig bewirken. Unter dem Spiegel der See geht in längeren Zeiträumen die Verwandlung von Magneteisenstein in Eisenoxydhydrat ebenfalls, wenn auch vielleicht nur langsam, von statten. Ich erinnere nur z. B. an eiserne Nägel und eiserne Geräthschaften, welche, nachdem sie Jahre lang am Boden des Meeres gelegen, sich vollständig in Eisenoxydhydrat verwandelt haben.

Die höhere Oxydation des Magneteisensteins ist künstlich in ähnlicher Weise, wie es auf dem vulkanischen Herd geschieht, leicht zu bewirken, indem man über das Erz in einem glühenden Porzellanrohr einen Strom von Sauerstoff leitet.

Das octaedrische Titaneisen im Aetna, im Vesuv und in manchen andern Vulkanen, liefert das Material zur Bildung von Eisenglanz und Titansäure, die letztere in der Gestalt von Brookit und Rutil, indem durch Zutritt von Chlor entstandenes Eisen- und Titanchlorid (beide sind bekanntlich sublimirbar), durch Wasserdämpfe in Eisenoxyd und Titansäure zerlegt und an den Rändern der vulkanischen Spalten ausgeschieden werden.

Diese Bildungsweise des Eisenglanzes ist allgemein bekannt und ist ausser in Vulkanen, in Hochöfen und Ziegel- und Töpferöfen vielfach beobachtet.

Auf die Nebenbildung der Titansäure in den Vulkanen hat man bisjetzt noch weniger Rücksicht genommen, und ich werde daher in Bezug darauf einige Beobachtungen anführen.

Mehrere Localitäten am Aetna, in welchen vormals Ausbrüche und Sublimationen stattgefunden, zeigen jetzt sehr häufig zwischen ihren Gesteinen Eisenglanz, zuweilen damit in enger Verbindung Brookit und Rutil.

Sehr interessant ist in dieser Hinsicht der Monte Calvario bei Biancavilla an der Westseite des Aetna, ein Berg, welcher aus einem röthlichen Trachyt und Trachyttuff besteht. Zunächst fällt daselbst der Eisenglanz ins Auge, welcher die Spalten des Trachyt mit Krusten spiegelnder Crystalle überzieht; bei etwas sorgfältigerer Betrachtung wird man kleine kaum Millimeter lange, mit dem Eisenglanz verwachsene Crystalle von Brookit gewahr werden, welche an einigen Stellen besonders den trachytischen Tuff nach allen Richtungen hin durchdringen und zu Millionen durch einen grossen Theil des Berges verbreitet sind.

Der Brookit findet sich, obwohl seltener, im Val del Bove, wo auch an einer Localität statt desselben kleine Rutilcrystalle in zahlloser Menge gefunden werden.

Anatas, der offenbar andere Umstände für seine Bildung verlangt, wurde von mir am Aetna nirgends bemerkt.

Eine ganz ähnliche Verbindung von Rutil und Eisenglanz zeigen die sogenannten Eisenrosen des St. Gotthard, welche, obwohl in anderen Formauonen und anderen Zeiten, wahrscheinlich auf dieselbe Weise entstanden sind.

VI. Untersuchungen über die crystallinischen Gesteine der Vulkane in Sicilien und Island.

Im Vorhergehenden haben wir uns bereits über die chemische Zusammensetzung der Mineralkörper unterrichtet, welche die vulkanischen Formationen von Sicilien und Island charakterisiren. Mit der Kenntniss derselben wird es leicht sein in gemischten Gebirgsarten, deren Analysen bekannt sind, jene Mineralkörper, die sich auf mechanischem Wege nicht trennen lassen, ihrer Menge und Beschaffenheit nach durch Rechnung zu bestimmen.

Der Feldspath, soweit meine Erfahrungen reichen, findet sich in allen vulkanischen Gesteinen, während Augit, Olivin und Magneteisenstein in der Regel in ihnen eine untergeordnete Stellung einnehmen oder hin und wieder ganz fehlen können. Gesteine, welche nur geringe Beimischungen dieser drei zuletzt genannten Körper enthalten, besitzen meist eine hellere Farbe und werden mit dem Namen Trachyt bezeichnet.

Es ist einleuchtend, dass diese so allgemein verbreitete Benennung keinem exacten Begriffe entspricht. Ist der Trachyt ohne Beimischung jener Körper, so ist er mit Feldspath gleichbedeutend; sind hingegen Beimischungen derselben zugegen, so sieht man sie ganz allmälig in allen möglichen Übergängen wachsen, bis sie nach und nach ein Drittheil, ja die volle Hälfte der ganzen Gesteinsmasse ausmachen und dann Trapp, Basalt, Dolerit und Lava genannt werden. Scharfe Grenzen zugleich mit diesen Namen festzusetzen, ist unthunlich.

Man hat geglaubt, dass der Trachyt durch den ihm eigenthümlichen glasigen Feldspath charakterisirt sei, allein die Untersuchung hat uns belehrt, dass die Trachyte der verschiedenen Gegenden sehr verschiedene Feldspathe enthalten. So z. B. haben die Feldspathe im Trachyt von Island und am Drachenfels eine ganz ungleiche Beschaffenheit; diese letztern sind von jenen weiter als von den ätnäischen Trachyten entfernt, die nach L. v. Buch nicht zu dieser Gesteinsgruppe gerechnet werden sollen.

Aus den vorhin mitgetheilten Untersuchungen geht hervor, dass alle Feldspathe von der Norm (1, 3, x) nur Gemische von zwei kieselsauern Doppelsalzen von den Normen (1, 3, v) und (1, 3, w) sind, und jeder beliebige Werth für x zwischen 6 und 24 wird auch in den Trachyten möglicher Weise zu erwarten sein. So wird z. B. für den Trachyt von Island $x = 16$ bis 24

für den Drachenfels $x = 12$

für Pantellaria $x = 12$

für die Andes $x = 8$ bis 9

für den Aetna $x = 6$ bis 10

u. s. w.

Feldspathgebirge, oder Trachyte in denen $x = 4$

wäre, frei von Augit, Olivin und Magneteisenstein, sind bisjetzt, so viel mir bekannt, noch nicht gefunden, sie existiren vielleicht auch gar nicht, wie ich dieses später wahrscheinlich machen werde.

Die neueren crystallinischen Formationen bilden ohne Zweifel eine continuirliche Kette von Gesteinen, welche in zahllosen Übergängen in einander verschwimmen und die durch alle möglichen Mischungen von Krablit bis Anorthit oder vom sauern bis zum basischen Salze repräsentirt sind und die mit abnehmenden x im Feldspath eine Zunahme von Augit, Olivin und Magneteisenstein zur Folge haben. Von der Charakteristik einer vulkanischen Gebirgsart, von jedem einzelnen Gliede dieser ausgedehnten Kette wird daher zuerst die Bestimmung des Feldspaths, oder die Feststellung der Zahl x verlangt, ferner die Quantität der Beimischung jener drei öfter genannten Mineralkörper.

Diese Elemente eines gemischten Gesteines zu ermitteln hält nicht schwer.

Bezeichnen wir in einer Analyse desselben den Sauerstoff von $\dddot{Si}$ mit A

von $\dddot{Al}$, B

von $\dot{Fe} + \dddot{Fe} + \dot{Fe}\dddot{Fe}$, C

von $\dot{Ca}$, D

von $\dot{Mg}$, E

von $\dot{Na}$ und $\dot{Ka}$, F.

Ferner sei M der Modulus des zu suchenden Feldspaths von der Norm (1, 3, x), z der Modulus des Augits, y der des Olivins, sodann sei a die relative

Sauerstoffmenge der Kalkerde beim Feldspath und f der Sauerstoffgehalt des Magneteisensteins, der nach Festsetzung der Constanten λ, μ, σ, h, g, ε und k mit Annahme der oben mitgetheilten Formeln für Augit und Olivin in diesen Mineralkörpern nicht aufgenommen werden kann. Gilt endlich im Augit nach Scheerers Ansichten die isomorphe Vertretung von drei Atomen Thonerde durch zwei Atome Kieselerde, so gelangt man zu folgenden Gleichungen:

$$
\begin{array}{ll}
1) & xM + hz + (1+\eta)y = A \\
2) & \lambda M + gz = B \\
3) & \mu M + \varepsilon z + \eta y + f = C \\
4) & aM + z = D \\
5) & a\sigma M + kz + y = E \\
6) & (1 - a(1 + \sigma))M = F
\end{array}
$$

aus denen die Grössen x, y, z, a, f und M zu bestimmen sind. Es wird zuerst:

$$7)\quad z = \frac{(F + D(1 + \sigma))\lambda - B}{(1 + \sigma)\lambda - g}$$

Hiermit berechnet man aus 2) den Werth von M; mit M aus 4) oder 6) den Werth von a, mit a, M und z aus 5) den Werth von y, mit M, z, y aus 3) den Werth von f, endlich mit M, z, y aus 1) den Werth von x.

Die Constanten λ, μ bezeichnen die relativen Sauerstoffmengen von Thonerde und Eisenoxyd beim Feldspath in $\ddot{R}$. Für die isländischen Gesteinsanalysen sind λ und μ aus den Analysen der isländischen Feldspathe abgeleitet und zwar aus 9, 11, 12 Tab. I. Danach wird

$$\lambda = 2{,}87801 \quad \mu = 0{,}12199.$$

Ferner ist $\frac{b}{a} = o = 0,0600$ ein Mittelwerth für die isländischen Feldspathe aus Tab. VI. abgeleitet.

Die Constanten h, g, ε, k beziehen sich auf die Vertheilung der isomorphen Bestandtheile im Augit. Es ist $h = 2\left((1 + \varepsilon + k) - \frac{g}{3}\right) = 4,6272$.

Sodann wird das Verhältniss des Sauerstoffs der Thonerde zu dem von $\dot{R}$, $\frac{g}{1 + \varepsilon + k} = 0,18776$, $g = 0,46315$.

Das mittlere Verhältniss des Sauerstoffs des Eisenoxyduls zu dem der Kalkerde ist $\varepsilon = 0,3179$. Das Verhältniss des Sauerstoffs der Magnesia zu dem der Kalkerde wird $k = 1,1501$. Die genannten Constanten sind als Mittelwerthe aus den von mir oben Seite 107 bis 110 mitgetheilten Augitanalysen abgeleitet worden. Endlich findet man $\eta = 0,12162$, das Verhältniss des Sauerstoffs vom Eisenoxydul zu Magnesia im Olivin, mit Grundlage meiner vorher angegebenen Analysen dieses Minerals.

Es wäre allerdings wünschenswerth, die genannten Constanten aus einer grössern Anzahl von Analysen, oder aus solchen abzuleiten, deren Material der in Frage stehenden Lava selbst entnommen sei, was öfter gelingen kann, wenn die Augit- und Olivinkörner sich einigermassen deutlich ausscheiden und sich als ein homogenes Gebilde darstellen.

Zu einer wenn auch nur provisorischen Rechnung werden die angenommenen Constanten, die sich vielleicht demnächst durch bessere ersetzen lassen, ausreichen.

Ein Beispiel wird den Gebrauch der angeführten Formeln noch deutlicher machen.

Der isländische Trapp von Esiaberg hat nach Bunsen folgende Zusammensetzung:

$\dddot{\mathrm{Si}}$	$= 50{,}05$	$A = 26{,}490$
$\ddot{\mathrm{Al}}$	$= 18{,}78$	$B = 8{,}778$
$\ddot{\mathrm{Fe}} + \ddot{\mathrm{Fe}}\dot{\mathrm{Fe}} + \dot{\mathrm{Fe}}$	$= 11{,}69$	$C = 3{,}144$
$\dot{\mathrm{Ca}}$	$= 11{,}66$	$D = 3{,}316$
$\dot{\mathrm{Mg}}$	$= 5{,}20$	$E = 2{,}078$
$\dot{\mathrm{Na}}$	$= 2{,}24$	$F = 0{,}644$
$\dot{\mathrm{Ka}}$	$= 0{,}38$	

Es findet sich zunächst:

$$z = 1{,}23341$$
$$M = 2{,}85150$$
$$a = 0{,}73035$$
$$y = 0{,}53230$$
$$f = 2{,}33920$$
$$x = 7{,}07880.$$

Damit berechnet man die Sauerstoffmengen der einzelnen Bestandtheile von Feldspath, Augit, Olivin und Magneteisenstein, deren respective Summen den gesammten Sauerstoffmengen des Gemisches gleich kommen. Wir gelangen dann zu folgender Übersicht:

		Sauerstoffmengen für Feldspath	Augit	Olivin	Magneteisenst.
1)	26,490 =	20,1856 +	5,7071 +	0,5973	
2)	8,778 =	8,2067 +	0,5713		
3)	3,144 =	0,3479 +	0,3921 +	0,0648 +	2,3392

4) 3,316 = 2,0826 + 1,2334
5) 2,076 = 0,1250 + 1,4185 + 0,5325
6) 0,579 = 0,5790
7) 0,065 = 0,0650.

Sucht man nun zu den so berechneten Sauerstoffmengen ihre Verbindungen mit Kieselerde, Thonerde u. s. w., so erhält man folgende Zahlen:

	Feld-spath		Augit		Olivin		Magnet-eisenst.
$\ddot{Si}$	38,136	+	10,783	+	1,1285		
$\ddot{Al}$	17,557	+	1,222				
$\ddot{Fe} + \dot{Fe} + \ddot{Fe}\dot{Fe}$	1,161	+	1,767	+	0,2920	+	8,4890 *)
$\dot{Ca}$	7,324	+	4,337				
$\dot{Mg}$	0,313	+	3,553	+	1,3339		
$\dot{Na}$	2,240						
$\dot{Ka}$	0,380						
Feldspath =	67,111	+	21,662	+	2,7544	+	8,4890 = 100,016

Berechnet man endlich die Feldspath-, Augit- und

*) Zur Berechnung von C sind im Anfang genäherte Werthe für $\ddot{Fe}$, $\ddot{Fe}\dot{Fe}$ und $\dot{Fe}$ angenommen worden, so dass jetzt die Summe des Gewichts der 4 Mineralkörper sehr nahe 100 gibt. Der nur aus $\dot{Fe}$ abgeleitete Sauerstoff würde zu gering sein, um bei der Bildung von Oxyd und Oxydoxydul zugleich auch für die Summe der Bestandtheile die Zahl 100 zu geben. Hat man daher die Quantitäten von Feldspath, Augit und Olivin bestimmt, so kann man das an 100 Fehlende als Magneteisenstein betrachten.

Olivin-Verbindung auf 100, so erhält man folgende Zahlen:

	Feldspath		Augit	Olivin
$\dddot{Si}$	56,826	$\dddot{Si}$	49,779	40,976
$\dddot{Al}$	26,161	$\dddot{Al}$	5,641	
$\dddot{Fe}$	1,730	$\dot{Fe}$	8,155	10,586
$\dot{Ca}$	10,912	$\dot{Ca}$	20,021	
$\dot{Mg}$	0,467	$\dot{Mg}$	16,404	48,438
$\dot{Na}$	3,338			
$\dot{Ka}$	0,566			
	100,000		100,000	100,000

Im Laufe der Rechnung gibt es mehrere Proben, welche vor Irrthümern schützen. Erstens muss beim Feldspath der Sauerstoff von $\dddot{R}$ zu dem von $\dot{R}$ sich verhalten wie 3 : 1. Zweitens ist beim Augit der Sauerstoff von $\dot{R}$ halb so gross als der der Kieselerde, wenn zu dem letztern $^2/_3$ des Sauerstoffs der Thonerde hinzugefügt wird. Beim Olivin ist der Sauerstoff von $\dot{R}$ gleich dem der Kieselerde. Endlich wird die Zusammensetzung von Augit und Olivin für verschiedene Gesteinsanalysen, insofern beide Körper im Gemisch repräsentirt sind, dieselbe sein.

Wenden wir das eben auseinandergesetzte Verfahren auf die verschiedenen Gesteine von Island und Sicilien an, so gelangt man zu folgenden Resultaten:

Bunsen hat eine Reihe isländischer Trachyte analysirt (Pogg. Ann. LXXXIII Nr. 6), deren Zusammensetzung hier zunächst angeführt wird:

	1.	2.	3.	4.	5.	6.	7.
Kieselerde	75,91	77,92	75,29	78,95	76,42	76,38	75,77
Thonerde	11,49	12.01	12,94	10,22	9,57	11,53	10,29
Eisenoxydul	2,13	1,32	2,60	2,91	5,10	3,59	3,85
Kalkerde	1,56	0,76	1,01	1,84	1,53	1,76	1,82
Magnesia	0,76	0,13	0,03	0,14	0,20	0,40	0,25
Natron	2,51	4,59	2,71	4,18	5,24	4,46	5,56
Kali	5,64	3,27	5,42	1,76	1,94	1,88	2,46

1. Trachyt von Baula.
2. Trachyt von Kalmanstúnga.
3. Trachyt vom Langarfjall am Geysir.
4. Trachyt von Arnarhnipa an der Laxà.
5. Trachyt von Falkaklettur bei Kalmunstúnga.
6. Trachytlava vom Krabla.
7. Obsidian vom Krabla.

Diese trachytischen Gesteine sind aus Feldspath, Augit, Olivin und Magneteisenstein in folgender Weise zusammengesetzt:

	1.	2.	3.	4.	5.	6.	7.
Feldspath	95,01	99,64	97,40	95,56	92,43	95,80	92,77
Augit	4,19	0,14	—	2,83	3,05	1,88	3,88
Olivin	0,12	—	—	—	—	—	—
$\dddot{F}e\,\dot{F}e$	0,78	0,03	2,10	1,41	3,19	1,89	2,08
	100,10	99,81	99,50	99,80	98,67	99,57	98,73

Zur Trennung der verschiedenen hier vorkommenden Mineralkörper habe ich mit Ausnahme von 1) eine andere indirecte und etwas kürzere Methode als die vorher angegebene benutzt. Die procentische Zusammensetzung der hier vorkommenden Feldspathe ist folgende:

	1.	2.	3.	4.	5.	6.	7.
Kieselerde	77,704	78,036	77,300	81,138	81,036	78,754	79,403
Thonerde	11,850	12,041	13,285	10,515	10,157	11,917	10,841
Eisenoxyd	1,058	1,204	—	1,068	1,039	1,202	1,111
Kalk	0,779	0,730	1,037	1,060	—	1,406	—
Magnesia	0,033	0,110	0,031	—	—	0,102	—
Natron	2,640	4,597	2,782	4,375	5,669	4,656	5,993
Kali	5,936	3,282	5,565	1,844	2,099	1,963	2,652
	100,000	100,000	100,000	100,000	100,000	100,000	100,000

Reducirt man wie vorhin diese Analysen auf Thonkalkfeldspathe, so findet man folgende Zusammensetzung:

	1.	2.	3.	4.	5.	6.	7.
Kieselerde	80,108	79,757	79,272	82,398	82,470	80,042	81,038
Thonerde	12,917	13,078	13,624	11,373	11,015	12,896	11,792
Kalkerde	6,975	7,165	7,104	6,229	6,515	7,062	7,170

Ferner finden sich für x und M die Werthe:

x	21,010	20,716	20,000	24,611	25,231	21,086	23,091
M	2,019	2,038	2,097	1,772	1,730	2,009	1,857

Das Verhältniss von 1 : 3 im Sauerstoff von $\dot{R}$ und $\ddot{R}$ kann nicht immer vollkommen, indess für unsere Zwecke genau genug dargestellt werden.

Die aus den isländischen Trachyten berechneten Feldspathanalysen vervollständigen sehr wesentlich unsere vorhin mitgetheilte Übersicht der Feldspathe in Tab. I. Seite 44 und geben Werthe für x, die mitunter sogar noch über 24 hinausgehen. Die Bestimmung so grosser Werthe von x, namentlich aus zusammengesetzten Gesteinen abgeleitet, wird allerdings unsicher, und es muss für jetzt dahin gestellt bleiben, ob x = 24 wirklich als Grenzwerth anzusehen ist, oder ob noch grössere Werthe durch zuverlässige Beobachtungen ermittelt werden.

Bunsen nimmt aus den 7 angeführten Trachytanalysen das Mittel, welches er mit dem Namen normaltrachytische Masse bezeichnet.

Der Begriff normaltrachytische Masse ist kein exacter, da z. B. zu der Bildung eines solchen Mittelwerthes, statt 7 eben so gut 12 Analysen hinzugenommen werden können, deren Kieselerdegehalt eine fortlaufende Scale bildet, in der ein jedes Glied dieselbe Berechtigung hat.

Es ist allerdings wichtig für die Lehre dieser crystallinischen Gesteine, einen solchen Grenzwerth festzustellen, der als sauerstes oder kieselerdereichstes Endglied dasteht und dem eine exacte Definition beigelegt werden kann. Wir werden es später versuchen, denselben abzuleiten.

Die von Bunsen mitgetheilte normaltrachytische Zusammensetzung als Mittelwerth aus den obigen 7 Analysen ist folgender:

Kieselerde	76,662
Thonerde	11,150
Eisenoxydul	3,071
Kalkerde	1,469
Magnesia	0,274
Natron	4,178
Kali	3,196
	100,000

Diese mittlere Zusammensetzung des Trachyts entspricht einer Mischung von:

Feldspath	95,516
Augit	2,267
Olivin	0,017
$\ddot{\mathrm{F}}\mathrm{e}\,\dot{\mathrm{F}}\mathrm{e}$	2,200
	100,000

Ferner wird die Zusammensetzung des in diesem Mittelwerthe vorkommenden Feldspaths:

Kieselerde	79,052
Thonerde	11,515
Eisenoxyd	0,955
Kalkerde	0,717
Magnesia	0,039
Natron	4,387
Kali	3,335
	100,000

$M = 1,8925$ und $x = 22,108$.

Im östlichen Island, welches ich im September 1846 allein bereist habe, finden sich ausgezeichnete trachytische Gebirge, deren Gesteine von mir gesammelt worden sind. Ich fand indess bisjetzt noch keine Zeit dieselben zu untersuchen, doch hoffe ich diese noch fehlenden Analysen demnächst nachzuliefern.

Nur einen eigenthümlichen Klingsteinschiefer von Helgastadir, der Localität wo der bekannte isländische Doppelspath gefunden wird, habe ich flüchtig, jedoch ohne Bestimmung der Alkalien, analysirt und finde dafür folgende Zusammensetzung:

Kieselerde	79,860
Thonerde	13,698
$\dot{Fe}\,\ddot{Fe}$	3,050
Kalk	0,441
Magnesia	0,388
	97,437

Die Zusammensetzung dieser Klingsteinschiefer ist demnach den von Bunsen analysirten trachytischen Gesteinen aus dem westlichen Island sehr ähnlich.

Bunsen hat sodann mehrere isländische Gesteine untersucht, welche nach seiner Ansicht die basischsten sind, die in Island vorkommen und denen er den vielleicht nicht ganz passenden Namen normalpynoxenische Gesteine beilegt, da sie, wie dieses sogleich gezeigt werden wird, durchschnittlich etwa nur ein Drittheil Pyroxen und über die Hälfte Feldspath enthalten.

Ihre Zusammensetzung ist folgende:

	1.	2.	3.	4.	5.	6.
Kieselerde	50,05	47,48	49,17	47,69	49,37	47,07
Thonerde	18,78	13,75	14,89	11,50	16,81	12,96
Eisenoxydul	11,69	17,47	15,20	19,43	11,85	16,65
Kalkerde	11,66	11,34	11,67	12,25	13,01	11,27
Magnesia	5,20	6,47	6,82	5,83	7,52	9,50
Natron	2,24	2,89	0,58	2,82	1,24	1,97
Kali	0,38	0,60	1,67	0,48	0,20	0,58

1. Trappgestein von Esiaberg.
2. Trapp von Viđoe.
3. Helles feinkörniges Basaltgestein von Hagafjall am rechten Ufer der Thiorsà.
4. Basaltisches Gestein von Skarđsfjall, am Hekla.

5. Von einem alten Lavastrom des Hekla.
6. Gestein von der Felswand von Almannagjà unweit dem See von Thingvalla.

Berechnet man nach den auf Seite 131 mitgetheilten Vorschriften die mineralogische Zusammensetzung dieser Gesteine, so ergeben sich folgende Resultate*):

	x	M	z	y	a	f
1.	7,0788	2,8515	1,2334	0,5325	0,7304	2,3392
2.	7,8900	1,8693	2,2616	—	0,5153	2,9398
3.	8,1118	2,1441	1,7047	0,6652	0,7527	2,4907
4.	8,3658	1,3961	2,9307	—	0,3961	3,2107
5.	6,9932	2,4535	1,7195	0,9058	0,8071	1,6742
6.	7,7513	1,7650	2,1127	1,2972	0,6188	2,6511

Mit Hülfe dieser Grössen berechnet man die Zusammensetzung dieser Gesteine; sie bestehen aus:

	1.	2.	3.	4.	5.	6.
Feldspath	67,111	47,159	55,103	36,560	57,214	43,993
Augit	21,662	39,722	29,938	51,463	30,199	37,105
Olivin	2,754	—	3,440	—	4,675	6,709
$\dot{\mathrm{Fe}}\ddot{\mathrm{Fe}}+\ddot{\mathrm{Fe}}$**)	8,489	10,669	9,039	11,652	6,074	9,621
	100,016	97,550	97,520	99,675	98,162	97,428

*) Diese Rechnungen und einige andere in diesem und dem folgenden Abschnitte wurden auf meinen Wunsch durch Herrn Klinkerfues, Assistenten an hiesiger Sternwarte, ausgeführt, dem ich desshalb zu besonderem Danke verpflichtet bin.

**) In den Analysen 2 bis 6 bleibt die Summe der verschiedenen Bestandtheile nicht unbeträchtlich hinter 100 zurück, weil die Sauerstoffmenge C nur aus Oxydul abgeleitet worden ist. In 1 ist dagegen vom Anfang an ein Näherungswerth für $\dot{\mathrm{Fe}}$, $\ddot{\mathrm{Fe}}$ und $\ddot{\mathrm{Fe}}\dot{\mathrm{Fe}}$ angenommen worden, in Folge dessen die Summe der Bestandtheile sich der Zahl 100 mehr genähert hat.

Die procentische Zusammensetzung der hier vorkommenden Feldspathe ist folgende:

	1.	2.	3.	4.	5.	6.
Kieselerde	56,826	59,090	59,636	60,360	56,649	58,767
Thonerde	26,161	24,406	23,957	23,512	26,399	24,702
Eisenoxyd	1,730	1,614	1,584	1,555	1,744	1,633
Kalkerde	10,912	7,182	10,299	5,320	12,169	8,729
Magnesia	0,467	0,307	0,441	0,227	0,521	0,373
Natron	3,338	6,129	1,052	7,713	2,168	4,478
Kali	0,566	1,272	3,031	1,313	0,350	1,318
	100,000	100,000	100,000	100,000	100,000	100,000

Diese Feldspathe bewegen sich nach dem gewöhnlichen Sprachgebrauche zwischen Labrador und Oligoklas und begreifen jene Varietäten in sich, welche von Forchhammer unter dem Namen von Hafnefiordit, siehe Seite 46, und von mir als Andesin, Seite 44 analysirt worden sind.

Diese neueren Gesteine Islands unterscheiden sich von den vorhin aufgeführten trachytischen dadurch, dass der Feldspath für x bedeutend kleinere Werthe bekommt als bei jenen, mithin basischer wird und ferner in geringerem Maasse als früher vorwaltet, da Augit, Olivin und Magneteisenstein zusammen durchschnittlich fast die Hälfte des Ganzen bilden.

Der aus diesen 6 Analysen gezogene Mittelwerth wird von Bunsen mit dem Namen normalpyroxenische Masse bezeichnet und besteht aus folgenden Bestandtheilen:

Kieselerde	48,473
Thonerde	14,781
Eisenoxydul	15,383
Kalkerde	11,866
Magnesia	6,890
Natron	1,957
Kali	0,651
	100,000.

Diesem Mittelwerthe entspricht die Zusammensetzung von:

Feldspath	51,190
Augit	35,015
Olivin	2,929
$\ddot{Fe}\,\dot{Fe}$	10,866
	100,000

Die Zusammensetzung des in diesem Mittelwerthe vorkommenden Feldspaths ist:

Kieselerde	58,555
Thonerde	24,856
Eisenoxyd	1,644
Kalkerde	9,100
Magnesia	0,389
Natron	4,147
Kali	1,309
	100,000

$$M = 4{,}0369, \quad x = 7{,}6770.$$

Es ist einleuchtend, dass man diesen Mittelwerth eben so wenig als äussersten Grenzwerth auf der basischen Seite betrachten darf, als man den sogenannten normaltrachytischen auf der entgegengesetzten Seite als solchen gelten lassen kann; auch ist es nicht einzusehen, warum nur die angeführten 6 Analysen zur Bildung eines Mittelwerthes verwandt werden, während andere, z. B. Analyse 43, Lava der Thiorsà, und 38, Trappgestein vom Esia (siehe Poggend. Ann. LXXXIII. S. 211 und 213), davon ausgeschlossen bleiben. Würde man auch diese beiden, oder ähnliche mit einem Kieselerdegehalte von 48 bis 50 Procent zur Bildung dieses Mittelwerthes hinzuziehen, so ist kein Grund vorhanden, die Laven mit einem Kieselerdegehalte von 51 bis 53 Procent und alle folgenden davon auszuschliessen.

Aus dem Ebengesagten geht hervor, dass man zur Feststellung der Grenzwerthe auf beiden Seiten einen andern Weg einzuschlagen hat.

Bevor wir dieses versuchen, werden wir noch die mineralogische Zusammensetzung einiger andern isländischen crystallinischen Gesteine nach den bereits angegebenen Principien berechnet mittheilen, die theils von Bunsen, theils von Genth analysirt worden sind.

Ich würde die Zerlegung der Laven in ihre Mineralkörper bei allen von Bunsen mitgetheilten Analysen vorgenommen haben, wenn dieses aus den vorliegenden Zahlen möglich gewesen wäre. Leider ist aber um die Beobachtungen einer Theorie mehr anzupassen, Thonerde und Eisenoxydul nur zusammen angegeben worden.

Die Analysen, in denen sich Thonerde und Eisenoxydul gesondert finden, und die theilweise von Genth schon früher veröffentlicht worden sind*), zeigen die nachfolgende Zusammensetzung:

*) Ann. d. Chem. u. Pharm. LXVII. 1848. 13.

	1.	2.	3.	4.	5.
Kieselerde	49,60	60,06	55,92	56,68	50,25
Thonerde	16,89	16,59	15,08	14,93	12,55
Eisenoxydul	11,92	11,37	15,18	13,93	16,13
Kalkerde	13,07	5,56	5,54	6,41	11,10
Magnesia	7,56	2,40	4,21	4,10	7,59
Natron	1,24	3,60	2,51	3,46	0,34
Kali	0,20	1,45	0,95	1,07	2,04
	100,48	101,03	100,39	100,58	100,00

1. Thiorsà Lava.
2. Efrahvolshraun am Hekla.
3. Lava bei Háls.
4. Lava des Hekla von 1845.
5. Gestein vom Esia.

Zunächst berechnet man wieder:

	x	M	z	y	a	f
1.	6,9935	2,4656	1,7250	0,9144	0,8078	1,6855
2.	11,3350	2,6664	0,1750	0,6721	0,5274	2,0613
3.	11,1760	2,3794	0,3689	1,1668	0,6262	2,8200
4.	11,2360	2,3073	0,6442	0,8163	0,5063	2,4886
5.	9,5080	1,6997	2,1047	0,5462	0,6184	2,6375

In diesen Gesteinen ist enthalten:

	1.	2.	3.	4.	5.
Feldspath	57,508	84,000	74,789	72,925	48,085
Augit	30,297	3,074	6,480	11,314	36,965
Olivin	4,729	3,443	6,036	4,222	2,825
Magneteisenstein	6,116	7,481	10,234	9,031	9,572
	98,750	97,998	97,539	97,492	97,447

Der hier vorkommende Feldspath hat die nachfolgende Zusammensetzung:

	1.	2.	3.	4.	5.
Kieselerde	56,653	62,339	67,180	67,182	63,827
Thonerde	26,398	22,314	19,588	19,480	21,764
Eisenoxyd	1,746	1,475	1,296	1,288	1,439
Kalkerde	12,179	6,721	7,010	5,633	7,692
Magnesia	0,520	0,287	0,300	0,241	0,328
Natron	2,156	4,893	3,356	4,717	4,243
Kali	0,348	1,971	1,270	1,459	0,707
	100,000	100,000	100,000	100,000	100,000

Während Bunsen mit der Analyse der isländischen Gesteine beschäftigt war, habe ich die des Aetna untersucht, und es wird nicht uninteressant sein die Endresultate beider Forschungen neben einander zu stellen.

Ein fleischrothes trachytisches Gestein, welches die Basis der Serra Giannicola im Val del Bove bildet, und in den Wänden des Teatro grande sehr deutlich etwa in einer Höhe von 6000 Fuss über dem Meere ansteht, schien für unsere Zwecke besonders wichtig. In höhern Gegenden des Vulkans wird dasselbe nicht weiter angetroffen, da es von neueren Tuffen und crystallinischen Gesteinen überdeckt wird. Es zeigt schon dem unbewaffneten Auge eine feldspathreiche deutlich crystallinische Grundmasse, in der, was sonst in keinem isländischen oder aetneischen Gesteine bemerkt worden, hin und wieder lauchgrüner Augit und schwarze Hornblende dicht neben einander liegen.

Das spec. Gew. des Gesteins ist approximativ $= 2,579$.

Seine Zusammensetzung ist:

Kieselerde	56,571
Thonerde	18,556
Eisenoxyd	8,394
Kalkerde	6,599
Magnesia	3,504
Natron	2,129
Kali	3,447
Wasser	0,791
	100,091.

Ein anderes sehr interessantes Gestein, welches in einem sternförmigen Gangsystem, dessen Centrum im südwestlichen Theile des Val del Bove liegt, sich verbreitet, und das auf die Umgestaltung und Erhebung des Vulkans vielleicht am wesentlichsten eingewirkt hat, habe ich mit dem Namen ätnäischen Grünsteins bezeichnet.

Die Grundmasse desselben, welche frei von Augit oder Hornblende ist, wird wiederum durch einen crystallinischen Feldspath gebildet, in dem zuweilen zolllange Hornblende-Crystalle ausgesondert sind. Dieses Gestein besitzt eine grünliche oder graugrüne Färbung, welche den Namen erklärt. In einigen Fällen wird dasselbe dichter und dunkeler und gleicht dann auffallend den Grünsteinen älterer Formationen. Spec. Gew. = 2,634.

Die Zusammensetzung ist:

Kieselerde	58,138
Thonerde	22,461
Eisenoxydul	5,357
Kalkerde	5,203
Magnesia	1,371
Natron	5,686
Kali	0,048
Wasser	1,235
	99,499.

Drittens theile ich hier die Analyse des aetnäischen Klingsteinschiefers mit, der seiner Entstehung nach schon einer späteren Zeit angehört, als der eben erwähnte Trachyt und Grünstein. Er durchsetzt jene in verhältnissmässig schmalen Gängen und sondert sich parallel mit den Abkühlungsflächen in dünnen klingenden Tafeln ab, welche auf den ersten Blick mit Grauwacken-Schiefer grosse Ähnlichkeit haben.

Dieser Klingsteinschiefer ist von aschgrauer Farbe, meist dicht und feinkörnig, lässt aber doch gewöhnlich noch die feldspathreiche Grundmasse erkennen, in der sich nadelförmige sehr kleine Augitcrystalle aussondern. Er findet sich allgemein verbreitet durch das Val del Bove und steigt in Gängen bis zu einer Höhe von 9000 Fuss. Stücke desselben sind durch hochgelegene Lateralcrater, z. B. durch den Monte Frumento Superior in der Nähe des Philosophenthurms ausgeworfen und auf unsern Excursionen von uns verschiedentlich gesammelt worden.

Die Analyse gab für den Klingsteinschiefer von Serra Vavalaci im Val del Bove folgende Zusammensetzung:

Kieselerde	55,276
Thonerde	17,752
Eisenoxyd	11,600
Kalkerde	6,244
Magnesia	2,420
Natron	5,852
Kali	1,716
Wasser	0,467
	101,327.

Ferner führe ich hier noch zwei Analysen neuerer Laven an, die zwar nicht von mir herrühren, deren Resultate ich jedoch mit in meine Untersuchungen verwebe.

Erst kürzlich wurde mir von Herrn Joy aus Boston eine Analyse einer ältern wahrscheinlich aus der Römerzeit herstammenden ätnäischen Lava, die nördlich von Catania anstehend gefunden wird, mitgetheilt. Das Resultat dieser Untersuchungen war folgendes:

Kieselerde	49,170
Thonerde	15,907
Eisenoxydul	11,966
Kalkerde	10,260
Magnesia	4,774
Natron	4,230
Kali	2,230
	99,540.

Diese Zahlen sind aus drei verschiedenen Analysen, die mit Sorgfalt ausgeführt scheinen, zusammengesetzt. Bei zwei Analysen wurde das Mineral durch Fluorwasserstoffsäure, bei der dritten durch kohlensaures Natron aufgeschlossen. Der Verlust rührt wahrscheinlicherweise von der mangelhaften Wasserbestimmung und von der Berechnung des Eisens auf Oxydul her, während $\ddot{\mathrm{Fe}}$ und $\ddot{\mathrm{Fe}}\dot{\mathrm{Fe}}$ nicht mit in Anschlag gebracht worden sind.

Schliesslich führe ich hier noch die Lava von 1669 an, welche am Monte Rosso oberhalb Nicolosi ihren Ursprung nimmt und nach Löwes Untersuchung, Pogg. Ann. XXXVIII, 151, folgende Zusammensetzung hat:

Kieselerde	48,83
Thonerde	16,15
Eisenoxydul	16,32
Kalkerde	9,31
Magnesia	4,58
Manganoxydul	0,54 *)
Natron	3,45
Kali	0,77
	99,95.

Für die hier zusammengestellten crystallinischen Gesteine des Aetna berechnet man zunächst:

	x	M	z	y	a	f
1. Trachyt	9,1556	3,0893	0,1686	0,9936	0,5577	1,7579
2. Grünstein	8,1134	3,8095		0,3626	0,3953	0,8458
3. Klingstein	9,3834	2,9351	0,3489	0,3891	0,4931	2,7851
4. Alte Lava	6,9360	2,3225	2,2262		0,3163	1,5341
5. Lava 1669	7,8725	2,4860	1,3802	0,0896	0,5186	2,8382

In diesen Gesteinen ist enthalten:

	1.	2.	3.	4.	5.
Feldspath	86,227	95,354	82,750	55,265	63,277
Augit	2,861	—	5,998	39,097	24,239
Olivin	4,551	1,824	1,957	—	0,463
Magneteisenstein	6,379	3,069	10,107	5,684	10,300
	100,018	100,247	100,812	100,046	98,279.

*) In der nachfolgenden Rechnung ist das Manganoxydul zum Eisenoxydul hinzugefügt.

Die hier vorkommenden Feldspathe haben folgende Zusammensetzung:

	1.	2.	3.	4.	5.
Kieselerde	61,976	61,242	62,883	55,074	58,429
Thonerde	21,497	23,971	21,283	25,217	23,570
Eisenoxyd	2,334	2,603	2,311	2,738	3,455
Kalkerde	7,027	5,553	6,150	4,676	7,164
Magnesia	0,648	0,511	0,566	0,432	0,659
Natron	2,489	6,068	4,709	7,768	5,496
Kali	4,029	0,051	2,098	4,096	1,227

Der in diesen Gesteinen vorkommende Augit besteht nach den angewandten Constanten aus:

Kieselerde	50,853
Thonerde	5,763
Eisenoxydul	6,170
Kalkerde	20,455
Magnesia	16,759
	100,000.

Ferner ist die Zusammensetzung des hier vorkommenden Olivins:

Kieselerde	42,131
Eisenoxydul	8,068
Magnesia	49,801
	100,000.

VII. Über die Aschenbildung der Vulkane.

Bereits am Anfang dieser Untersuchungen haben wir darauf aufmerksam gemacht, dass alle entwickelten vulkanischen Gebirgssysteme aus abwechselnden Lagern fester crystallinischer Gesteine, aus Laven im allgemeinen Sinne des Wortes, und aus locker zusammenhängenden, leicht zerreiblichen, erdigen Schichten, den sogenannten Tuffen bestehen.

Beide Bildungen haben einst auf dem Herde des Vulkanes ihren Ursprung genommen und sind aus dem feurigflüssigen Zustande durch verschieden einwirkende Kräfte nach und nach in den Zustand übergeleitet, worin wir sie gegenwärtig erblicken. Beide würden, aus einer Quelle hervorgegangen, auch gleiche chemische Zusammensetzung besitzen, doch treten mitunter Umstände ein, welche dieselbe in einem gewissen Grade zu modificiren vermögen.

Während einer Eruption steigt die geschmolzene Materie aus tieferliegenden Gegenden der Erde unter dem Drucke von Wasserdämpfen im Vulkane empor, um theils zur Aschen- theils zur Lavabildung verwandt zu werden. Die Wasserdämpfe, öfter gewiss von ungeheuerer Spannung, welche die Lavasäule treiben oder im Gleichgewichte halten, suchen wo sie können dieselbe zu durchbrechen, um sich einen Ausweg in die Atmosphäre zu bahnen.

Dieses Entweichen der Dämpfe und das in sich Zurücksinken der Lava ist die vorzüglichste Ursache des dumpfen Getöses, welches man unter dem Donner der Vulkane begreift und das meilenweit vernommen und von den Einwohnern solcher Gegenden allgemein gekannt wird.

Es findet dabei ein beständiger Kampf der aufwärtssteigenden elastischen Flüssigkeit mit den geschmolzenen Massen und den festen Wänden des Vulkanes statt, der so lange als die Dampfentwicklung vor sich geht, in der Tiefe fortdauert.

Bei diesem gewaltsamen Emporsteigen der Dampfblasen werden sowohl von den Seitenwänden des vulkanischen Spalts, an den Berührungsstellen der Lava und der festen Gebirgsschichten, als auch von der Oberfläche des Lavabehälters, bereits erkaltete oder noch vollkommen tropfbar flüssige Theile gewaltsam abgerissen und durch die Öffnung des Craters hinausgeschleudert.

Indem bei einem vulkanischen Ausbruche Millionen dieser glühenden Körper, von der Grösse mikroskopischer Pünktchen an, bis zum Durchmesser von einem oder mehrern Metern, oberhalb des Craters die Luft erfüllen und in der Form von Strahlen oder Büscheln oder baumartig gruppirt, in ewig wechselndem Spiele auf und niedersteigen, entsteht jene Feuererscheinung, welche man nicht ganz richtig mit dem Namen der Flamme des Vulkanes bezeichnet. Da diese Auswürflinge schuss- oder stossweise aus dem Crater hervorgeschleudert werden und oft zwischen einer und der nächsten Explosion mehrere Secunden verstreichen, während welcher Zeit viele namentlich die grössern derselben zur Erde zurückgefallen sind, so kann es nicht befremden, wenn man diese Erscheinung aus der Ferne für das Auflodern einer Flamme, d. h. für brennende Gase gehalten hat.

Sind die Intervalle von einer Explosion zu der andern, wie dieses bei allen heftigen Ausbrüchen zu geschehen pflegt, so klein, dass während des Zeitraums von etwa 20 Secunden, welchen die glühenden Steine öfter gebrauchen, um ihre Bahn durch die Luft zu beschreiben und wieder zur Erde zurückzufallen, vielleicht sechs bis zehn neue Explosionen nachfolgen können, so ist es klar, dass ein ununterbrochener Sprühregen von niederfallenden und aufsteigenden Funken, gleichsam eine permanente Flamme, unterhalten wird. Dieses momentane Auflodern der unterirdischen Glut mit längeren dunkelen Zwischenräumen, so wie eine ununterbrochen emporwirbelnde Feuersäule habe ich am Aetna häufig beobachtet; dann ist dieser Vulkan einem Leuchtthurme vergleichbar, den die Schiffer bei Nacht zu gleicher Zeit im jonischen, tyrhenischen und africanischen Meere erblicken.

Der Wiederschein von der emporquillenden Lava im Becken des Craters oder von der Feuersäule selbst in den Wolken oder in den emporströmenden Dampfbildungen, erhöht nicht selten die Ähnlichkeit der Flamme und führt dem Beobachter das Bild einer fernen Feuersbrunst vor die Augen. So oft ich auch bei Eruptionen auf dem Rande des Craters anwesend war, habe ich doch niemals eine brennende Flamme von ausströmenden Gasen bemerkt; ein Gleiches ist mir von mehrern anderen glaubwürdigen Augenzeugen berichtet worden. Daher möchte ich glauben, dass dieselben entweder gar nicht oder nur sehr selten beobachtet sind und an den gewöhnlichen Feuererscheinungen der Vulkane gar keinen oder nur einen sehr untergeordneten Antheil nehmen.

Die Auswürflinge unterscheiden sich von einander theils durch ihre Grösse und äussere Form, welche nicht selten durch Temperaturverhältnisse bedingt wird und durch ihre chemische Zusammensetzung.

Ihre Grösse ist sehr verschieden; Felsblöcke von 4 bis 5 Metern in jeder Dimension werden mitunter wahrgenommen; kleinere von einem Cubikmeter bemerkt man häufig; von dieser Grösse an bis zu mikroskopischen Körnchen abwärts finden sich zahllose Übergänge.

Bei einer vulkanischen Eruption nehmen die Schwerkraft und der Wind eine Trennung dieser Auswürflinge vor. Die grössern derselben fallen in oder dicht um die Ausbruchsstelle zurück und bilden neue vulkanische Aufschüttungskegel; die kleinern dagegen werden weiter fortgetrieben. Indem sie auf ihren längern Wegen durch die Luft nach und nach die gröbern Theilchen verlieren, fallen sie zuletzt oft meilenweit von der Ausbruchsstelle entfernt, gleichsam gesiebt in der Form des feinsten Staubes nieder. Körper dieser Art werden vulkanische Aschen genannt und liefern das hauptsächlichste Material zu den Tufflagern. Die Aschenausbrüche gehören in malerischer Hinsicht zu den grossartigsten Erscheinungen der Vulkane; in geologischer zu den wichtigsten, wesshalb wir dieselben näher beschreiben werden.

Die Aschengebilde, von rostbrauner oder kohlenschwarzer Färbung von blendend weissen Wasserdämpfen innig durchzogen und getrieben, drängen sich mit sausendem Gezisch von beständigem unterirdischen Donner begleitet durch die enge Öffnung des Craters und steigen und rollen zu ungeheueren Cumuluswolken entfaltet, gleichsam mit sich selbst im Kampfe immer höher und höher über den tiefblauen Hintergrund des Himmelsgewölbes.

Bei ruhigem Wetter und ganz windstiller Luft bildet sich dann über dem Crater jener von Plinius beschriebene Pinienbaum, den ich zu verschiedenen Zeiten am Aetna, am Vesuv und am Hekla beobachtet habe. Weht aber in den höheren Luftschichten ein starker Wind, so wird die senkrecht aufsteigende Rauchsäule zur Seite gebogen und sie gleicht einem riesigen Schweife, der von der Krone des schneebedeckten Mongibello meilenweit über das Festland und die See fortzieht. Aus derselben fällt dann der Aschenregen nieder und ist einem fernen dichten Hagelschauer oder einem grauen gestreiften Schleier vergleichbar, der von ihr zum Horizonte herabwallt.

Die Auswürflinge besitzen in dem Augenblick, in welchem sie den Schlund des Craters verlassen, einen sehr verschiedenen Temperaturzustand. Einige derselben, namentlich zu Anfang der Eruption, wo der Crater von zurückgestürzten Schutt und Trümmern gereinigt wird, sind kaum heiss und haben die dunkele Färbung der Schlacken; andere in grösserer Menge sind roth- und weissglühend; die letztern erscheinen für kurze Zeit noch tropfbar flüssig und vollkommen plastisch, so dass einige sich zu Rotations-Ellipsoiden bilden und Formen annehmen können, welche stark abgeplatteten Weltkörpern als Miniaturbilder ähnlich sehen; andere dagegen nehmen mitunter sehr abnorme, gezogene, zapfenförmige Gestalten an.

Diese sonderbaren Auswürflinge gehören wohl allen Vulkanen an, und pflegen mit dem Namen vulkanischer Bomben bezeichnet zu werden. Eine ausgezeichnete Sammlung, die ich auf meinen Reisen gesammelt habe, besitzt das hiesige Museum.

Ein näheres Studium derselben ist für die Vulkanologie nicht unwichtig; doch behalte ich mir ihre nähere Beschreibung für eine gelegenere Zeit vor. Auf ihre innere Structur allein will ich hier aufmerksam machen, da sie für die nachfolgenden Betrachtungen einigen Aufschluss gibt.

Die kleinen schwarzen oder dunkelbraunen sehr regelmässig gebildeten Bomben habe ich öfter, um ihr inneres Gefüge zu betrachten, in Stücke geschlagen. Ihre äussere Rinde ist rauh und uneben; die innere Masse ist dicht, zuweilen schwach fettglänzend und zeiget nur Spuren eines crystallinischen Gefüges, welches allerdings in einigen ausgesonderten weissen Feldspathpünktchen oder Crystallanfängen zuweilen merkbar hervortritt. Deutlich ausgebildete Crystalle, welche ebene, glänzende Flächen besässen und als Individuen erschienen, habe ich während Jahre langer Nachforschung nicht gewahr werden können.

Dieses ist nicht zu verwundern, da die Bomben bei ihrer Kleinheit, öfter nur bei dem Durchmesser von einem Zoll aus der ursprünglich tropfbaren Flüssigkeit, durch den Einfluss der äussern Atmosphäre (z. B. bei einer Temperatur von -10^0 R.) so ausserordentlich rasch erkalten, dass sie nach vollbrachtem Laufe durch die Luft in weniger als einer Minute eine feste Gestalt angenommen haben und vielleicht nach einer Stunde dieselbe Temperatur besitzen als die übrigen Gesteine des Vulkans, welche wie sie vormals in ähnlicher Lage gewesen sind.

Grössere Quantitäten geschmolzener Materien, also z. B. Lavaströme, erkalten begreiflicher Weise sehr viel langsamer und werden den von hoher Temperatur gelösten Silicatmassen eher gestatten sich nach gewissen chemischen Proportionen deutlicher auszuscheiden und sich zu individualisiren. Indess ist die Erkaltung der Laven, namentlich bei kleinen Strömen, meistentheils noch viel zu rasch, um einer regelmässigen Crystallbildung günstig entgegen zu kommen.

Ein ätnäischer etwa 80 Meter breiter und 2 Meter dicker Strom, der im Anfang November 1842 aus dem Crater an der östlichen Seite des grossen Eruptionskegels des Aetna gegen das Val del Bove hin herabgeströmt war, wurde von meinem Führer und mir kaum 24 Stunden nach seiner Entstehung überschritten. Selbst auf noch treibenden Lavaschollen, habe ich am Rande eines grössern Stromes etwa eine halbe Minute lang gestanden ohne den mindesten Schaden zu nehmen.

Es geht aus diesem Beispiele hervor, dass die Lavamassen bei dem Contact mit der Atmosphäre zwar sehr rasch erkalten; doch ist es einleuchtend, dass um so viel dicker und breiter sie sind, um so viel langsamer namentlich ihre innere Erkaltung von Statten geht. Die grossen ätnäischen Ströme, z. B. der von 1669 oder auch der von 1832, haben noch nach einer Reihe von Jahren eine sehr merkliche Wärmequelle in ihrem Innern verborgen. Die Weissglühhitze verlieren die Laven schon bald nachdem sie die Craterspalte verlassen haben, die Rothglühhitze wenigstens an der Oberfläche nach dem Verlauf einiger Stunden und nur aus tiefen Rissen blickt hie und da die verborgene Glut hervor.

Die Laven werden erst nach Aussen fest, während sie im Innern noch längere Zeit leicht flüssig bleiben; damit hängt die unebene Gestaltung ihrer Oberfläche, ihre Zerklüftung, ihre Grottenbildung u. s. w. innig zusammen.

Aber hauptsächlich wird durch die langsamere oder schnellere Abkühlung feurigflüssiger Silicate die Eigenthümlichkeit des crystallinischen Gewebes bedingt.

Keine Lava zeigt an ihrer Oberfläche deutliche mineralogische Charaktere; obwohl an derselben Spuren von Feldspath oder Augitcrystallen zum Vorschein kommen, so werden sie doch meistens durch Schlacken, eingeschlossene Luftblasen, atmosphärische Einflüsse u. s. w. unkenntlich gemacht.

Beim Sammeln der Laven bin ich daher, so weit es

sich thuen liess, immer bemüht gewesen, Anbrüche aus der Mitte der Ströme zu erhalten, da man aus der Betrachtung derselben den eigentlichen mineralogischen Typus einer Lava erst beurtheilen kann.

Der grosse oft 60 Fuss mächtige Strom der Lava von 1669 ist an mehreren Stellen in der Nähe von Catania, z. B. bei der Botta dell' aqua, durch Steinbrüche aufgeschlossen und deutlich im Querschnitt zu beobachten.

Einige Fuss unter der ursprünglichen Oberfläche fängt erst die Lava dicht und homogen zu werden an. In einer lichtgrauen Grundmasse, die vorzugsweise aus einem Feldspath besteht *), liegen schwarze Augitcrystalle und ölgrüne Olivinkörner ausgesondert.

Betrachtet man diese ausgeschiedenen Mineralkörper mit einiger Aufmerksamkeit, so bemerkt man, dass sie nur selten in deutlich begrenzten Crystallformen erscheinen, und dass sie sich sehr wesentlich von den Augiten und Olivinen unterscheiden, die den vulkanischen Tuffen und Aschen angehören.

Die Augite der Laven sind verhältnissmässig noch am deutlichsten ausgebildet, beim Zerschlagen des Gesteins erscheinen öfter die rhombischen Queerschnitte derselben; in andern Fällen sind dagegen die Begrenzungen zwischen dem Augit und der Grundmasse nicht so scharf gesondert, zeigen sich mehr verschwommen oder die cryptocrystallinische Bildung herrscht durch die ganze Gebirgsart so vor, dass man öfter kaum mit der Loupe einigermassen gesonderte Individua unterscheiden kann.

---

*) Im vorigen Abschnitt ist diese von Löwe untersuchte Lava mit berechnet worden.

Aber auch in Laven, in denen die Crystallbildung am deutlichsten hervortritt, findet man nur selten Augitcrystalle, welche sich aus der Grundmasse einigermassen frei loslösen und ihre Form scharf abgesondert zeigen, und nie besitzen sie glänzende Flächen, welche man mit Hülfe eines Reflexionsgoniometers messen könnte.

Aus Laven deutlich ausgesonderte Augitcrystalle sind mir in Island nie, am Aetna äusserst selten, etwas öfter aber am Vesuv vorgekommen.

Aus der bereits erwähnten Lava des Aetna von 1669 bemüht man sich ganz vergeblich, Augitcrystalle auch mit Vorsicht und Kunst herauszuarbeiten und wenn es gelingen sollte, sind sie nur unvollständig und unvollkommen begrenzt.

Das Bestreben der flüssigen Materie sich nach bestimmten Zahlengesetzen in bestimmte Gruppen beim Erkalten zu zerlegen, wird darum nicht in Abrede gestellt; nur sind bei den Laven die Verhältnisse für eine vollständige Crystallbildung in Folge der zu raschen Erkaltung eben nicht günstig, dazu kömmt der Mangel an leeren Räumen, und die gegenseitige Berührung und Verdrängung der verschiedenen Individuen.

Sehr viel auffallender ist bei den Laven die unregelmässige Formausbildung des Olivin. Ungeachtet langen Nachsuchens habe ich nie in irgend einer Lava einen auch nur einigermassen deutlichen Olivincrystall wahrnehmen können; man wird nur körnige oder klein kuglige Aussondrungen dieses Körpers in der Grundmasse gewahr. Ein Gleiches gilt z. B. von dem Olivin in unsern festen Basalten.

Aus besonderer Liebhaberei zur Crystallographie habe ich mich mein Leben hindurch vergeblich bemüht, in den Basalten unserer Nachbarschaft, am Hohenhagen, Meissner, im Röhngebirge u. s. w. Crystalle von Olivin zu entdecken, welche auch nur von fern eine äussere Form zeigten und zu einer Messung tauglich wären. Wenn es aber auch solche geben sollte, so gehören sie jedenfalls zu den grössten Seltenheiten.

Ebenso werden in den Laven wohl ausgebildete Feldspathe äusserst selten wahrgenommen. Die ätnäischen crystallinischen Gesteine verschiedenen Alters zeigen zwar den Feldspath aus der Grundmasse häufig ausgesondert und lassen dann ohne Ausnahme die eigenthümliche, vorhin erwähnte Zwillingsbildung erkennen, indess habe ich an ihnen nie nach Aussen deutlich abgegrenzte Crystallflächen bemerken können.

Am Vesuv findet man dagegen in einigen porösen Laven wasserhelle, deutliche Feldspathcrystalle; ebenso zeigt eine alte Trapplava bei Hafnefiord in Island zuweilen gutausgebildete Crystalle des von Forchhammer beschriebenen Hafnefiordits; in gleicher Weise, obwohl seltener, sind in den Auswürflingen am Fusse des Krabla wohlgebildete Feldspathcrystalle zu erkennen.

Es unterliegt indess keinem Zweifel, dass beiweitem in den meisten Laven vollständige Crystallausbildung entweder gar nicht angetroffen wird, oder jedenfalls zu den Seltenheiten oder Ausnahmsfällen gehört, die jedoch durch das zufällige Vorhandensein von Blasenräumen bei günstigen Abkühlungsverhältnissen möglich werden kann.

Wie ungleich anders verhalten sich in dieser Hinsicht die vulkanischen Aschen, Tuffe und mit ihnen im Zusammenhang stehende Gesteine.

Während in den Laven wohlausgebildete Crystalle fast fehlen, so gehören sie in den Tuffen und Aschen zu den häufigsten und charakteristischsten Erscheinungen. Aus der Aetna-Lava von 1669 kann man sich, wie bereits bemerkt, keine Augit-, Olivin- oder Feldspathcrystalle verschaffen; der Kegel des Monte Rosso oberhalb Nicolosi, von derselben Eruption, wimmelt dagegen von Millionen dieser Crystalle, welche den Tuff durchweben, häufig von Kindern aufgesammelt und an die Fremden verkauft werden.

Es finden sich hier die bekannten schwarzen Augit-Zwillinge, auch einfache Crystalle, welche in alle unsere Sammlungen übergegangen sind. Diese Augitcrystalle sind wie die vollkommensten Modelle um und um mit allen Flächen ausgebildet und eignen sich grösstentheils zu guten crystallographischen Messungen. Mit ihnen verwachsen zeigen sich noch schönere kleine mit spiegelnden Flächen umschlossene Olivincrystalle und ziemlich deutliche Zwillinge des ätnäischen Feldspaths.

Die mächtigen Tufflager im Val del Bove, z. B. am Fusse der kleinen Serra Giannicola und vielen andern Orten, sind bald mit lauchgrünen, bald schwarzen Augitcrystallen in unabsehbarer Menge innig durchmischt und lassen sich als vollständige Individua mit Leichtigkeit aus der Grundmasse herausnehmen.

Die Fiumaren von Giarre und Mascali an der östlichen Seite des Aetna, welche theils zerstörte Tuffe, theils Aschen bei heftigen Regengüssen aus dem Val del

Bove abgelöst und in der Ebene wieder abgelagert haben, führen Millionen von Olivin- und Augit-, Feldspath- und Magneteisenstein-Crystallen mit sich. Besonders bei Sonnenschein werden dieselben am Boden dieser Fiumaren sichtbar und lassen sich ohne Mühe aufsammeln.

Ganze Schachteln dieser Crystalle, die zuweilen sehr interessante und complicirte Formen enthalten, habe ich von dort mitgebracht, und theilweise zu den vorher angegebenen chemischen Analysen verwendet.

In gleicher Weise enthalten die Aschen des Vulkans von Stromboli eine unabsehbare Masse von schwarzen, sehr regelmässigen rings ausgebildeten Augitcrystallen, welche meist als Zwillinge und Vierlinge erscheinen. Ebenso sind die Aschen des Vesuvs, des Laacher Sees und namentlich die der mittelitaliänischen Vulkane durch ihren unglaublichen Reichthum an wohlausgebildeten Crystallen ausgezeichnet.

Das Flachland zwischen Montalto und Corneto zeigt besonders weitverbreitete vulkanische Aschenfelder, in denen unzählige kleine, sehr saubere Crystalle verschiedener Mineralkörper besonders beim Sonnenschein hervorblitzen. Jede Hand voll Sand, welche man vom Boden aufhebt, enthält Hunderte dieser äusserst regelmässig gebildeten, meist von spiegelnden Flächen umschlossenen Körper, von einer Beschaffenheit, wie man sie in festen crystallinischen Gesteinen entweder nie oder jedenfalls sehr selten wahrnimmt.

Der Unterschied in der Bildungsweise der Aschen und festen crystallinischen Gesteine ist sehr charakteristisch und in Bezug auf die Metamorphosen dieser Gesteine nicht ohne Bedeutung. Auch geben die erwähnten crystallographischen Criterien ein Kennzeichen, ob gewisse metamorphische Gebilde aus festen Gesteinsschichten oder Aschen entstanden sind.

Die vulkanischen Aschen bestehen theils aus Bomben, deren wir bereits gedacht, oder aus den regelmässigen Crystallen, welche wir soeben beschrieben haben. Im Gegensatz zu den vollendeten Crystallen kann man diesen ersten, hauptsächlichsten Bestandtheil der Aschen, den cryptocrystallinischen Theil derselben nennen.

Beide Gebilde zusammen erbauen die Eruptionskegel, und formiren die weiten Sandflächen und Aschenfelder der Vulkane, die durch atmosphärische Niederschläge oder durch die Einwirkung der See in die Tufflage allmählig umgestaltet werden. Der cryptocrystallinische und crystallisirte Theil der Aschen unterscheidet sich genetisch dadurch, dass die Partikelchen des ersten feurigflüssig in die Luft geschleudert werden und rasch in derselben ohne eine bestimmte Crystallform anzunehmen erkalten; die Crystalle dagegen, welche zuweilen keine unbeträchtliche Grösse und eine hohe Regelmässigkeit besitzen, können unmöglich diese vollkommene Ausbildung im Laufe durch die Luft während weniger Secunden erhalten haben.

Sie bedurften ohne allen Zweifel grosse Ruhe und längere Zeit, um aus dem tropfbar flüssigen in den festen Zustand überzugehen, worin wir sie jetzt erblicken. Vollkommen fertig gebildet wurden sie vom Herde des Vulkans lossgerissen, zwar vielleicht noch glühend, aber nicht mehr tropfbar flüssig wie die Massen, welche die Bomben geliefert haben.

Die Aschen von besonders feingepulvertem Korne unterscheiden sich sehr wesentlich durch ihr verschiedenes Aussehen. Die einen haben eine tiefschwarze oder schwarzgraue Farbe, während die andern eine braunrothe oder braungelbe Farbe besitzen. Der Unterschied beider liegt wesentlich in dem verschiedenen Oxydationszustande des Eisens.

Die schwarzen Aschen sind vorzugsweise durch Eisenoxydoxydul, Magneteisenstein gefärbt; sie sind in der neueren Zeit sowohl in Island als am Aetna die häufigsten; die Eruption von 1669 hat z. B. den ganzen flach ansteigenden Abhang des Aetna rings um den Monte Rosso bis nach Nicolosi mit solchem Eruptionssand überdeckt. Ähnlich sind die Aschen und Sandauswürfe von 1811, 1819, 1832 u. s. w.

Man möchte geneigt sein diese Aschen hauptsächlich der Farbe wegen aus schwarzem Augit bestehend zu betrachten; indess zeigt eine nähere Untersuchung, dass der Augit einen untergeordneten Antheil an ihrer Zusammensetzung nimmt.

Am Leichtesten überzeugt man sich davon, wenn man solche Asche oder schwarzen feinen Eruptionssand mit Salzsäure übergiesst. Das Eisen wird sehr bald aufgelöst und kann entfernt werden, während der Rückstand, in welchem nur einzelne dunkele Körnchen von Augit erscheinen, eine vorherrschend weisse oder graugelbliche Farbe angenommen hat. Dass der Feldspath darin überwiegend vorherrscht, kann nicht bezweifelt werden.

Diesen schwarzen Aschen, welche wir Oxydoxydul-Aschen nennen, stehen die braungelben und rostbraunen gegenüber, die wir als Oxyd und Oxydhydrataschen bezeichnen. Auch sie können durch verdünnte Salzsäure von dem angehängten Eisenoxyd leicht befreit werden, und bekommen dann dasselbe Ansehen, wie die gereinigten Oxydoxydul-Aschen.

Es ist besonders instructiv solche feinkörnige Aschen theils vor ihrer Reinigung mit Salzsäure, theils nachher unter dem Mikroskop zu untersuchen.

Man bemerkt, dass den Aschen-Körnern auch hin und wieder Crystallchen von Magneteisenstein beigemischt sind, welche bei der Näherung eines Magnetstahles an denselben springen. Man kann so an jeder Stelle des Aetna aus dem Boden, aus Aschenfeldern, dem Staub der Wege und Landstrassen, auch aus der Ackerkrume Magneteisenstein, der öfter titanhaltig ist, herausziehen. Meistens sind aber die kleinen Feldspathkörnchen selbst mit einer schwachen Haut oder Kruste von Magneteisenstein überzogen, die leicht durch die Salzsäure weggenommen wird und den glasigen Kern jenes Silicates deutlich erscheinen lässt.

Die Feldspathkörnchen besitzen dann gewöhnlich eine wachsgelbe Färbung und zeigen sich entweder kegelförmig oder mit abgerundeten Kanten und Flächen umgeben. Sie müssen als mikroskopisch kleine zu rasch erkaltete Feldspathtröpfchen angesehen werden, die zwar crystallinisches Gefüge, aber keine, oder wenigstens keine deutliche äussere Crystallform besitzen. Sie bilden im Wesentlichen den cryptocrystallinischen Bestandtheil der Aschen. Neben demselben erscheinen, obwohl in geringerer Zahl, abgerundete Augite und Olivine, welche letztern, namentlich bei der Anwendung von etwas zu starker Salzsäure, leicht ganz oder doch theilweise zersetzt werden.

Zugleich mit diesen Gebilden, obwohl sparsamer vertheilt, finden sich sehr regelmässige kleine Crystalle, durchsichtige rautenförmige Täfelchen von Feldspath und regelmässige Augite, von schwarzer oder lauchgrüner Farbe. Die groben Tuffgebilde des Monte Rosso zeigen dem unbewaffneten Auge im grössern Massstabe dieselbe Zusammensetzung, wie wir sie eben im Kleinen bei den mikroskopischen Aschentheilchen beschrieben haben.

Zwischen den schwarzen und rostbraunen oder braungelben Aschen, welche letztern namentlich am Aetna eine ausserordentlich wichtige Stellung einnehmen, ist kein wesentlicher Unterschied vorhanden als der, welcher sich auf die Oxydation des Eisens bezieht.

Als die ursprünglichen Aschen müssen die Eisenoxydoxydul-Aschen oder die tiefgrauen oder schwarzen Aschen betrachtet werden; sie sind ohne allen Zweifel durch höhere Oxydation in die braungelben übergeleitet worden. Diese Umwandlung wird auf Kosten des atmosphärischen Sauerstoffs, oder auch vielleicht durch Wasser in doppelter Weise bewirkt.

Zuerst geschieht diese Umwandlung unter günstigen Bedingungen auf dem Herde des Vulkanes selbst, jedenfalls innerhalb des Craters, indem auf die noch glühenden

Aschen in irgend einer Weise Ströme von Luft geleitet werden. Ob vielleicht auch auf solche glühende Aschen Wasserdämpfe einwirken, so dass Sauerstoff nur an das Eisen gebunden und Wasserstoff frei würde, ist mit Bestimmtheit nicht nachgewiesen, doch nicht unmöglich. Über die Thatsache, welche ich oft mit eigenen Augen beobachtet habe, kann kein Zweifel obwalten, dass die Aschenwolken bald eine schwarze, bald eine rostbraune Farbe besitzen, und dass beide öfter zu derselben Zeit durch einander wirbeln oder auch zu verschiedenen Zeiten bald von der einen, bald von der andern Farbe emporsteigen.

Beobachtet man den fallenden Staub, so ist dieser schwarz oder rostbraun und im Wesentlichen dann durch Eisenoxyd gefärbt.

Experimentell die schwarzen Aschen in die braunen überzuleiten, ist ohne alle Schwierigkeit.

Indess ist dieser Weg, das Eisen höher zu oxydiren, nicht der einzige. In langen Zeiträumen, während welcher die Atmosphäre, sowohl auf feste Gesteine als auch auf Aschen einwirkt, wird dasselbe Resultat erzielt. Man kann sich davon am Besten überzeugen, wenn man die ältern Laven oder auch die sogenannten Kerngesteine des Aetna im Val del Bove betrachtet. Sie sind in ihrem Innern grau, von hellerer oder dunklerer Färbung, auf ihrer Aussenseite dagegen sind sie mit einem rostbraunen Überzuge von Eisenoxyd überkleidet, aus dem schwarzer Augit und weisser Feldspath öfter porphyrartig ausgesondert hervorblicken. Diese Kruste, wie man es nennt, durch Verwitterung entstanden, greift gewöhnlich eine oder mehrere Linien tief in das Gestein ein und ist bei den ältern Formationen mehr als bei den jüngern ausgebildet.

Derselbe Vorgang, obgleich in leichterer Weise bewerkstelligt, findet auch bei den Aschen statt, da der Sauerstoff der Atmosphäre bei ihnen mehr Berührungsflächen findet.

Ich habe Aschen von der äussern Wand des Val del Bove untersucht, welche rostbraune Eisenoxydkörnchen enthielten, die aber noch mit Leichtigkeit an einen genäherten Magnet sprangen und im Innern einen Kern von Magneteisenstein bewahrt hatten; derselbe würde mit der Zeit verschwunden sein, wie er in andern kleinern in derselben Asche schon verschwunden war.

So äusserst einfach diese Oxydations-Processe sind, so scheinen sie mir bis jetzt nicht hinlänglich beachtet zu sein und werden namentlich für die metamorphischen Umwandlungen der vulkanischen Aschen unter dem Spiegel des Meeres von sehr grosser Bedeutung. Die Eisenoxydaschen nehmen bei manchen Vulkanen in Bezug auf ihre Masse eine sehr hervorragende Stellung ein.

Der 9000 Fuss hohe Centralkegel des Aetna besteht vielleicht zum vierten Theile daraus. Die Abhänge des Zoccolaro gegen Cassone, so wie Abhänge der Concazzen gegen die Cerrita hin, sind hauptsächlich mit solchen Eisenoxyd-Aschen überdeckt, in welche die Fiumaren oft gegen 100 Fuss tiefe Schluchten eingerissen haben. Aber auch in den innern Schichten im Profil der Serra Giannicola, in der Serra Solfizio, an den Wänden der Rocca della Valle del Bove u. s. w. sind ungeheuere Tufflager zu beobachten, welche grösstentheils aus gelben oder braunen Aschen zusammengesetzt sind. Viele Tuffe auf Lipari, Saline, Pannaria, die Pausilipptuffe in der Umgebung von Neapel u. s. w. sind aus Eisenoxyd-Aschen gebildet.

Das Eisenoxyd besitzt die Eigenthümlichkeit, sich gern mit Wasser zu einem Hydrat zu verbinden, welches sehr viel gewöhnlicher in den Aschen auftritt, als das reine Oxyd.

Öfter ereignet es sich, dass durch die Einwirkung späterer Eruptionen Lager von Eisenoxydhydrat-Aschen in reine Oxydaschen umgewandelt werden, wie dieses z. B. im Profil von Cava Secca am Aetna beobachtet werden kann. Solche Aschenlager ändern dann ihre Farben aus dem Gelbgrauen in das Braunrothe und sind nachher fast wasserfrei, während sie früher gegen 6 Procent Wasser an sich gebunden hatten. Die vulkanischen Aschen unterscheiden sich indess unter einander nicht nur durch die verschiedenen Oxydationsstufen des Eisens, sondern auch durch andere nicht minder wichtige chemisch-mineralogische Eigenschaften; durch die Beschaffenheit des in ihnen vorkommenden Feldspaths und durch das Verhältniss desselben zum Augit und Olivin.

Es schien mir daher für eine nähere gründlichere Kenntniss der vulkanischen Formationen, besonders derer von Sicilien, sehr nothwendig eine Reihe chemischer Analysen der wichtigsten Aschen des Aetna durchzuführen und einige für die Geologie interessante Folgerungen daran anzuknüpfen.

Nach meinen Analysen haben die Eisenoxydaschen des Aetna folgende Zusammensetzung:

	1.	2.	3.	4.	5.
Kieselerde	48,737	47,218	51,941	49,143	47,580
Thonerde	17,886	13,579	18,263	19,149	20,371
Eisenoxyd	12,756	17,664	12,528	17,256	12,063
Kalk	5,495	5,525	3,975	6,976	6,431
Magnesia	2,534	3,100	1,452	2,231	3,216
Natron	4,502	3,794	4,393	3,137	1,662
Kali	2,045	1,547	1,593	1,284	2,463
Wasser	6,630	6,353	6,479	1,046	5,608
	100,585	98,780	100,624	100,222	99,354

Einige wenige Bemerkungen mögen diese Analysen begleiten.

1) Ist eine gelbe Asche aus dem steilen Profil von Cavasecca an der Südostseite des Aetna, welches ich demnächst in meinen Untersuchungen über diesen Vulkan abbilden und näher beschreiben werde. Nach der Behandlung der Asche durch Salzsäure kommen sehr schöne rautenförmige transparente Feldspathkrystalle und Augite in Körnern zum Vorschein.

2) Gelbbraune Asche von Cassone, einer Localität am südlichen Fusse des Zoccolaro.

3) Gelbgrauer Tuff, zwischen den Fingern zerreiblich, von der obersten Decke der Rocca della Valle del Bove, 9000 Fuss hoch über dem Meere.

4) Rostbraune Asche, ebenfalls aus dem Profil von Cavasecca. Sie besitzt, da sie durch eine spätere injicirte Lava roth gebrannt ist, sehr viel weniger Wasser als die andern Aschen. Sie enthält eine nicht unbe-

trächtliche Menge von Titan, gegen 2 Procent, welches mit dem Eisen zusammengerechnet ist und wegen der Schwierigkeit der Trennung nur näherungsweise bestimmt werden konnte. Vermuthlich sind die andern Aschen mehr oder minder titanhaltig; in der gelben Asche von Cavasecca Nro. 1) habe ich Titan mit Bestimmtheit nachgewiesen, obgleich es in geringerer Quantität darin enthalten zu sein scheint als in 4).

5) Asche gelbgrau, von Timpa Canelli an der Südseite des Aetna, etwa 4500 Fuss über dem Meere. Diese Asche enthält deutliche Spuren von Salmiak.

Zur Ermittelung der mineralogischen Bestandtheile der Aschen habe ich mich desselben Verfahrens bedient, welches bereits bei den festen Gesteinen von Island und Sicilien angewandt worden ist.

Wir erhalten zunächst folgende Zahlenwerthe:

	x	M	z	y	a	f
1.	8,1302	3,1194	0,3239	0,5313	0,4294	3,2349
2.	9,6244	2,3089	0,8456	0,2560	0,3700	4,9764
3.	8,8722	3,2329	—	0,4607	0,3714	3,2974
4.	7,8720	3,2047	0,0801	0,5601	0,5989	4,4950
5.	7,0712	3,6215	—	1,1176	0,5387	3,0133

Die Sauerstoffmenge unter f ist an Eisenoxyd und Eisenoxydoxydul in der Art zu vertheilen, dass die Summe beider, mit dem Gewicht des Feldspaths, Augits und Olivins die Zahl 100 gibt. Nimmt man wie in 4 nur Eisenoxyd und die Summe der Bestandtheile überschreitet schon 100, so ist dies Folge davon, dass die Constanten ε und η nicht genau getroffen sind. In 4 und 5 ist kein Oxydoxydul enthalten. Die Trennung beider Eisenoxyde durch Elimination ist bei der geringen Verschiedenheit ihres Sauerstoffgehalts allerdings unsicher.

Die Zusammensetzung der wasserfreien Aschen in Bezug auf ihre mineralogische Zusammensetzung wird danach:

	1.	2.	3.	4.	5.
Feldspath	80,781	66,401	86,668	80,813	84,323
Augit	5,569	14,537	—	1,381	—
Olivin	2,773	1,388	2,318	2,817	5,622
Eisenoxyd	9,858	2,249	10,889	14,999	10,055
Eisenoxydoxydul	1,019	15,615	0,125	—	—
	100,000	100,000	100,000	100,000	100,000.

Die procentische Zusammensetzung des Feldspaths in diesen Aschen ist folgende:

	1.	2.	3.	4.	5.
Kieselerde	59,320	63,230	62,531	58,985	57,379
Thonerde	23,170	20,863	22,383	23,796	25,771
Eisenoxyd	2,516	2,265	2,430	2,584	2,798
Kalkerde	5,831	4,524	4,872	8,351	8,136
Magnesia	0,536	0,416	0,448	0,768	0,748
Natron	5,932	6,181	5,384	3,914	2,052
Kali	2,695	2,521	1,952	1,602	3,116
	100,000	100,000	100,000	100,000	100,000

Ferner sind einige Eisenoxydoxydul-Aschen des Aetna von mir analysirt worden. Zuerst eine feinkörnige schwarze, die in Trecastagni gegen das Ende der Eruption von 1811 gefallen ist. Sie enthält:

	I.
Kieselerde	51,304
Thonerde	18,408
Eisenoxydoxydul	11,769
Kalk	7,491
Magnesia	4,312
Natron	4,614
Kali	1,617
Wasser	0,474
	100,000.

Ferner wurde eine sehr feine hellgraue staubförmige Asche von mir untersucht, welche während der grossen Eruption des Aetna im November 1843 in Catania gefallen ist.

Die Analyse ergab:

	II.
Kieselerde	46,309
Thonerde	16,846
Eisenoxydoxydul	14,280
Kalkerde	10,276
Magnesia	5,439
Natron	3,340
Kali	1,411
Salmiak und Gyps	0,518
Schwefelsäure	2,207
	100,626.

In welcher Verbindung die Schwefelsäure in dieser Asche sich befindet, ist nicht mit Sicherheit zu ermitteln. Vielleicht ist ein Theil als basisch-schwefelsaure Thonerde darin enthalten, welche häufig im Crater des

Aetna erscheint; vielleicht ist auch freie Säure zugegen, da seidene Regenschirme und Kleidungsstücke, welche die fallende Asche berührte, durch sie fleckig wurden; auch Lackmuspapier zeigte eine sauere Reaction.

Werden die beiden Analysen nach Abzug von Wasser, Schwefelsäure, Gyps und Salmiak wie vorhin berechnet, so ergeben sich zunächst folgende Zahlenwerthe:

	x	M	z	y	a	f
1.	7,7197	2,9463	0,8357	0,6000	0,4429	2,6298
2.	6,6056	2,5891	1,6881	0,1089	0,5009	2,9640

Die procentische Zusammensetzung der hier auftretenden Feldspathe ist:

	1.	2.
Kieselerde	58,196	54,295
Thonerde	23,941	26,102
Eisenoxyd	2,600	3,082
Kalkerde	6,214	7,662
Magnesia	0,571	0,705
Natron	6,278	5,732
Kali	2,200	2,422

Diese Aschen enthalten:

	1.	2.
Feldspath	73,842	59,516
Augit	14,367	29,179
Olivin	3,018	0,552
Magneteisenstein	9,544	10,759
	100,771	100,006.

Von den isländischen Aschen ist nur eine und zwar die von der Eruption des Hekla von 1846 durch Genth untersucht worden *), ihre Zusammensetzung ist:

*) Ann. d. Ch. u. Pharm. LXVI. 1848. S. 13.

Kieselerde	56,89
Thonerde	14,18
Eisenoxydul	13,89
Kalkerde	6,23
Magnesia	4,05
Natron	2,35
Kali	2,64
	100,23.

x	M	z	y	a	f
11,8850	2,1853	0,6991	0,7450	0,4890	2,4966

Die Zusammensetzung des hier vorkommenden Feldspaths findet sich:

Kieselerde	67,858
Thonerde	18,613
Eisenoxyd	1,232
Kalk	5,196
Magnesia	0,217
Natron	3,242
Kali	3,642
	100,000.

Diese Asche enthält:

Feldspath	72,313
Augit	12,278
Olivin	3,853
Magneteisenstein	9,060
	97,504.

Zur Berechnung der Aschenanalysen sind folgende Constanten verwandt:

	Island.	Aetna.
λ =	2,87801	2,80471
μ =	0,12199	0,19525
σ =	0,06000	0,12910
h =	4,62720	4,62720
g =	0,46315	0,46315
ε =	0,31790	0,31790
k =	1,15010	1,15010
η =	0,12162	0,12162.

Die braungelben Eisenoxyd-Aschen unterscheiden sich von den schwarzen Eisenoxydoxydul-Aschen hauptsächlich noch durch ihren Wassergehalt, wie dieses aus den Analysen 1 bis 5 ersichtlich ist. Nur in 4 von Cava Secca findet sich etwa 1 Procent Wasser, während die andern gegen 6 Procent enthalten.

Die Tuffschicht in Cava Secca, aus der ich das Material zur Analyse 4 entlehnt habe, wurde durch einen vulkanischen Seitenausbruch stark erhitzt und ihr vielleicht alles oder der grösste Theil des Wassers entzogen, den sie nur theilweise später aus der Atmosphäre zurückgenommen hat. Das Wasser ist in geringer Menge an die 3 Silicate gebunden, vornehmlich aber an das Eisenoxyd. Ob dieses Eisenoxydhydrat als eine feste chemische Verbindung anzusehen sei, scheint zweifelhaft, und ist aus den vorliegenden Beobachtungen nicht mit Sicherheit zu ermitteln.

VIII. Der Palagonit aus Island.

Als ich mich im Herbst des Jahres 1835 in Catania für längere Zeit zum ersten Male aufhielt, zogen die zeolithartigen Mineralkörper, die in Verbindung mit Kalkspath, seltener mit Gyps, in den Höhlungen eines braunen Tuffes am Felsen von Aci Castello, nicht weit von den Cyclopeninseln gefunden werden, meine Aufmerksamkeit auf sich.

Besonders beachtenswerth erschien mir die braune Tuffmasse selbst, welche in Begleitung von Mandelstein den grössten Theil des Felsens ausmacht, und von der man bei mikroskopischer Betrachtung die Ansicht gewinnt, dass sie ein eigenthümliches, homogen zusammengesetztes Mineral in überwiegender Menge enthalte. Dieses Mineral besitzt eine bernsteingelbe bis dunkelcolophoniumbraune Farbe, sehr geringe Härte, die die des Kalkspaths kaum erreicht, und eine amorphe Structur. Eine chemische Analyse desselben konnte ich damals aus Mangel an Hülfsmitteln nicht ausführen, die ich daher auf eine mir gelegnere Zeit zu verschieben genöthigt war.

Seitdem habe ich diesen für die Geologie und namentlich für die submarinen vulkanischen Formationen so wichtigen Mineralkörper nie aus den Augen verloren und habe ihn später mit dem Namen Palagonit belegt, da er besonders in der Nähe von Palagonia im Val di Noto, das ich im Herbst 1840 bereiste, in grosser Reinheit gefunden wird, und alle dortigen Tuffgebilde vorzugsweise zusammensetzt.

Erst im Jahre 1845, nachdem ich zwei Jahre aus Sicilien zurückgekehrt war, benutzte ich einige freie Zeit die im Val di Noto aufgezeichneten Bemerkungen durchzusehen und die gesammelten Gebirgsarten einer etwas nähern, ausführlichern Prüfung zu unterwerfen. Herr Dr. Merklein, der damalige Assistent im hiesigen Laboratorium, hatte zu gleicher Zeit die Güte auf meinen Wunsch einige jener Gesteine zu analysiren, indess konnte der Gegenstand nicht nach meinem Wunsche ausgebeutet und erschöpft werden, da mir nicht alles Material augenblicklich zur Hand war und der herannahende Frühling zu meiner Abreise nach Island drängte.

Die bis dahin erhaltenen jedoch unvollständigen Untersuchungen legte ich in einer kleinen Abhandlung in den Göttinger Studien nieder*), in der Absicht, demnächst den angedeuteten Gegenstand ausführlicher zu behandeln, womöglich zu erledigen.

In Bezug auf die Entstehung des Palagonits gelangte ich damals zu dem Resultate, dass der genannte eigenthümliche Tuff offenbar in der Gestalt von feinem Pulver

---

*) Über die submarinen vulkanischen Ausbrüche in der Tertiärformation des Val di Noto, im Vergleich mit verwandten Erscheinungen am Aetna. Göttingen 1846.

oder Staube mit dem im Meere aufgelösten kohlensauren Kalk, zahllosen Conchylien, Schlackenstücken, Augit und Olivincrystallen zu einer Art hydraulischen Mörtel cementirt worden sei, wobei ein bedeutender Theil der Gesteinsmasse eine feste chemische Verbindung (Palagonit) eingegangen habe.

Meine Vorstellungen über diesen Gegenstand wurden durch die Reise, welche ich im Jahre 1846 gemeinsam mit Bunsen unternahm, beträchtlich gefördert und erweitert.

Unser erster Ausflug nach Foss Vogr, einer Bucht etwas südlich von Reykjavik, weckte in mir sogleich die Ansicht, dass das dortige, die Meeresküste begrenzende, versteinerungsreiche Tufflager dem conchylienführenden Tuff von Militello ausserordentlich ähnlich sei und dass dasselbe vorzüglich aus einem durch verschiedene hetorogene Bestandtheile verunreinigten Palagonit bestehe. Diese Ansicht wurde noch mehr durch eine mikroskopische Beobachtung unterstützt, welche ich sogleich in Reykjavik vornahm. Die kleinen braungelben Palagonitkörner liessen sich schon bei sehr schwacher Vergrösserung in den Tuff von Foss Vogr wahrnehmen und waren sogar mit einer schwachen Lupe, selbst mit unbewaffnetem Auge zu erkennen. Seit dieser Zeit wandte ich erneute Aufmerksamkeit auf die Zusammensetzung der Tuffe von Island.

Auf einer zweiten Excursion nach Krisuvik, auf der die Gebirgskette überschritten wurde, die das Guldebringsyssl durchzieht, überzeugte ich mich aufs Neue von der allgemeinen Verbreitung des Palagonittuffs in dieser Gegend.

Höchst überraschend und äusserst belehrend waren die merkwürdigen Verhältnisse, unter denen der Palagonit in Seljadalr, einer engen steilen Felsschlucht erscheint, die man auf dem Wege von Reykjavik nach Thingvellir rechter Hand liegen lässt und in die man ohne grosse Mühe herabsteigen kann. Der Palagonit erscheint daselbst in fast 100 Fuss hohen Felsenwänden von seltener Reinheit, welche nur von jenen bei Palagonia übertroffen wird. Eine nähere Beschreibung der Localität von Seljadalr und eine Vergleichung derselben mit der Palagonitformation vom Val di Noto wird gegen das Ende dieser Untersuchungen geliefert werden.

Bunsen, welcher den Palagonit anfangs für einen Pechstein hielt, der nach seinen Ansichten die modernen Laven von Thingvalla gehoben hätte, überzeugte sich in Reykjavik bald nach unserer Rückkehr durch einige einfache chemische Versuche, dass der Palagonit ein eisenoxydreiches wasserhaltiges Silicat sei.

Auf der Fortsetzung unserer Reise begleitete uns der Palagonittuff auf Weg und Steg; die Höhen am Laugarvatan, die Kette des Hekla und die derselben parallel fortlaufenden Gebirgsrücken des Bjolfell, Selsundsfjall u. s. w. bestehen vorzugsweise aus Palagonit; ein Gleiches gilt vom Rücken des Krabla und Leirnukur und allen isländischen Gebirgen, die man von dort aus sah, so weit unser Auge nur reichte.

Man kann daher sagen, dass eine Zone von Palagonittuff, der in mannigfacher Weise mit ältern und neueren crystallinischen Gesteinen wechselt, die Insel Island etwa in einem Drittheil ihrer Breite von Südwest nach Nordost, vom Cap von Reikjanes an bis Thiornes durchzieht; und zugleich den Lauf der vulkanischen Eruptionskegel und ihre jüngsten Ausbrüche bezeichnet.

Die Isländer, denen zwar die chemische und mineralogische Bedeutung ihrer Tuffformation unbekannt blieb, haben jedoch ihre äussere Erscheinung einigermassen richtig aufgefasst und bezeichnen dieselbe seit alter Zeit mit Moberg, ein Name, der auch von Olafson in seiner Reise öfter erwähnt wird *).

Nach unserer Rückkehr von Island wurde sowohl von Bunsen als mir der Palagonit zum Gegenstande sehr ausführlicher Untersuchungen gemacht. Bunsens Arbeiten darüber finden sich in Wöhlers und Liebigs Journ. für Pr. Ch. LXI, 3 und in Pogg. Ann. LXXXIII, 2, 211. Einige Bemerkungen von mir über den Palagonit und seine Entstehung enthält ferner meine physisch-geographische Skizze von Island **), während ich die ausführlichern Untersuchungen erst jetzt folgen lassen kann, nachdem ich für längere Zeit mit der chemischen Bearbeitung der vulkanischen Producte Siciliens und Islands beschäftigt gewesen bin. Bevor ich jedoch zur Darstellung meiner eigenen Untersuchungen übergehe, führe ich die zunächst von Bunsen veröffentlichten Analysen an, deren Zusammensetzung ich hier etwas genauer betrachten werde.

*) Olafson scheint den Moberg oder Palagonittuff für eine Art Sandstein zu halten.

**) Göttinger Studien 1847.

Die Beobachtungen sind in Tab. I. in drei Gruppen zusammengestellt. Die Gruppen 1 und 2 beziehen sich auf isländische Varietäten, die Gruppe 3 enthält Palagonite von den Galopagos.

Tab. I.

	$\ddot{Si}$	$\ddot{\overline{Al}}$	$\ddot{\overline{Fe}}$	$\dot{Ca}$	$\dot{Mg}$	$\dot{Na}$	$\dot{Ka}$	$\dot{H}$	Rücks.	Summe
1. Gruppe.										
1. Krisuvik *)	37,95	13,61	13,28	6,48	7,13	1,72	0,42	12,68	7,25	100,52
2. Foss Vogr	28,53	9,29	9,40	6,02	5,60	0,84	0,96	7,61	31,05	99,30
3. Näferholt	32,86	7,31	16,81	6,80	6,13	1,98	0,79	11,38	16,36	100,42
2. Gruppe.										
4. Hekla	39,98	8,26	17,65	8,48	4,45	0,61	0,43	18,25	1,89	100,00
5. Hekla	39,46	10,70	15,42	9,05	5,09	1,54	1,19	17,55	—	100,00
6. Reykjahlid	35,09	10,60	13,65	4,83	7,07	0,50	0,25	17,25	11,13	100,37
7. Laugarvatan	40,38	10,79	13,52	8,56	6,35	0,61	0,64	16,98	2,32	100,15
8. Seljadalr	37,42	11,17	14,18	8,76	6,04	0,65	0,69	17,15	4,11	100,17
9. Laxá	37,11	9,78	14,67	4,99	5,61	0,00	1,57	14,04	12,24	100,01
3. Gruppe.										
10. Galopagos	37,83	12,95	9,93	7,49	6,54	0,70	0,94	23,00	0,96	100,34
11. Galopagos	36,15	11,31	10,47	7,78	6,14	0,54	0,76	24,69	2,19	100,00

Um die Zusammensetzung des Palagonits in diesen Analysen besser zu übersehen, scheint es mir zunächst

*) Sämmtliche Analysen, mit Ausnahme von 5, sind aus Pogg. Ann. LXXXIII, 2. S. 221 u. f. entnommen. In Bezug auf Analyse 5, die aus den Ann. d. Ph. u. Chem. LXI, 3, 273 entlehnt ist, war ich zweifelhaft, ob dieselbe aufzunehmen sei, da sie später in Bunsens zweiter Arbeit sich nicht wiederfindet. Vielleicht ist 4 nur eine Verbesserung von 5. Da Bunsens Aufsätze, soweit ich sehe, hierüber keinen Aufschluss geben, so glaube ich die Analyse 4 nicht ausschliessen zu dürfen. Die Analyse 1 enthält im Original 0,43 Phosphorsäure, in ähnlicher Weise, wie der Palagonittuff von Militello; ich habe dieselbe mit Eisenoxyd verbunden in Abzug gebracht.

erforderlich, den unlöslichen Rückstand, über dessen Beschaffenheit wir nachher sprechen werden, als etwas dem Palagonit Fremdartiges bei Seite zu setzen und die obigen Analysen auf 100 zu reduciren. Wir haben alsdann:

Tab. II.

1. Gruppe.

	$\dddot{Si}$	$\dddot{Al}$	$\dddot{Fe}$	$\dot{Ca}$	$\dot{Mg}$	$\dot{Na}$	$\dot{Ka}$	$\dot{H}$
1.	40,687	14,592	14,238	6,948	7,645	1,844	0,451	13,595
2.	41,802	13,612	13,773	8,821	8,205	1,231	1,407	11,149
3.	39,091	8,696	19,998	8,089	7,292	2,353	0,940	13,538
				2. Gruppe.				
4.	40,750	8,419	17,990	8,644	4,536	0,622	0,438	18,601
5.	39,459	10,701	15,424	9,049	5,088	1,538	1,193	17,548
6.	39,321	11,878	15,296	5,412	7,923	0,280	0,560	19,330
7.	41,276	11,030	13,820	8,748	6,491	0,624	0,654	17,357
8.	38,955	11,628	14,762	9,119	6,288	0,677	0,718	17,853
9.	42,279	11,143	16,714	5,685	6,393	—	1,789	15,997
				3. Gruppe.				
10.	38,066	13,030	9,992	7,536	6,581	0,704	0,945	23,146
11.	36,944	11,558	10,710	7,951	6,275	0,552	0,777	25,233

Legen wir der ersten Gruppe die Norm (4, 2, 1, 2)
der zweiten Gruppe die Norm (4, 2, 1, 3)
der dritten Gruppe die Norm (4, 2, 1, 4)
zu Grunde, so findet man für die beobachteten und berechneten Sauerstoffmengen von $\dddot{Si}$, $\dddot{R}$, $\dot{R}$ und $\dot{H}$ folgende Übersicht:

	$\dddot{Si}$ Beob.	Ber.	D.	$\ddot{R}$ Beob.	Ber.	D.
1.	21,535	22,090	+ 0,555	11,088	11,045	— 0,043
2.	22,124	21,797	— 0,327	10,786	10,899	+ 0,113
3.	20,690	21,268	+ 0,578	10,058	10,634	+ 0,576
4.	21,568	21,205	— 0,363	9,326	10,603	+ 1,277
5.	20,884	20,629	— 0,255	9,624	10,315	+ 0,691
6.	20,811	21,325	+ 0,514	10,136	10,663	+ 0,527
7.	21,846	21,017	— 0,829	9,298	10,508	+ 1,210
8.	20,611	20,692	+ 0,081	9,859	10,346	+ 0,487
9.	22,376	20,943	— 1,433	10,218	10,472	+ 0,254
10.	20,147	20,126	— 0,021	9,085	10,063	+ 0,978
11.	19,553	20,563	+ 1,010	8,613	10,282	+ 1,669

Diese Zusammenstellung der berechneten und beobachteten Sauerstoffmengen in den verschiedenen Palagonitanalysen, ist in mehr als einer Beziehung lehrreich und gibt zu den nachfolgenden Betrachtungen Gelegenheit.

Die Beobachtungsfehler, welche hier vorkommen, erreichen nicht selten bedeutende Grössen, welche bei der Sorgfalt, mit der ohne Zweifel Bunsens Analysen angestellt sind, offenbar nur fremdartigen Umständen zugeschrieben werden können. Besonders ist auf die sehr auffallende Vertheilung der Zeichen zu achten. Die Beobachtungsfehler unter $\ddot{R}$ fallen, mit Ausnahme von Nro. 1, positiv aus, d. h. die beobachteten Sauerstoffmengen von Thonerde und Eisenoxyd sind verhältnissmässig zu klein. Die unter $\dddot{Si}$ und $\dot{R}$ wechseln zwar ziemlich regelmässig die Zeichen, indess zeigt sich, dass in allen Analysen, mit Ausnahme von 1), der Sauerstoff

$\dot{R}$ Beob.	Ber.	D.	$\dot{H}$ Beob.	Ber.	D.
5,580	5,523	— 0,057	12,086	11,045	— 1,041
6,340	5,449	— 0,891	9,912	10,899	+ 0,987
5,979	5,317	— 0,662	12,036	10,634	— 1,402
4,504	5,301	+ 0,797	16,537	15,904	— 0,633
5,204	5,157	— 0,047	15,601	15,472	— 0,129
4,869	5,331	+ 0,462	17,185	15,994	— 1,191
5,352	5,254	— 0,098	15,431	15,753	+ 0,332
5,400	5,173	— 0,227	15,875	15,519	— 0,356
4,473	5,236	+ 0,763	14,221	15,707	+ 1,486
5,112	5,032	— 0,080	20,576	20,126	— 0,450
5,041	5,141	+ 0,100	22,433	20,563	— 1,870

der Kieselerde beträchtlich über doppelt so gross ist, als der von $\dddot{R}$.

Unter $\dot{H}$ sind in 11 Fällen 8 negative zum Theil sehr stark hervorspringende Fehler, oder der Wassergehalt ist in der Regel zu gross beobachtet worden. Endlich ist unter 11 Analysen in 7 der Sauerstoffgehalt in $\dot{R}$ mehr als halb so gross, als in $\dddot{R}$.

Es ist daher nicht zu bezweifeln, dass fremde Einflüsse die vorhin zusammengestellten Palagonitanalysen beeinträchtigen, und es erscheint daher wünschenswerth, denselben nachzuspüren.

Der Gedanke liegt sehr nahe, dass den Palagoniten andere Mineralkörper beigemengt sind, welche die Analysen verunreinigen und sie weniger günstig erscheinen lassen, als sie es verdienen, die aber durch ihre feine Zertheilung, auch wohl durch Ähnlichkeit der Farbe und

Lösbarkeit in Säuern der Beobachtung leicht entgehen. Ihre chemische Zusammensetzung muss sodann von der Beschaffenheit sein, dass sie auf $\dddot{Si}$, $\dot{R}$ und $\dot{\bar{H}}$ einwirken, dagegen $\dddot{\bar{R}}$ im Wesentlichen unberührt lassen.

Die Palagonite sind, wie dieses von keiner Seite bezweifelt wird, aus vulkanischen Gesteinen hervorgegangen; sie müssen sich daher auf einen oder mehrere der in ihnen vorkommenden Mineralkörper zurückführen lassen; die Wahl ist nur zwischen Feldspath, Augit, Olivin und Magneteisenstein. Alle Palagonite sind selbst durch verdünnte Salzsäure leicht aufschliessbar und gelatiniren vollkommen; sie lassen aber bei der Kieselsäure einen grösseren oder geringeren Rückstand von feldspathartigen Theilen und Augit, der durch eine Kalilösung von jener getrennt wird.

Anders verhält es sich mit dem Magneteisenstein und dem Olivin. Der erstere, wenn wir von zufälligem Titangehalt absehen, wird durch Salzsäure leicht gelöst. Der Olivin wiedersteht dem Angriff der Säure zwar etwas länger, wird aber auch von nicht zu verdünnter Säure in der Wärme und in pulverförmigen Zustande vollkommen zersetzt. Berzelius hat bei seinen Analysen dieses schon bemerkt.

Nach meinen Erfahrungen werden die Olivincrystalle von der Säure zuerst auf der Oberfläche zerfressen, dann dringt die Wirkung mehr in das Innere und nach einiger Zeit erscheint ein Kieselscelett, welches noch ungefähr die frühere Crystallgestalt erkennen lässt. Selbst hinreichend verdünnte Säure vermag nach 24stündiger

Einwirkung kleine 0,5 Millimeter lange Crystalle zwar nicht vollständig zu lösen, greift sie indess so an, dass sie weich werden und sich zwischen den Fingern zu Pulver zerdrücken lassen.

Der Palagonit von Aci Castello, aber besonders der von Palagonia, der weiter unten ausführlicher beschrieben werden wird, ist ausserordentlich reich an kleinen durchsichtigen, grünen oder öfter fast wasserhellen, um und um ausgebildeten Olivincrystallen, die auch in crystallographischer Hinsicht nicht uninteressant sind. Sie gleichen in ihrer Erscheinung den regelmässigsten Modellen und besitzen spiegelglatte Flächen, welche sich vortrefflich mit dem Reflexionsgoniometer messen lassen. Keine Spur von Metamorphose oder Zersetzung ist an ihnen sichtbar, so dass ich zu der Ansicht gekommen bin, dass sie mit der Palagonitbildung nichts zu thun haben, und unabhängig von dieser ihre Selbständigkeit bis zu unserer Zeit bewahren konnten.

In ähnlicher Weise wie in den sicilianischen Palagoniten scheinen auch in den isländischen pulverförmige oder mikroskopische Olivin-Crystalle vorhanden zu sein, die aber fein zertheilt und vom Palagonit umhüllt dem Auge meist entgehen und mit jenem zugleich auch schon in nicht eben starker Salzsäure gelöst werden.

Nach meinen Rechnungen, auf die ich sogleich näher eingehen werde, geht hervor, dass im Palagonit von Seljadalr etwa $^3/_4$ Procent Olivin vorhanden sein muss, der aber nicht, wie bei dem Palagonit aus dem Val di Noto, aus den bereits angegebenen Gründen mit Sicherheit nachgewiesen werden konnte. Es steht indess zu erwarten, dass bei einer vorsichtigen Beobachtung der Olivin auch in selbständigen sichtbaren Crystallen in andern isländischen Palagoniten entdeckt werden wird.

Es ist einleuchtend, dass, wenn dem Palagonit eine gewisse Quantität Olivin beigemengt ist und dieser zugleich mit jenem in Salzsäure aufgelöst wird, bei der bekannten Zusammensetzung des Olivins, das Resultat der Analyse so ausfällt, dass Kieselerde und Magnesia grössere Werthe erhalten, als ihnen nach der reinen Palagonitzusammensetzung zukommen.

In gleicher Weise unterliegt es keinem Zweifel, dass den meisten Palagoniten bald eine grössere, bald eine geringere Menge kohlensaurer Kalk beigemischt ist. Diese Thatsache ist nicht unwichtig, sowohl für die Entstehung des Palagonits, als auch für die Berechnung seiner Analysen. Die sicilianischen Palagonite enthalten fast ohne Ausnahme geringe Quantitäten von kohlensaurem Kalk; selbst die granatrothen Palagonitkörner von Palagonia, die die reinsten sind, welche ich kenne, sind nicht ganz frei davon. Der Palagonit von Aci Castello, so wie der conchylienführende Palagonittuff von Militello, enthalten 2 bis 3 Procent dieser Beimischung, und zeigen beim Auflösen in Säure ein ziemlich starkes Aufbrausen. Eine ganz geringe Beimischung von kohlensaurem Kalk, z. B. 0,5 Procent, die sehr regelmässig durch die ganze Silicatmasse vertheilt ist, wird bei dem allmähligen Zersetzungsprocess der Säure, vielleicht ein kaum merkbares Entweichen von Gasblasen hervorbringen und ist, insofern man nicht besonders darauf achtet, leicht zu übersehen.

Da es mir bekannt war, dass sich Bunsen längere Zeit mit der Analyse der isländischen Palagonite beschäftigte, so schien mir eine Theilung der Arbeit im Interesse der Sache. Ich analysirte unterdessen nur solche Palagonite, welche meinem Reisegefährten nicht zugänglich waren, obgleich ich den isländischen doch auch einige Aufmerksamkeit geschenkt habe.

Von den letztern analysirte ich nur den Palagonit von Suđafell; er enthält eine nicht unbeträchtliche Menge kohlensauren Kalk und perlt ziemlich stark beim Übergiessen mit Säure.

Dasselbe gilt, obgleich in geringerem Maasse, vom Palagonit von Seljadalr; vom Palagonit von Ardnarhnipa an der Laxà, vom Palagonittuff von Foss Vogr und mehrern andern. Indess ist es sehr wahrscheinlich, dass Palagoniten von derselben Localität zufälligerweise bald grössere, bald geringere Mengen von kohlensaurem Kalk beigemischt sind. Z. B. bei einigen Exemplaren von Seljadalr zeigte sich beim Übergiessen mit Salzsäure eine äusserst schwache Gasentwicklung, bei andern war sie dagegen sehr merkbar.

Der Palagonittuff von Laugarvatanshellir, dessen Analyse Bunsen mittheilt (Nr. 7 nach meiner Anordnung), zeigt sich frei von kohlensaurem Kalk, wenigstens ist bei der Einwirkung der Säure durchaus nicht das geringste Aufbrausen wahrzunehmen.

Da der Wassergehalt als Glühverlust bestimmt wird, so ist es klar, dass, wenn eine Beimischung von kohlensaurem Kalk im Palagonit zugegen ist, die Kohlensäure wenigstens zum grössern Theile zugleich mit dem Wasser entweicht. Der Wassergehalt fällt also meistentheils scheinbar zu gross aus; ebenso wird der Kalk mit in $\dot{R}$ aufgenommen und daher diese Grösse gleichfalls zu gross werden.

Beide noch unbekannte Factoren, sowohl der Olivin, als der beigemengte kohlensaure Kalk, streben daher gemeinsam dahin, die Grösse $\ddot{R}$ etwas zu deprimiren, wesshalb in 10 Analysen die berechneten weniger beobachteten Werthe unter $\ddot{R}$ das positive Vorzeichen haben. Es ist nicht zu bezweifeln, dass in einzelnen Fällen bald die eine, bald die andere Beimischung vorwalten, oder dass eine oder auch beide (letzteres bei vollkommen reinem Palagonite) verschwinden.

In Folge dieses Einflusses werden die obigen von Bunsen angestellten Analysen von ihrer idealen Zusammensetzung mehr oder minder entfernt, und es ist daher zunächst unsere Aufgabe, diese fremden Einflüsse durch Rechnung, soweit es sich thun lässt, unschädlich zu machen.

Wir bedienen uns dazu desselben Verfahrens, welches bereits vorhin angewendet worden ist, um in einem crystallinischen vulkanischen Gestein die verschiedenen Mineralkörper durch Rechnung zu bestimmen.

Bezeichnen wir mit M den Modulus des Palagonits, mit y den des beigemengten Olivins und mit 2z den Sauerstoff der Kohlensäure, welche sich mit einem gewissen Theile Kalk aus $\dot{R}$ zu kohlensaurem Kalke verbindet und ist, wie früher, $\eta = 0{,}1216$, so gelangt man zu folgenden 4 Gleichungen:

$$4M + (1+\eta)y \quad = A$$
$$2M + \eta y \quad = B$$
$$M + y + z \quad = C$$
$$3M + 2z \quad = D$$

aus denen man M, y und z nach der Methode der kleinsten Quadrate zu bestimmen hat.

Ein Beispiel wird zunächst den Gang der Rechnung erläutern:

Für den Palagonit von Seljadalr Nro. 8 finden sich folgende Gleichungen:

$$4M + 1{,}1216y = 20{,}611$$
$$2M + 0{,}1216y = 9{,}859$$
$$M + y + z = 5{,}400$$
$$3M \quad + 2z = 15{,}875$$

Legen wir die Näherungswerthe zu Grunde:

$$y = 0{,}010 \quad z = 0{,}322 \quad M = 5{,}078,$$

so erhält man folgende Bedingungsgleichungen:

$$4dM + 1{,}1216dy = +\ 0{,}288$$
$$2dM + 0{,}1216dy = -\ 0{,}298$$
$$dM + dy + dz = -\ 0{,}010$$
$$3dM + \quad + 2dz = -\ 0{,}003$$

Hieraus findet man nach der Methode der kleinsten Quadrate:

$$30dM + 5{,}7296dy + 7dz = +\ 0{,}537$$
$$5{,}7296dM + 2{,}2728dy + dz = +\ 0{,}287$$
$$7dM + \quad dy + 5dz = -\ 0{,}016$$

Aus diesen Gleichungen bestimmt sich sodann:

$$dM = -\ 0{,}0041 \quad dy = +\ 0{,}1485 \quad dz = -\ 0{,}0270$$

Die verbesserten Elemente werden:

$$M = 5{,}0739 \quad y = +\ 0{,}1585 \quad z = 0{,}2950$$

Aus denselben folgt:

Sauerstoffmengen im Palagonit von Seljadalr.

	Beob.	Berech.	Beob.-Ber.	nach der früheren Annahme s. S. 186
In $\dddot{\mathrm{Si}}$	20,611	20,473	+ 0,138	— 0,081
$\dddot{\bar{\mathrm{R}}}$	9,859	10,167	— 0,308	— 0,487
$\dot{\mathrm{R}}$	5,400	5,527	— 0,127	+ 0,227
$\dot{\bar{\mathrm{H}}}$	15,875	15,812	+ 0,063	+ 0,356

Dasselbe Resultat erhält man auch als Controlle der Rechnung aus den 4 Bedingungsgleichungen.

Die Summe der Quadrate für die Beobachtungsfehler bei den genäherten Werthen in Einheiten der letzten Decimale ist = 134006. Nach der frühern Annahme ohne Berücksichtigung der angebrachten Correction von Olivin und kohlensauren Kalk wird die Summe der Quadrate der Fehler = 421495.

Der mittlere Fehler wird zuerst $\mp$ 0,375 und sinkt durch die neue Theorie auf $\mp$ 0,211 fast auf die Hälfte herab.

Berechnet man endlich aus y die Menge des Olivins, aus z den kohlensauren Kalk, welche beide dem Palagonit von Seljadalr beigemischt sind, so findet man:

Olivin aus y berech.		Kohlensaurer Kalk aus z berech.	
$\dddot{\mathrm{Si}}$	0,31466	$\dot{\mathrm{C}}\mathrm{a}$	= 1,0378
$\dot{\mathrm{F}}\mathrm{e}$	0,08135	$\ddot{\mathrm{C}}$	= 0,8116
$\dot{\mathrm{M}}\mathrm{g}$	0,39705	$\dot{\mathrm{C}}\mathrm{a}\,\ddot{\mathrm{C}}$	= 1,8494.
	0,79306.		

Bringt man endlich in der Analyse Nro. 8 Seite 185 diese Beimischungen von 0,79306 Olivin und 1,8494 kohlensauren Kalk in Abzug, so besteht der dann wieder auf 100 reducirte reine Palagonit von Seljadalr aus folgenden Bestandtheilen:

	Beob.	Berech.	M = 5,1998 (4, 2, 1, 3)
Kieselerde	39,689	39,298	− 0,391
Thonerde	11,944	12,296	+ 0,352
Eisenoxyd	15,080	15,524	+ 0,444
Kalkerde	8,300	8,495	+ 0,195
Magnesia	6,051	6,193	+ 0,142
Natron	0,695	0,712	+ 0,017
Kali	0,737	0,755	+ 0,018
Wasser	17,504	17,546	+ 0,042
	100,000.		

Berechnet man in derselben Weise, mit Annahme der respectiven Normen, die Analysen der von Bunsen analysirten Palagonite, so gelangt man zu folgenden Resultaten.

	M	y	z	Olivin	$\dot{Ca}\ddot{C}$
	1. Gruppe (4, 2, 1, 2).				
1.	5,4158	—	0,5346	—	3,3507
2.	5,1239	1,3587	—	6,6496	—
3.	5,1264	0,0736	0,8691	0,3810	5,447
	2. Gruppe (4, 2, 1, 3).				
4.	5,3010	—	—	—	—
5.	5,1570	—	—	—	—
6.	5,1983		0,5701		3,573
7.	5,1115	0,7470		3,863	
8.	5,0739	0,1585	0,2950	0,7930	1,8494
9.	5,1043	0,6889	—	3,564	—
	3. Gruppe (4, 2, 1, 4).				
10.	4,9300	0,0910	0,3606	0,471	2,260
11.	5,0375		0,6534	—	5,067

Bringt man den Olivin und den kohlensauren Kalk bei den zugehörigen Analysen in Abzug und reducirt sodann dieselben 100, so erhält man die nachfolgende Übersicht für die Zusammensetzung des reinen Palagonits:

Gruppe 1.

	$\dddot{\text{Si}}$	$\bar{\dddot{\text{Al}}}$	$\bar{\dddot{\text{Fe}}}$	$\dot{\text{Ca}}$	$\dot{\text{Mg}}$	$\dot{\text{Na}}$	$\dot{\text{Ka}}$	$\dot{\bar{\text{H}}}$
1.	42,098	15,097	14,732	5,244	7,910	1,908	0,467	12,544
2.	41,696	14,581	14,361	9,450	5,143	1,319	1,507	11,943
3.	41,345	9,234	21,192	5,345	7,548	2,501	0,998	11,837
				Gruppe 2.				
4.	40,760	8,419	17,990	8,644	4,536	0,622	0,438	18,601
5.	39,459	10,701	15,424	9,049	5,088	1,538	1,193	17,548
6.	40,778	12,318	15,863	3,534	8,216	0,290	0,581	18,420
7.	41,287	11,473	13,951	9,099	4,806	0,649	0,681	18,054
8.	39,689	11,944	15,080	8,300	6,051	0,695	0,737	17,504
9.	42,329	11,555	16,940	5,895	4,838	—	1,855	16,588
				Gruppe 3.				
10.	38,936	13,397	10,221	6,531	6,445	0,724	0,972	22,774
11.	38,916	12,175	11,282	5,381	6,610	0,581	0,818	24,237

Aus diesen so corrigirten Analysen geht eine günstigere Übereinstimmung zwischen den berechneten und beobachteten Sauerstoffmengen hervor, als vorhin auf Seite 186 und 187.

Man findet nämlich:

1. Gruppe.

	$\ddot{Si}$ Beob.	Ber.		$\ddot{R}$ Beob.	Ber.	
1.	22,281	22,328	+ 0,047	11,472	11,164	— 0,380
2.	22,068	21,934	— 0,134	11,120	10,967	— 0,153
3.	21,883	21,642	— 0,241	10,668	10,821	+ 0,153
	$\dot{R}$ Beob.	Ber.		$\dot{H}$ Beob.	Ber.	
1.	5,175	5,589	+ 0,414	11,152	11,164	+ 0,012
2.	5,337	5,483	+ 0,146	10,618	10,967	+ 0,349
3.	5,349	5,411	+ 0,062	10,523	10,821	+ 0,298

2. Gruppe.

	$\ddot{Si}$ Beob.	Ber.		$\ddot{R}$ Beob.	Ber.	
4.	21,568	21,205	— 0,363	9,326	10,603	+ 1,277
5.	20,884	20,629	— 0,255	9,624	10,315	+ 0,691
6.	21,583	21,459	— 0,124	10,512	10,729	+ 0,217
7.	21,851	21,258	— 0,593	9,544	10,629	+ 1,084
8.	20,958	20,773	— 0,185	10,102	10,387	+ 0,285
9.	22,403	21,164	— 1,239	10,477	10,582	+ 0,105
	$\dot{R}$ Beob.	Ber.		$\dot{H}$ Beob.	Ber.	
4.	4,504	5,301	+ 0,797	16,537	15,904	— 0,633
5.	5,204	5,157	— 0,047	15,601	15,472	— 0,129
6.	4,458	5,365	+ 0,907	16,376	16,094	— 0,282
7.	4,789	5,315	+ 0,526	16,051	15,944	— 0,107
8.	5,080	5,193	+ 0,113	15,562	15,580	+ 0,018
9.	3,923	5,291	+ 1,368	14,747	15,873	+ 1,126

3. Gruppe.

	$\ddot{Si}$ Beob.	Ber.		$\ddot{R}$ Beob.	Ber.	
10.	20,611	20,201	— 0,410	9,325	10,101	+ 0,776
11.	20,592	20,666	+ 0,074	9,072	10,333	+ 1,261
	$\dot{R}$ Beob.	Ber.		$\dot{H}$ Beob.	Ber.	
10.	4,782	5,050	+ 0,268	20,247	20,201	— 0,046
11.	4,458	5,167	+ 0,709	21,548	20,666	— 0,882

Um die verschiedenen Palagonitanalysen einer und derselben Gruppe besser unter einander vergleichen zu können, ist es nothwendig in ihnen dieselbe Vertheilung der isomorphen Bestandtheile anzunehmen. Gilt auch hier dieselbe Bezeichnung, wie vorhin beim Feldspath, so haben wir folgende Constanten:

	λ	μ	a	b	c	d
Gruppe 1.	1,0929	0,9071	0,3593	0,5165	0,0933	0,0318
2.	1,0404	0,9596	0,4423	0,4676	0,0342	0,0559
3.	1,2945	0,7056	0,3666	0,5640	0,0365	0,0329

Mit diesen Grössen und den beobachteten Sauerstoffmengen von Seite 197 berechnet man folgende Zusammensetzungen:

Gruppe 1.

	$\dddot{\mathrm{Si}}$		$\ddot{\mathrm{Al}}$		$\ddot{\mathrm{Fe}}$		$\dot{\mathrm{Ca}}$	
1.	42,319	− 0,422	12,605	+ 0,119	16,320	+ 0,415	6,573	+ 0,137
2.	41,355	+ 0,542	12,892	− 0,168	17,478	− 0,743	6,688	+ 0,022
3.	42,017	− 0,120	12,974	+ 0,050	16,408	+ 0,327	6,868	− 0,158
Mittel	41,897		12,724		16,735		6,710	

	$\dot{\mathrm{Mg}}$		$\dot{\mathrm{Na}}$		$\dot{\mathrm{Ka}}$		$\dot{\mathrm{H}}$	
1.	6,719	+ 0,140	1,879	+ 0,039	0,974	+ 0,021	12,611	− 0,449
2.	6,837	+ 0,022	1,912	+ 0,006	0,992	+ 0,003	11,846	+ 0,316
3.	7,021	− 0,162	1,963	− 0,045	1,019	− 0,024	12,030	+ 0,132
Mittel	6,859		1,918		0,995		12,162	

Gruppe 2.

	$\dddot{\mathrm{Si}}$		$\ddot{\mathrm{Al}}$		$\ddot{\mathrm{Fe}}$		$\dot{\mathrm{Ca}}$	
4.	41,153	− 0,535	10,482	+ 0,549	15,079	+ 0,783	7,074	+ 0,155
5.	39,551	+ 1,067	10,755	+ 0,276	15,474	+ 0,388	8,112	− 0,883
6.	40,002	+ 0,616	11,476	− 0,445	16,510	− 0,648	6,801	+ 0,428
7.	41,078	− 0,460	10,567	+ 0,464	15,202	+ 0,660	7,410	− 0,181
8.	39,538	+ 1,080	11,226	− 0,195	16,112	− 0,250	7,870	− 0,641
9.	42,387	− 1,769	11,678	− 0,647	16,798	− 0,936	6,110	+ 1,119
Mittel	40,618		11,031		15,862		7,229	

	$\dot{Mg}$	$\dot{Na}$	$\dot{Ka}$	$\dot{H}$
4.	5,327 + 0,117	0,603 + 0,013	1,498 + 0,033	18,784 — 1,116
5.	6,111 — 0,667	0,691 — 0,075	1,717 — 0,187	17,589 + 0,079
6.	5,122 + 0,322	0,579 + 0,037	1,440 + 0,091	18,070 — 0,402
7.	5,581 — 0,137	0,631 — 0,015	1,569 — 0,038	17,962 — 0,294
8.	5,828 — 0,484	0,671 — 0,055	1,666 — 0,135	16,989 + 0,679
9.	4,602 + 0,842	0,521 + 0,095	1,293 + 0,238	16,611 + 1,057
Mittel	5,444	0,616	1,531	17,668.

Gruppe 3.

	$\dddot{Si}$	$\dddot{Al}$	$\dddot{Fe}$	$\dot{Ca}$
1.	38,984 — 0,020	12,929 — 0,180	10,742 — 0,028	6,172 — 0,211
2.	38,943 + 0,021	12,569 + 0,180	10,686 + 0,028	5,751 + 0,210
Mittel	38,964	12,749	10,714	5,961

	$\dot{Mg}$	$\dot{Na}$	$\dot{Ka}$	$\dot{H}$
1.	6,765 — 0,231	0,677 — 0,024	0,928 — 0,031	22,803 + 0,725
2.	6,303 + 0,231	0,630 + 0,023	0,865 + 0,032	24,352 — 0,725
Mittel	6,534	0,653	0,897	23,528.

Berechnet man endlich die theoretische Zusammensetzung für die drei Gruppen nach den Normen (4, 2, 1, 2), (4, 2, 1, 3) und (4, 2, 1, 4), mit den vorhin angeführten Constanten, und vergleicht dieselben mit den eben gefundenen Mittelwerthen, so gelangt man zu folgender Übersicht:

Gruppe 1.

	Mittel.	Berech.	
Kieselerde	41,897	41,353	— 0,544
Thonerde	12,724	12,794	+ 0,070
Eisenoxyd	16,735	16,562	— 0,173
Kalkerde	6,710	6,913	+ 0,203
Magnesia	6,859	7,067	+ 0,208
Natron	1,918	1,976	+ 0,058
Kali	0,995	1,026	+ 0,031
Wasser	12,162	12,309	+ 0,147
	100,000	100,000.	

	Gruppe 2.			Gruppe 3.		
Kieselerde	40,618	38,663	—1,955	38,964	37,381	—1,583
Thonerde	11,032	11,386	+0,354	12,749	13,699	+0,950
Eisenoxyd	15,862	16,381	+0,519	10,714	11,645	+0,931
Kalkerde	7,229	7,957	+0,726	5,961	6,376	+0,415
Magnesia	5,444	5,992	+0,548	6,534	6,988	+0,454
Natron	0,616	0,677	+0,061	0,653	0,699	+0,046
Kali	1,531	1,685	+0,154	0,897	0,959	+0,062
Wasser	17,668	17,259	—0,409	23,258	22,253	—1,275
	100,000	100,000		100,000	100,000.	

Wollte man für diese 3 Gruppen stöchiometrische Formeln aufstellen, so erhielte man

1) $2\,\dddot{\bar{\mathrm{R}}}\dddot{\mathrm{Si}} + \dot{\mathrm{R}}^{3}\dddot{\mathrm{Si}}^{2} + 6\,\dot{\bar{\mathrm{H}}}$

2) $2\,\dddot{\bar{\mathrm{R}}}\dddot{\mathrm{Si}} + \dot{\mathrm{R}}^{3}\dddot{\mathrm{Si}}^{2} + 9\,\dot{\bar{\mathrm{H}}}$

3) $2\,\dddot{\bar{\mathrm{R}}}\dddot{\mathrm{Si}} + \dot{\mathrm{R}}^{3}\dddot{\mathrm{Si}} + 12\,\dot{\bar{\mathrm{H}}}$

Wir werden es später versuchen dieselben auf andere zurückzuführen, welche mit der Entstehung des Palagonits inniger zusammenhängen, bevor wir jedoch zu diesen Betrachtungen übergehen, werde ich meine eigenen chemischen Untersuchungen über die Palagonite von Island und Sicilien mittheilen, welche über die Entstehung dieses so eigenthümlichen, für die Geologie der Vulkane so wichtigen Mineralkörpers interessante Aufschlüsse geben.

Bunsens Analysen der isländischen Palagonite noch ein Mal zu wiederholen, würde vielleicht in einer Beziehung, auf welche ich sogleich hinzuweisen gedenke, nicht uninteressant sein; da ich aber die vorliegende Arbeit wenigstens für erst geschlossen zu sehen wünsche, so habe ich auf die Untersuchung des isländischen Palagonits nur geringere Zeit verwenden können.

Ich habe vorzugsweise dem reinen sehr merkwürdigen Palagonittuff von Sudafell, der mir nach meiner Zurückkunft von Island durch Herrn Professor Forchhammer aus Kopenhagen gütigst mitgetheilt worden ist, meine Aufmerksamkeit zugewandt.

Eine genauere Untersuchung desselben hat nämlich über die Entstehung des Palagonits ganz neues Licht verbreitet und hat gewisse Vermuthungen, die mir bei der nähern Betrachtung anderer isländischer Palagonite längst aufgestiegen sind, ausser Zweifel gesetzt.

Im Allgemeinen sind die Palagonittuffe, wie ich dieses schon früher bemerkt habe, conglomeratische Gebilde, die aus gewissen, durch Säure zerlegbaren Mineralkörpern und einem unzersetzten Rückstande sich verbunden haben. Dieser letztere besteht im Allgemeinen aus Augit und einem schwer aufschliessbaren Feldspath, z. B. Oligoklas, oder aus einer Zusammensetzung und

Verschmelzung beider, aus einem Trapp oder Basalt, welcher der Metamorphose entgangen ist. Die meisten, vielleicht alle, Palagonittuffe von Island und Sicilien, die von Seljadalr, vom Hekla und Krabla, von Militello, Palagonia und Acicastello zeigen diese Beschaffenheit. Basaltfragmente, die einen Fuss und mehr im Durchmesser haben, bis zu Stückchen, welche an das Mikroskopische grenzen, werden in diesen Tuffen cementartig durch den schon so oft erwähnten Palagonit verbunden. Da wo diese beigemischten Basalt-, Trapp- oder Lavatrümmer local verschwinden oder eine untergeordnete Stellung einnehmen, erscheint jener dann gewöhnlich in grösserer Reinheit.

Nicht selten, namentlich in den sicilianischen Tuffen, findet man neben diesen Basalttrümmern, als einen Theil des durch Säure unzersetzbaren Rückstands, kleine aber sehr ausgezeichnete Crystalle von Feldspath und grünem oder schwarzem Augit, die meist um und um ausgebildet, durch ihre Regelmässigkeit und Schönheit wahre Muster anorganischer Individuen darstellen.

Der durch concentrirte Salzsäure leicht zersetzbare Theil dieser submarinen Tuffe enthält ausser zufälligen Beimischungen von Olivin und kohlensaurem Kalk den eigentlichen palagonitischen Theil und ein sehr merkwürdiges, wasserfreies, mit dem Palagonit eng verbundenes Mineral, dem ich den Namen Sideromelan beigelegt habe.

Obgleich es sich in allen, jedenfalls in den meisten Palagonittuffen Islands, vorzugsweise in denen am Ufer der Laxà, am Sudafell, Krabla, Hekla u. s. w. findet und meistens sehr deutlich und charakteristisch zum Vorschein kommt, ist er doch von Bunsen übersehen worden, wenigstens konnte ich in seinen Arbeiten keine Auskunft darüber erhalten.

Der Sideromelan gleicht an Farbe, Glanz und Bruch dem Obsidian, nur ist seine Härte bedeutend geringer und erreicht kaum die des labradorischen Feldspaths. Das Spec. Gew. = 2,531. Auf den Verwitterungsflächen, besonders bei dem Tuff von Suđafell, kommt der Sideromelan, vom Palagonit umhüllt, sehr deutlich zum Vorschein, zeigt aber hier eine mattschwarze Farbe; grösseren Glanz bekommt er erst auf frischem Bruch. Er ist, ganz ähnlich dem Obsidian, ein amorpher Körper ohne alle Spuren von äusserer Form oder innerer Spaltbarkeit.

Der Sideromelan wird von concentrirter Salzsäure in der Wärme vollkommen zersetzt, während er sehr verdünnter, welche den Palagonit aufschliesst, etwas länger widersteht. Auf diese Weise können beide Mineralhörper ziemlich sicher von einander getrennt werden. Die Palagonit-Lösung wird abfiltrirt und der auf dem Filter befindliche Rückstand durch Kochen mit Natron oder Kali von der dem Palagonit zugehörigen Kieselerde befreit. Man erhält in dieser Weise den Sideromelan ganz rein in schwarzen eckigen Körnern, die sich zur mineralogischen und chemischen Prüfung vollkommen eignen. Der Palagonittuff von Suđafell besteht, nach meinen Untersuchungen, etwa aus $^3/_4$ Palagonit, dem einige Procent kohlensaurer Kalk und unlöslicher Rückstand beigemischt ist, und aus $^1/_4$ Sideromelan.

Der so aus dem Palagonittuff abgeschiedene Sideromelan, den ich untersuchte, gab nach zwei Analysen folgende Zusammensetzung:

	1.	2.
Kieselerde	45,103	43,340
Thonerde	13,734	*)
Eisenoxyd	18,522	
Kalkerde	8,103	8,970
Magnesia	3,212	2,104
Natron	2,329	2,177
Kali	0,951	1,177
Wasser	0,349	0,349
Rückstand	6,522	10,232
	98,825.	

Das Mittel aus beiden Analysen nach Abzug des Rückstands und Wassers gibt folgendes Resultat:

Kieselerde	48,760
Thonerde	14,936
Eisenoxyd	20,143
Kalkerde	9,515
Magnesia	2,923
Natron	2,484
Kali	1,101
	99,862.

Mit dem Werthe M = 4,3239 und der Norm (6, 3, 1) findet man zwischen Rechnung und Beobachtung folgende Übereinstimmung:

---

*) In der zweiten Analyse ist die Bestimmung von Eisenoxyd und Thonerde verunglückt.

	Beob.	Berech.	
Kieselerde	48,827	49,020	+ 0,193
Thonerde	14,957	14,883	— 0,074
Eisenoxyd	20,171	20,072	— 0,099
Kalkerde	9,528	8,750	— 0,778
Magnesia	2,927	2,688	— 0,239
Natron	2,487	2,248	— 0,239
Kali	1,103	1,013	— 0,090
	100,000.		

Aus der Vergleichung zwischen der beobachteten und berechneten Analyse geht hervor, dass dem Sideromelan wahrscheinlicher Weise eine gewisse, wenn auch nicht bedeutende Menge eines in Säure löslichen, magnesiareichen Silicates enthalten sei.

Um die wahrscheinliche Quantität desselben zu ermitteln, stellen wir wie vorhin die Gleichungen auf:

$$6M + 1{,}1216y = 25{,}842$$
$$3M + 0{,}1216y = 13{,}037$$
$$M + y = 4{,}707.$$

Daraus bestimmt man nach der Methode der kleinsten Quadrate $M = 4{,}2508$ $y = 0{,}3371$.

Dem Sideromelan ist alsdann beigemischt 1,743 Olivin und es ist dafür in Abzug zu bringen:

$\dddot{Si}$ 0,714
$\dot{Fe}$ 0,185
$\dot{Mg}$ 0,844
1,743.

Die auf 100 reducirte verbesserte Analyse im Vergleich mit der Rechnung gibt folgendes Resultat:

	Sideromelan frei von Olivin	Berechnet mit (6, 3, 1) M = 4,3387
Kieselerde	48,967	49,185 + 0,218
Thonerde	15,222	14,994 — 0,228
Eisenoxyd	20,340	20,037 — 0,303
Kalkerde	9,697	9,437 — 0,260
Magnesia	2,120	2,063 — 0,057
Natron	2,531	2,463 — 0,068
Kali	1,123	1,093 — 0,030
	100,000.	

Die Übereinstimmung zwischen Beobachtung und Berechnung ist jetzt jedenfalls sehr viel günstiger als vorhin.

Die stöchiometrische Formel des Sideromelans wird den angegebenen Zahlen zufolge:

$$\dot{R}\dddot{Si} + \dddot{\bar{R}}\dddot{Si}$$

welche mit der des labradorischen Feldspaths vollkommen übereinstimmt:

Der Sideromelan ist daher nur ein sehr eisenoxydreicher amorpher Labrador und insofern eine selbstständige Species, die sich etwa zum crystallisirten Labrador verhält, wie der Obsidian zum Krablit.

Ob diese eisenreichen amorphen Feldspathe in gewissen Formationen allgemein verbreitet sind und eine den eisenfreien crystallisirten parallel fortlaufende Seitengruppe bilden, in der x eine Reihe continuirlicher Werthe durchläuft, ist bis jetzt zwar noch nicht ermittelt, indess nicht unwahrscheinlich.

Nachdem ich mich aus der eben mitgetheilten Analyse überzeugt hatte, dass der Sideromelan als eine feste chemische Verbindung zu betrachten sei, untersuchte ich den durch Salzsäure gelösten palagonitischen Theil, der als ein Mittel aus zwei Analysen folgende Zusammensetzung hatte:

Kieselerde	41,464
Thonerde	10,905
Eisenoxyd	18,124
Kalkerde	8,545
Magnesia	4,797
Natron	0,638
Kali	0,403
Wasser + C̈	14,494
	99,370.

Der palagonitische Theil, wie man dieses schon beim Übergiessen mit Salzsäure bemerkt, enthält eine gewisse Beimischung von kohlensaurem Kalk, die ich theils direct bestimmt habe, die sich aber auch aus den vorliegenden Zahlen, wie es vorhin gezeigt worden, durch Rechnung bestimmen lässt. Ebenso ist es sehr wahrscheinlich, dass derselbe, ähnlich andern isländischen und ätnäischen Palagoniten, eine gewisse Quantität beigemischten Olivins enthalte.

Legen wir für diesen Palagonit die Norm (6, 3, 1, 3) zu Grunde und stellen wir wie vorhin die Gleichungen auf, so findet sich:

$$
\begin{aligned}
6M + 1{,}1216y & = 21945 \\
3M + 0{,}1216y & = 10{,}529 \\
M + y + z & = 4{,}581 \\
3M \qquad\qquad 2z & = 12{,}886.
\end{aligned}
$$

Daraus bestimmt man nach der Methode der kleinsten Quadrate

$$y = 0{,}1064, \quad z = 0{,}9915 \quad M = 3{,}6127.$$

Bringt man den Grössen y und z entsprechende Quantitäten von Olivin und kohlensaurem Kalk in Abzug und reducirt die Verbindung auf 100, so findet man für den reinen Palagonit von Sudafell folgende Zusammensetzung:

	Beob.	Berech.	
Kieselerde	44,532	43,997	— 0,535
Thonerde	11,775	12,064	+ 0,289
Eisenoxyd	19,509	19,988	+ 0,479
Kalk	5,462	5,224	— 0,238
Magnesia	4,892	4,679	— 0,213
Natron	0,689	0,659	— 0,030
Kali	0,435	0,416	— 0,019
Wasser	12,706	13,096	+ 0,390
	100,000.		

Ehe ich mit den chemischen und mineralogischen Eigenschaften des Sideromelan hinreichend bekannt war, beabsichtigte ich den Palagonit von Sudafell zu analysiren und suchte, indem ich den Tuff in kleine Stückchen zerschlug, den schwarzen mir unbekannten Körper möglichst auszulesen und so vom Palagonit zu trennen, was jedoch nur unvollständig gelingen konnte.

Der noch mit einer gewissen Quantität von Sideromelan und etwas kohlensaurem Kalk gemischte Palagonit hatte folgende Zusammensetzung:

Kieselerde	41,735
Thonerde	12,020
Eisenoxyd	19,146
Kalkerde	8,338
Magnesia	3,962
Natron	0,866
Kali	0,567
Wasser	11,378
Rückstand	2,030
	100,042.

Bezeichnen wir mit M den Modulus des Palagonits, mit M den des Sideromelans, und bezieht sich z, wie vorhin, auf die Beimischung von kohlensaurem Kalk, so ergeben sich folgende Gleichungen:

$$\begin{aligned} 6M + 6M' &= 22{,}0880 \\ 3M + 3M' &= 11{,}3304 \\ M + M' + z &= 4{,}2723 \\ 3M + 2z &= 10{,}1140. \end{aligned}$$

Aus diesen Gleichungen findet man die wahrscheinlichsten Werthe:

$$\begin{aligned} M &= 2{,}9896 \\ M' &= 0{,}7108 \\ z &= 0{,}5724. \end{aligned}$$

Legt man für die Vertheilung der isomorphen Bestandtheile in $\ddot{R}$ und $\dot{R}$ bei dem Palagonit und Sideromelan die Analysen von Seite 206 und 208 zu Grunde, so erhält man für

	Palagonit	Sideromelan
$\lambda =$	1,4864	1,6196
$\mu =$	1,5136	1,3804

	Palagonit	Sideromelan
a =	0,4134	0,6200
b =	0,5197	0,1903
c =	0,0473	0,1469
d =	0,0196	0,0428.

Mit diesen Grössen und mit M, M′ und z berechnet man:

	Palagonit		Sidero-melan		ČĊ
Kieselerde	33,892	+	8,058		
Thonerde	9,506	+	2,463		
Eisenoxyd	15,099	+	3,274		
Kalkerde	4,346	+	1,550	+	2,013
Magnesia	3,892	+	0,339		
Natron	0,548	+	0,405		
Kali	0,345	+	0,179		
Wasser	10,088				
Kohlensäure				+	1,575
Rückstand	2,030				
99,602 =	79,746	+	16,268	+	3,588.

Die auf 100 reducirte Zusammensetzung des Palagonits und Sideromelans wird alsdann:

	Palagonit	Sideromelan
Kieselerde	43,610	49,533
Thonerde	12,232	15,139
Eisenoxyd	19,428	20,121
Kalkerde	5,592	9,525
Magnesia	5,008	2,082
Natron	0,705	2,486
Kali	0,444	1,114
Wasser	12,981	
	100,000	100,000.

Das Mittel aus den beiden mitgetheilten Analysen des Sideromelans und Palagonits von Suđafell ist folgendes:

	Sideromelan	Palagonit
Kieselerde	49,250	44,071
Thonerde	15,181	12,003
Eisenoxyd	20,231	19,469
Kalkerde	9,611	5,527
Magnesia	2,101	4,950
Natron	2,508	0,697
Kali	1,118	0,440
Wasser		12,843
	100,000	100,000.

Der Sideromelan, dessen Analyse nach unserer besten Kenntniss hier vor uns liegt, werde hydratisch; er nehme 3 Atome Wasser auf, so entsteht mit geringen Modificationen in den isomorphen Bestandtheilen der eben untersuchte Palagonit. Die Rechnung in Bezug auf den Sideromelan ist leicht auszuführen und wird später bei der Lehre von den Zeolithen öfter vorkommen.

Der Vergleich zwischen dem hydratischen Sideromelan und Palagonit gibt folgendes Resultat:

	Sideromelan $+ 3\dot{H}$	Palagonit
Kieselerde	42,942	44,071
Thonerde	13,236	12,003
Eisenoxyd	17,639	19,469
Kalkerde	8,380	5,527
Magnesia	1,831	4,950
Natron	2,186	0,697
Kali	0,975	0,440
Wasser	12,811	12,843
	100,000	100,000.

Der hydratische Sideromelan und der neben ihm stehende Palagonit, beide nach der Norm (6, 3, 1, 3) gebildet, unterscheiden sich von einander nur durch eine etwas verschiedene Vertheilung der isomorphen Basen in $\ddot{R}$ und $\dot{R}$. Beim Palagonit ist in $\ddot{R}$ auf Kosten der Thonerde eine gewisse, in diesem Falle nur unbedeutende Menge Eisenoxyd aufgenommen; ebenso tritt in $\dot{R}$ beim Palagonit eine Quantität Magnesia in die Verbindung ein, während dafür nothwendigerweise die entsprechenden Mengen Kalk, Natron und Kali ausscheiden müssen.

Nimmt man in der Analyse des hydratischen Sideromelans dieselbe Vertheilung der isomorphen Basen wie im Palagonit an, oder legt man die für den Palagonit auf Seite 209 gegebenen Constanten der Rechnung zu Grunde, so wird eine fast vollkommene Übereinstimmung innerhalb der möglichen Beobachtungsfehler zwischen hydratischem Sideromelan von 3 $\dot{H}$ und Palagonit herbeigeführt.

Dieses zeigen die nachfolgenden Zahlen.

	Sideromelan + 3 $\dot{H}$	Palagonit	
Kieselerde	43,724	44,071	+ 0,347
Thonerde	12,207	12,003	— 0,204
Eisenoxyd	19,390	19,469	+ 0,079
Kalkerde	5,581	5,527	— 0,054
Magnesia	4,998	4,950	— 0,048
Natron	0,703	0,697	— 0,006
Kali	0,443	0,440	— 0,003
Wasser	12,954	12,843	— 0,111
	100,000	100,000.	

Die stöchiomelrische Formel dieses Palagonits wird in Bezug auf die mitgetheilten Analysen dieselbe des Sideromelans + $3\dot{H}$ oder

$$\dot{R}\ddot{S}i + \dddot{R}\ddot{S}i + 3\dot{H}.$$

Wenn man die beiden eben angeführten Zahlenreihen mit einander vergleicht, so ist die Übereinstimmung unter ihnen gewiss eine sehr befriedigende zu nennen, zumal wenn man die grosse Schwierigkeit und Verwicklung der Analysen und die vielfachen Fehlerquellen, die bei ihnen vorkommen, mit in Erwägung zieht.

In Folge der mitgetheilten Beobachtungen steht es daher fest, dass dieser Palagonit von der Norm (6, 3, 1, 3) aus Sideromelan entstanden sei, dem 3 Atome Wasser hinzugefügt sind, oder er ist ein amorpher, hydratischer, eisenoxydhaltiger Labrador mit 3 Atomen Wasser, analog dem isländischen Scolezit, dem dieselbe Formel zugehört und von dem weiter unten die Rede sein wird.

Der amorphe Palagonit ist verhältnissmässig reich an Eisenoxyd und Magnesia, welche dem Scolezit, der ausgezeichnet crystallisirt, fast ganz fehlen; man möchte daher die Vermuthung aussprechen, dass sie es sind, welche den Amorphismus wesentlich bedingen.

Von ganz besonderm Interesse für die geologischen Vorgänge bei der Palagonit-Bildung ist der bereits erwähnte Umstand, dass bei der Verwandlung eines Feldspaths, er mag amorph oder crystallisirt, eisenoxydhaltig oder eisenoxydfrei sein, ein gewisser Umsatz der isomorphen Basen stattfindet. Diese allerdings schwer erklärliche Erscheinung, an deren Richtigkeit nicht zu zweifeln ist, scheint bisjetzt nur wenig beobachtet zu sein, sie wirft aber auf die Bildung dieser metamorphischen Körper einen unerwarteten Lichtblick.

Bevor wir indess auf diese schwierigen, zum Theil noch nicht hinreichend aufgeklärten Verhältnisse eingehen, ist es wünschenswerth eine Reihe von Beobachtungen hinzuzufügen, die sich auf die Zusammensetzung der Palagonite Siciliens, von denen bisjetzt noch nicht die Rede gewesen ist, beziehen.

IX. Der Palagonit aus Sicilien.

Schon im Anfang des letzten Abschnitts erwähnte ich die merkwürdigen Palagonitformationen Siciliens, bei Palagonia und Militello im Val di Noto, und von Aci Castello am Fusse des Aetna. Beide waren mir in allen ihren Details schon mehrere Jahre früher als die isländischen bekannt, welche letztern das bereits im Süden Europas bearbeitete Feld, wenn auch nicht auf eine unerwartete, doch sehr erwünschte Weise, mit neuen Beiträgen weiter ausgedehnt haben.

Den chemischen Analysen der sicilianischen Palagonite und verwandter Gebilde habe ich längere Zeit widmen müssen, und erst jetzt wird es mir möglich, meine, wenn auch nicht vollkommen erschöpfenden, doch vorläufig wenigstens hinreichenden Untersuchungen hier zu veröffentlichen.

Eine kurze Beschreibung der Localität von Palagonia, in der die Palagonitformation auftritt, schicke ich zunächst den chemischen Analysen voran. Die vulkanischen Gebilde des Val di Noto, die ich anderweitig ausführlicher beschrieben habe, durchbrechen die tertiären Kalkstein- und Mergelablagerungen der sogenannten syracusaner Formation, und fallen im Wesentlichen an das Ende ihrer submarinen Ablagerung, nachdem bereits der grössere Theil jener fertig unter dem Meeresspiegel da lag.

Die weite Ebene von Palagonia wird am Fusse eines Gebirgszuges, der gegen Osten nach Militello, gegen Süden nach Mineo emporsteigt und in dem vorzugsweise die vulkanischen Phänomene des Val di Noto entwickelt erscheinen, durch die öfter erwähnte höchst ausgezeichnete Palagonitformation begrenzt. Gegen Westen derselben, nicht weit von einem einzelnliegenden Hofe Namens Fara Rotta befindet sich der im Alterthum bekannte See der Paliken, dessen stark aufsprudelnde Gasmassen als die letzten Überreste früherer vulkanischer Thätigkeit anzusehen sind und die einstmals bei allgemeinerer Verbreitung auf die Bildung der Palagonitformation nicht ohne Einfluss gewesen sein mögen.

Wenn man kaum den kleinen Ort Palagonia verlassen hat, um durch die Ebene nach Mineo allmählich emporzusteigen, erblickt man zuerst horizontalliegende, weitausgedehnte Palagonitschichten, die von einer Anzahl etwa 1 bis 2 Meter dicker Basaltgänge, denen eine unvollkommene horizontale Klafterung eigenthümlich ist, durchsetzt werden.

Die Grundmasse des hier vorkommenden Palagonits, der zuweilen Fragmente anderer conchylienführender Tuffe enthält, besitzt im Allgemeinen eine etwas hellere braunröthliche Färbung, als die meisten andern Palagonite dieser Gegend, und ist mit unzähligen kleinen mikroskopischen Pünktchen, aber auch hin und wieder mit etwas grössern Einschlüssen eines weissen Zeoliths innig durchwebt, welche sich auch durch die benachbarten Gänge allgemein verbreiten und als eine spätere Bildung sich zu erkennen geben. Kleine Olivincrystalle, theilweise zersetzte labradorische Feldspathe und zahllose, schwarze kleine sehr glänzende Augite liegen in der feinkörnigen palagonitischen Grundmasse.

Die Analyse derselben gibt folgendes Resultat:

Palagonit Val di Noto Nr. 1.

Kieselerde	36,129	38,689
Thonerde	12,714	13,614
Eisenoxyd	13,549	14,508
Kalkerde	7,825	8,379
Magnesia	5,721	6,126
Natron	0,998	1,069
Kali	1,261	1,350
Wasser	15,189	16,262
Rückstand	6,502	—
	99,888	100,000.

Dem untersuchten Palagonit ist, wie es schon eine sorgfältige Betrachtung mit der Loupe zeigt, eine gewisse Quantität Olivin beigemengt, wie allen Palagoniten dieser Gegend.

Es findet sich $M = 4,9462$ $y = 0,4634$.

Der letzten Grösse entspricht 2,348 Olivin. Bringt man denselben in Abzug und reducirt den übrigbleibenden Palagonit auf 100 und vergleicht die Beobachtung mit der Rechnung, bei der die Norm (4, 2, 1, 3) und $M = 5,0685$ angenommen wird, so erhält man folgende Zusammenstellung:

	Beob.	Berech.	
Kieselerde	38,690	38,302	— 0,388
Thonerde	13,615	12,881	— 0,734
Eisenoxyd	14,509	13,729	— 0,780
Kalkerde	8,379	7,962	— 0,417
Magnesia	6,126	5,821	— 0,305
Natron	1,069	1,016	— 0,053
Kali	1,350	1,283	— 0,067
Wasser	16,262	17,100	+ 0,838
	100,000.		

Dieser Palagonit ist daher seiner Zusammensetzung nach übereinstimmend mit den isländischen Palagoniten der zweiten Gruppe auf Seite 200.

In dem eben beschriebenen und analysirten hellbraunen Tuff findet man nicht selten einen tiefdunkelbraunen Palagonit breccienartig eingeschlossen und wahrscheinlich einer früheren, zerstörten Bildung angehörig. Es hält nicht schwer sich davon so viel Material zu verschaffen, als zu einer quantitativen Analyse erforderlich ist. Das Resultat derselben theile ich hier mit:

Palagonit Val di Noto Nr. 2.

Kieselerde	36,219
Thonerde	7,549
Eisenoxyd	22,230
Kalkerde	4,909
Magnesia	4,252
Natron	0,933
Kali	0,468
Wasser	11,225
Rückstand	10,988
	98,773.

Der Rückstand besteht aus halb zersetztem Labrador und ausserordentlich schönen glänzenden kleinen schwarzen Augitcrystallen, die durch Salzsäure unangreifbar sind und die sich von der durch Kali gelösten Kieselerde trennen lassen.

Bei der leichten Zersetzbarkeit des Palagonits pflege ich denselben nicht zu pulverisiren und verwende zu den Analysen Stückchen etwa von der Grösse einer Linse, die dann zwar, wie in dem vorliegenden Falle, eine nicht unbeträchtliche Menge fremder, in Säuren unlöslicher Körper einschliessen, sich aber scharf trennen und in mineralogischer Hinsicht untersuchen lassen.

Berechnen wir nach Abzug des Rückstands die Verbindung auf 100 und legen wir die Norm (6, 3, 1, 3) und M = 3,7062 zu Grunde, so ergibt sich zwischen Rechnung und Beobachtung nachfolgende Übereinstimmung:

	Beob.	Berech.	
Kieselerde	41,256	41,980	+ 0,724
Thonerde	8,598	8,237	— 0,361
Eisenoxyd	25,322	24,256	— 1,066
Kalkerde	5,592	5,327	— 0,265
Magnesia	4,842	4,614	— 0,228
Natron	1,061	1,012	— 0,049
Kali	0,544	0,520	— 0,024
Wasser	12,785	12,506	— 0,279
	100,000.		

Dieses Mineral, für welches ich den Namen Korit (nach *Κόρα* benannt) vorschlage, ist identisch mit dem bereits vorhin analysirten und aus dem Sideromelan abgeleiteten Palagonit von Sudafell in Island.

Auf der Fortsetzung des Weges von Palagonia gelangt man bald zu einer Stelle, wo der vorhin erwähnte feinkörnige, von Gängen durchsetzte Palagonit verschwunden ist, doch tritt für denselben eine mit unzähligen Zeolithen und Kalkspath vermischte Palagonitformation auf, welche zu den interessantesten gehört, die ich kenne, und die ich, da sie über die Entstehung dieser submarinen Gebilde viele sehr wichtige Aufschlüsse gibt, hier zuerst näher beschreiben werde.

Der flachwellenförmige Boden dieser Gegend, aus dem zuweilen einige unbedeutende Felsstücke hervorragen, besteht bei einer näheren Prüfung aus einem Conglomerat ursprünglich vulkanischer Stoffe. Diese ohne Zweifel einstmals unter dem Spiegel der See aus der Tiefe der Erde hervorgebrochenen Gebilde sind während längerer Zeiträume, durch den fortdauernden Einfluss des Meerwassers und der in ihm vorkommenden Bestandtheile, so wie durch von Unten aufsteigende Gase, namentlich durch kohlensaures Gas, allmählich in den Zustand übergeleitet, in dem wir sie jetzt erblicken, nachdem sie die säculare Erhebung ins Trockene gelegt und der Beobachtung zugänglich gemacht hat.

Wir betrachten zunächst, so weit sich dieses noch erkennen lässt, die Gesteinmassen, welche ursprünglich durch die vulkanische Thätigkeit aus dem Erdinnern heraufgeführt worden sind. Es sind keine andern als die bereits vorhin in den ersten Abschnitten dieser Untersuchungen beschriebenen, nämlich: Feldspath, Augit, Olivin und Magneteisenstein, welche theils selbstständig hervortreten, theils in sehr innigen Mischungen miteinander verbunden erscheinen.

Den Feldspath findet man hier in kleinen, fast wasserhellen, um und um ausgebildeten rautenförmigen Täfelchen von der Grösse von ein bis zwei Millimetern als die Varietät des Labradors, deren Analyse bereits Tab. I. Nro. 13 mitgetheilt worden ist. Die grössern Crystalle sind gewöhnlich gut erhalten, während die kleinern meist angefressen, zernagt und halb zerstört aussehen, als ob sie für längere Zeit äussern Einwirkungen, die einen Theil des Minerals aufgelöst zu haben scheinen, Widerstand geleistet hätten. Bei genauerer Prüfung findet man unzählige solche Feldspath-Theilchen, die sich in das Mikroskopische verlieren.

In gleicher Weise verbreiten sich ganz allgemein durch dieses Conglomerat kleine, äusserst vollkommen ausgebildete Augit- und Olivincrystalle, die nur selten die Grösse eines Millimeters übersteigen und nach allen Seiten hin mit spiegelnden Flächen umgeben sind. Die Augite besitzen eine tief olivengrüne bis schwarze Farbe, während die Olivine meist blassgrün, selbst wasserhell erscheinen.

Ein zerstörender Einfluss, welcher bei den Feldspaththeilchen in diesem Palagonit besonders auffallend ist, hat die beiden andern zuletzt genannten Mineralkörper entweder höchst unbedeutend oder gar nicht berührt. Dagegen ist der Magneteisenstein gänzlich oder zum grössten Theile verschwunden und scheint in Oxydhydrat, welches anderweitig verwandt ist, umgesetzt worden zu sein. Die in dem Tuffconglomerat von Palagonia vorkommenden crystallinischen Gesteine bestehen zwar aus jenen 4 einfachen Mineralkörpern, zeigen jedoch keine Spur von ausgebildeten Crystallen, die wir eben erwähnt haben und die sich nur durch die braune Palagonitmasse verbreiten.

Besonders ist in dieser Formation das Vorkommen von einem schwarzen vulkanischen Glase zu beachten, welches in der Gegend von Palagonia sehr häufig gefunden wird. Es gleicht dem Obsidian und widersteht wie dieser dem Angriff der kräftigsten Salzsäure, durch welche Eigenschaft es sich sehr wesentlich von dem vorhin beschriebenen Sideromelan unterscheidet, der durch jene vollkommen zersetzt wird.

Vermuthlich nimmt dieses vulkanische Glas eine Zwischenstellung zwischen dem Sideromelan und Obsidian ein, doch konnte es bisjetzt aus Mangel an Zeit von mir noch nicht analysirt werden. Der Obsidian selbst, soweit unsere Erfahrungen reichen, ist dem Val di Noto, jedenfalls dem Aetna, ganz fremd und wird erst auf den Liparischen Inseln allgemein verbreitet gefunden.

Alle diese Körper, die regelmässigen Crystalle von Labrador, Augit und Olivin, so wie die Bruchstücke und Klumpen von Basalten, Schlacken und schwarzem vulkanischen Glase sind mit einem Kitt oder Cäment von Palagonit und Nestern, Drusen, Gängen und schmalen oft gekrümmten Bändern mannichfaltiger Zeolithe, Mesolit, Phillipsit, Herschelit und Analcim, dann von Hydrosilicit und einer grossen Menge ausgezeichneter Kalkspath-Crystalle nach allen Richtungen durchwebt und theilweise ganz umhüllt.

Der Palagonit besitzt hier eine tief colophoniumbraune, zuweilen fast granatrothe Farbe, da er zu den eisenoxydreichsten gehört, welche ich bis jetzt untersucht habe.

Über demselben liegt dann meistens eine dünne Rinde von Hydrosilicit oder Phillipsit, auf der man grössere Crystalle von Herschelit und wasserhellem Analcim und Kalkspath wahrnimmt. Diese Mineralien erscheinen auch in den Höhlungen der Mandelstein-Fragmente ausgesondert, die in dem Conglomerat zerstreut liegen.

Es ist sehr bemerkenswerth, dass in Verbindung mit dem Palagonit und Zeolith dieser Conglomeratbildung abgeschiedener, fast plastischer graugelber Thon gefunden wird, der namentlich an einer Stelle wie ein kleiner Schlammstrom breiartig geflossen zu sein scheint.

Diese für die Umbildung der vulkanischen Producte am Meeresboden höchst wichtige und eigenthümliche Formation von Palagonia wird gegen Mineo hin noch weiter verfolgt, wo sie am Fusse des Berges, der jene Stadt trägt, auf dem Tertiärkalk aufgelagert ist. Gegen den See der Paliken hin, der jetzt Lago naftia genannt wird, ändert sie allmählig ihren Charakter. Ein loser braungrauer, wie es scheint nur wenig veränderter Tuff, der namentlich an der sogenannten Portella mit sehr wohlerhaltenen tertiären Conchylien gemischt ist, tritt an die Stelle jener palagonitischen Conglomerate.

Um über die eben beschriebenen auf den ersten Blick räthselhaften Gesteinsumbildungen genaueren Aufschluss zu erhalten, erschien es unumgänglich nothwendig, die daselbst vorkommenden Mineralkörper genauen chemischen Prüfungen zu unterwerfen.

Gleich anfangs analysirte ich mehrere der dunkel colophoniumbraunen Palagonite, welche im Bezug auf ihre Zusammensetzung viel mannichfaltiger sind als ich dieses erwartet habe; sie liefern einige neue Beiträge zur Mineralogie und erweitern sehr wesentlich unsere Kenntniss über die metamorphische Umbildung der vulkanischen Gesteine.

Zunächst theile ich diese Analysen mit.

Palagonit Val di Noto Nr. 3.

Kieselerde	35,517	36,411
Thonerde	7,970	8,171
Eisenoxyd	19,801	20,300
Kalkerde	4,306	4,414
Magnesia	6,867	7,040
Natron	3,319	3,403
Kali	1,637	1,678
Wasser + $\dot{C}$	18,126	18,583
Rückstand	2,457	—
	100,000	100,000

Der in Säure unlösliche Rückstand enthält Feldspath und einen dunkellauchgrünen Augit.

Diesem Palagonit ist kohlensaurer Kalk beigemischt, $M = 4{,}8572$ $z = 0{,}8781$. Die hierzu gehörige $\dot{C} = 2{,}416$ und $\dot{C}a = 3{,}088$.

Bringt man diese Grössen in Abzug und reducirt die Beobachtung auf 100, und vergleicht man dieselbe mit Annahme der Norm (4, 2, 1, 3) und $M = 5{,}0956$ mit der Rechnung, so erhält man:

Kieselerde	38,532	38,511	— 0,021
Thonerde	8,647	8,409	— 0,238
Eisenoxyd	21,483	20,890	— 0,593
Kalkerde	1,403	1,553	+ 0,150
Magnesia	7,450	8,246	+ 0,796
Natron	3,601	3,986	+ 0,385
Kali	1,775	1,965	+ 0,086
Wasser	17,109	17,195	+ 0,086
	100,000.		

Dieser Palagonit ist daher in Bezug auf seine Zusammensetzung mit der der isländischen Palagonite der zweiten Gruppe Seite 198 und der Analyse des Palagonits Val di Noto Nro. 1 übereinstimmend.

Ich untersuchte darauf einen Palagonit von Palagonia, zwar aus derselben Gegend wie Nro. 3, doch von einer andern Stelle, und fand folgende etwas verschiedene Zusammensetzung:

	Palagonit Val di Noto Nr. 4.
Kieselerde	35,747
Thonerde	9,242
Eisenoxyd	21,689
Kalkerde	4,813
Magnesia	5,950
Natron	2,124
Kali	0,706
Wasser	14,910
Rückstand	5,027
	100,208.

Legen wir dieser Analyse die Norm (4, 2, 1, 3) und

$M = 4{,}9553$ zu Grunde, so ergibt sich zwischen Beobachtung und Rechnung folgende Übereinstimmung:

	Beob.	Berech.	
Kieselerde	37,556	37,450	— 0,106
Thonerde	9,710	8,465	— 1,245
Eisenoxyd	22,787	19,866	— 2,921
Kalkerde	5,057	5,405	+ 0,348
Magnesia	6,251	6,682	+ 0,431
Natron	2,232	2,385	+ 0,153
Kali	0,742	0,793	+ 0,051
Wasser	15,665	16,710	+ 1,045
	100,000.		

Die Vergleichung zwischen der Beobachtung und Berechnung in dieser Analyse, die ich jedoch nicht unangeführt lassen wollte, fällt viel weniger günstig aus, als in den andern bereits angeführten Beispielen. Wahrscheinlich hat sich bei der Bestimmung von Thonerde und Eisenoxyd ein Irrthum eingeschlichen, der sich jedoch mit Bestimmtheit nicht nachweisen lässt.

Dieser Palagonit gehört zu der zweiten Gruppe von Island.

Sehr wesentlich verschieden von der eben mitgetheilten Analyse sind die folgenden mit Material aus derselben Gegend angestellt, welches sich im äussern Ansehen von jenem ersten Palagonite nicht unterscheiden lässt. Ich untersuchte zunächst:

Palagonit Val di Noto Nr. 5.

Kieselerde	39,075	40,856
Thonerde	9,635	10,074
Eisenoxyd	19,641	20,536
Kalkerde	4,265	4,460
Magnesia	3,141	3,284
Natron	3,814	3,988
Kali	1,053	1,101
Wasser	15,017	15,701
Rückstand	3,870	—
	99,511	100,000.

Dieser Palagonit ist zwar frei von kohlensaurem Kalk, er enthält dagegen beigemischten Olivin. Es findet sich $M = 3,5353$, $y = 0,2839$. Dieser letzten Grösse entspricht 1,469 Olivin von der Zusammensetzung:

$$\ddot{S}i = 0,602 \quad \dot{F}e = 0,156 \quad \dot{M}g = 0,711.$$

Bringt man denselben in Abzug, reducirt die Beobachtung auf 100 und vergleicht mit Annahme der Norm (6, 3, 1, 4) und $M = 3,5965$ die Rechnung mit der Beobachtung, so erhält man folgendes Resultat:

	Beobach.	Berech.	
Kieselerde	40,855	40,772	— 0,083
Thonerde	10,224	10,023	— 0,201
Eisenoxyd	20,684	20,276	— 0,408
Kalkerde	4,526	4,567	+ 0,041
Magnesia	2,611	2,635	+ 0,024
Natron	4,048	4,084	+ 0,036
Kali	1,118	1,127	+ 0,009
Wasser	15,934	16,144	+ 0,210
	100,000.		

Diesem Palagonit, dem wir den besondern Namen Hyblit beilegen, entspricht die stöchiometrische Formel

$$\dot{R}\ddot{Si} + \ddot{\bar{R}}\ddot{Si} + 4\dot{H}.$$

Der Hyblit unterscheidet sich daher vom Korit dadurch, dass ihm ein Atom Wasser mehr zugehört, sonst ist er wie jener hydratischer eisenoxydhaltiger Labrador, der in der Zeolithreihe, so viel mir bekannt, noch kein entsprechendes Glied gefunden hat.

Diese letzte Analyse habe ich später noch ein Mal wiederholt, und fand, obgleich mir nur noch sehr wenig Material zu Gebote stand, eine befriedigende Übereinstimmung; aus dem angeführten Grunde halte ich sie jedoch für weniger zuverlässig und nehme sie daher hier nicht mit auf.

Sodann untersuchte ich einen Palagonit, der sich durch eine sehr eigenthümliche von den bisherigen verschiedene Zusammensetzung auszeichnet. Dieselbe ist:

	Palagonit Val di Noto Nr. 6.	
Kieselerde	33,577	34,989
Thonerde	5,777	6,020
Eisenoxyd	19,676	20,504
Kalkerde	5,835	6,080
Magnesia	10,570	11,015
Natron	0,883	0,920
Kali	0,896	0,934
Wasser	18,750	19,538
Rückstand	4,036	—
	100,000	100,000.

Diesem Palagonit ist eine gewisse Menge kohlensaurer Kalk beigemischt, welche sich durch Rechnung, wie früher, bestimmen lässt. Es findet sich mit der Norm (6, 3, 2, 5) und M = 3,0837, z = 0,8517, der in Abzug zu bringende Kalk = 2,995, die Kohlensäure = 2,343.

Die auf 100 reducirte corrigirte Analyse verglichen mit der Rechnung, gibt nachfolgendes Resultat:

M = 3,223 (6, 3, 2, 5)

	Beob.	Berech.	
Kieselerde	36,962	36,538	— 0,424
Thonerde	6,359	6,497	+ 0,138
Eisenoxyd	21,660	22,131	+ 0,471
Kalkerde	3,259	3,510	+ 0,251
Magnesia	11,636	12,534	+ 0,898
Natron	0,972	1,047	+ 0,075
Kali	0,987	1,088	+ 0,101
Wasser	18,165	18,127	— 0,038
	100,000.		

Die stöchiometrische Formel dieses Palagonits, dem wir den Namen Notit (nach Noto benannt) beilegen, ist:

$$\dot{R}^2\ddot{Si} + \dddot{\bar{R}}\ddot{Si} + 5\dot{\bar{H}}.$$

Nachdem die Palagonite aus der Nähe von Palagonia einer näheren Prüfung unterworfen und als unter sich ähnliche, doch charakteristisch verschiedene Mineralkörper erkannt worden sind, so erschien es wünschenswerth mit ihnen die Zusammensetzung einiger anderer verwandter Gesteine vulkanischer Abkunft zu vergleichen, welche im Val di Noto, in enger Verbindung mit den tertiären Kalk- und Mergelschichten der syracusaner Formation angetroffen werden.

Hierher rechne ich zuerst den sogenannten schwarzen Basalttuff von Militello, von dem eine mehrere Meter dicke Schicht im Thale gegen Scordia zu, im Fondo di Gallo zwischen tertiärem Mergel ansteht.

Dieser Tuff ist durch den grossen Reichthum tertiärer Conchylien ausgezeichnet. Im Verein mit Krebsen, Seeigeln und Corallen, findet man darin die Gehäuse von etwa 100 Mollusken-Species, die grösstentheils so erhalten sind, als ob sie eben den Wogen des Meeres entnommen wären, und den schönsten Perlmutterglanz, ja sogar die Farben, besonders Roth und Gelb, bis auf unsere Tage bewahrt haben.

Der Tuff verkittet gegenseitig diese unzähligen Molluskenschalen und dringt in die innersten Windungen der Schnecken, z. B. bei Turitella, Cerithium, Buccinum u. s. w. in der Art ein, dass man häufig Steinkerne jener Organismen, die auf das Sauberste ausgeprägt sind, aus dem Tuff herausschlagen kann. Aus dieser einfachen Erscheinung geht es deutlich hervor, dass die schwarze Gesteinsmasse einst in einem pastösen, vielleicht sogar leicht flüssigen Zustande sich befunden habe.

Dieser eigenthümliche Tuff ist im frischen Bruche schwach fettglänzend, besitzt eine schwarze bis schwarzbraune Farbe und zeigt in sich meistens dunklere Pünktchen, welche zwar in die Hauptgebirgsart allmählich überzugehen scheinen, die aber nach unserer gegenwärtigen Kenntniss unstreitig für einen halbzersetzten Sideromelan gehalten werden müssen.

Es kann keinem Zweifel unterliegen, dass dieser Tuff für einen durch eingeschlossene organische Reste, beigemengten kohlensauren Kalk und einige andere

Stoffe verunreinigter Palagonit anzusehen sei, was auch durch die chemischen Untersuchungen vollkommen bestätigt wird. Die grosse Ähnlichkeit des Tuffs von Militello mit dem von Seljadalr und Foss Vogr war mir schon bei den ersten Untersuchungen in Island ausserordentlich auffallend und leitete vornehmlich zu den vorliegenden ausführlichen Untersuchungen.

Der Tuff von Foss Vogr ist wie der von Militello mit Conchylien vermischt, z. B. mit Mya truncata, ist aber sonst von hellerer Farbe und etwas verschiedener chemischer Constitution, während der von Seljadalr allerdings conchylienfrei ist, aber in seinen dunklern Varietäten dem von Militello sehr nah steht.

Nach einer neueren Wägung fand ich das Spec. Gewicht dieses Palagonittuffes = 2,166.

Die Härte ist der des Kalkspaths etwa gleich.

Dieses Mineral ist an den Kanten schwach durchscheinend und schmilzt leicht vor dem Löthrohre, doch wahrscheinlich in Folge fremder Beimischungen zu einem schwarzen nicht magnetischen Korne.

Die chemische Untersuchung dieses Palagonittuffes ist zuerst von Herrn Dr. Merklein im hiesigen Laboratorium ausgeführt und von mir in einer Abhandlung über die submarinen vulkanischen Ausbrüche*) veröffentlicht worden.

Kürzlich habe ich jedoch die Analyse aufs Neue wiederholt und bei dieser Gelegenheit die Überzeugung erlangt, dass in die früher mitgetheilte sich

*) Göttinger Studien I. 405.

einige Irrthümer eingeschlichen hatten, welche ich hier zu verbessern bemüht bin.

Die Zusammensetzung des schwarzen Palagonittuffs von Militello finde ich folgendermassen:

Kieselerde	37,833
Thonerde	10,346
Eisenoxyd	14,209
Eisenoxydul	1,640
Kalkerde	9,708
Magnesia	6,535
Natron	0,926
Kali	1,003
Wasser	10,690
Kohlensäure	1,130
Rückstand	7,064
Spuren von { Chlor, Phosphorsäure, Mangan	
	101,084.

Eine zweite Bestimmung der Summe von $\dot{H} + \ddot{C}$ gab 11,958.

Dieser Palagonittuff ist der einzige mir jetzt bekannte, der ausser Eisenoxyd auch noch Eisenoxydul enthält, indess scheint es keinem Zweifel zu unterliegen, dass dasselbe nicht in die Palagonitverbindung gerechnet werden darf. Ein Theil des Eisenoxyduls ist ohne Zweifel dem Olivin zugehörig, der in zahllosen kleinen auch schon mit freiem Auge erkennbaren Crystallen durch die ganze Masse verbreitet ist; ein anderer Theil dagegen ist vielleicht als zum Magneteisenstein gehörig zu betrachten.

Eine mechanische Trennung des Olivins vom Palagonit zu bewerkstelligen, ist ganz unmöglich. Die Rechnung wie vorhin muss auch hier aushelfen. Ziehen wir von der Zusammensetzung zuerst den Rückstand und den mit der Kohlensäure sich verbindenden Kalk ab, so bleiben folgende Zahlen:

		Sauerst.
Kieselerde	37,833	20,024
Thonerde	10,346	
Eisenoxyd	14,209	9,361
Eisenoxydul	1,640	
Kalkerde	8,260	
Magnesia	6,535	5,367
Natron	0,926	
Kali	1,003	
Wasser	10,690	9,504.

Nehmen wir für diesen Palagonit die Norm (4, 2, 1, 2) an, so zeigt sich auch hier wie fast bei allen Palagoniten, dass $\ddot{R}$ zu klein gegen den Sauerstoff in $\dddot{Si}$ und $\dot{R}$ ausfällt; lediglich in Folge der Beimischung von Olivin.

Bestimmen wir M und y nach der Methode der kleinsten Quadrate aus den 4 Gleichungen und ist wie vorhin $\eta = 0,1216$, so findet man:

$$M = 4,7965 \quad y = 0,8100.$$

Demnach ist diesem Palagonit 4,1894 Procent Olivin von der bereits mehrfach angegebenen Zusammensetzung beigemischt. Das dem Olivin zukommende Eisenoxydul beträgt nur 0,4438, so dass der Beobachtung zu Folge noch über 1,2 Eisenoxydul zu verfügen wäre. Ohne neue Untersuchungen ist es nicht zu entscheiden, ob das Eisenoxydul einen geringern Werth, oder ob $\ddot{R}$ und η einen grössern Werth annehmen müssen.

Bringen wir an der obigen Analyse den Olivin in Abzug und vergleichen dieselbe mit der Rechnung, so ergibt sich folgendes Resultat:

(4, 2, 1, 2) M = 5,4526

	Beob.	Berech.	
Kieselerde	41,392	41,209	— 0,183
Thonerde	11,858	11,936	+ 0,078
Eisenoxyd	17,655	17,730	+ 0,075
Kalkerde	9,467	9,862	+ 0,395
Magnesia	5,165	5,380	+ 0,215
Natron	1,062	1,106	+ 0,044
Kali	1,149	1,197	+ 0,048
Wasser	12,252	12,210	— 0,042
	100,000.		

Dieser Palagonit ist also übereinstimmend mit den isländischen Palagoniten der 1. Gruppe auf Seite 189.

Es verdient bemerkt zu werden, dass in diesem merkwürdigen Gestein Spuren von Chlornatrium, schwefelsauren Salzen und Phosphorsäure sehr wahrscheinlich aus dem Seewasser und den Organismen abstammend aufgefunden werden.

Der unlösliche Rückstand besteht aus unzersetzten Feldspaththeilchen, kleinen dunkelgrünen, aber durchsichtigen, vollkommen ausgebildeten Augitcrystallen und einzelnen seltener vorkommenden braungelben Crystallen, welche ich für Titanit zu halten geneigt bin.

Eine nähere Untersuchung derselben war bei der sehr geringen Menge nicht möglich.

Nachdem ich die Palagonite aus der Nähe von Militello und Palagonia einer näheren Prüfung unterworfen hatte, so erschien es mir nicht unwichtig, in Bezug auf das Vorkommen eisenoxydreicher wasserhaltiger Silicate ein merkwürdiges Tufflager näher zu untersuchen, welches an der Südspitze Siciliens, bei der Tonnara von Capo-Passaro, dem alten Pachynum in Verbindung mit einem höchst charakteristischen Hippuriten-Kalk angetroffen wird.

Dieses Tufflager ist weniger ausgedehnt als das von Palagonia und in sofern dem von Aci Castello ähnlich, obgleich es eine durchaus verschiedene Beschaffenheit besitzt.

Man erblickt daselbst ganz unbezweifelt die allmählich umgewandelten Aschen eines früheren submarinen vulkanischen Ausbruchs. In diesem Tufflager sind Kügelchen von Kalkspath, etwa von der Grösse einer Erbse, mit Augit und Feldspathfragmenten und einem dunkelbraunen Mineral, welches dem Palagonit einigermassen nahe steht, mit einander cementartig verbunden. Dem braunen, diesem Tuff beigemischten Mineral, welches sich durch die Farbe und Spaltbarkeit vom Palagonit wesentlich unterscheidet, habe ich eine besondere Aufmerksamkeit geschenkt.

Der Palagonit besitzt eine colophoniumbraune bis granatrothe Farbe, dieses Mineral dagegen ist castanien- bis tombacbraun bei auffallendem, dagegen fast blutroth bei durchfallendem Lichte, eine Eigenschaft, die jedoch nur bei sehr dünnen Blättchen wahrgenommen werden kann.

Die Härte erreicht kaum die des Kalkspaths.

Das Spec. Gew. = 2,713.

Die chemische Zusammensetzung dieses Minerales fand ich folgendermassen:

Kieselerde	32,591
Thonerde	6,687
Eisenoxyd	43,271
Kalkerde	0,666
Magnesia	1,181
Natron	1,082
Kali	0,882
Wasser	10,661
Rückstand	3,310
	100,280.

Der in Kali unlösliche Rückstand besteht aus schwarzgrünem Augit und kleinen angefressenen, grösstentheils zersetzten Feldspathlamellen.

Die nach Abzug des Rückstands auf 100 reducirte Analyse ist:

		Sauerstoff	
Kieselerde	33,609	17,788	17,788
Thonerde	6,896	3,223	16,579
Eisenoxyd	44,567	13,356	
Kalkerde	0,687	0,195	1,124
Magnesia	1,218	0,486	
Natron	1,116	0,288	
Kali	0,913	0,155	
Wasser	10,994	9,774	9,774
	100,000.		

Derselben entspricht sehr genau die Norm (16, 15, 1, 9), woraus keine einfache stöchiometrische Formel abzuleiten ist.

Die Vergleichung zwischen den berechneten und beobachteten Sauerstoffmengen gibt:

	Beob.	Berech.	
$\dddot{\mathrm{Si}}$	17,788	17,6880	— 0,1000
$\dddot{\bar{\mathrm{R}}}$	16,579	16,5825	+ 0,0035
$\dot{\mathrm{R}}$	1,124	1,1055	— 0,0185
$\dot{\bar{\mathrm{H}}}$	9,774	9,9495	+ 0,1755.

Man kann hingegen dieses Mineral aus zwei andern zusammengesetzt betrachten, von denen jedes eine einfache Norm besitzt.

Die Norm (16, 15, 1, 9)
zerfällt in 2(6, 6, 0, 3)
und (4, 3, 1, 3)

d. h. zwei Atome basisches kieselsaures Eisenoxydhydrat verbinden sich mit einem Atom eines aus Anorthit entstandenen Palagonits mit 3 Atomen Wasser.

Die stöchiometrische Formel der ersten Verbindung wird:

$$2\dddot{\bar{\mathrm{R}}}\dddot{\mathrm{Si}} + 3\dot{\bar{\mathrm{H}}}$$

Der zweiten

$$3\dddot{\bar{\mathrm{R}}}\dddot{\mathrm{Si}} + \dot{\mathrm{R}}^3\dddot{\mathrm{Si}} + 9\dot{\bar{\mathrm{H}}}$$

Für den ersten Körper, der ein dem Chlorophait verwandtes Mineral ist, führe ich den Namen Siderosilicit ein; den zweiten benenne ich Trinacrit.

Die Zusammensetzung beider Körper lässt sich aus der vorhin mitgetheilten Analyse leicht durch Rechnung bestimmen. Zuerst erhält man die Gleichungen:

$$12x + 4y = 17,788$$
$$12x + 3y = 16,579$$
$$y = 1,124$$
$$6x + 3y = 9,774.$$

Daraus findet man $x = 1,1223$ $y = 1,0530$, mit welchen Zahlen die Zusammensetzung beider Theile des Siderosilicits und Trinacrits berechnet wird.

Es ergibt sich die Zusammensetzung des

	Siderosilicit + Trinacrit	Berech.	Beob.	
Kieselerde	25,446 + 7,950 =	33,396 =	33,609	— 0,213
Thonerde	5,595 + 1,312 =	6,907 =	6,896	+ 0,011
Eisenoxyd	36,161 + 8,482 =	44,643 =	44,567	+ 0,076
Kalkerde	+ 0,643 =	0,643 =	0,687	— 0,044
Magnesia	+ 1,141 =	1,141 =	1,218	— 0,077
Natron	+ 1,046 =	1,046 =	1,116	— 0,070
Kali	+ 0,855 =	0,855 =	0,913	— 0,058
Wasser	7,574 + 3,553 =	11,127 =	10,994	+ 0,133
	74,776 + 24,982 =	99,758	100,000.	

Die procentische Zusammensetzung beider Körper wird alsdann:

Zusammensetzung des Siderosilicits:

Kieselerde	34,040
Thonerde	7,482
Eisenoxyd	48,538
Wasser	10,130
	100,000.

Zusammensetzung des Trinacrits:

Kieselerde	31,823
Thonerde	5,252
Eisenoxyd	33,952
Kalkerde	2,574
Magnesia	4,567
Natron	4,187
Kali	3,423
Wasser	14,222
	100,000.

Ausser den bereits angegebenen Palagonituntersuchungen, die sich auf das Val di Noto beziehen, habe ich schliesslich noch diejenigen anzuführen, welche mit den Tuffen des Felsens von Aci Castello, zwischen Catania und den cyclopischen Inseln von mir angestellt worden sind. Die Palagonitformation dieser Localität besitzt mit derjenigen von Palagonia, wo sie von bataltischen Gängen durchsetzt wird, die allergrösste Ähnlichkeit, so dass man zu glauben geneigt ist, beide seien unter denselben Umständen aus derselben Quelle hervorgegangen.

Die Palagonitformation von Aci Castello nimmt jedoch nur eine ungleich kleinere, sehr beschränkte Oberfläche ein, die früher ohne Zweifel weiter ausgedehnt gewesen war, jetzt aber durch vom Aetna herabgeflossene neuere Lavaströme, wie man dieses deutlich beobachten kann, theilweise bedeckt worden ist. Nur in der nächsten Nähe des steilen Basaltfelsens, der Schutz gegen den Andrang der Laven gewährt hat, findet man die Palagonitformation im Spiegel der See; ein Theil derselben wird bis auf den heutigen Tag von den Wellen überfluthet.

Die Palagonitformation von Aci Castello besitzt, wie die meisten ähnlichen Gebilde, den Charakter eines Conglomerats. Grössere und kleinere Bruchstücke von Laven, Schlacken, Basalttrümmern u. s. w. werden durch die Palagonitsubstanz, welche durch Adern, kleine Gänge und Nester von Phillipsit, Herschelit und Kalkspath durchzogen wird, gegenseitig verkittet.

Der Palagonit selbst besitzt eine hell-colophoniumbraune Farbe, wie der aus der Nähe von Palagonia, der unter Nr. 1 Seite 198 untersucht worden ist. Nach der Auflösung derselben in Salzsäure bleiben im unzersetzbaren Theile mehrere mineralogisch sehr interessante Körper zurück.

Zuerst bemerkt man darin eine grosse Anzahl kleiner ausserordentlich deutlich ausgebildeter, etwa millimeterlanger lauchgrüner Augitcrystalle. Sie sind vollständig erhalten, meist, wie die vorhin beschriebenen Crystalle, in den Aschen nach allen Seiten hin ausgebildet und mit hellspiegelnden Flächen begrenzt. Mit den Augiten zugleich zeigen sich kleine Olivine, die jedoch nur vor der Zersetzung des Palagonits durch Säure erkannt werden können.

Ferner erscheinen, obwohl sehr selten, rautenförmige, wasserhelle Täfelchen eines Feldspaths, dessen Beschaffenheit aus Mangel an Material nicht zu ermitteln war. Endlich bemerkt man weisse abgerundete Körnchen, an denen keine Crystallgestalt wahrzunehmen ist, obgleich man sie nicht für amorph halten kann. Sie bestehen nach einer allerdings nur approximativ ausgeführten quantitativen Analyse, von der weiter unten die Rede sein wird, aus einem sehr kieselerdereichen Feldspath, der dem Angriff starker Salzsäure trotzbietet.

Der Palagonit von Aci Castello, aus verschiedenen Gegenden der Formation, ist mehrfach von mir analysirt. Das Endresultat meiner Untersuchungen ist folgendes:

Palagonit von Aci Castello Nr. 1.

Kieselerde	34,509
Thonerde	7,273
Eisenoxyd	19,619
Kalkerde	4,960
Magnesia	4,503
Natron	6,748
Kali	0,883
Wasser	14,853
Rückstand	6,652
	100,000.

Dieser Palagonit enthält sehr deutliche Spuren von Chrom und Kupfer, vielleicht auch von Lithion, doch ist die Bestimmung desselben nicht ganz sicher.

Dem Tuff ist ferner 2,885 Olivin, von der bereits öfter angegebenen Zusammensetzung beigemischt, bringt man denselben in Abzug, so ergibt sich zwischen der auf 100 reducirten Beobachtung und Rechnung folgender Vergleich:

M = 4,9020 (4, 2, 1, 3)

	Beob.	Berech.	
Kieselerde	36,803	37,048	+ 0,245
Thonerde	8,040	7,748	— 0,292
Eisenoxyd	21,430	20,652	— 0,778
Kalkerde	5,482	5,370	— 0,108
Magnesia	3,389	3,319	— 0,070
Natron	7,460	7,306	— 0,154
Kali	0,976	0,956	— 0,020
Wasser	16,420	16,541	+ 0,121
	100,000.		

Dieser Palagonit gehört zu der zweiten Gruppe der isländischen und ist durch einen auffallend grossen Natrongehalt charakterisirt, der in ähnlicher Weise bisjetzt noch nicht beobachtet worden ist.

Von den Palagonittuffen von Aci Castello habe ich noch zwei andere analysirt.

Ihre Zusammensetzung ist:

	Nr. 2.	Nr. 3.
Kieselerde	37,105	33,546
Thonerde	8,975	9,667
Eisenoxyd	15,690	16,724
Kalkerde	6,353	8,465
Magnesia	6,560	8,454
Natron	6,186	1,982
Kali	0,917	2,648
Wasser + C̈	13,859	6,545
Rückstand	4,355	11,969
	100,000	100,000.

Wir legen der Analyse Nr. 2 die Norm (4, 2, 1, 3) zu Grunde, und bringen, da sich y = 2,246 findet, eine nicht unbeträchtliche Menge beigemischten Olivins = 11,616 in Abzug.

Die auf 100 reducirte Beobachtung stimmt alsdann mit der Rechnung folgendermassen:

	Beob.	Berech. mit M=5,0153, (4,2,1,3)	
Kieselerde	38,493	37,905	— 0,588
Thonerde	10,681	10,555	— 0,126
Eisenoxyd	17,208	17,006	— 0,202
Kalkerde	7,561	8,101	+ 0,540
Magnesia	1,111	1,191	+ 0,080
Natron	7,362	7,889	+ 0,527
Kali	1,091	1,169	+ 0,078
Wasser	16,493	16,924	+ 0,431
	100,000.		

In der Analyse 3 ergibt sich y = 2,2383 und z = 0,8486. Bringt man die diesen Zahlen entsprechenden Mengen von Olivin und kohlensaurem Kalk in Abzug, so ergibt sich in der auf 100 reducirten Analyse zwischen Rechnung und Beobachtung folgender Vergleich:

	Beob.	Berech. M = 5,9102, (4, 2, 1, 1)	
Kieselerde	45,214	44,668	— 0,546
Thonerde	15,175	16,237	+ 1,062
Eisenoxyd	11,993	12,832	+ 0,839
Kalkerde	8,604	8,859	+ 0,255
Magnesia	4,469	4,602	+ 0,133
Natron	3,111	3,204	+ 0,093
Kali	4,157	4,280	+ 0,123
Wasser	7,277	6,648	— 0,629
	100,000.		

Den mitgetheilten Analysen zufolge scheinen im Palagonittuff von Aci Castello keine orthotype Palagonite vorzukommen, sondern nur solche, welche die Norm (4, 2, 1, δ) besitzen, und sich wahrscheinlich in mannichfaltigen Mischungen untereinander verbinden.

X. Die Zeolith-Gruppe.

Es kann nicht meine Absicht sein in dieser Abhandlung eine vollständige Monographie der Zeolithe meinen Lesern vorzuführen; nur einige fragmentarische Beiträge zu einer umfassenden Kenntniss dieser eigenthümlichen, innig mit den submarinen vulkanischen Formationen verwebten Mineralkörper werde ich mittheilen und namentlich ihren Zusammenhang mit der Palagonitgruppe nachzuweisen suchen. Die meisten Zeolithe aus Island und Sicilien habe ich auf's Neue analysirt. Die gewonnenen Resultate theile ich zunächst mit und werde Gelegenheit finden, sie mit den Arbeiten anderer Chemiker und Mineralogen zu vergleichen.

Es scheint mir zunächst sehr beachtungswerth, dass in einigen Gegenden, z. B. im Val di Noto und am Fusse des Aetna, die Palagonit- und Zeolithbildungen mit einander innig verbunden sind, so dass ein causaler Zusammenhang beider nicht in Abrede gestellt werden kann.

In Seljadalr, besonders am untern Ende der Schlucht gegen Reikjavik hin, ist der Zeolith dem Palagonit nicht ganz fremd; dagegen habe ich in den fast unübersehbaren Palagonit-Rücken des Krabla und Hekla keine Zeolithe wahrgenommen.

Umgekehrt findet man an den Orten in Island, z. B. in Berufiord und Eskifiord, wo die Zeolithe in einer Schönheit und Grösse erscheinen, wie vielleicht nirgends in der Welt, keine, nicht die allergeringste Spur von Palagonit.

Es müssen daher gewisse Ursachen vorhanden sein, welche bald die eine, bald die andere dieser Bildungen bevorzugen, oder sie unter Umständen gemeinsam zur Ausbildung kommen lassen.

Bevor ich auf die genetischen Beziehungen zwischen Zeolith und Palagonit eingehe, werde ich die von mir angestellten Analysen dieses Mineralkörpers mittheilen. In die Zeolithgruppe rechne ich alle wasserhaltigen Doppelsilicate, welche unter dem allgemeinen Schema:

$$\dot{R}^{\lambda}\dddot{Si}^{\mu} + \ddot{\bar{R}}^{\lambda}\dddot{Si}^{\varrho} + \dot{\bar{H}}^{\lambda\delta}$$

begriffen sind.

Ihre Norm ist: $(x, 3, 1, \delta)$

und Sauerstoffmengen der 4 Gruppen werden:

$$xM = A, \quad 3M = B, \quad M = C, \quad \delta M = D.$$

Mineralkörper, welche nicht unter diese Form passen, sind von der Familie der Zeolithe ausgeschlossen.

Die Zeolithe sind also im Allgemeinen hydratische Feldspathe, ähnlich dem orthotypen Palagonit, nur hauptsächlich mit dem Unterschiede, dass in $\ddot{\bar{R}}$ kaum Spuren von Eisenoxyd und Magnesia auftreten und x mannichfaltigere Werthe besitzt, die vielleicht noch 12 übersteigen. Gewisse isomorphe Zeolithe von verschiedenen Normen können sich ebenso, wie es beim Feldspath und Palagonit der Fall ist, zu neuen homogenen Gruppen verbinden, wodurch ganze Reihen von Mineralkörpern entstehen, die stufenweise ineinander überlaufen und keine nach ganzen Zahlen gebildete Sauerstoffverhältnisse zu besitzen brauchen. Auf diese Weise entsteht eine zahllose Mannichfaltigkeit verschiedener Gemische, die öfter durch äussere Kennzeichen, Farbe, Härte, specifisches Gewicht und Crystallform nicht von einander zu unterscheiden sind. Bei näherer Bekanntschaft mit denselben wird man sich bald überzeugen, dass ohne chemische Analysen und deren richtige Discussion ihre sichere mineralogische Bestimmung unmöglich wird.

Zuerst theile ich einige Untersuchungen über die isländischen Zeolithe mit.

I. Der Epistilbit.

Wir verdanken G. Rose die Kenntniss des Epistilbits, eines noch seltenen auch in Island sparsam verbreiteten Minerals, über dessen eigentlichen Fundort man bis zu unserer Reise nach Island noch ungewiss war.

Das ausgezeichnete Vorkommen des Epistilbits ist das Ufer des Berufiord am Fusse von Bulandstind. Man findet ihn daselbst von zwei verschiedenen Varietäten, von milchblauer und gelblicher Färbung. Die erste Varietät erscheint in kleinen Drusen, die selten über 2 Zoll lang sind, in denen sehr schöne Crystalle vorkommen. Häufiger als die crystallisirten Exemplare werden dichte fast kopfgrosse Kugeln und Knollen von dichtem Epistilbit gefunden, die von aussen entweder mit einem schönen Überzuge von Grünerde oder einer eigenthümlichen schwarzen mattschimmernden Rinde, die der der Meteorsteine ähnlich sieht, umschlossen werden.

Auf meinen Wunsch hat Herr Dr. Limpricht eine Analyse des bläulichen Epistilbits von Berufiord vorgenommen.

Das Spec. Gew. = 2,363.

Die Analyse ergab:

Kieselerde	58,99
Thonerde	18,21
Kalkerde	6,92
Natron	2,35
Wasser	14,98
	101,44.

Mit der Norm (12, 3, 1, 5) und M = 2,611 findet man zwischen Beobachtung und Rechnung folgenden Unterschied:

	Beob.	Berech.	
Kieselerde	58,14	59,20	+ 1,06
Thonerde	17,95	16,76	— 1,19
Kalkerde	6,82	7,02	+ 0,20
Natron	2,32	2,39	+ 0,07
Wasser	14,77	14,68	— 0,09
	100,000.		

Die aus dieser Analyse abgeleitete stöchiometriscue Formel ist:

$$\dot{R}\ddot{S}i + \ddot{\ddot{A}}l\ddot{S}i^{5} + 5\dot{H}.$$

Die von Rose mitgetheilte Analyse stimmt mit der eben angeführten nah überein. Siehe Pogg. Ann. VI, 183.

Vor einiger Zeit habe ich darauf ebenfalls den bläulichen Epistilbit von Berufiord noch ein Mal untersucht.

Das Resultat, welches ich gefunden habe, war folgendes:

Kieselerde	60,083
Thonerde	16,745
Kalkerde	8,137
Kali	2,350
Wasser	14,306
	101,621.

In dieser Analyse ist die Bestimmung der Alcalien verunglückt, ich habe daher die aus Limprichts Analyse erhaltene Zahl substituirt. In dem von mir verarbeiteten Material fand sich jedoch nur Kali. Die Analyse ist in Bezug auf diese Bestimmung mangelhaft, obgleich, wie ich glaube, die andern Bestandtheile mit Sorgfalt ermittelt sind. Der Wassergehalt ist ein Mittel aus 2 Beobachtungen.

Mit Annahme der Norm (12, 3, 1, 5) und M = 2,5799 ergibt sich zwischen Rechnung und Beobachtung folgende Übereinstimmung:

	Beob.	Berech.	
Kieselerde	59,125	58,495	— 0,630
Thonerde	16,478	16,558	+ 0,080
Kalkerde	8,007	7,740	— 0,267
Kali	2,311	2,233	+ 0,078
Wasser	14,079	14,510	+ 0,431
	100,000.		

Sodann habe ich eine gelblich weisse Varietät des Epistilbits von Berufiord, welche in zolllangen Crystallen erscheint, mit grosser Aufmerksamkeit analysirt und finde folgende Zusammensetzung:

Kieselerde	59,225
Thonerde	17,227
Kalkerde	8,201
Kali	2,457
Wasser	13,902
Sp. v. Natron	101,012.

Die Wasserbestimmung ist das Mittel aus zwei Beobachtungen 13,961 und 13,844.

Diese Analyse stimmt sehr nahe mit der vorhergehenden überein.

Die Vergleichung zwischen Rechnung und Beobachtung ergibt mit der Norm (12, 3, 1, 5) und M = 2,5696:

Kieselerde	58,632	58,260	— 0,372
Thonerde	17,054	16,493	— 0,561
Kalkerde	8,119	7,665	— 0,454
Kali	2,433	2,297	— 0,136
Wasser	13,762	14,452	+ 0,690
	100,000.		

Ein dem Epistilbit nahestehendes Mineral, welches sich aber durch den Wassergehalt sehr bestimmt vom eben analysirten unterscheidet, habe ich in Begleitung von Chabasit, Heulandit, Desmin und Kalkspath bei Thyrill am Hvalfiorderstrand im Borgarfiord gefunden. Der kurze Aufenthalt, während eines furchtbaren Sturms, welchen wir am Hvalfiorder den 29. Mai 1846 erlebten, verstattete mir nur wenige Stücke dieses Minerals zu sammeln, welches jedoch in jener Localität eben nicht selten zu sein scheint. Ein Stück verwandte ich zur nachfolgenden Analyse, einige andere sind in der Sammlung unseres Museums aufbewahrt. Die Analyse und ihre

Vergleichung mit der Rechnung gibt bei der Annahme der Norm (12, 3, 1, 3) und M = 2,745 folgendes Resultat:

	Beob.	Berech.	
Kieselerde	61,868	62,246	+ 0,378
Thonerde	17,833	17,620	— 0,213
Kalkerde	7,320	6,930	— 0,390
Natron	1,997	1,890	— 0,107
Kali	1,780	1,685	— 0,095
Wasser	9,202	9,264	+ 0,062
	100,000.		

Ich habe diesem Minerale, das sich nur vom Epistilbit durch 2 Atome Wasser unterscheidet, und dem die Formel

$$\dot{R}\ddot{S}i + \dddot{A}l\ddot{S}i^3 + 3\dot{H}.$$

zukommt, den Namen Parastilbit beigelegt. Es ist dem Epistilbit in jeder Weise ähnlich, doch besitzen die Crystalle, welche ich gelegentlich beschreiben werde, etwas andere Abmessungen.

Das Spec. Gewicht habe ich leider zu ermitteln versäumt, und ich könnte nur mit der Zerstörung der noch vorhandenen Exemplare diese Zahl bestimmen. Das Spec. Gew. ist jedenfalls dem des Epistilbits sehr nah, wahrscheinlich etwas grösser.

Auf den zum Theil zersetzten Trachyten von Kalmansthunga finden sich auch sehr kleine Crystalle von Epistilbit oder Parastilbit in Begleitung von Chabasit. Ich besitze jedoch nicht das zu einer quantitativen Analyse hinlängliche Material.

II. Heulandit.

Dieser schöne Zeolith, welcher in Island und Faroe sehr allgemein verbreitet ist, auch in manchen andern Orten, merkwürdiger Weise aber nie in Sicilien, und so viel mir bekannt auch nicht am Vesuv gefunden wird, ist von mir mit grosser Sorgfalt aufs Neue analysirt worden.

Ich benutzte zu dieser Untersuchung sehr reine perlmutterglänzende Crystalle vom Berufiord, die dort bis zur Grösse von einigen Zollen vorkommen. Das Spec. Gew. desselben fand sich 2,175.

Das Resultat der Analyse war:

Kieselerde	58,903
Thonerde	16,811
Eisenoxyd	0,121
Kalkerde	7,380
Magnesia	0,289
Natron	0,572
Kali	1,634
Wasser	14,326
	100,036.

Die Wasserbestimmung ist ein Mittel aus 5 Beobachtungen.

Mit der Norm (12, 3, 1, 5) und M = 2,5918 geht zwischen Beobachtung und Rechnung folgende Übereinstimmung hervor:

	Beob.	Berech.	
Kieselerde	58,881	58,762	— 0,119
Thonerde	16,806	16,634	— 0,172
Eisenoxyd	0,121	0,119	— 0,003
Kalkerde	7,377	7,275	— 0,102
Magnesia	0,289	0,287	— 0,002
Natron	0,572	0,564	— 0,008
Kali	1,634	1,611	— 0,023
Wasser	14,320	14,577	+ 0,257
	100,000.		

Die stöchiometrische Formel des Heulandits ist daher:

$$\dot{R}\ddot{S}i + \ddot{A}l\ddot{S}i^3 + 5\dot{H}$$

dieselbe, welche wir bereits für den Epistilbit gefunden haben. Bei vollkommen gleicher chemischer Zusammensetzung gehört der Epistilbit dem trimetrischen, der Heulandit dem monoklinen Crystallsysteme an; beide müssen daher, wie mir scheint, mit in die Reihe der dimorphen Körper aufgenommen werden.

Welche Ursache diesen Dimorphismus hervorgebracht hat, ist schwer zu ermitteln, doch vermuthe ich, dass verschiedene Temperaturverhältnisse während des Crystallisirens beider Körper dabei einen besondern Antheil gehabt haben.

III. Desmin.

Der Desmin oder Garbenstilbit ist für die Zeolithgruppe von Island und Faroe besonders charakteristisches Mineral, welches gewöhnlich mit dem Heulandit erscheint, und nach meinen Erfahrungen den vulkanischen Formationen des südlichen Europas durchaus fremd ist.

Die grössten und prachtvollsten Crystalle finden sich in Begleitung von Epistilbit und Heulandit am Berufiord. Er ist übrigens sehr allgemein verbreitet in den beiden Gebirgsmassen von Island, welche die eigentliche vulkanische Mittelzone dieser Insel im Osten und Westen begrenzen.

Es würde kaum lohnen eine neue Analyse dieses allgemein bekannten Körpers vorzunehmen, wenn nicht vielleicht seine eigene enge Verbindung mit dem Doppelspath in Helgastadr am Eskifiord dazu aufs Neue aufforderte. Der Desmin, welcher die Crystalle des Doppelspaths umschliesst, hat nachfolgende Zusammensetzung:

Spec. Gew. = 2,134.

Kieselerde	57,404
Thonerde	16,225
Kalkerde	7,713
Magnesia	0,132
Natron	0,603
Kali	0,340
Wasser	16,679
	99,096.

Mit der Norm (12, 3, 1, 6) und M = 2,5356 findet man zwischen Beobachtung und Rechnung folgende Übereinstimmung:

	Beob.	Berech.	
Kieselerde	57,929	57,904	— 0,439
Thonerde	16,373	16,263	— 0,110
Kalkerde	7,783	7,970	+ 0,193
Magnesia	0,133	0,136	+ 0,003
Natron	0,608	0,623	+ 0,015
Kali	0,343	0,351	+ 0,008
Wasser	16,831	17,113	+ 0,280
	100,000.		

Die Formel wird danach:

$$\dot{R}\ddot{S}i + \ddot{\ddot{A}}l\ddot{S}i^3 + 6\dot{H}.$$

Der Desmin von verschiedenen Orten, aus Island, Faroe, Schottland u. s. w. ist von den Chemikern häufig zum Gegenstande der Untersuchung gemacht. Die in Rammelsbergs Handwörterbuch der Mineralogie, Band 1 Seite 183 und in den Supplementen zusammengestellten Analysen zeigen jedoch namentlich in Rücksicht auf den Kieselerdegehalt nicht unwesentliche Verschiedenheiten, die sich durch blosse Beobachtungsfehler nicht wohl erklären lassen. Die Vermuthung lag daher nahe, dass auch bei diesem wasserhaltigen Silicate ähnliche Verhältnisse obwalteten, als die sind, welche wir vorhin bei der Zusammensetzung der Feldspathe nachgewiesen haben.

Es schien daher mit Rücksicht auf jene Untersuchungen eines Versuches werth, die Desmin-Analysen nach derselben Methode wie die des Feldspaths zu behandeln.

Zunächst finden sich 12 der neuern und wahrscheinlich bessern Desmin-Analysen in Tab. I. zusammengestellt:

Tab. I.

Desmin-Analysen.

			$\dddot{\text{Si}}$	$\dddot{\text{Al}}$
1.	Faroe	Beudant	52,430	18,320
2.	Dumbarton	Thomson	52,500	17,319
3.	Dumbarton	Thomson	54,805	18,205
4.	Island	Gehlen u. Fuchs	55,072	16,584
5.	Faroe	Retzius	56,080	17,220
6.	Faroe	Beudant	55,910	16,610
7.	Vagoe	Du Menil	56,500	16,500
8.	Gotthard	Leonhard	55,750	18,508
9.	Faroe	Du Menil	56,505	16,500
10.	Faroe	Moss (2)	57,055	16,490
11.	Eskifiord	S. v. W.	57,929	16,373
12.	Eskifiord	Hisinger	58,000	16,100

Die Tab. II. enthält darauf die Werthe von M, x, Kieselerdegehalte geordneten Kalkdesminen.

Tab. II.

	Fundort	Analyse von	M	x
1.	Faroe	Beudant	2,7976	9,9448
2.	Dumbarton	Thomson	2,7444	10,1440
3.	Dumberton	Thomson	2,8032	10,1610
4.	Island	Gehlen	2,8052	10,4010
5.	Faroe	Retzius	2,6925	10,9610
6.	Faroe	Beudant	2,6345	11,2320
7.	Vagoe	Du Menil	2,6829	11,0500
8.	St. Gotthard	Leonhard	2,6035	11,4130
9.	Faroe	Du Menil	2,6691	11,1510
10.	Faroe	Moss	2,6120	12,2600
11.	Eskifiord	S. v. W.	2,4993	11,2840
12.	Eskifiord	Hisinger	2,4565	12,5340

Tab. I.

Desmin-Analysen.

$\dot{Ca}$	$\dot{Mg}$	$\dot{Na}$	$\dot{Ka}$	$\dot{H}$
8,100		2,410		18,700
11,520				18,450
9,830				19,000
7,584		1,500		19,300
6,950				18,350
9,030				17,840
8,480			1,500	
8,046				17,000
8,230			1,580	18,300
7,645		1,325	0,260	17,790
7,783	0,133	0,608	0,343	16,831
9,200				16,400

β, γ, δ in den auf 100 reducirten, nach wachsendem

Tab. II.

β	γ	δ
3,0690	1,0487	5,9573
2,9559	1,1963	5,9894
2,9808	0,9789	6,0131
2,7660	0,9080	6,1323
2,9722	0,9370	6,0246
2,9467	1,0412	6,0200
2,8499	0,9852	6,0775
3,3463	0,8850	5,8460
2,8756	0,9726	6,0671
2,9411	0,9771	6,0335
3,0664	0,9944	5,9681
3,0721	1,0682	5,9528.

Bezeichnen wir wie vorhin den Kieselerdegehalt eines Desmins von der Norm (12, 3, 1, 6) mit y, den Gehalt von Thonerde mit u, von Kalkerde mit t, von Wasser mit z, so erhält man folgende Gleichungen:

$$y = \frac{100\,Sx}{5x + 3(p + k + 6h)} = \frac{100\,x}{x + 8{,}8298}$$

$$u = \frac{300\,p}{5x + 3(p + k + 6h)} = \frac{339{,}680}{x + 8{,}8298}$$

$$t = \frac{300\,R}{5x + 3(p + k + 6h)} = \frac{689{,}11}{x + 8{,}8298}$$

$$z = \frac{1800\,h}{5x + 3(p + k + 6h)} = \frac{357{,}19}{x + 8{,}8298}$$

Die beobachteten und die aus diesen Formeln mit den Werthen von x berechneten Analysen finden sich endlich in Tab. III. zusammengestellt.

Tab. III.

	Beob. $\dddot{S}i$	Berech. $\dddot{S}i$		Beob. $\dddot{A}l$	Berech. $\dddot{A}l$	
1.	52,567	52,969	+ 0,402	18,368	18,093	— 0,275
2.	52,611	53,462	+ 0,851	17,355	17,903	+ 0,548
3.	53,815	53,503	— 0,312	17,876	17,887	+ 0,011
4.	55,126	54,085	— 1,041	16,600	17,663	+ 1,063
5.	55,762	55,385	— 0,377	17,122	17,163	+ 0,041
6.	55,906	55,985	+ 0,079	16,608	16,932	+ 0,324
7.	56,010	55,582	— 0,428	16,357	17,088	+ 0,731
8.	56,140	56,380	+ 0,240	18,638	16,781	— 1,957
9.	56,234	55,808	— 0,426	16,422	17,000	+ 0,578
10.	56,864	56,048	— 0,816	16,435	1,6908	+ 0,473
11.	58,010	58,182	+ 0,172	16,396	1,6089	— 0,307
12.	58,174	58,669	+ 0,495	16,149	15,900	— 0,249

Tab. III.

	Beob. Ca	Berech. $\dot{C}a$		Beob. $\dot{H}$	Berech. $\dot{H}$	
1.	10,316	9,913	— 0,403	18,749	19,025	+ 1,276
2.	11,545	9,810	— 1,735	18,489	18,825	+ 0,336
3.	9,650	9,801	+ 0,151	18,959	18,809	— 0,150
4.	8,955	9,678	+ 0,723	19,349	18,745	— 0,775
5.	8,870	9,404	+ 0,534	18,246	18,048	— 0,198
6.	9,647	9,277	— 0,370	17,839	17,806	— 0,033
7.	9,293	9,362	+ 0,069	18,340	17,968	— 0,372
8.	8,102	9,194	+ 1,092	17,120	17,645	+ 0,525
9.	9,130	9,315	+ 0,185	18,214	17,877	— 0,337
10.	8,974	9,264	+ 0,290	17,727	17,780	+ 0,053
11.	8,739	8,815	+ 0,076	16,855	16,914	+ 0,059
12.	9,228	8,712	— 0,516	16,449	16,719	+ 0,270

Obwohl die hier erscheinenden Beobachtungsfehler sich etwas grösser wie vorhin bei der Discussion der Feldspathanalysen herausstellen, so ist doch diese Vergleichung nicht eben ungünstig zu nennen. Jedenfalls würden die Beobachtungsfehler zumal für die Kieselerde ungleich grösser ausfallen, wenn für alle Beobachtungen die Norm (12, 3, 1, 6) zu Grunde gelegt würde.

Die Desmine bilden daher analog dem Feldspath eine Reihe von wasserhaltigen Doppelsilicaten, die aus der Mischung eines neutralen und basischen Salzes hervorgegangen sind.

Über die Ausdehnung derselben oder über die Grenzwerthe von x sind bisjetzt unsere Erfahrungen nur sehr unvollständig; neue und namentlich sehr viel exactere Analysen als die vorhandenen, eben zusammengestellten sind zur Fortführung der Theorie das erste dringende Bedürfniss.

Vorläufig kann man annehmen, dass die Desminreihe mit dem Anfangsgliede

$$\dot{R}^3\ddot{Si} + \ddot{R}^3\ddot{Si}^3 + 18\dot{H}$$

beginnt, und mit

$$\dot{R}\ddot{Si} + \ddot{R}\ddot{Si}^3 + 6\dot{H}$$

endet. Es ist vor der Hand noch nicht zu entscheiden, ob das basische Salz wirklich selbstständig unvermischt mit dem neutralen auftritt, oder nur als Rechnungsgrösse betrachtet werden muss.

Der basische Desmin entspricht dem Anorthit, der neutrale dem Albit. Die ganze Reihe der Mischungen liesse sich so wie beim Feldspath graphisch durch 3 gleichseitige Hyperbeln darstellen, welche den Flächenraum von der Höhe 100 und der Basis $x = 4$ bis $x = 12$, in vier Theile zerlegen wurden und die den Verlauf der Kieselerde, der Thonerde, der Kalkerde und des Wassers bezeichneten. Dass in der Familie der Zeolithe diese isomorphen Gemische zweier Körper ziemlich allgemein verbreitet sein müssen, werden mehrere später mitzutheilende Beobachtungen ausser Zweifel setzen.

IV. Herschelit.

In dem mehrfach erwähnten eigenthümlichen Palagonittuff von Aci Castello und Palagonia findet sich ein Mineral, welches man mit dem Namen Herschelit belegt hat und das bereits von Damour analysirt worden ist. Die Zusammensetzung ist folgende.

	I.	II.	Mittel
Kieselerde	47,39	47,46	47,425
Thonerde	20,90	20,18	20,540
Kalkerde	0,38	0,25	0,315
Natron	8,33	9,34	8,835
Kali	4,39	4,17	4,280
Wasser	17,84	17,65	17,745
	99,23	99,05	99,140.

Der Herschelit wird am Aetna nur bei Aci Castello gefunden, und nicht bei Aci Reale, wie dieses von Damour angegeben ist. Indess vermuthe ich, dass das Material, welches zu den eben angeführten Analysen gedient hat, von einer andern Localität, vielleicht von Palagonia, herstammt; der Herschelit von Aci Castello, den ich selbst dort gesammelt habe, besitzt zwar eine ähnliche, doch etwas verschiedene Zusammensetzung. Zwei Analysen, welche ich ausführte, ergaben folgendes Resultat:

	I.	II.	Mittel
Kieselerde	45,896	47,029	46,463
Thonerde	18,200	20,207	19,204
Eisenoxyd	1,141	1,141	1,141
Kalkerde	4,842	4,661	4,752
Magnesia	0,350	0,496	0,423
Natron	5,717	4,818	5,267
Kali	3,717	2,035	2,876
Wasser	17,863	17,863	17,863
	97,726	98,250	97,988.

Es hält schwer die hinreichende Menge reines Mineral zu bekommen, und ich konnte zu jeder Analyse nur etwas über ein halbes Gramm verwenden, woraus die weniger gute Übereinstimmung beider Zahlenreihen erklärlich wird. Ausserdem vermuthe ich, dass in I. bei der Bestimmung der Thonerde ein mir unbekanntes Versehen vorgekommen ist.

Der Herschelit enthält auch noch eine geringe Quantität Phosphorsäure, wahrscheinlich mit dem Eisenoxyd verbunden, die aber nicht quantitativ bestimmt werden konnte. Da sämmtliche 4 Analysen beträchtlich weniger als 100 geben, so möchte ich vermuthen, dass ein flüchtiger Bestandtheil unserer Aufmerksamkeit entgangen ist. Bei so geringen Quantitäten, die zu der Analyse verwandt sind, wird es jedoch schwer halten, darüber befriedigenden Aufschluss zu erhalten.

Die Analyse von Damour unterscheidet sich von der meinigen hauptsächlich durch einen grössern Gehalt von Alkalien auf Kosten der Kalkerde. Zwischen Rechnung und Beobachtung herrscht bei Annahme der Norm (8, 3, 1, 5) folgende Übereinstimmung:

Herschelit analysirt von

	Damour		S. v. W.	
	M=3,1747		M = 3,1694	
	Beob.	Berech.	Beob.	Berech.
Kieselerde	47,836	47,987+0,151	47,418	47,905+0,487
Thonerde	20,718	20,375—0,343	19,598	19,594—0,004
Eisenoxyd			1,164	1,164—0,000
Kalkerde	0,318	0,323+0,005	4,849	4,465—0,384
Magnesia			0,432	0,397—0,035
Natron	8,912	9,054+0,142	5,375	4,948—0,427
Kali	4,317	4,386+0,069	2,935	2,702—0,233
Wasser	17,899	17,854—0,045	18,229	17,825+0,404
	100,000		100,000.	

Die Formel für die Zusammensetzung des Herschelits wird danach:

$$\dot{R}^3 \dddot{Si}^2 + 3 \ddot{\bar{Al}} \dddot{Si}^2 + 15 \dot{\bar{H}}$$

Der Herschelit crystallisirt im hexagonalen System, in 6seitigen Säulen und Tafeln. Die Prismenflächen sind der Basis parallel gestreift, öfter auch tonnenförmig gebogen, und dann kommen undeutliche Pyramidenflächen zum Vorschein. Die Endfläche ist matt, convex gewölbt und zeigt Spuren eines flachen Rhomboeders.

V. Phillipsit.

Mit dem eben beschriebenen Herschelit auf das Engste verschwistert erscheint der Phillipsit, der sich chemisch nur durch einen etwas geringern Wassergehalt charakterisirt, crystallographisch aber ganz andere Eigenschaften besitzt, da er nicht dem hexagonalen, sondern dem trimetrischen Systeme angehört.

Er findet sich mit dem Herschelit bei Aci Castello, Trezza und im Val di Noto, ist aber häufiger als jener, und scheint, wie aus der Untersuchung der von mir gesammelten Exemplare geschlossen werden kann, eine etwas spätere Bildung zu sein.

Das Spec. Gewicht des Phillipsits von Palagonia = 2,201

Die Zusammensetzung des Phillipsits von Aci Castello ist:

Kieselerde	48,529
Thonerde	19,883
Eisenoxyd	2,640 *)
Kalk	2,923
Magnesia	1,602
Natron	6,181
Kali	3,822
Wasser	14,759
	100,339.

Der Wassergehalt ist ein Mittel aus zwei Bestimmungen.

Mit der Norm (8, 3, 1, 4) und M = 3,2327 findet man zwischen Beobachtung und Rechnung folgende Übereinstimmung:

	Beob.	Berech.	
Kieselerde	48,364	48,695	+ 0,331
Thonerde	19,816	19,054	— 0,696
Eisenoxyd	2,631	2,530	— 0,101
Kalkerde	2,913	3,475	+ 0,369
Magnesia	1,597	1,905	+ 0,308
Natron	6,162	7,349	+ 1,187
Kali	3,809	4,554	+ 0,745
Wasser	14,708	14,494	— 0,214
	100,000.		

In gleicher Weise habe ich den Phillipsit von Pala-

*) Auch hier ist, ähnlich wie beim Herschelit, beim Eisenoxyd Phosphorsäure. Ebenso fand ich in einer andern nur theilweise gelungenen Analyse des Phillipsits beim Eisen eine Spur Chrom, welches in geringer Menge im Palagonittuff von Aci Castello allgemein verbreitet ist.

gonia einer genauen Analyse unterworfen; seine Zusammensetzung ist:

Kieselerde	48,365
Thonerde	21,070
Eisenoxyd	0,713
Kalkerde	3,243
Magnesia	1,425
Natron	3,412
Kali	6,148
Wasser	14,535
	98,911.

Mit der Norm (8, 3, 1, 4) und M = 3,2582 ergibt sich die Vergleichung zwischen Beobachtung und Rechnung:

	Beobach.	Berech.	
Kieselerde	48,899	49,249	+ 0,350
Thonerde	21,302	20,428	— 0,834
Eisenoxyd	0,720	0,692	— 0,028
Kalkerde	3,279	3,132	— 0,147
Magnesia	1,440	1,376	— 0,064
Natron	3,450	3,295	— 0,155
Kali	6,215	5,937	— 0,278
Wasser	14,695	14,660	— 0,035
	100,000.		

Auch in dem Phillipsit von Palagonia bemerkte ich bei dem Eisenoxyd Spuren von Phosphorsäure; so dass vielleicht das phosphorsaure Eisenoxyd gar nicht in die Verbindung gerechnet werden darf.

VI. Analcim.

Zu den eigenthümlichsten Zeolithen, welche vorzugsweise die submarinen vulkanischen Gebilde charakterisiren, gehört der Analcim; er ist Island nicht fremd und häufig in Antrim und auf den Westernislands; indess ist er nirgends verbreiteter als auf den cyklopischen Inseln bei Catania, deren doleritische Gesteine ganz mit diesem wasserhaltigen Silicate durchwebt sind.

Man findet dort fast keinen Stein, der in seinen Höhlungen oder Spalten nicht grössere oder kleinere Crystalle von Analcim enthielte; selbst dichte Massen desselben verbinden sich auf das allerinnigste mit dem Dolerit, so dass man leicht verleitet wird, beiden eine gemeinsame gleichzeitige Bildung zuzuschreiben.

Spätere länger fortgesetzte Untersuchungen über die Zeolithe und ihre Verbindung zu den Feldspathen haben mich jedoch belehrt, dass auch die Analcime aus einer Flüssigkeit, die das Doleritgestein durch und durch tränkte, abgeschieden sind, und dass sie trotz ihrer innigen Verwachsung mit jenen als eine secundäre Bildung angesehen werden müssen.

Reine wasserhelle Analcimcrystalle von den Cyclopen, deren Spec. Gew. = 2,236 ist, haben nach meiner Untersuchung folgende Zusammensetzung:

	I.	II.	Mittel
Kieselerde	53,712	53,718	53,715
Thonerde	24,028	24,028	24,028
Kalkerde	1,042	1,424	1,233
Magnesia	0,106	—	0,053
Natron	7,395	8,444	7,920
Kali	5,507	3,406	4,457
Wasser	8,500	8,500	8,500
	100,290	99,620	99,906.

Die Thonerde-Bestimmung in II. ist verunglückt. Der Wassergehalt ist das Mittel aus zwei Beobachtungen. Setzen wir die Norm für den Analcim (8, 3, 1, 2) und M = 3,588, so ergibt sich der Vergleich zwischen Rechnung und Beobachtung folgendermassen:

	Beob.	Berech.	
Kieselerde	53,766	54,239	+ 0,473
Thonerde	24,050	23,030	— 1,020
Kalkerde	1,233	1,394	+ 0,160
Magnesia	0,053	0,059	+ 0,006
Natron	7,928	8,955	+ 1,027
Kali	4,461	5,039	+ 0,578
Wasser	8,508	8,073	— 0,435
	100,000.		

Die Formel für den Analcim wird danach:

$$\dot{R}^3 \dddot{Si}^2 + 3 \dddot{\bar{Al}} \dddot{Si}^2 + 6 \dot{\bar{H}}.$$

Bei den Analysen des Analcims ist es sehr zu beachten, dass derselbe selbst nach langer Behandlung mit concentrirter Salzsäure sehr schwer oder eigentlich meist unvollkommen aufgeschlossen wird. Bei der Kieselsäure, welche scheinbar zu gross ausfällt, bleiben dann in der Regel ein oder auch mehrere Procente unzersetztes Mineral. Die Kieselerde muss schliesslich mit Alkalien aufgeschlossen und auf die andern Bestandtheile namentlich auf Thonerde geprüft werden.

VII. Scolezit.

An derselben Localität am Ufer des Berufiords, wo der Epistilbit und Heulandit in grossen Crystallen in zersetzten Trappmassen vorkömmt, findet sich auch noch viel häufiger verbreitet der Scolezit in strahlig kuglich ausgesonderten Massen und zuweilen in vollkommen wasserhellen Prismen auscrystallisirt.

Das Spec. Gew. der letztern ist = 2,393.

Die Analyse ergab die Zusammensetzung:

Kieselerde	46,409
Thonerde	26,242
Kalkerde	9,682
Magnesia	0,012
Natron	4,457
Kali	0,414
Wasser	13,755
	100,972.

Mit der Norm (6, 3, 1, 3) und M = 4,0413 findet man zwischen Rechnung und Beobachtung folgende Übereinstimmung:

	Beob.	Berech.	
Kieselerde	45,972	45,811	— 0,161
Thonerde	25,989	25,935	— 0,054
Kalkerde	9,589	9,830	+ 0,241
Magnesia	0,012	0,012	+ 0,000
Natron	4,414	4,525	+ 0,111
Kali	0,410	0,410	+ 0,010
Wasser	13,624	13,636	+ 0,012
	100,000.		

Die Formel für die Zusammensetzung des Scolezits wird:

$$\dot{R}\dddot{Si} + \dddot{\bar{R}}\dddot{Si} + 3\dot{\bar{H}}.$$

Eine ausführlichere Bearbeitung des Scolezits und Natroliths muss ich mir auf eine gelegnere Zeit vorbehalten.

VIII. Mesolith.

Am Ufer von Trezza, fast den cyklopischen Inseln gegenüber, doch etwas näher gegen den kleinen Ort von Aci Castello hin, findet man in den Höhlungen der basaltischen Mandelsteine den Mesolith, in schönen Kugeln und Halbkugeln aufgewachsen, welche eine schneeweisse Farbe besitzen und die Grösse einer Erbse zu erreichen pflegen. Sie werden durch kleine nadelförmige Crystalle gebildet, die vom Mittelpunkte der Kugel sich gegen ihre Oberfläche verbreiten und auf derselben meist undeutliche Crystallflächen zeigen.

Beim Zerschlagen zerfällt eine solche Kugel in eine Anzahl Pyramiden, deren Basen durch sphärische Dreiecke gebildet werden.

Zu der nachfolgenden Analyse, die mit sehr grosser Sorgfalt ausgeführt worden ist, wurde das reinste, ausgezeichnetste Material benutzt, bei dem man an vollkommener Homogenität nicht zweifeln kann. Die Wasserbestimmung ist ein Mittel aus zwei Beobachtungen:

1.	11,380
2.	11,164
	11,272.

Die Zusammensetzung dieses Minerals ergab sich:

Kieselerde	43,684	43,428	22,985
Thonerde	27,770	27,608	12,904
Kalk	1,727	1,717	4,353
Magnesia	0,287	0,285	
Natron	12,234	12,164	
Kali	3,613	3,592	
Wasser	11,272	11,206	9,963
	100,587.		

Diese Analyse führt, wie leicht zu übersehen ist, zu keiner genügenden Formel. Der Sauerstoff von $\ddot{R}$ verhält sich zwar zu dem von $\dot{R}$ sehr nahe wie 3 : 1; für die beiden andern Glieder gehen aber entschieden irrationale Werthe hervor.

Wollten wir z. B. die Norm (5, 3, 1, 2) einer Formel zu Grunde legen, so würde eine sehr schlechte Übereinstimmung zwischen Beobachtung und Rechnung erzielt werden, welche mit der Genauigkeit, mit der die Analyse ausgeführt ist, sich nicht wohl verträgt.

Betrachten wir dagegen diesen Zeolith aus zwei andern zusammengesetzt, denen die Normen (6, 3, 1, 3) und (4, 3, 1, 1) zukommen, oder aus Scolezit und einem aus dem Anorthit hergeleiteten Gliede, welches wir Mesolith benennen, so erhalt enwir eine vollkommen befriedigende Harmonie zwischen Beobachtung und Rechnung. Wir haben zuerst die Gleichungen:

$$\begin{aligned} 6x + 4y - 22{,}985 &= 0 \\ 3x + 3y - 12{,}904 &= 0 \\ x + y - 4{,}353 &= 0 \\ 3x + y - 9{,}963 &= 0. \end{aligned}$$

Aus denselben bestimmt man nach der Methode der kleinsten Quadrate:

$$x = 2{,}841 \qquad y = 1{,}477.$$

Damit berechnet man die Zusammensetzung beider Theile:

	I.		II.		Berech.	Beob.	
Kieselerde	32,207	+	11,163	=	43,370	43,428	— 0,058
Thonerde	18,233	+	9,479	=	27,712	27,608	— 0,104
Kalkerde	1,120	+	0,582	=	1,702	1,717	— 0,015
Magnesia	0,186	+	0,097	=	0,283	0,285	— 0,002
Natron	7,937	+	4,126	=	12,063	12,164	— 0,001
Kali	2,341	+	1,220	=	3,561	3,592	— 0,031
Wasser	9,587	+	1,661	=	11,248	11,206	+ 0,042
	71,611	+	28,328	=	99,939	100,000.	

Der eben analysirte Zeolith von Trezza ist daher zusammengesetzt aus 71,711 Theilen Scolezit, in dem $\dot{R}$ hauptsächlich durch Natron und Kali vertreten wird, und 28,378 Theilen Mesolith.

Die procentische Zusammensetzung des hier vorkommenden Scolezits findet sich:

Kieselerde	44,975	23,803	6
Thonerde	25,461	11,902	3
Kalkerde	1,564		
Magnesia	0,259	3,967	1
Natron	11,084		
Kali	2,433		
Wasser	13,388	11,902	3
	100,000.		

Die procentische Zusammensetzung des Mesoliths wird:

Kieselerde	39,406	20,856	4
Thonerde	33,461	15,641	3
Kalkerde	2,055		
Magnesia	0,342	5,214	1
Natron	14,565		
Kali	4,307		
Wasser	5,864	5,213	1
	100,000.		

Das eben beschriebene Mineral unterscheidet sich nur wenig vom Brevicit, der in ähnlicher Weise aus Scolezit und Mesolith gemischt ist. Wasserhaltige Anorthite nach verschiedenen Proportionen zusammengesetzt kommen in der Natur vor und werden demnächst in einer Übersicht zusammengestellt werden.

Die stöchiometrische Formel für den Mesolith ist:

$$\dot{R}^3\dddot{Si} + 3\dddot{\bar{Al}}\dddot{Si} + 3\dot{\bar{H}}.$$

IX. Karphostilbit.

In der Ebene, welche vom Fusse der hohen Pyramide des Bulandstind sich bis zum Ufer des Berufiord erstreckt, fand ich mit blendend weissem strahligen Scolezit verwachsen, einen eigenthümlichen strohgelben Zeolith, der sich gegen jenen sehr scharf abgrenzte und wegen seiner Eigenthümlichkeit eine genauere Prüfung zu verdienen schien.

Das Spec. Gew. fand sich = 2,362.

Die Analyse ergab:

Kieselerde	39,275	39,086	20,700
Thonerde	29,502	29,360	14,171 (Thonerde + Eisenoxyd)
Eisenoxyd	1,489	1,491	
Kalkerde	12,382	12,323	4,700 (Kalkerde bis Kali)
Magnesia	0,129	0,128	
Natron	4,085	4,066	
Kali	0,381	0,379	
Wasser	13,231	13,167	11,706
	100,483	100,000.	

Die Kieselerde, so wie der Wassergehalt wurden doppelt bestimmt.

Ich fand für Kieselerde und Wasser

1.	39,180	13,240
2.	39,370	13,222
	39,275	13,231.

Auch diese Analyse führt zu keinen einfachen Zahlenverhältnissen, obwohl sich der Sauerstoff der beiden Basen sehr nahe wie 1 : 3 verhält.

Man kann indess diesen Zeolith wiederum als ein isomorphes Gemisch aus zwei wasserhaltigen Doppelsilicaten betrachten, von denen jedes einzelne nach ganzen, möglichst kleinen Zahlen constituirt ist.

Analog der Feldspathbildung kömmt dann dem ersten Theile ohne Zweifel die Norm (4, 3, 1, 2) zu, während dem zweiten die Norm (m, 3, 1, n) ertheilt wird.

Wir gelangen so zu folgenden Gleichungen:

$$4x + my - a = 0$$
$$3x + 3y - b = 0$$
$$x + y - c = 0$$
$$2x + ny - d = 0$$

und $$n = \frac{(2d - b - c)m}{2(a - b - c)} + \frac{2(a - 2d)}{a - b - c}$$

In unserm Falle wird:

$$4x + my - 20{,}700 = 0$$
$$3x + 3y - 14{,}171 = 0$$
$$x + y - 4{,}669 = 0$$
$$2x + ny - 11{,}706 = 0$$

und $$n = 1{,}2291\ m - 2{,}9161.$$

Setzt man $m = 8$, so wird $n = 6{,}9167$, wofür wir, da n eine ganze Zahl sein soll, 7 setzen. Berechnet man mit Zugrundelegung der Normen (4, 3, 1, 2) und

(8, 3, 1, 2), x und y nach der Methode der kleinsten Quadrate, so findet sich:

$$x = 4{,}2650 \quad y = 0{,}4{,}544$$

und

Ber.-Beob.
— 0,0052
— 0,0131
+ 0,0503
+ 0,0044.

Dass den Gleichungen durch andere Werthe von m ebenfalls sehr nahe Genüge geleistet werden kann, ist einleuchtend, indess ist zwischen 4 und 12 keiner, durch welchen die Summe der Quadrate der übrigbleibenden Fehler kleiner würde als im genannten Falle.

Wird z. B. $m = 6$ und $n = 4{,}4585$, dafür $n = 4$, so wird $x = 3{,}607 \quad y = 1{,}080$

und

Ber.-Beob.
+ 0,1844
— 0,1277
+ 0,0121
— 0,1838.

Wird $m = 12 \quad n = 11{,}8331$, dafür $n = 12$, so wird $x = 4{,}4913$, $y = 0{,}2274$

und

Ber.-Beob.
— 0,0059
— 0,0149
+ 0,0497
+ 0,0055.

In dem Falle, wo $m = 8$ und $n = 7$ wird, findet sich die Summe der Quadrate in Einheiten der letzten Decimale $= 274810$, wird $m = n = 12$, so ist die Summe der Quadrate $= 275716$; wenn nun auch zwischen beiden zu Gunsten des erstern nur ein sehr geringer Unterschied stattfindet, so wird jedenfalls schon der einfacheren Zahlen wegen, die erste Annahme der zweiten vorzuziehen sein. Dieser Zeolith besteht also aus zwei Theilen; den nach der Norm (4, 3, 1, 2) zusammengesetzten nennen wir Thomsonit, den andern nach (8, 3, 1, 7) gebildeten, Karphostilbit.

Die beiden Theile, welche das eben analysirte gelbe zeolithische Mineral zusammensetzen, sind:

	Thomsonit I.		Karphostilbit II.		Ber.	Beob.	
Kieselerde	32,233	+	6,868	=	39,101	39,086.	+ 0,015
Thonerde	26,509	+	2,824	=	39,333	29,360	— 0,027
Eisenoxyd	1,346	+	0,143	=	1,489	1,491	— 0,002
Kalkerde	11,184	+	1,191	=	12,375	12,323	— 0,052
Magnesia	0,116	+	0,012	=	0,128	0,128	— 0,000
Natron	3,690	+	0,393	=	4,083	4,066	— 0,017
Kali	0,344	+	0,037	=	0,381	0,379	— 0,002
Wasser	9,595	+	3,578	=	13,173	13,167	+ 0,006
	85,017	+	15,046	=	99,767	100,000.	

Die procentische Zusammensetzung des Thomsonits ergibt sich aus I.:

Kieselerde	37,913
Thonerde	31,181
Kalkerde	13,153
Magnesia	0,136
Eisenoxyd	1,583
Natron	4,341
Kali	0,405
Wasser	11,286
	100,000.

Die stöchiometrische Formel des Thomsonits ist:

$$\dot{\mathrm{R}}^3 \dddot{\mathrm{Si}} + 3\dddot{\mathrm{Al}}\, \dddot{\mathrm{Si}} + 6\dot{\mathrm{H}}.$$

Ferner berechnet man aus II. die procentische Zusammensetzung des Karphostilbits:

Kieselerde	45,646
Thonerde	18,769
Eisenoxyd	0,950
Kalkerde	7,916
Magnesia	0,080
Natron	2,612
Kali	0,246
Wasser	23,781
	100,000.

Die Formel des Karphostilbits wird:

$$\dot{\mathrm{R}}^3 \dddot{\mathrm{Si}}^2 + 3\dddot{\mathrm{R}}\, \dddot{\mathrm{Si}}^2 + 21\dot{\mathrm{H}}.$$

X. Thomsonit.

In den Blasenräumen der doleritischen Gesteine der cyclopischen Inseln bei Catania erscheint in Verbindung mit Mesolith und Analcim der Thomsonit in wasserhellen quadratischen Prismen, die dem trimetrischen Systeme angehören.

Dieses Mineral ist eben nicht häufig, wenigstens stand mir nur eine äusserst geringe Quantität desselben für eine Analyse zu Gebote, und da dieselbe mit sehr grosser Sorgfalt ausgeführt worden ist, so ist der Überschuss erklärlich, der sich wahrscheinlich ziemlich gleichmässig an die verschiedenen Bestandtheile vertheilen wird.

Die Analyse ergibt:

Kieselerde	39,863
Thonerde	31,448
Kalkerde	13,332
Natron	5,298
Kali	0,998
Wasser	11,391
	102,330.

Mit der Norm (4, 3, 1, 2) und M = 5,0393 wird der Vergleich zwischen Rechnung und Beobachtung folgender:

Kieselerde	38,955	38,017	— 0,938
Thonerde	30,732	32,285	+ 1,553
Kalkerde	13,030	12,584	— 0,446
Natron	5,177	5,001	— 0,176
Kali	0,975	0,942	— 0,033
Wasser	11,131	11,316	+ 0,185
	100,000.		

Die stöchiometrische Formel dieses Thomsonits wird:

$$\dot{R}^3 \dddot{Si} + 3\ddot{\bar{R}}\,\dddot{Si} + 6\dot{\bar{H}}.$$

An die eben mitgetheilten Beobachtungen über die chemische Beschaffenheit mehrerer Zeolithe aus Sicilien und Island, lassen sich, obgleich sie weit entfernt sind auf Vollständigkeit Anspruch zu machen, mehrere für die Mineralogie und Geologie lehrreiche Betrachtungen anknüpfen. Zuerst scheint die Frage der Beantwortung werth, welche Zeolithe in einer systematischen Mineralogie als selbstständige Species aufzunehmen, oder welche als Varietäten zu betrachten sind.

Die chemische Norm so wie die Crystallsysteme

scheinen mir die einzigen sicheren charakteristischen Kennzeichen für eine Species zu sein; eines derselben allein ist für ihre Bestimmung nicht ausreichend. Zeolithe, deren Normen nicht durch ganze Zahlen ausgedrückt werden können, sind Gemische aus zwei verschiedenen Species; sie haben begreiflicher Weise auf eigene Namen nnd eine eigene Stelle im System keinen Anspruch.

Ob sich in der Weise, wie z. B. der Mesolith von Trezza Seite 269 alle Zeolithe mit einander vereinigen können, oder ob eine solche Verbindung gewissen Beschränkungen unterworfen ist, steht noch nicht fest, allein es unterliegt keinem Zweifel, dass sie häufig genug erscheinen, um zu manchen Verwicklungen und unrichtigen Bestimmungen Veranlassung zu geben.

So viel glaube ich aber aus der Erfahrung entnommen zu haben, dass sehr viele Zeolithe ohne eine genaue chemische Analyse nur nach den äussern Charakteren nicht richtig bestimmt werden können und dass selbst bei der Kenntniss ihrer Zusammensetzung zur Bestimmung der Species mitunter eine sorgfältige Discussion der Beobachtungen nöthig wird.

Die Zeolithe und die Palagonite sind zwei innig verwandte, aus dem Feldspath hervorgegangene Mineralgruppen, die sich hauptsächlich nur dadurch unterscheiden, dass die ersten sogut wie frei von Eisenoxyd sind und deutlich crystallisiren, während die andern beträchtliche Mengen von Eisenoxyd und Magnesia enthalten und immer amorph erscheinen.

Die nachfolgende Übersicht enthält die mir bekannten Zeolith- und orthotypen Palagonit-Species nach ihren Normen geordnet:

		x	ϐ	γ	δ	
1.	Mesolith	4	3	1	1	Trimetrisch
2.	Thomsonit	4	3	1	2	Trimetrisch
3.	Trinacrit	4	3	1	3	Amorph
4.	Xylith	6	3	1	1	?
5.	Natrolith	6	3	1	2	Trimetrisch
6.	Korit	6	3	1	3	Amorph
7.	Scolezit	6	3	1	3	Monoklin
8.	Hyblit	6	3	1	4	Amorph
9.	Feugasit	6	3	1	9	Dimetrisch
10.	Analcim	8	3	1	2	Isometrisch
11.	Caporcianit	8	3	1	3	?
12.	Phillipsit	8	3	1	4	Trimetrisch
13.	Laumonit	8	3	1	4	Monoclin
14.	Harmotom	8	3	1	5	Trimetrisch
15.	Herschelit	8	3	1	6	Isoclin } Hexagonal
16.	Chabasit	8	3	1	6	Isoclin } Hexagonal
17.	Karphostilbit	8	3	1	7	Trimetrisch?
18.	Parastilbit	12	3	1	3	Trimetrisch
19.	Aedelforsit	12	3	1	4	?
20.	Heulandit	12	3	1	5	Monoklin
21.	Brewsterit	12	3	1	5	Monoklin
22.	Epistilbit	12	3	1	5	Trimetrisch
23.	Desmin	12	3	3	6	Trimetrisch

Diese Übersicht gibt zu mehreren Bemerkungen Veranlassung:

Wir haben im Vorhergehenden der Zusammensetzung der Feldspathe eine besondere Aufmerksamkeit geschenkt, und die Überzeugung erlangt, dass die ganze Reihe dieser Mineralkörper, die allgemein unter der Norm (x, 3, 1) begriffen ist, aus den beiden Endgliedern, dem Anorthit mit der Norm (4, 3, 1) und dem Krablit mit der Norm (24, 3, 1) construirt werden kann. Ein Zwischenglied von der Norm (12, 3, 1), welches das neutrale Salz repräsentirt, einzuschieben, kann als zweckmässig erscheinen, obgleich es nicht eben nöthig ist. Die grosse Ähnlichkeit zwischen dem Feldspath und dem Zeolithe leuchtet auf den ersten Blick ein, und es kann wohl keinem Zweifel unterliegen, dass dieser aus jenem hervorgegangen ist.

Man kann sich neben der Hauptreihe des Feldspaths eine Anzahl von Nebenreihen vorstellen, welche sich von jener nur durch den Wassergehalt unterscheiden. Die erste Nebenreihe der Zeolithe würde dann mit der Norm (4, 3, 1, 1) beginnen und mit (24, 3, 1, 1) endigen oder allgemein durch (x, 3, 1, 1) ausgedrückt sein.

Der δten Nebenreihe würde die Norm (x, 3, 1, δ) zukommen. Man kann so eine zahllose Menge von Zeolithen verschiedener Mischung aus der Feldspathreihe theoretisch hervorgehen lassen, doch entsteht die Frage, welche derselben in der Natur vorkommen oder nicht.

Zuerst ist es sehr wahrscheinlich, auch sehr begreiflich und mit den vorhandenen Beobachtungen im Einklang, dass bei den Zeolithen für x keine grössern Werthe als 12 erscheinen, so dass also nur basische oder neutrale Zeolithe gefunden werden.

Ferner muss durch die Untersuchung festgestellt werden, ob diese Nebenreihen analog wie beim Feldspath als Gemische zweier extremer Glieder, z. B. von (4, 3, 1, δ') und (12, 3, 1, δ'') auftreten, so dass x jeden Werth zwischen 4 und 12 und δ jeden Werth zwischen δ' und δ'' annehmen kann, oder ob x und δ nur durch ganze Zahlen repräsentirt sind.

Die vorliegenden erst seit Kurzem von mir angeregten Fragen sind bis jetzt nur unvollkommen zu beantworten, auch fehlt mir augenblicklich die Zeit sie weiter zu verfolgen, da ich beabsichtige, diese sich schon zu weit ausdehnenden Untersuchungen wenigstens vorläufig zum Abschluss zu bringen. Aus einigen von mir angeführten Beispielen, wie z. B. aus der Berechnung der Desminanalysen Seite 258, aus den Analysen des Mesoliths von Trezza und des Karphostilbits von Berufiord und den Palagonitanalysen, wird es mir sehr wahrscheinlich, dass gewisse, vielleicht auch sehr vollständige Nebenreihen des Zeoliths existiren, über deren Verlauf und Beschaffenheit ich bis jetzt nur Muthmassungen habe. Indess sind die Zeolithe, deren Normen durch ganze Zahlen ausgedrückt sind, wohl verhältnissmässig häufiger als beim Feldspath, und x scheint vorzüglich durch die Werthe 4, 6, 8 und 12 vertreten, welche nach dem herkömmlichen Sprachgebrauch dem Anorthit, Labrador, Andesin und Albit entsprechen würden. Hiernach zerfallen die Zeolithe zuerst in 4 Gruppen, in denen sich die Species durch 1, 2, 3 bis δ Atome Wasser unterscheiden.

Aus der Betrachtung der Übersicht geht indess deutlich hervor, dass in den vier Gruppen die Werthe von δ

noch sehr ungleich vertreten sind, und es ist zu erwarten, dass demnächst durch fortgesetzte Untersuchungen der Zeolithe die noch offenen Lücken für dieselben nach und nach ausgefüllt werden. Dass die Werthe von δ nicht in das Unbestimmte wachsen können, ist einleuchtend, vielleicht wird, wie beim Feujasit, die Zahl 9, die schon sehr selten vorzukommen scheint, nicht überschritten.

Es wird dem Beobachter nicht entgangen sein, dass mehrere durch die Crystallsysteme sehr charakteristisch verschiedene Zeolithspecies dieselbe Norm besitzen, wie Laumonit *) und Phillipsit, Harmotom **) und Herschelit, Heulandit und Epistilbit. Man muss diese Körper, deren Anzahl vielleicht noch vermehrt werden wird, als dimorphe Gebilde betrachten, so gut wie Arragonit und Kalkspath, oder Schwefel- und Wasserkies; doch sind diese Verhältnisse namentlich in Bezug auf ihre Entstehung noch weiter zu verfolgen. Dass die Zeolithe aus wässrigen Lösungen, Thonerde- und Alkalien-haltigen Kieselgallerten herauscrystallisirt sind, ist nicht zu bezweifeln. Die während dieses Vorgangs herrschenden

*) Analysen über den Laumonit habe ich nicht zu machen Gelegenheit gehabt, doch entsprechen die Untersuchungen von Delffs und v. Babo der Norm (8, 3, 1, 4).

**) Die Harmotom-Analysen stimmen bis jetzt untereinander noch nicht so überein, als man es wohl wünschen möchte, auch hat man es versucht, daraus verschiedene zum Theil unbeholfene stöchiometrische Formeln abzuleiten. Die neusten Untersuchungen (siehe Rammelsbergs Handw. Supp. IV. 94) bestätigen jedoch die von mir in obiger Uebersicht angenommene Norm (1, 3, 8, 5).

Temperaturen und auch vielleicht Druckverhältnisse, denen sie während des Crystallisirens ausgesetzt gewesen sind, scheinen die Ursachen dieses Dimorphismus zu sein. Zur Feststellung einer Zeolithspecies sind daher 3 Elemente erforderlich, die Norm des Feldspaths aus dem sie abgeleitet wird, ihr Wassergehalt oder das davon abhängige δ und das ihr zugehörige Crystallsystem.

Ein jeder Feldspath von der Norm (x, 3, 1), wo x den ganzen Zahlen 4, 6, 8, 12 entspricht, geht in einen Zeolith über, wenn ihm das Glied $\frac{\delta hM}{100}$ hinzugefügt wird.

Um die procentische Zusammensetzung desselben zu erhalten, ist jeder einzelne Bestandtheil, z. B. die Kieselerde, mit dem Factor $L = \frac{10000}{10000 + \delta hM}$ zu multipliciren.

Beispielsweise nehmen wir die Analyse des Anorthits von Abich:

Kieselerde	43,642
Thonerde	35,370
Eisenoxyd	0,677
Kalkerde	18,865
Magnesia	0,339
Natron	0,568
Kali	0,539
	100,000.

Es wird das aus $\dot{R}$ und $\ddot{R}$ abgeleitete $M = 5,5944$. Dieser Anorthit verwandle sich zu Thomsonit, d. h. es wird $\delta = 2$ und $L = 0,88826$, so ist die procentische Zusammensetzung des letztern folgende:

	I. Thomsonit berech. aus Anorthit.	II. Thomsonit von den Cyclopen.
Kieselerde	38,764	38,955
Thonerde	31,417	30,732
Eisenoxyd	0,601	
Kalkerde	16,756	13,030
Magnesia	0,301	
Natron	0,504	5,177
Kali	0,477	0,975
Wasser	11,180	11,131
	100,000	100,000.

Der aus dem vesuvianischen Anorthit abgeleitete Thomsonit unterscheidet sich von dem von mir analysirten aus den Doleriten der Cyclopen-Inseln bei Catania hauptsächlich durch eine verschiedene Vertheilung der isomorphen Bestandtheile.

Nehmen wir dagegen eine gleiche Vertheilung derselben an und reduciren wir danach die Analyse I auf II, so findet man folgende Vergleichung:

Kieselerde	38,567	38,955	+ 0,388
Thonerde	31,637	30,732	— 0,905
Kalkerde	12,685	13,030	+ 0,345
Natron	5,040	5,177	+ 0,137
Kali	0,949	0,975	+ 0,026
Wasser	11,122	11,131	+ 0,009
	100,000	100,000.	

Diese Übereinstimmung lässt wenig zu wünschen übrig, zumal wenn man sich erinnert, dass zu der Analyse des Thomsonit von den Cyclopen-Inseln mir nur sehr weniges Material zu Gebote stand, so dass bei derselben grössere Beobachtungsfehler unvermeidlich waren, In derselben Weise würde man aus dem Labradorischen Feldspath mit $\delta = 2$ den Natrolith, mit $\delta = 3$ den Scolezit ableiten können; oder aus dem Albit mit $\delta = 5$ den Heulandit, mit $\delta = 6$ den Desmin u. s. w.

Dagegen können aus einem jeden Feldspath von der Norm (1, 3, x) zwei verschiedene Reihen von Zeolithen, basische und neutrale, von verschiedenem Wassergehalt zur Ableitung gebracht werden; indem jener in zwei Theile zerfällt.

Es entstehen dann allgemein die Zeolithe, deren Normen folgende sind:

$$(1, 3, n, \delta)$$
$$(1, 3, m, \delta').$$

Setzen wir z. B. $n = 8$, $m = 12$, so können aus dem ersten Theile Analcim, Chabasit, Phillipsit u. s. w., aus dem zweiten Heulandit, Epistilbit und Desmin gebildet werden.

Ein Zahlenbeispiel wird hier noch einen Platz finden:

Die Feldspathanalyse Nr. 50, Oligoklas von Arendal, untersucht von Rosales Seite 46, gibt folgende Zahlen:

Kieselerde	62,209
Thonerde	23,613
Eisenoxyd	0,615
Kalkerde	4,564
Magnesia	0,020
Natron	7,937
Kali	1,042
	100,000.

Zerlegt man diesen Feldspath nach den Normen (1, 3, 8) und (1, 3, 12), so erhält man zuerst die Gleichungen:

$$12\nu + 8\omega = 32{,}925$$
$$3\nu + 3\omega = 11{,}221$$
$$\nu + \omega = 3{,}533.$$

Aus denselben bestimmt man $\nu = 0{,}7921$ und $\omega = 2{,}9275$.

Setzen wir ferner $\lambda = 2{,}9508$, $\mu = 0{,}0492$, a $= 0{,}3673$, b $= 0{,}0023$, c $= 0{,}5803$, d $= 0{,}0501$, so findet man die berechneten Sauerstoffmengen für die beiden Theile:

$\dddot{Si}$,	9,5052	+	23,4200	=	32,9252
$\ddot{Al}$,	2,3373	+	8,6386	=	10,9759
$\ddot{Fe}$,	0,0390	+	0,1440	=	0,1830
$\dot{Ca}$,	0,2910	+	1,0754	=	1,3664
$\dot{Mg}$,	0,0018	+	0,0066	=	0,0084
$\dot{Na}$,	0,4097	+	1,6990	=	1,1087
$\dot{Ka}$,	0,0396	+	0,1465	=	0,1861.

Die zu diesen Sauerstoffmengen gehörenden Erden sind alsdann:

					Berech.	Beob.
Kieselerde	17,959	+	44,250	=	62,209	62,209
Thonerde	5,000	+	18,482	=	23,482	23,613
Eisenoxyd	0,130	+	0,481	=	0,611	0,615
Kalkerde	1,023	+	3,782	=	4,805	4,564
Magnesia	0,004	+	0,017	=	0,021	0,020
Natron	1,780	+	6,578	=	8,358	7,937
Kali	0,234	+	0,863	=	1,097	1,042
	26,130		74,453		100,583	100,000.

Der erste neutrale, albitische Theil nehme ein Mal 5, dann 6 Atome Wasser auf, so gehen die Verbindungen von Heulandit und Desmin daraus hervor.

Man erhält alsdann folgende Zusammensetzung des berechneten Heulandits:

	Berech.	Beob. von Berufiord
Kieselerde	58,719	58,881
Thonerde	16,348	16,806
Eisenoxyd	0,425	0,121
Kalkerde	3,345	7,377
Magnesia	0,015	0,289
Natron	5,819	0,572
Kali	0,764	1,634
Wasser	14,565	14,320
	100,000	100,000.

Ferner ergibt sich die Zusammensetzung des Desmins:

	Berech.	Beob. von Eskifiord
Kieselerde	57,056	57,929
Thonerde	15,886	16,373
Eisenoxyd	0,413	—
Kalkerde	3,251	7,783
Magnesia	0,014	0,133
Natron	5,654	0,608
Kali	0,742	0,343
Wasser	16,984	16,831
	100,000	100,000.

Wird ferner in der Norm des zweiten basischen Theils $\delta = 2$, so ergibt sich die Zusammensetzung des Analcims.

Man findet:

Analcim	berech. mit (8, 3, 1, 2).	Beob. v. Cyclopen
Kieselerde	54,604	53,766
Thonerde	22,807	24,050
Eisenoxyd	0,593	
Kalkerde	4,666	1,234
Magnesia	0,021	0,053
Natron	8,116	7,928
Kali	1,065	4,462
Wasser	8,128	8,508
	100,000	100,000.

Endlich wird die Zusammensetzung des Phillipsits, indem $\delta = 4$ wird, folgende:

	Berech.	Beob. von Palagonia
Kieselerde	50,500	48,899
Thonerde	21,091	21,302
Eisenoxyd	0,549	0,720
Kalkerde	4,316	3,279
Magnesia	0,020	1,440
Natron	7,507	3,450
Kali	0,985	6,215
Wasser	15,032	14,695
	100,000	100,000.

Dass die aus einem Feldspath von der Norm (1, 3, x) so abgeleiteten Zeolithgruppen in Rücksicht auf die Vertheilung der isomorphen Basen, von den zufälliger Weise beobachteten öfter beträchtlich abweichen, ist sehr natürlich; bei einer in beiden gleichen Vertheilung derselben würde aber eine fast vollständige Übereinstimmung herbeigeführt werden.

Das Eisenoxyd und die Magnesia sind in den crystallisirten Feldspathen und den aus ihnen abgeleiteten Zeolithen von geringer Bedeutung; dagegen werden die grössten Schwankungen durch Kalk und Natron herbeigeführt. Die isländischen Heulandite, Desmine, Scolezite u. s. w. sind in der Regel reich an Kalk und ärmer an Alkalien, da sie aus Feldspathen hervorgegangen sind, die ihrer Abkunft zu Folge durchschnittlich reicher an Kalkerde sind.

Am Schlusse meiner Arbeit werde ich noch ein Mal auf die Umwandlung der Feldspathe in Zeolithe zurückkommen und auf die relative Vertheilung der Bestandtheile in $\ddot{R}$ und $\dot{R}$ in beiden Mineralkörpergruppen aufmerksam machen.

Dass das verschiedenartige Auftreten der Alkalien in $\dot{R}$ zur Species-Bestimmung sich nicht eignet, ist bei der Zeolithgruppe ebenso einleuchtend wie beim Feldspath. Danach würde z. B. Levyn, Gmelinit und Chabasit in eine Species zu vereinigen sein.

Die Zusammensetzung der Zeolithe würde sich in ähnlicher Weise graphisch darstellen lassen, so wie ich es beim Feldspath gethan habe, indess sind dazu, wie ich glaube, die Beobachtungen nicht zahlreich genug und bedürften jedenfalls einer critischen Discussion und weiteren Bearbeitung.

Bei unsern Untersuchungen ist immer angenommen worden, dass die Kieselsäure drei Atome Sauerstoff enthalte und danach sind die stöchiometrischen Formeln eingerichtet worden. Es ist indess nicht zu leugnen, dass dieselben in mancher Art geschmeidiger werden, wenn die Kieselsäure mit zwei Atomen Sauerstoff angenommen wird. Namentlich gilt dieses in Bezug auf die Atome des Wassers, die nach der letzten Weise immer den in der Norm auftretenden Werth δ behalten, während sie, wo 3 nicht in x aufgeht, mit 3 zu multipliciren sind, und daher die grossen Zahlen 15, 18, 21 u. s. w. in den Formeln erscheinen können.

So werden z. B. die Formeln Si mit zwei oder drei Atomen Sauerstoff für einige Zeolithe aus den 4 Gruppen folgende:

	I.	II.
Thomsonit	$\dot{R}\ddot{Si} + \dddot{\bar{Al}}\ddot{Si} + 2\dot{\bar{H}}$	$\dot{R}^3\dddot{Si} + 3\dddot{\bar{Al}}\dddot{Si} + 6\dot{\bar{H}}$
Scolezit	$\dot{R}\ddot{Si} + \dddot{\bar{Al}}\ddot{Si}^2 + 3\dot{\bar{H}}$	$\dot{R}\,\dddot{Si} + \dddot{\bar{Al}}\dddot{Si} + 3\dot{\bar{H}}$
Chabasit	$\dot{R}\ddot{Si}^2 + \dddot{\bar{Al}}\ddot{Si}^2 + 6\dot{\bar{H}}$	$\dot{R}^3\dddot{Si}^2 + 3\dddot{\bar{Al}}\dddot{Si}^2 + 18\dot{\bar{H}}$
Desmin	$\dot{R}\ddot{Si}^3 + \dddot{\bar{Al}}\ddot{Si}^3 + 6\dot{\bar{H}}$	$\dot{R}\,\dddot{Si}^2 + \dddot{\bar{Al}}\dddot{Si}^2 + 6\dot{\bar{H}}$

Die Formeln der ersten Art werden bedeutend einfacher und im Vergleich mit einander symmetrischer. Die Vertheilung der Säure an die beiden Radicale ist auch hier in verschiedener Weise möglich.

Nach unserer ursprünglichen Definition sind in die Zeolithfamilie alle wasserhaltige Doppelsilicate von der Norm (x, 3, 1, δ) aufgenommen worden. Ähnliche, jedoch nach andern Normen gebildete, Doppelsilicate gehören daher nicht in diese, sondern in andere Gruppen, so z. B. der Prehnit, dem die Norm (6, 3, 2, 1) zukömmt.

Man könnte vielleicht am zweckmässigsten die Zeolithe in zwei Ordnungen eintheilen, und wie beim Palagonit die, welche direct aus dem Feldspath abgeleitet sind und die Norm (x, 3, 1, δ) besitzen, orthotype, die andern mit der Norm (x, 3, 2, δ) heterotype Zeolithe nennen. Die letztern sind jedoch in der Natur sehr viel weniger verbreitet und ihre Bildung ist, wie ich glaube, noch an besondere Nebenbedingungen geknüpft.

XI. Einige Beiträge zur Kenntniss der wasserfreien und wasserhaltigen Silicate im Bezug zum Feldspath und zu den vulkanischen Formationen im Allgemeinen.

---

1. Cyclopit.

In den doleritischen Gesteinen des grösseren aber niedrigern Cyclopenfelsens bei Catania werden viele Höhlungen und Spalten angetroffen, welche mit Crystallen wasserhaltiger und wasserfreier Silicate ausgekleidet sind. Zu den erstern gehören vorzugsweise

Analcim, Mesolith und Thomsonit; zu den zweiten Augit, Asbest, Granat und ein bisjetzt noch ununtersuchtes Mineral, dem ich den Namen Cyclopit beigelegt habe.

Der Cyclopit verhält sich ähnlich wie der Augit und Feldspath, welche man als wasserfreie Silicate betrachtet, die aber immer geringe Mengen, ein halbes Procent bis fast zu zwei Procenten Wasser enthalten.

Der Cyclopit erscheint in kleinen, weissen, durchscheinenden, rautenförmigen Täfelchen crystallisirt, die dem triclinoedrischen Systeme angehören.

Diese kleinen Crystalle, die selten 1,5 Millimeter in der Länge übersteigen, lassen eine Reihe von Flächen erkennen, die mit denen des Anorthits und Labradors die allergrösste Ähnlichkeit haben, so dass ich anfangs glaubte, nur einen Feldspath zu erblicken.

Zwei sehr sorgfältige mit sehr geringen Mengen dieses Minerals ausgeführte quantitative Analysen gaben zwar eine dem Anorthit ähnliche, doch charakteristisch verschiedene Zusammensetzung. Der Cyclopit enthält:

Kieselerde	41,451
Thonerde	29,830
Eisenoxyd	2,201
Kalk	20,831
Magnesia	0,656
Natron	2,320
Kali	1,717
Wasser	1,914
	100,920.

Kieselerde, Thonerde und Eisenoxyd wurden doppelt bestimmt.

Die wasserfreie auf 100 reducirte Zusammensetzung ist:

		Sauerstoff
Kieselerde	41,073	21,738
Thonerde	29,558	13,817
Eisenoxyd	2,181	0,639
Kalkerde	20,641	5,870
Magnesia	0,650	0,260
Natron	2,299	0,594
Kali	1,701	0,289
Wasser	1,897	1,686
	100,000.	

Nehmen wir ⅓ des Sauerstoffs des Wassers in $\dot{R}$ mit auf, so erhält man mit der Norm (3, 2, 1)

M = 7,265	Beobach.	Berech.	
$\dddot{Si}$	21,738	21,795	+ 0,057
$\dddot{R}$	14,456	14,530	+ 0,074
$\dot{R}$	7,575	7,265	— 0,310.

Die wasserfreie auf 100 reducirte Verbindung dagegen wird:

Kieselerde	41,867	22,159
Thonerde	30,130	14,083
Eisenoxyd	2,223	0,666
Kalkerde	21,040	5,9833
Magnesia	0,663	0,2645
Natron	2,343	0,6052
Kali	1,734	0,2943
	100,000.	

M = 7,366	Beob.	Berech.	(3, 2, 1)
$\dddot{Si}$	22,159	21,798	— 0,361
$\dddot{R}$	14,749	14,732	— 0,017
$\dot{R}$	7,147	7,366	+ 0,219.

Vergleichen wir beide Rechnungen mit einander, so sind in denselben die Beobachtungsfehler etwa von derselben Ordnung, obgleich sie im ersten Falle etwas kleiner ausfallen und daher zu Gunsten der Ansicht Scheerers sprechen.

Im ersten Falle findet sich zwischen Rechnung und Beobachtung folgende Übereinstimmung:

	Beob.	Berech.	
Kieselerde	41,073	41,180	+ 0,107
Thonerde	29,558	29,709	+ 0,151
Eisenoxyd	2,181	2,192	+ 0,011
Kalkerde	20,641	19,797	— 0,844
Magnesia	0,650	0,623	— 0,027
Natron	2,292	2,205	— 0,094
Kali	1,701	1,632	— 0,069
Wasser	1,897	1,819	— 0,078
	100,000.		

Die stöchiometrische Formel für dieses Mineral wird sodann:

$$\dot{R}^3 \dddot{Si} + 2 \dddot{\bar{R}} \dddot{Si}.$$

Der Cyclopit unterscheidet sich also von der ganzen Reihe der Feldspathe durch ein wesentlich verschiedenes Princip der Zusammensetzung, und hat daher das Recht, als eine eigenthümliche, charakteristische, sehr bestimmte Species zu gelten. Er ist selbst noch basischer als der Anorthit, und ist daher in concentrirter Salzsäure vollkommen aufzuschliessen.

Das spec. Gewicht hat aus Mangel an Material nicht ermittelt werden können. Es wird wahrscheinlich das des Anorthits noch etwas übertreffen und etwa zu 2,7 anzunehmen sein. Die Härte ist der des Anorthits gleich, etwas unter 6. Die Beschreibung der crystallographischen Verhältnisse, soweit diese zu ermitteln sind, werde ich gelegentlich als Nachtrag zu dieser Arbeit mittheilen.

2. Petalit.

Obgleich es wahrscheinlich ist, dass der Petalit in die allgemeine Reihe der Feldspathe aufgenommen werden müsse, so hat es immer noch nicht gelingen wollen, seine feste stöchiometrische Zusammensetzung auf eine befriedigende Weise darzulegen. Es sind zwar manche Umstände vorhanden, die bei der Aufstellung einer chemischen Formel für den Petalit störend einwirken und eingewirkt haben, doch reichen sie nicht aus, das vorliegende Dunkel vollständig zu motiviren.

Die Analysen von Arvedson, Gmelin und Hagen führen nicht zu dem gewünschten Ziele, wesshalb ich aufs Neue mehrere mit sehr grosser Sorgfalt durchgeführte Untersuchungen vorgenommen habe, die aber ebenso wenig meinen Erwartungen entsprechen.

Der sehr hohe Kieselerdegehalt des Petalits und der dadurch bedingte sehr kleine Werth von M, sodann die Schwierigkeit der Trennung von Natron und Lithion, so wie der bei der Aufstellung der Formel nicht berücksichtigte Wassergehalt erklären nur unvollständig das hier in Frage stehende Problem, und trotz der grössten Aufmerksamkeit, welche ich auf mehrere Analysen verwandte, bin ich zu keinem zufriedenstellenden Endresultate gelangt.

Ich untersuchte zuerst einen schwach röthlichen Petalit von Utö; das Mittel aus zwei Analysen gab folgendes Resultat:

Kieselerde	76,738
Thonerde	18,657
Eisenoxyd	0,078
Manganoxyd	0,099
Kalkerde	0,618
Magnesia	0,099
Lithion	2,689
Wasser	0,969
	99,947.

In diesem Petalit befindet sich kein Natron, unter der Voraussetzung, dass das Atomgewicht des Lithions = 181,66 nahe zu richtig ist. Ich fand nämlich am Ende der Analyse

	Beob.	Berech.
$\ddot{S}\dot{L}i$ =	0,3845	0,1859
$\ddot{S}$ =	0,1359.	

Das aus dem schwefelsauren Salze berechnete $\dot{L}i$ = 0,0486. Angewandt zur Analyse 1,8073. Daraus folgt der procentische Gehalt des Lithions = 2,689.

Darauf untersuchte ich einen weissen durchscheinenden sehr ausgezeichneten Petalit von Utö aus der Sammlung des Herrn Hofrath Wöhler, von dem man gewiss eine homogene Zusammensetzung voraussetzen darf.

Eine doppelte Analyse lieferte im Mittel folgende Zahlen:

Kieselerde	74,601	39,488	39,488
Thonerde	16,942	7,919	7,967
Eisenoxyd	0,163	0,048	
Kalkerde	0,728	0,207	
Magnesia	0,103	0,041	
Natron	0,049	0,013	2,175
Lithion	2,982	1,642	
Wasser	0,917	0,272	
	96,485.		

Der Verlust von 3½ Procent ist in dieser mit Vorsicht ausgeführten Analyse kaum zu erklären, es müsste sonst sein, dass ein flüchtiger Stoff übersehen worden wäre. Fluor konnte ich darin nicht auffinden. Zur Trennung von Lithion und Natron habe ich die indirecte Methode angewandt, welche die richtige Bestimmung des Atomengewichts des Lithions voraussetzt.

Die letzte Analyse führt zum Ergebniss, dass beim Petalit entweder die Norm (x, 4, 1) angenommen werden müsse, in diesem Falle würde er nicht mit in die Reihe der Feldspathe zu rechnen sein, oder er ist, was ich für wahrscheinlicher halte, eine Verbindung aus zwei Körper-Gruppen, deren Trennung bis jetzt noch nicht zu bewerkstelligen war.

In Folge der Herausgabe dieser Blätter fehlt es mir an Zeit, diesen für die Mineralogie nicht uninteressanten Gegenstand weiter zu verfolgen, den ich aber gelegentlich noch zu erledigen hoffe.

3. Der Xylochlor.

Im nordöstlichen Island, nur wenige Minuten südlich vom Polarkreise, etwa eine Meile gegen Osten von der

Handelsfactorei Husavik entfernt, wird die Küste durch fast senkrechte etwa 200 Fuss hohe Felsen bezeichnet, welche aus einem sehr eigenthümlichen submarinen vulkanischen Tuffe bestehen, den wir gelegentlich näher beschreiben werden. Am Fusse dieses Abhanges, über den mehrere brausende Bäche in das Meer herabstürzen, führt von Husavik aus ein schmaler Pfad, den die Wellen der wachsenden Fluth hin und wieder bespülen, bis zu dem Hofe von Halbjarna-Stadr Kambur. Der vulkanische Tuff dieses Felsens, der sich, wie wohl nirgend in Island, durch einen unübersehbaren Reichthum tertiärer Conchylien auszeichnet, bietet auch einige andere mineralogische Merkwürdigkeiten dar.

Ein Lager von Surturbrand wird nämlich in seinen oberen Schichten wahrgenommen, so wie einzelne fossile Holzstücke, durch die ganze Formation verbreitet, ziemlich häufig aufgefunden werden. Einige derselben zeigen noch die Holzfaser, andere, bei denen die Jahresringe sehr deutlich erscheinen, sind in Kalkspath verwandelt.

Meine Aufmerksamkeit wurde besonders durch ein Stück eines fossilen Baumstamms erregt, das von Aussen eine braungrüne Farbe besass, dessen Inneres aber mit einem sehr eigenthümlichen, olivengrünen, crystallisirten Mineral ausgefüllt war. Die Crystalle besitzen die Länge von 1 bis 1,5 Millimetern und gehören dem monodimetrischen Systeme an. Sie zeigen meist doppelte vierseitige Pyramiden von quadratischer Basis. Der Winkel an den Polkanten ist, da die Flächen nur sehr schwach spiegeln, approximativ zu 96 bestimmt worden. Die

Spaltbarkeit ist, wie beim Apophyllit, normal auf der Hauptaxe. Das Spec. Gew. ist = 2,2904. Die Härte ist der des Feldspaths gleich, vielleicht noch etwas grösser. Ich habe 3 Analysen dieses Minerals vorgenommen. Die erste glückte nur theilweise, die beiden andern, die mit Sorgfalt ausgeführt sind, ergeben folgende, wohl mit einander übereinstimmende Resultate:

	I.	II.	Mittel
Kieselerde	51,933	52,208	52,070
Thonerde	1,618	1,463	1,540
Kalkerde	20,220	20,929	20,574
Magnesia	0,446	0,205	0,326
Eisenoxydul	3,085	3,721	3,403
Natron	0,758	0,348	0,553
Kali	3,947	3,585	3,766
Wasser	17,136	17,136	17,136
Spuren v. Mangan	99,143	99,595	99,368.

Der Xylochlor ist ein dem Apophyllit nah stehendes Mineral, obgleich seine crystallographischen Abmessungen und seine chemische Zusammensetzung, die auf eine sehr einfache stöchiometrische Formel führt, nicht unbeträchtlich von jenem verschieden sind, so dass eine selbstständige Mineralspecies, für die ich den Namen Xylochlor (Holzgrün) vorschlage, gerechtfertigt erscheint.

In genetischer Beziehung ist der Xylochlor sehr interessant, da er über die Bildung der wasserhaltigen Silicate wesentlichen Aufschluss ertheilt, doch werde ich darauf an einem andern Orte ausführlicher einzugehen Gelegenheit finden.

Reduciren wir das Mittel aus den beiden Beobachtungen auf 100 und berechnen die zugehörigen Sauerstoffmengen, so findet sich:

Kieselerde	52,401	27,734	
Thonerde	1,549	0,724	
Kalk	20,705	5,888	
Magnesia	0,328	0,131	
Eisenoxydul	3,425	0,760	7,568
Natron	0,557	0,144	
Kali	3,790	0,645	
$\ddot{C}$ + Wasser	17,245	15,331	
	100,000.		

In den hier mitgetheilten Analysen ist jedenfalls noch eine gewisse Beimischung von kohlensaurem Kalk enthalten, der sich auch bei der grössten Vorsicht ohne Anwendung von Säuren aus dem Minerale nicht ganz entfernen liess.

Mit Annahme der Norm (4, 1, 2) ist die Beimischung von $\dot{C}a\ddot{C}$ leicht zu ermitteln und es findet sich an Kalk 2,237 und an Kohlensäure 1,702 als fremde Beimischung.

Nach Abzug des kohlensauren Kalks wird die auf 100 reducirte Verbindung des Xylochlors folgende:

	Beob.	Berech. mit (4, 1, 2) und M = 7,3181	
Kieselerde	54,550	54,355	− 0,195
Thonerde	1,613	1,607	− 0,006
Kalkerde	19,225	19,500	+ 0,275
Magnesia	0,342	0,347	+ 0,005
Eisenoxydul	3,565	3,616	+ 0,051
Natron	0,580	0,588	+ 0,008
Kali	3,945	4,001	+ 0,056
Wasser	16,180	16,464	+ 0,284
	100,000.		

Die stöchiometrische Formel des Xylochlor wird, je nachdem in der Kieselerde 2 oder 3 Atome Sauerstoff angenommen werden:

$$\dot{R}^3\ddot{S}i^4 + 6\dot{H}, \quad \dot{R}\ddot{S}i^2 + 2\dot{H}.$$

4. Grünerde.

Die Grünerde ist ein Mineralkörper, der mit dem Erscheinen des Zeoliths in Island und auf Faroe im innigsten Zusammenhange steht, der aber mit Ausnahme geringer Spuren den sicilianischen Formationen fremd ist.

Die Grünerde findet sich sehr häufig in den zeolithreichen Gesteinen von Eskifiord und Berufiord im östlichen Island und ist besonders am letzten Orte durch eine sehr intensiv grüne Farbe ausgezeichnet. Sie kleidet entweder die Blasenräume der vulkanischen Gesteine aus, oder umhüllt in dünnen, ebenen, regelmässig abgelagerten Krusten, derbe Mandeln von Heulandit, Epistilbit und Kalkspath.

In den Gebirgen von Eskifiord werden nicht selten grössere Massen derselben in zersetzten vulcanischen Gesteinen ausgeschieden gefunden.

Die Farbe der Grünerde wird in der Regel dem Eisenoxydul zugeschrieben, welches auch daran Theil nimmt; indess ist das Vanadin als färbende Substanz, welches ich mehrfach aus den Grünerden von Eskifiord und Berufiord dargestellt habe, darin bis jetzt übersehen worden.

Der Gehalt des Vanadins in den isländischen Grünerden ist jedenfalls nur gering, und es hat mir nicht gelingen wollen, denselben quantitativ zu bestimmen.

Während das Vanadin öfter ausserordentlich deutlich hervortrat und alle charakteristischen Reactionen zeigte, war es zu andern Malen in derselben Grünerde gar nicht oder kaum wahrzunehmen; die Ursache davon habe ich bis jetzt nicht ermitteln können.

Es verdient bemerkt zu werden, dass die schöne Grünerde von Berufiord mit einem tief dunkelgrünen, fast schwarzen, blättrigen, dem Chlorit ähnlichen und einem andern kirschrothen amorphen, ebenfalls in feinen Überzügen vertheilten Minerale gemeinsam vorkömmt. Die Zusammensetzung der beiden letztern habe ich bis jetzt aus Mangel an Zeit noch nicht ermitteln können, auch ist es zweifelhaft ob mir eine Analyse gelingen wird, da ich nur über sehr kleine Quantitäten zu verfügen habe.

Das dunkelgrüne chloritartige Mineral umkleidet jedesmal zuerst die Zeolithmandeln und wird dann von der Grünerde meist vollständig umhüllt, so dass es öfter nur im Queerschnitt der Mandeln als eine kaum millimeterdicke Schicht zum Vorschein kömmt.

In Bezug auf die Umwandlungen, denen die vulkanischen Gesteine von Island im Laufe der Zeit ausgesetzt gewesen sind, schien es mir von besonderem Interesse die verschiedenen Grünerden zu analysiren.

Die eben erwähnte Grünerde von der Oberfläche der Zeolithmandeln von Berufiord hat nach meinen Untersuchungen folgende Zusammensetzung:

			Sauerstoff
Kieselerde	52,039	52,365	27,715
Thonerde	4,930	4,961	2,319
Kalkerde	1,383	1,392	0,396
Magnesia	4,264	4,291	1,719
Eisenoxydul	25,539	25,700	5,704
Kali	6,034	6,072	1,030
Wasser	5,186	5,219	4,639
	99,375	100,000.	

Nach Scheerers Theorie, bei Annahme des Verhältnisses vom Sauerstoff in ($\dddot{Si}$) zu dem Sauerstoff in ($\dot{R}$) wie 3 : 1 und $M = 9,8172$, findet sich:

	Beob.	Berech.	
($\dddot{Si}$)	29,261	29,452	+ 0,191
($\dot{R}$)	10,389	9,817	— 0,572.

Die Übereinstimmung zwischen Rechnung und Beobachtung ist eben nicht günstig, doch scheint an der Richtigkeit der stöchiometrischen Formel

$$(\dot{R})(\dddot{Si}),$$

welche Scheerer auch für die Grünerde vom Mt. Baldo bei Verona aufstellt *), kein Zweifel zu sein.

Es ist zu beachten, dass sowohl bei der Grünerde vom Mt. Baldo, als auch bei der von Berufiord, $\dot{R}$ etwas zu gross ausfällt; ich vermuthe, dass die Ursache davon einer geringen Beimischung von kohlensaurem Kalk zuzuschreiben ist. Der innige Zusammenhang desselben

*) Isomorphismus und Polymerer Isomorphismus von T. Scheerer. Braunschweig 1850. Seite 50.

mit der Grünerde ist sehr beachtenswerth und scheint über die Bildungsweise der Letztern Licht zu verbreiten.

Dass die Grünerde als ein Zersetzungsproduct des Augits angesehen werden muss, kann kaum bezweifelt werden, auch sind Pseudomorphosen derselben nach Augit aus dem Fassathal besonders geeignet, diese Ansicht noch zu unterstützen.

Die crystallinischen Gebirge von Island, aus denen die verschiedensten Zersetzungsproducte hervorgegangen sind, enthalten nur Feldspath, Augit, Olivin und Magneteisenstein. Aus dem Feldspath, welcher hauptsächlich zur Zeolithbildung verwandt wird, ist die Grünerde nicht abzuleiten, obwohl das in derselben enthaltene Kali aus dieser ersten Quelle fliessen muss.

Ebenso ist der Olivin, der ausserdem in den neuern vulkanischen Gesteinen Islands durchschnittlich kaum 2 Procent übersteigt, nicht dazu geeignet, aus sich die Grünerde hervorgehen zu lassen. Wir werden daher hauptsächlich auf den Augit und Magneteisenstein zurückgeführt.

Die weitere Betrachtung über diesen hier angedeuteten metamorphischen Process werde ich bis zum Schlusse dieser Arbeit versparen.

Ich habe ferner eine Grünerde von Eskifiord, deren Spec. Gew. = 2,677 gefunden wurde, einer Analyse unterworfen, welche folgendes Resultat ergeben hat:

Kieselerde	60,085
Thonerde	5,280
Kalkerde	0,095
Magnesia	4,954
Eisenoxydul	15,723
Natron	2,514
Kali	5,036
Wasser	4,444
	98,131.

Diese Grünerde, welche eine mehr lichtgrüne Färbung besitzt und namentlich mit helleren Streifen durchzogen wird, ist kein homogenes Mineral. Vermuthlich ist der nach der Formel $(\dot{R})(\ddot{Si})$ gebildeten Grünerde eine gewisse Quantität Kieselerde beigemischt, so dass eine nur sehr unvollkommene Übereinstimmung zwischen Beobachtung und Rechnung erzielt werden kann.

5. Hydrosilicit.

Im Palagonittuff von Palagonia und von Aci Castello werden die Höhlungen und Spalten des Gesteins, in denen der Herschelit und Phillipsit in schönen Crystallgruppen vorkömmt, meistentheils mit einem schneeweissen amorphen Mineralkörper ausgekleidet gefunden, dem ich den Namen Hydrosilicit beigelegt habe. Das spec. Gewicht konnte aus Mangel an Material nicht bestimmt werden; ich schätze dasselbe auf 2,2. Die Härte ist sehr gering und erreicht kaum die der Kreide; der Bruch ist uneben und matt.

Dem Hydrosilicit ist eine nicht unbeträchtliche Menge kohlensauren Kalks beigemischt, der nicht zur Verbindung gehört. Beim Übergiessen mit Salzsäure entweicht das Gas und das Silicat schliesst sich dann ähnlich den Zeolithen sehr leicht auf und gelatinirt.

Da der Hydrosilicit den Palagonit in sehr feinen, kaum millimeterdicken Rinden überkleidet, so hielt es äusserst schwer das hinreichende Material für eine Analyse zu erhalten, und ich sah mich genöthigt mit einer sehr kleinen Menge zu arbeiten, suchte aber diesen Mangel durch eine besondere Vorsicht in den Gewichtsbestimmungen einigermassen auszugleichen. Der Hydrosilicit von Palagonia hat folgende Zusammensetzung:

		Sauerstoff
Kieselerde	42,018	22,239
Thonerde	4,946	2,618
Kalkerde	27,195	
Magnesia	3,408	10,195
Natron	2,507	
Kali	2,669	
Wasser + $\ddot{C}$	15,057	13,386
Unlösl. Rückst.	2,189	
	99,989.	

In der Thonerde sind Spuren von Eisenoxyd enthalten. Der Hydrosilicit erscheint mit dem Phillipsit in sehr enger Verbindung, dient ihm zur Unterlage und ist jedesmal zuerst gebildet worden.

Er lässt sich daher vom Phillipsit kaum vollständig trennen und die in der eben angeführten Analyse befindliche Thonerde scheint grösstentheils nur durch eine Beimischung jenes erklärt werden zu können.

Die Norm des Phillipsits ist den vorhin mitgetheilten Analysen zu Folge (8, 3, 1, 4). Um die Verbindung des reinen Hydrosilicits zu erhalten, muss daher die Beimischung von Phillipsit und kohlensaurem Kalk in Abzug gebracht werden.

Für die mitgetheilte Analyse sind alsdann folgende Gleichungen anzusetzen:

$$2M + 8N = 22{,}239$$
$$3N = 2{,}618$$
$$M + N + Z = 10{,}195$$
$$M + 4N + 2Z = 13{,}386.$$

Aus diesen Gleichungen bestimmt man nach der Methode der kleinsten Quadrate:

$$M = 8{,}012$$
$$N = 0{,}792$$
$$Z = 1{,}178.$$

Legen wir für den Phillipsit in Bezug auf die Vertheilung der isomorphen Basen in $\dot{R}$ die Analyse S. 264 zu Grunde, so wird:

$$a = 0{,}2700$$
$$b = 0{,}1665$$
$$c = 0{,}2581$$
$$d = 0{,}3054.$$

Bringt man die den Grössen N und Z entsprechenden Mengen von Phillipsit und kohlensaurem Kalk in Abzug, und reducirt dann die reine Verbindung des Hydrosilicits auf 100, so findet man:

			Sauerstoff
Kieselerde	44,899	23,763	23,763
Kalkerde	33,322	9,476	
Magnesia	4,600	1,836	12,171
Natron	2,106	0,544	
Kali	1,859	0,315	
Wasser	13,214	11,748	11,748
	100,000.		

Aus diesen Sauerstoffverhältnissen ergibt sich die Norm (2, 1, 1) und die stöchiometrische Formel:

$$\dot{R}^3 \dddot{Si}^2 + 3\dot{H}.$$

Zwischen der Beobachtung und Rechnung zeigt sich dann folgende Übereinstimmung:

M = 11,908 (2, 1, 1)

	Beob.	Berech.	
Kieselerde	44,899	44,999	+ 0,100
Kalkerde	33,322	32,602	— 0,720
Magnesia	4,600	4,500	— 0,100
Natron	2,106	2,060	— 0,046
Kali	1,859	1,819	— 0,040
Wasser	13,214	13,394	+ 0,180
	100,000.		

Dieselbe oder doch eine sehr ähnliche weisse Substanz erscheint ebenfalls in der Gestalt feiner Übergänge in manchen Höhlungen der Palagonitformation von Aci Castello. Es hielt indess äusserst schwer das zur Untersuchung nöthige Material zu bekommen, und ich sah mich daher auch hier genöthigt, mit sehr kleinen Mengen zu arbeiten.

Die Analyse ergab:

Kieselerde	43,314
Thonerde	3,141
Kalkerde	28,701
Magnesia	8,662
Natron } Kali	1,702
Wasser	14,480
	100,000.

Das Verhältniss von Kali zu Natron konnte nicht bestimmt werden, man kann es vorläufig als zu gleichen Theilen vorhanden ansehen.

Die Zusammensetzung des Hydrosilicits von Aci Castello der mitgetheilten Analyse zu Folge, die wir jedoch nur als eine provisorische betrachten, ist von der des Hydrosilicits von Palagonia nicht wesentlich verschieden. In jener bemerkt man nur einen etwas grössern Magnesiagehalt, auf Kosten von Kalk und Alkalien.

Die weissen amorphen Überzüge in den Höhlungen beider Palagonittuffe haben eine sehr ähnliche Zusammensetzung. Sie bestehen vorzugsweise aus Hydrosilicit von der Zusammensetzung $\dot{R}^3 \dddot{Si}^2 + 3\dot{H}$, mit einer Beimischung von kohlensaurem Kalk und Phillipsit, dessen strahlige und büschelförmige Crystalle dem amorphen Mineral meist aufliegen, sich aber auch zwischen dasselbe gewöhnlich so zu verzweigen pflegen, dass eine mechanische Trennung beider kaum zu bewerkstelligen ist.

Es wird dem Leser nicht entgangen sein, dass die stöchiometrische Formel des Hydrosilicits mit der des

Augits übereinstimmt, nachdem derselben 3 Atome Wasser hinzugefügt sind. Der Hydrosilicit ist daher als aus Augit hervorgegangen zu betrachten, er ist, ähnlich der Grünerde, eine Metamorphose des Augits, bei deren Bildung ein sehr erheblicher Austausch der isomorphen Bestandtheile vor sich gegangen ist. Auf die nähere Betrachtung der dabei stattfindenden Verhältnisse werden wir noch ein Mal gegen das Ende unserer Untersuchungen zurückkommen.

XII. Einige allgemeinere Untersuchungen über die Bildung der crystallinischen Gesteine.

Am Schlusse meiner Arbeit beabsichtige ich den Versuch zu machen, die mannichfaltigen von mir soeben mitgetheilten Beobachtungen unter einander zu einem Ganzen zu verknüpfen und dieselben im Zusammenhang zu betrachten. Der Schwierigkeit dieser Aufgabe bin ich mir bewusst, und ich fühle es zu wohl, dass man bei geologischen Betrachtungen den sichern Boden der Erfahrung leicht zu verlassen geneigt ist, der allein eine wissenschaftliche und exacte Grundlage gewährt.

Im Nachfolgenden werde ich daher, so weit als irgend möglich, mich bemühen, meine fernern Forschungen Hand in Hand mit der Beobachtung gehen zu lassen und auf sie gestützt eine Reihe nothwendiger Folgerungen abzuleiten, die mit der Zeit für den Fortschritt der Geologie nicht ganz unwichtig werden können.

Die von mir bisjetzt mitgetheilten Untersuchungen beruhen auf der Annahme von zwei Grundsätzen, welche durch die Erfahrung hinreichend bestätigt sind, nämlich auf der Lehre der Zusammensetzung der Körper nach einfachen Zahlenverhältnissen und auf der isomorphen Substitution.

Scheerers Lehre vom polymeren Isomorphismus habe ich nur bei der Zusammensetzung der Augite erwähnt, sie greift jedoch in das Wesen unserer Untersuchungen nicht ein. Man mag sich die atomistischen Verhältnisse des Augites denken wie man will, so kann man doch in Übereinstimmung mit den Beobachtungen bei ihnen die Vertretung von 3 Atomen Thonerde durch 2 Atome Kieselerde als wirklich vorhanden betrachten und sie nach Umständen als Rechnungsgrösse einführen.

Um in die Bildungsweise der crystallinischen Gebirgsarten auf unserer Erdrinde eine klarere Einsicht zu erhalten, müssen wir zu den beiden ersten Axiomen noch ein drittes hinzufügen, ohne dessen Annahme fast alle geologischen Forschungen im Sande zerrinnen nämlich das vom ursprünglichen feurigflüssigen Zustand unseres Planeten.

Ohne dieses Axiom ist das Wesen der Vulkane und der heissen Quellen, die Erhebung der Gebirge, die Zunahme der Temperatur in den tiefern Erdschichten, die Abplattung des Erdkörpers an beiden Polen, die säculare Bewegung in den erdmagnetischen Elementen und endlich die Bildung der crystallinischen Gesteine nicht genügend zu erklären.

Diesen letzten Gegenstand von einem allgemeinern Gesichtspunkte zu betrachten, als es bisjetzt geschehen ist, wird zunächst meine Aufgabe sein, von der ich indess weit entfernt bin zu glauben, dass sie schon jetzt zu einem befriedigenden Abschlusse gebracht werden könnte. Man kann dieses hier um so weniger erwarten, da in Bezug auf die ältern crystallinischen Gesteine chemisch-mineralogisches Material immer noch nicht in der Menge und Güte existirt, als es zu tiefergreifenden Forschungen unbedingt nöthig ist.

Aber auch ein blosser Versuch, in dieser Richtung einen neuen Weg einzuschlagen, wird nicht missbilligt werden können, und wir werden uns unserm Ziele einen Schritt genähert haben, wenn wir aus den vorhandenen Beobachtungen gewisse Erscheinungen erklären, die sich anf andere Weise nicht erklären lassen, oder die vielleicht bisjetzt ganz und gar übersehen worden sind.

Die crystallinischen Gesteine unserer Erdrinde bestehen gegenwärtig aus Silicatmassen, zum bei weitem grössern Theile aus Kieselsäure und 6 Metalloxyden, Thonerde, Eisen in verschiedenen Oxydationsstufen, Kalkerde, Magnesia, Natron und Kali. Verwandte Körper, z. B. Mangan, Chrom, Lithion u. s. w., können jene mitunter ganz oder theilweise vertreten, ohne eine wesentliche Veränderung herbei zu führen.

Zwischen diesen Silicatmassen, von denen wir theils wissen, theils zu beweisen versuchen, dass sie aus feurigem Flusse hervorgegangen sind, treiben sich Schwefel, Chlor, Phosphor, Kohle, Fluor und vor allem Wasserdampf sporadisch umher, und haben, in Verbindung mit dem Meere und der Atmosphäre jene allmählich in die metamorphischen und sedimentären Gebirgsarten umgewandelt.

Die Bildungsprocesse der metamorphischen Gesteine,

mit Ausnahme einer einzigen bestimmten Gruppe wasserhaltiger Silicate, der Palagonite und Zeolithe, sind hier von unsern Betrachtungen ausgeschlossen; den crystallinischen Gebirgsarten, besonders der neuern Zeit, und ihrer Entstehung schenken wir zunächst unsere Aufmerksamkeit.

Die mittlere Dichtigkeit der Erde hat sich nach Reichs interessanten Versuchen mit der Drehwage zu 5,43 herausgestellt. Die Schichten, welche die äussere feste Oberfläche der Erde bilden, und von denen wir annehmen müssen, dass sie sich aus der ursprünglich crystallinischen Rinde entwickelt haben, so wie viele crystallinische Gebirgsarten selbst, besitzen durchschnittlich kaum die halbe Dichtigkeit, die wir im Mittel der ganzen Kugel zuschreiben.

Es ist daher unläugbar, dass das was an Dichtigkeit, im Vergleich zu der mittlern der Oberfläche abgeht, dem Kerne, oder den innersten Theilen der Erde in erhöhtem Masse zu Gute komme.

Die Erde kann in ihrem frühsten Bildungszustande als eine im feurigen Fluss sich befindende Metalllegirung angesehen werden, um deren dichtesten Kern eine Reihenfolge concentrischer Schichten, deren Dichtigkeit nach der Oberfläche hin abnimmt, sich abgelagert hat.

Die leichtesten Metalle, z. B. Kalium, Natrium, Silicium und andere, müssen daher vorzugsweise an der Oberfläche vertreten sein, während diese in tiefern Schichten bis zum allmähligen Verschwinden durch andere ersetzt werden. Ein continuirlicher Übergang der leichtern Mischung an der Oberfläche zu der specifisch schwerern in der Tiefe kann daher nicht in Abrede gestellt werden.

Diese ebenso einfache als nothwendige Annahme ist im Wesentlichen mit den geologischen Beobachtungen in Übereinstimmung und lässt sich namentlich auf die Lehre von der Bildung der crystallinischen Gesteine mit grossem Vortheil anwenden. Bevor wir jedoch zur Erörterung dieser Verhältnisse übergehen, schicke ich noch folgende allgemeine Betrachtungen vorauf.

Bezeichnen wir mit D^0 die mittlere Dichtigkeit an der Oberfläche, mit D' die Dichtigkeit im Mittelpunkte der Erde, mit $R = 1$ ihren Halbmesser, so kann die Dichtigkeit D einer beliebigen Stelle im Erdinnern, die um die Entfernung r vom Mittelpunkte absteht, durch die Gleichung

$$D = D' - (D' - D^0) rr$$

ausgedrückt werden.

Aus diesem Gesetze für die Zunahme der Dichtigkeit, welches als das zweckmässigste erscheint, und mit Hülfe von D^0 und D'', der mittleren Dichtigkeit des ganzen Erdkörpers, kann die Dichtigkeit im Mittelpunkte und die Dichtigkeit jeder um den Mittelpunkt concentrischen Schicht berechnet werden.

Wir betrachten zuerst die Masse einer unendlich dünnen Kugelschicht.

Diese ist

$$4\pi \, rr \, (D' - (D' - D^0) rr) \, dr.$$

Die ganze Erdmasse findet sich dann:

$$\int_0^1 4\pi D' rr \, dr - \int_0^1 4\pi (D' - D^0) r^4 dr = \tfrac{4}{3}\pi R^3 D''$$

Die Integration gibt:

$$\tfrac{4}{3}\pi D'r^3 - \tfrac{4}{5}\pi(D' - D^0)r^5 = \tfrac{4}{3}\pi R^3 D''$$

Wird das Integral von $r = 0$ bis $r = R = 1$ ausgedehnt, so findet sich:

$$\tfrac{1}{3}D' - \tfrac{1}{5}(D' - D^0) = \tfrac{1}{3}D'',$$

woraus $D' = \frac{5D'' - 3D^0}{2}$ berechnet wird.

Die mittlere Dichtigkeit der ganzen Erde ist nach Reichs Versuchen $= 5{,}43$.

Ein sehr genäherter Werth für D^0 oder für die mittlere Dichtigkeit der äussern ältesten Erdkruste lässt sich aus folgenden Angaben der specifischen Gewichte der in ihr allgemein und hauptsächlich verbreiteten Mineralkörper bestimmen.

Das Spec. Gew. des Orthoklas ist		= 2,52
	des Albits	= 2,62
	des Quarzes	= 2,64
	des Urkalks	= 2,63
	des Glimmers	= 2,92
	Mittel D^0	= 2,66.

Aus D^0 und D'' berechnet man alsdann die Dichtigkeit im Mittelpunkte der Erde

$$D' = 9{,}585.$$

Die Zunahme der Dichtigkeit von der Oberfläche der Erde gegen den Mittelpunkt hin, für einige einfache Werthe von r übersieht man in nachfolgender Tabelle:

r	D	
1,00	2,66	
0,99	2,79	
0,98	2,93	
0,97	3,07	Kalk
0,96	3,20	Magnesia
0,95	3,34	
0,94	3,47	
0,93	3,60	
0,92	3,72	
0,91	3,85	
0,90	3,99	Thonerde
0,80	5,15	Jod, Eisenoxyd
0,70	6,29	Tellur, Chrom
0,60	7,09	Zink, Eisen, Zinn
0,50	7,85	Cobalt, Stahl
0,40	8,47	Uran, Nickel
0,30	8,96	Kupfer
0,20	9,31	
0,10	9,51	
0,00	9,59	Wismuth ... Silber.

Der mitgetheilten Rechnung zu Folge würde in einer Tiefe von etwa 400 Meilen die Dichtigkeit des Meteoreisens zu erwarten sein, und dem Mittelpunkte der Erde eine Dichtigkeit zukommen, die fast das gediegene Silber erreicht.

Nimmt man statt der von Reich beobachteten mittlern Dichtigkeit die Angabe von Baily an, nämlich $D'' = 5,67$, so würde die Dichtigkeit im Mittelpunkte sich $= 10,37$ ergeben.

Es versteht sich von selbst, dass wenn man ein anderes Gesetz für die Zunahme der Dichtigkeit zu Grunde legt, namentlich für D' ein wesentlich verschiedener Werth hervorgehen würde.

Das angenommene Gesetz ist jedenfalls das einfachste und zweckmässigste. Die proportionale Dichtigkeitszunahme $D = D' - (D' - D^0) r$ ist mathematisch nicht zulässig, da für negative Werthe von r eine grössere Dichtigkeit als im Mittelpunkt gefunden wird.

Ausser der allmähligen Dichtigkeitszunahme, von der Oberfläche der Erde gegen ihren Mittelpunkt hin, die bei der Bildung der crystallinischen Gesteine von grösster Bedeutung ist, kommen noch zwei Factoren, nämlich die Druck- und die Abkühlungsverhältnisse, wesentlich in Betracht. Den erstern schenken wir zunächst unsere Aufmerksamkeit.

Wenn von einem Druck im Erdinnern die Rede ist, so kann dieser nur durch elastisch-flüssige oder tropfbarflüssige Körper erzeugt werden. Unter den erstern wird der Wasserdampf die wichtigste Stelle einnehmen, ohne dessen Einfluss das Spiel der vulkanischen Ausbrüche überhaupt nicht erklärt werden kann.

Die Spannung des Wasserdampfes bei den vulkanischen Ausbrüchen ziehe ich jedoch nicht in den Kreis unserer Untersuchungen; auch sind die dadurch erzeugten Druckkräfte wahrscheinlich nur untergeordnete Grössen gegen die, welche in bedeutenden Tiefen durch die feurigflüssige Erdmasse selbst hervorgebracht werden.

Dass der Druck bei vielen geologischen Vorgängen, bei gewissen Gesteinsbildungen am Boden des Meeres, so wie im Innern der Erde bei der Bildung der crystallinischen Gesteine von grosser Bedeutung sei, habe ich theils anderweitig ausgesprochen, theils vermuthet.

Seit einiger Zeit hat Bunsen diesem Gegenstande seine Aufmerksamkeit geschenkt und in Pogg. Ann. Band LXXXI, 562 eine Reihe von Versuchen bekannt gemacht, aus denen hervorgeht, dass die Temperatur des Schmelzpunktes mit dem Drucke wächst.

Die Versuche, von denen es sehr wünschenswerth wäre, dass sie bald in weiterem Umfange ausgeführt würden, zu welcher Hoffnung die vorläufigen Mittheilungen berechtigen, beziehen sich allerdings nur auf zwei leicht schmelzbare organische Substanzen, auf Wallrath und Paraffin.

Beim Wallrath rückt bei einem Drucke von 100 Atmosphären der Schmelzpunkt 2°, 1 C, beim Paraffin bei demselben Drucke 3°, 6 C in die Höhe.

Es kann nicht bezweifelt werden, dass ein hoher Druck in ähnlicher, vielleicht in nicht ganz so merklicher Weise auf erstarrende Silicatmassen wirkt. Wenn bei den letztern, unter einem Druck von 100 Atmosphären, der Schmelzpunkt auch nur um 1° C erhöht wird, so wäre diese Grösse hinreichend, um daraus manche für die Geologie der Erde und namentlich für Bildung der crystallinischen Gesteine wichtige Momente zu erklären.

Das Gesetz der Abhängigkeit des Schmelzpunkts vom Druck bei den verschiedenen Körpern ist bis jetzt noch nicht von Fern bekannt, es würde jedoch für die weitere Entwicklung der Geologie, namentlich für die Bildung der crystallinischen Gesteine, von besonderer Wichtigkeit werden. Die wenigen angeführten Thatsachen scheinen indess noch nicht ausreichend, um daraus neue Schlüsse zu ziehen und auf sie weitgreifendere Untersuchungen zu gründen.

Bunsens vorhin mitgetheilte Beobachtungen haben mich jedoch veranlasst zu untersuchen, welcher hydrostatische Druck an einer beliebigen Stelle im Erdinnern bei der vorhin angegebenen Dichtigkeitszunahme zu erwarten sei.

Der Druck auf die Flächeneinheit und in der Entfernung r, durch eine flüssige Schicht zwischen den Grenzen r und R, deren Dichtigkeitszunahme durch die Gleichung

$$D = D' - (D' - D^0)\,rr$$

ausgedrückt wird, ergibt sich, wie dieses leicht zu sehen ist, folgendermassen:

$$\theta = \int_r^R \frac{1}{rr}\left(\tfrac{4}{3}\pi D' r^3 - \tfrac{4}{5}\pi (D' - D^0) r^4\right)\left(D' - (D' - D^0)\,rr\right) dr =$$

$$\tfrac{2}{3}\pi D'D'(R^2 - r^2) - \tfrac{4}{15}\pi (D' - D^0) D'(R^3 - r^3) - \frac{\pi}{3}(D' - D^0) D'(R^4 - r^4)$$
$$+ \tfrac{4}{25}\pi (D' - D^0)^2 (R^5 - r^5).$$

Setzt man für D^0, D' und π die Zahlenwerthe, so wird:

$$\theta = 192{,}62\,(R^2 - r^2) - 55{,}68\,(R^3 - r^3) - 69{,}595\,(R^4 - r^4)$$
$$+ 24{,}14\,(R^5 - r^5).$$

Um diese Druckkraft mit dem gewöhnlich üblichen Druckmasse in Atmosphären vergleichen zu können, ist, wie sich dieses zeigen lässt, der bestimmte Werth des Integrals θ mit einer Constante

$$k = \frac{3R}{4D'\pi h} = 27245$$

zu multipliciren. Den Halbmesser der Erde setzen wir $R = 6366200$. Ferner ist die Höhe der Wassersäule, die dem Druck einer Atmosphäre entspricht, $h = 10{,}273$ und D'' wie vorhin $= 5{,}43$. Der Druck in Atmosphären findet sich alsdann $\Theta = k\theta = 27245{,}5\theta$

Der im Innern der Erde in verschiedenen Tiefen stattfindende Druck, wenn man sich die ganze Kugel im flüssigen Zustande vorstellt, nach mechanischen Masseinheiten, so wie in Atmosphären angegeben, ist in nachfolgender Tabelle für einige einfache Werthe von r berechnet:

r	θ	Θ
1,00	0,000	0
0,99	0,629	17138
0,98	1,270	34591
0,97	1,948	53070
0,96	2,648	72195
0,95	3,393	92432
0,94	4,154	113180
0,93	4,943	134660
0,92	5,756	156840
0,91	6,595	179680
0,9	7,462	203320
0,8	17,312	471680
0,7	28,851	786080
0,6	41,317	1125690
0,5	53,880	1468000
0,4	65,761	1701500
0,3	84,328	2297500
0,1	89,626	2441900
0,0	91,485	2492600

Wenn bei den Metallen, aus denen unzweifelhaft der grössere Theil unseres Planeten besteht, der Schmelzpunkt derselben mit zunehmendem Drucke erhöht wird, so drängt sich uns die Frage auf, ob bei so ungeheueren Druckkräften, als die eben berechneten sind, selbst bei den hohen Temperaturen, die wir im Erdinnern zu erwarten haben, in grössern Tiefen uberhaupt noch ein flüssiger Zustand denkbar sei.

Diese Frage würde sich annährend beantworten lassen, wenn die Gesetze der Wärmezunahme und die Abhangigkeit der Temperatur des Schmelzpunkts vom Druck hinreichend bekannt wären.

Die Annahme eines festen metallischen Kerns im Innern der Erde unter der feurigflüssigen Masse hat den mitgetheilten Bemerkungen zu Folge nichts in sich Widersprechendes, auch scheinen die Äusserungen des Erdmagnetismus diese Ansicht zu bestätigen.

Es ist zwar nicht zu bezweifeln, dass die sogenannten magnetischen Gewitter in der Atmosphäre oder vielleicht über derselben ihren Sitz haben, und dass die täglichen Variationen und die säcularen Änderungen der magnetischen Elemente nur in der äussern festen oder festwerdenden Erdkruste zu suchen sind.

Der Sitz des grössern Theils der erdmagnetischen Kraft, welche eine solche Vertheilung der magnetischen Fluida voraussetzt, als ob durchschnittlich in jedem Cubikmeter 8 glasharte zum Maximum magnetisirte pfündige Stahlstäbe vorhanden wären, lässt sich den geologischen Erfahrungen zu Folge in der äusseren Erdrinde, die vermuthlich weder eine sehr grosse Dicke, noch eine sehr intensive Magnetisirung zu besitzen scheint nicht wohl annehmen.

Nach einem approximativen Überschlage, den mein Freund W. Weber gelegentlich gemacht hat, würde eine Kugel von glashartem Stahl bei der kräftigsten Magnetisirung von einem Halbmesser von fast 119 geographischen Meilen, welche im Mittelpunkte der Erde sich befände die Erscheinungen des Magnetismus an der Erdoberfläche zu bewirken im Stande sein. In der Wirklichkeit sind indess diese Voraussetzungen nicht zulässig da man weder im Kern der Erde glasharten Stahl, noch eine vollkommene Magnetisirung erwarten kann.

Bei weniger günstigen Umständen würde eine sehr viel grössere feste Kugel im Innern der Erde angenommen werden mussen um den Magnetismus an ihrer Oberfläche zu erklären deren Halbmesser möglicher Weise noch bis über die Gegenden hinausreicht in denen die Dichtigkeit des gediegenen Eisens, den vorhin mitgetheilten Rechnungen zu Folge, zu erwarten ist.

Von diesen zum Theil noch auf manchen Hypothesen ruhenden Betrachtungen über die Dichtigkeitszunahme und über die Druckkräfte im Innern der Erde wenden wir uns zunächst wieder zum Gegenstande unserer eigentlichen Untersuchung zurück, zu den Gesetzen denen die Bildung der crystallinischen Gesteine an der Erdoberfläche und in den tiefern Schichten, so weit wir darüber einige Kenntniss haben unterworfen ist.

Dass auf die Bildung der crystallinischen Gesteine und namentlich auf die Aussonderung der einzelnen Mineralkorper der Druck erheblicher mitwirken mag, ist bereits erwähnt worden, doch fehlen bisjetzt noch alle Beobachtungen, den Einfluss desselben bei geologischen Vorgängen mit zu veranschlagen

Etwas weiter vorgerückt sind unsere Kenntnisse über die Schmelzpunkte der Körper unter gewöhnlichen Umständen und über die Structurverhältnisse der crystallinischen Gesteine in Folge verschiedenartiger Abkühlung. Zu einer theilweisen Beantwortung dieser Fragen liefert wenigstens die unmittelbare Beobachtung einiges nicht unerwünschtes Material.

Die Erden oder Metalloxyde, welche vorzugsweise die crystallinischen Gesteine zusammensetzen, schmelzen für sich allein nur bei sehr hohen Temperaturen, so wird z. B. für Kieselerde und Kalkerde die Temperatur von 1800 C. angenommen. Eine Verbindung mehrerer Körper bewirkt aber eine sehr viel leichtere Schmelzbarkeit.

Gewisse Zusätze von Kalk und Magnesia bringen schon leichter eine Schmelzbarkeit der Kieselerde hervor, die aber durch die Alkalien noch wesentlich befördert wird.

Umgekehrt werden beim Erstarren die reinen Erden, z. B. Quarz und Corund früher fest werden, als Feldspath oder Glimmer.

Man kann häufig bei der aufmerksamen Betrachtung crystallinischer Gebirgsarten aus der gegenseitigen Verbindung, Berührung und Umschliessung beurtheilen, welche Mineralkörper sich früher, welche sich später ausgesondert haben.

Nach meinen Erfahrungen ist in dem Urgebirge, besonders im Granit so wie in den vulkanischen Gesteinen, der Quarz der Corund und Periklas immer zuerst ausgeschieden, so zeigen z. B. die Granite von Baveno, aus verschiedenen Gegenden der Grimsel des Mont Blanc, aus dem Okerthal, von der Insel Mull und manchen andern Orten, die ich genau geprüft habe, dass zuerst der Quarz darauf der Glimmer und zuletzt der Feldspath festgeworden ist.

Man muss indess wohl beachten dass der Quarz in Gängen und namentlich in Crystallen ausgeschieden sehr häufig vielleicht zum grössern Theile einer secundären Bildung angehört, welche mit dem körnigen Quarz in den Graniten, der entweder nie oder jedenfalls seltener crystallisirt nicht verwechselt werden darf.

Die Crystallhöhlen in den Alpen haben meistens mit der ursprünglichen Bildung des Urgebirges nichts gemein, sie sind ohne Zweifel später als Kieselgallerten, die wahrscheinlich durch heisses Wasser unter hohem Druck erzeugt wurden, ähnlich wie man in Island diese Bildungsweise bei den heissen Quellen noch bis zum heutigen Tage beobachten kann, aus dem Granit abgeschieden

Die Einschlüsse anderer Mineralkörper, z. B. von Rutil, Asbest, Epidot, Silber, Schwefelmolybdän*) u. s. w. beurkunden auf das Deutlichste das spätere Festwerden der Bergcrystalle und zugleich die grosse Ruhe die

Schwefelmolybdän in Bergcrystall eingeschlossen findet sich mitunter am Glacier de Miage an der Südseite des Mt. Blanc. Ein ausgezeichnetes Exemplar dieser Art wird in unserer Sammlung aufbewahrt während ihrer Bildung geherrscht haben muss. Man erblickt zum Beispiel die feinsten Asbestnadeln, welche dem zartesten Spinneweb vergleichbar sind, in gewissen Bergcrystallen des Mont Blanc schweben und ohne behindert zu werden kaum noch sichtbare Fäden aufwärts gegen die Spitze des Crystalls hin emporrichten.

Die Kieselsäure scheint überhaupt die Eigenthümlichkeit zu besitzen, sowohl im feurigen Flusse als auch im hydratischen gelatinirten Zustande äusserst langsam zu crystalliren.

Wöhler liess mehrere Jahre lang reine Kieselgallerte stehen, ohne auch nur eine Spur von Crystallen zu erhalten.

Aus dieser Eigenschaft lässt es sich erklären, dass der Quarz in den Graniten und überhaupt in den crystallinischen Gesteinen, wo er vorkömmt, meistentheils nur körnig erscheint, während der Glimmer und namentlich der Feldspath auscrystallisirt; ebenso dass Rutile, Asbeste u. s. w. so häufig von Quarz umschlossen werden und bereits fertig gebildet waren, während die Kieselerde sich noch längere Zeit in flüssigem Zustande befand.

Bei einem nähern Studium der crystallinischen Gesteine muss der doppelten Bildungsweise des Quarzes eine besondere Aufmerksamkeit geschenkt werden, da sie zu den wichtigsten Erscheinungen auf diesem Felde gehört und leicht zu manchen irrthümlichen Folgerungen über die Entstehung der ältern Gebirgsmassen Veranlassung geben kann.

Erst nach der Ausscheidung des Quarzes, wenn diese überhaupt möglich ist und nicht durch andere wesentliche Umstände, die wir demnachst zu erörtern gedenken, gehindert wird, beginnt die Aussonderung der verschiedenen Silicate und des Magneteisensteins in absteigender Ordnung ihrer Schmelzpunkte, z. B. Staurolith, Cyanit, Granat, Vesuvian, Olivin, Augit, Hornblende, Glimmer, Leuzit und Feldspath.

Der Feldspath ist jedenfalls in Folge seines Reichthums an Alkalien und alkalischen Erden immer oder doch in der Regel*) das Silicat, welches zuletzt erstarrt. Solche Feldspathe, die ihrer chemischen Beschaffenheit nach für x kleine Werthe besitzen und in $\dot{R}$ an Kali und Natron besonders reich sind, werden aus dem flüssigen in den festen Zustand später übergehen, als kieselerdereiche, denen ein geringerer Werth von R zukömmt.

Es ist für die Bildungsweise der crystallinischen Gesteine der Vulkane von besonderer Wichtigkeit, dass der Olivin, Augit und Magneteisenstein ungleich früher als der Feldspath erstarren. Man kann sich von der Richtigkeit dieser Thatsache fast an allen Feldspathen überzeugen, die der Aetna ausgeworfen hat; denn im Innern derselben erblickt man sehr gewöhnlich ganz oder zum Theil von ihrer Masse umschlossene, oft nur mikroskopisch kleine Olivine, Augite und Magneteisenkörnchen, die gewissermassen frei in dem klaren Glasfluss zu schwimmen scheinen.

) Es wäre immerhin möglich, dass manche sehr alireiche Glimmer mitunter später erstarrten, als gewisse Feldspathe, doch ist es nach meinen Erfahrungen die Regel, dass die Feldspathe zuletzt auscrystallisiren.

Ob der Olivin oder der Augit früher ausgeschieden wird, ist mir noch zweifelhaft. Nach einigen Augitcrystallen vom Monte Rosso bei Nicolosi zu urtheilen, welche sich mit Olivin verwachsen finden, möchte ich jenem eine etwas später eingetretene Erstarrung zuschreiben.

Durch das successive Auscrystallisiren dieser verschiedenen Mineralkörper in den Silicatmassen erklären sich die bereits schon vorhin angedeuteten Erscheinungen einer vollkommenen Crystallbildung in den vulkanischen Aschen.

Wenn nämlich in der feurigflüssigen Lava in nicht zu grossen Tiefen die Temperatur sehr langsam sinkt, so wird zuerst die Ausscheidung des Olivins, dann des Augits beginnen, und die Crystalle beider Mineralkörper werden, indem sie in der noch flüssigen Silicatmasse schwimmen, sich nach allen Seiten hin, wie dieses in der That der Fall ist, ganz allmählich und sehr regelmässig, indem sie ihren Bildungsstoff aus der nachsten Nähe an sich ziehen, auszubilden Gelegenheit finden.

Erst später wird auch der Feldspath zum Crystallisiren gelangen und die schon vorhandenen Gebilde mitunter umschliessen. Werfen alsdann die aus der Tiefe empordringenden Wasserdämpfe die noch theilweise flüssigen Laven gleichsam zerstäubt und zerrissen aus dem Schlunde des Craters in die Luft hinaus so werden die bereits in der Tiefe fertig gebildeten, sehr langsam ausgeschiedenen und äusserst regelmässig gebildeten Crystalle in den vulkanischen Auswürflingen nnd zumal in den feinern Aschen mit zum Vorschein kommen.

Ein Ausscheiden der Crystalle in dieser Weise wird noch dadurch um so wahrscheinlicher, da dieselben etwa das Gleiche oder nur ein unbedeutend grösseres specifisches Gewicht besitzen, als die zwar noch flüssige aber doch zähe Grundmasse, und daher in derselben entweder gar nicht oder jedenfalls nur sehr langsam untersinken können.

Ein allmähliges Sinken derselben in der Flüssigkeit, welches mitunter möglich sein mag, würde wahrscheinlich für sie nur ein schnelleres Wachsthum zur Folge haben. Solche Crystalle würden dann erst wieder verschwinden, wenn sie in eine Tiefe gelangt wären in der die daselbst herrschende Temperatur, die ihres Schmelzpunkts bedeutend überstiege.

Einige Geologen sind der Ansicht gewesen, die ich nie habe theilen können, dass sich die von den Vulkanen ausgeworfenen Crystalle während der Eruption erst in der Luft gebildet hätten. Die von mir eben mitgetheilte Bildungsweise derselben ist dagegen viel naturgemässer und einfacher und stösst nicht so manche Erfahrungen um, die man über das allmählige Wachsthum, besonders der regelmässigen Crystalle, gemacht hat. Auch ist die innere fast amorphe oder wenigstens sehr unvollkommen crystallinische Structur der vulkanischen Bomben, wovon bereits früher Seite 157 die Rede gewesen, ein entschiedener Beweis gegen die Bildung der Crystalle während des Durchgangs der vulkanischen Auswürflinge durch die Luft

Wie die Ausscheidung der Crystalle in den neuern vulkanischen Gesteinen vor sich gegangen ist, so hat sie auch ohne Zweifel in den ältern, namentlich im Urgebirge, stattgefunden.

Die Feldspathe und Glimmer in den Graniten, die Granaten in manchen scandinavischen Gesteinen, die Hornblenden in Verbindung mit Feldspath und Zircon in den Syeniten, die Leuzite in den Leuzitophyren u. s. w. haben sich ohne Zweifel in ähnlicher Weise gebildet, wie wir bereits eben die Ausscheidung des Olivins, des Augits und Feldspaths in den Laven des Aetna, beschrieben haben.

Von sehr grosser Bedeutung ist bei den Vorgängen der Crystallaussonderung die langsame oder rasche Temperatur-Abnahme der feurigflüssigen Schichten oder die Art und Weise ihrer Abkühlung. Durch dieselbe wird nicht nur die mehr oder minder vollständige Ausscheidung der einzelnen Crystallindividuen bedingt, sondern die Bildung verschiedener Mineralspecies kann auch dadurch veranlasst werden.

Ein vereinzeltes aber allgemein bekanntes und vorhin auf Seite 114 erwähntes Beispiel ist die Bildung von Hornblende und von Augit. Genau bei derselben chemischen Zusammensetzung (insofern wir uns nur auf die Analysen des Aetna beziehen), wird das erste Mineral bei sehr langsamer, das zweite bei rascher Abkühlung hervorgebracht, wovon viele ältere und neuere crystallinische Gesteine die unzweifelhaftesten Zeugnisse ablegen.

Dieser Erscheinung analog wird man es wohl nicht

für unwahrscheinlich halten, dass gewisse Glimmerarten und Granat, Granat und Vesuvian, Anorthit und Elaeolith u. s. w. Mineralkörper, welche Paarweise genommen für ihre chemische Zusammensetzung dieselben stöchiometrischen Formeln besitzen, nur durch verschiedene Abkühlungsarten aus dem ursprünglich feurigflüssigen Zustande hervorgegangen sind.

Endlich dürfte sich auch das so merkwürdige, nur den altern crystallinischen Formationen eigenthümliche Ausscheiden des Quarzes vorzugsweise durch eine äusserst langsame Abkühlung erklären lassen.

Die Dichtigkeitszunahme der verschiedenen Schichten von der Erdoberfläche an bis zu grösseren Tiefen herab ist indess für die Bildung der crystallinischen Gesteine nicht minder wichtig, als es die Druck- und Abkühlungsverhältnisse sind, welche einstmals auf sie eingewirkt haben.

So viel mir bisjetzt bekannt, ist dieses so äusserst wichtige Moment, welches sich überall klar und höchst bestimmt geltend macht, bei der Gesteinsbildung nie mit in den Kreis der Untersuchung gezogen. Es wird daher zunächst unsere Aufgabe sein, nach dieser Richtung hin gleichsam einen Versuchsbau zu unternehmen, welcher vielleicht schon jetzt, jedenfalls in der Zukunft einigen Erfolg zu versprechen scheint.

Um der Lösung dieser Aufgabe näher zu rücken, stellen wir zunächst die specifischen Gewichte jener 7 Metalloide und Metalle, so wie ihrer Oxyde, welche vorzugsweise die äussere Erdrinde constituiren in einer Übersicht zusammen:

Sp. Gew. der Metalle.		Sp Gew ihrer Oxyde.	
Silicium	?	Kieselerde	2,640
Kalium	0,865	Kali	2,656
Natrium	0,975	Natron	2,805
Calcium	?	Kalk	3,179
Magnesium	1,870	Magnesia	3,200
Aluminium	2,500	Thonerde	4,009
Eisen	7,780	Eisenoxydoxydul	5,094
		Eisenoxyd	5,225

Es ist zu bedauren, dass die specifischen Gewichte des Siliciums und Calciums noch nicht bekannt sind. Aus der Analogie zu schliessen, ist das specifische Gewicht des Siliciums dem des Kaliums ungefähr gleich; das des Calciums etwas geringer als das des Magnesiums.

Bei dieser Gelegenheit wird die Bemerkung hier noch einen Platz finden, dass die leichten Metalle ein ausserordentlich viel geringeres, durchschnittlich kaum halb so grosses specifisches Gewicht besitzen, als ihre Oxyde, während es bei den schweren Metallen umgekehrt ist.

Ehe ich auf die Bildungsweise der crystallinischen Gesteine speciell eingehe, glaube ich noch darauf aufmerksam machen zu müssen, dass die specifischen Gewichte der in den crystallinischen Gesteinen vorkommenden Silicate, z. B. des Feldspaths, Glimmers, Augits u. s. w. beträchtlich viel geringer sind, als diejenigen, welche aus der chemischen Zusammensetzung jener und aus den specifischen Gewichten der sie constituirenden Oxyde berechnet werden.

So z. B. ist das specif. Gewicht des Anorthits vom

Somma (Tab. I. S. 22) 2,76. Berechnet man dasselbe aus der vorhin angeführten Analyse und den spec. Gewichten der einzelnen Erden, so findet sich das spec. Gew. des Anorthits 3,24. Aus dieser Thatsache muss man mit einiger Wahrscheinlichkeit schliessen, dass dieser und ähnliche Mineralkörper durch den Act des Crystallisirens einen grössern Raum einzunehmen bestrebt sind, als ursprünglich der war, welcher den ihnen entsprechenden einzelnen Bestandtheilen oder einer Gemisch derselben im noch flüssigen Zustande zugekommen ist.

Es ist dieses eine Vermuthung, die auch dadurch noch bestätigt wird, dass erkaltete Lavablöcke, sie mögen so gross sein wie sie wollen, in der noch fliessenden Lava nicht einsinken, sondern von ihr schwimmend getragen werden.

Vom Eis und von einigen Metallen ist es bekannt, dass sie im flüssigen einen grössern Raum einnehmen, als im festen crystallinischen Zustande; auch die Silicatmassen scheinen sich in gleicher Weise zu verhalten. Gehen dieselben aus dem feurigflüssigen in den crystallinischen Zustand über, so ist mit diesem Vorgange eine erhebliche Ausdehnung verbunden, die sich an der Erdoberfläche als eine Erhebung oder Auftreibung des Bodens kund geben muss.

Es lassen sich auf diese Weise die sogenannten säcularen Erhebungen auf eine befriedigende Weise erklären, während die instantanen durch Injectionen crystallinischer Gesteine in die sedimentaren Schichten erzeugt werden. Auf diese Vorgänge habe ich bereits schon vor längerer Zeit in einem Aufsatze über die submarinen vukanischen Ausbrüche im I Val di Noto (Göttingen 1846) hingewiesen, und glaube bei dieser Gelegenheit, noch einmal die Aufmerksamkeit der Geologen darauf lenken zu müssen *)

Wir mögen uns die Erde als eine bis zur Oberfläche hin flüssige Metallkugel vorstellen oder auch den schon oxydirten Zustand annehmen, so ist es, wie schon bemerkt, besonders bei der ersten Betrachtungsweise, einleuchtend, dass in der äussersten Rinde die leichtesten Metalle besonders stark vertreten sein müssen, während andere nicht absolut ausgeschlossen zu sein brauchen. In den tiefern Schichten werden dagegen specifisch schwerere Körper vorwalten und die leichtern zu verdrängen streben.

Zunächst der Erdoberfläche machen sich daher Kieselerde, Kali und Natron vorzugsweise geltend, während Kalk, Magnesia, Thonerde und Eisenoxyd noch verhältnissmässig zurückgedrängt sind. Mit einem allmähligen Zunehmen dieser ist eine Abnahme jener ohne Zweifel bis zu ihrem Verschwinden verbunden In noch

Während sich diese Blätter im Druck befinden bemerkte ich in dem neuen Jahrbuche für Mineralogie und Geognosie von Leonhard und Bronn 1852 Heft VI. eine Abhandlung von G Dufrenoy, uber die ausdehnende Wirkung der Crystallisationskraft, nebst einem Versuche, die Gestalt der Erdrinde besonders die Erhebung der Gebirge, hieraus zu erklären. Der Verfasser, mit dessen Ansichten ich, so weit es säculare Erhebungen betrifft, einverstanden bin hat den oben angedeuteten Gegenstand weiter verfolgt und denselben durch beachtungswerthe Versuche zu bestätigen sich bemuht.

grössern Tiefen werden neben den beiden alkalischen Erden, der Thonerde und dem Eisenoxyd oder Magneteisenstein neue Metalloxyde auf eine Vergrösserung des specifischen Gewichts gewisser Schichten hinwirken, bis endlich regulinische Metalle, Eisen, Nickel, Cobalt u. s. w. die unangefochten vom Sauerstoff in der Tiefe ruhen, auch die letzten der genannten Oxyde überwältigt haben.

Wenn nun diese verschiedenen Schichten von Aussen nach Innen allmählig erkalten, wird ohne Zweifel in ihnen nach und nach ein anderer mineralogischer Typus zum Vorschein kommen.

Da die Kieselerde als Säure sich mit den genannten Oxyden zu einfachen oder Doppelsalzen verbindet, so ist es, ohne schon weiter in Details einzugehen, von selbst einleuchtend, dass in den obern Schichten saure oder neutrale Salze mit Ausscheidung von Säure zu finden sind, während in den tiefern Schichten nach und nach basische Salze auftreten werden.

Indem wir uns die Erde aus feurigem Fluss hervorgegangen denken und wenigstens im Allgemeinen eine continuirliche Dichtigkeitszunahme von der Oberfläche nach Innen zu erwarten können, so ist es durchaus nothwendig, dass auch in den Silicaten der verschiedenen Schichten eine continuirliche Änderung merkbar werde oder dass alle möglichen Übergänge von sauren durch neutrale in basische Silicate zu finden sind.

Betrachten wir nun eine bestimmte Gruppe saurer Silicate als die obere, eine bestimmte Gruppe basischer Silicate als die untere Grenze, so werden alle zwischen denselben liegenden Silicate als Übergänge von jenen in diese oder als Mischungen von sauren und basischen Silicaten angesehen werden können.

Bei den nicht sehr beträchtlichen Unterschieden in den specifischen Gewichten der hier zur Sprache kommenden Oxyde, bei der Zähigkeit, womit die Silicate, namentlich bei etwas niedrigern Temperaturen fliessen, und bei der Grösse der Erde ist eine ganz homogene Vertheilung der einzelnen Grundstoffe und eine vollkommen regelmässige Dichtigkeitszunahme gegen den Mittelpunkt hin durchaus nicht zu erwarten.

Man wird daher zwar bei gewissen Mittelwerthen für die Zusammensetzung der crystallinischen Gesteine, je nach der Tiefe aus der sie stammen, die ihnen entsprechenden Unterschiede in der Dichtigkeit und eine verschiedenartige, ihnen eigenthümliche mineralogisch-geognostische Structur im Allgemeinen zu erkennen Gelegenheit haben, aber auch auf Ausnahmen von der Regel gefasst sein müssen. Rückwärts gefolgert wird man aus der Natur der crystallinischen Gesteine, auf die Gegend ihres Ursprungs, oder auf die Tiefe, aus der sie hervorgebrochen sind, zu schliessen berechtigt sein.

Die relative Altersbestimmung der crystallinischen Formationen ist meistentheils mit sehr viel grössern Schwierigkeiten verbunden, als die der sedimentären Schichten, denn sie beruht auf Beobachtungen, welche sich nur unter besonders günstigen Verhältnissen anstellen lassen nämlich auf das gegenseitige Durchsetzen von Gängen oder auf Hebungen und Durchbrechungen gewisser dem Alter nach bekannter Flötzschichten.

Es ist daher wünschenswerth neben den angegebenen für die relative Altersbestimmung noch andere Hülfsmittel zu besitzen, die wenigstens in ihren allgemeinen Grundzügen geeignet sind da als Wegweiser zu dienen, wo andere directe Beobachtungen nicht angestellt werden können. Diese glauben wir in der Dichtigkeit und der davon abhängigen mineralogischen Zusammensetzung der Gebirgsarten zu erblicken.

Man wird jedoch in Folge der nicht ganz regelmässigen Vertheilung der Materie im Innern der Erde zwischen den Altersbestimmungen, die aus den Gangdurchsetzungen geschlossen werden, und denen, die aus der Beschaffenheit der Gesteine abgeleitet sind, mitunter keine Übereinstimmung finden, doch kommen solche Fälle der Erfahrung gemäss nur selten vor. Als ein Beispiel dieser Art würde ich den Trachyt des Esia bei Reykjavik anführen können, der nach seiner mineralogischen Beschaffenheit höherliegenden Zonen angehört und dennoch mit einem Gange die isländischen Trappschichten durchsetzt, welche im Allgemeinen aus tiefergelegenen Gegenden als jener abstammen.

Man kann sich diese Ausnahms-Erscheinungen wohl dadurch erklären, dass die äussere Erdrinde in verschiedenen Gegenden verschiedene Dicken besitzt, oder dass die Scheidungsfläche zwischen den bereits erstarrten und den noch feurigflüssigen Massen gleichsam ein nach innen gekehrtes Relief von Bergen und Thälern vorstellt. Wo nun zufälliger Weise ein solcher Berg in grössere Tiefen hineinreicht, können durch seine Spalten vorzeitig geschmolzene Massen an die Erdoberfläche gelangen, die später durch Gesteine höherer Zonen, welche länger flüssig geblieben sind, durchbrochen werden.

Die Anomalien in der Trachytbildung des Esia lassen sich vielleicht auch noch auf eine andere Weise erklären, durch Bewegungen der flüssigen Materie oder durch Veränderungen des Reliefs der erwähnten Scheidungsfläche.

Die säculare Bewegung der erdmagnetischen Elemente führt ebenfalls zu der Vermuthung, dass im Erdinnern an der Grenze zwischen den festen und flüssigen Stoffen wesentliche Veränderungen im Laufe der Zeit vor sich gehen.

Wenn man die relative Altersbestimmung der crystallinischen Gesteine aus ihrer mineralogischen Zusammensetzung hergeleitet, auch nicht immer als ganz zuverlässig betrachten darf, so werden sich demungeachtet gewisse Regeln für dieselbe feststellen lassen, die in der grossen Mehrzahl der Fälle gewiss nicht irre leiten. Wir werden versuchen sie hier zusammenzustellen:

1. Alle quarzführenden crystallinischen Gesteine (von secundären Bildungen, Gängen u. s. w. ist hier nicht die Rede) sind im Allgemeinen älter, als die Quarzfreien. Z. B. die Granite und Quarzporphyre sind älter als Diorite, Diabase, Melaphyre, Leupitophyre, Klingsteine, quarzfreie Trachyte, Dolerite, Basalte und Laven.

2. Der Glimmer gehört vorzugsweise den ältern crystallinischen Gebirgsarten an, die neusten sind durchaus frei von Glimmer. In Basalten, Doleriten, Trappen, neuen Laven, sogar im Diabas und Diorit wird man niemals auch nur die geringsten Spuren von Glimmer

wahrnehmen. Erst in ältern vulkanischen Formationen, in einigen Leupitophyren, z. B. von Capo di Bove bei Rom, und in röthlichen Trachyten des Aetna macht er sich bemerkbar; etwas häufiger wird er schon in den trachytischen Gesteinen der Liparen, z. B. auf Stromboli, gefunden. Über die vesuvianischen Glimmer, die man nur aus erratischen Stücken kennt, ist rücksichtlich ihres Ursprungs nichts Bestimmtes zu sagen.

3. Bronzite und Hornblenden fehlen den ältesten crystallinischen Gesteinen oder sind wenigstens nicht häufig, sie fehlen aber auch mit wenigen Ausnahmen den jüngsten crystallinischen Gebilden, die anstatt ihrer Augit besitzen. Sie charakterisiren gewissermassen Gebirge eines mittlern Alters.

Diese Mineralkörper werden zuerst in den Syenitgebirgen, die jünger sind als die Granite, heimisch, wie z. B. in den Syenit- und Bronzitgesteinen bei Bolladore im obern Val Tellina, in denen der Baste am Harz (höchst wahrscheinlich), in den norwegischen Zirkonsyeniten u. s. w. Sie erscheinen ferner allgemein in den Dioriten, in den Trachytporphyren, z. B. auf Skye, in den eigentlichen Trachyten und einigen Basalten. Die Diabase, der grössere Theil der Basalte, die Trappe und fast alle Laven mit sehr wenigen localen Ausnahmen besitzen keine Hornblenden, wahrscheinlich weil sie zu rasch abgekühlt sind.

4. Der Augit als ein Theil crystallinischer Gebirgsarten charakterisirt neuere Formationen; in keinem Granit und Gneus bemerkt man Augit, der auch den vielen Porphyren zu fehlen scheint.

Er wird erst recht eingebürgert, im Diabas, Trapp, Basalt und allen neueren Laven, in denen dunkele eisenoxydul- und thonerdereiche Varietäten vorzugsweise erscheinen, während die hellern kalk- und magnesiareichen in einigen ältern Gesteinen, obwohl selten, sich vorfinden.

5. Der Leuzit ist in beschränkter Weise einigen vulkanischen Formationen, besonders älterer Zeit, eigenthümlich. Alle sicilianischen, liparischen und isländischen Gesteine enthalten niemals Leuzit, der ebensowenig im Urgebirge gefunden wird. Ob die Laven des Vesuvs gegenwärtig noch Leuzit ausscheiden, oder ob sie denselben aus ältern Formationen emporführen, ist wohl noch nicht hinreichend untersucht.

6. Der Olivin ist ein Mineralkörper, welcher den neusten crystallinischen Gesteinen, den Basalten und Laven vorzugsweise angehört, und in ältern Formationen gar nicht oder jedenfalls nur äusserst selten gefunden wird.

7. Der Magneteisenstein, in Verbindung mit Titaneisen, Chromeisenstein u. s. w. ist den ältesten crystallinischen Gesteinen fast ganz fremd. Erst in Syeniten und Dioriten macht er sich nach und nach bemerkbar, bis er in den neusten Gesteinen in Basalten und Laven ganz allgemein vorkommt und mitunter fast den fünften Theil der ganzen Gesteinsmasse in Anspruch nimmt.

8. Kein Mineral ist jedoch für die Kenntniss des relativen Alters der crystallinischen Schichten von solcher Bedeutung als der Feldspath, in keinem andern kömmt die Dichtigkeitszunahme in Verbindung, mit der

chemischen Zusammensetzung, zumal bei Durchschnittswerthen, auf eine so klare, unzweifelhafte Weise zum Vorschein.

Der Grund hiervon liegt hauptsächlich darin, dass der Feldspath nicht, wie z. B. der Augit oder der Olivin, eine bestimmte Zusammensetzung repräsentirt, sondern dass er eine unendliche Reihe von Verbindungen durchläuft, welche zwischen zwei durch die Erfahrung gegebene Grenzen eingeschlossen ist. Jedes einzelne Glied dieser Reihe kann den vorhin mitgetheilten Untersuchungen Seite 81 gemäss als eine Mischung zweier an den äussersten Grenzen stehender Feldspathe, die man im Gegensatz zu einander als saure und basische Salze bezeichnet, angesehen werden.

Die uns bekannte feste Erdrinde ist dem grössern Theile nach nichts anderes, als der Inbegriff einer unendlichen Reihe solcher Feldspathgemische, die an der Oberfläche mit den sauersten oder mit neutralen und Ausscheidung von Säure beginnen und in der Tiefe mit den basischen endigen.

In dieser Grundpasta, wenn man sich dieses Ausdrucks bedienen darf, sondern sich zuerst die andern Mineralkörper, welche die crystallinischen Gesteine mit bilden, aus, und zwar so, dass sie im Allgemeinen genommen nach der Tiefe hin den Feldspath mehr und mehr zu verdrängen suchen.

In den obern zuerst gebildeten Schichten wird der Feldspath mit Einschluss des Quarzes alle beigemischten Silicate, z. B. Glimmer, Granat u. s. w., der Masse nach ausserordentlich übertreffen und vielleicht durchschnittlich mehr als neun Zehntheile der Zusammensetzung der Gesteine ausmachen, in den tiefer liegenden wird er öfter unter die Hälfte zurückgedrängt.

Es scheint nur eine Folge der Abkühlung zu sein, ob saure Salze, die im Krablit ihren wesentlichsten Repräsentanten besitzen, gebildet werden, oder ob neutrale Salze, Orthoklas oder Albit mit Ausscheidung von Kieselsäure entstehen.

Der gesammte im Urgebirge ausgeschiedene Quarz würde daher unter gewissen günstigen Umständen in Verbindung mit dem neutralen Salze ein saures Salz von der Norm (x, 3, 1) zu bilden vermögen, mit einem beträchtlich grössern Werthe von x als die Zahl 12.

In den frühsten Zeiten der Entstehung der Erdoberfläche hat die Natur die Bildung des neutralen Salzes mit der Ausscheidung von Säure, der Bildung saurer Salze vorgezogen, welche letztern erst später und verhältnissmässig in engen Grenzen in den ältern vulkanischen Formationen zumal in Island zur Entwicklung kommen.

Man hat diesen sauren Feldspathen, welche crystallisirt bisjetzt nur in gewissen Auswürflingen am Fusse des Krabla in der Nähe von Viđi gefunden sind, noch nicht den Grad von Aufmerksamkeit geschenkt, welchen sie in mineralogischer und geologischer Beziehung verdienen; sie scheinen jedoch verbreiteter zu sein, als man glaubt. In amorpher Gestalt bilden sie die Basis vieler Obsidiane, Bimmsteine und Pechsteine. Grosse Gebirgsmassen sowohl im westlichen als vorzugsweise im östlichen Island werden aus sauren Feldspathen gebildet, wie es einige von Bunsen und mir vorhin angeführte Analysen zeigen.

Ein gewisser Theil der Gesteine des armenischen Hochlandes, der Liparen, von Pantellaria, Arran, Skye, u. s. w. enthält den neuern Analysen zufolge, die sich ohne Zweifel demnächst noch sehr vervollständigen lassen, ganze Reihen saurer Feldspathe.

Aus der vorhin angeführten Untersuchung über die Vertheilung der isomorphen Körper in den Basen $\dddot{R}$ und $\dot{R}$ eines Feldspaths, aber namentlich in der letztern hat es sich deutlich herausgestellt, dass durchschnittlich mit wachsendem x eine Zunahme an Kali und Natron, dagegen eine Abnahme von Kalk und Magnesia verbunden sei. Auch besitzen die Feldspathe von kleinerm x in der Regel eine relativ grössere Menge von Eisenoxyd als die, in denen x grössere Werthe angenommen hat.

Am auffallendsten wird dieses Verhältniss bei dem Seite 210 beschriebenen amorphen Labrador, dem Sideromelan, in welchem etwa die Hälfte der Basis $\dddot{R}$ durch Eisenoxyd und der grösste Theil von $\dot{R}$ durch Kalkerde und Magnesia vertreten wird.

Diese anfangs gewiss sehr räthselhafte und wie ich glaube bis jetzt nicht beachtete Erscheinung wird dadurch vollkommen befriedigend erklärt, dass die Dichtigkeitszunahme gegen das Innere der Erde hin und die davon abhängige Vertheilung der Materie mit in Anschlag gebracht wird. In der äussern ältesten Rinde sind die Urgebirge vertreten, vorzugsweise Granite mit verwandten Gesteinen; hier findet man daher in grösster

Menge die Mineralkörper, welche aus den leichtesten Grundstoffen vorzugsweise zusammengesetzt sind, nämlich aus vieler Kieselerde, Kali und Natron und verhältnissmässig weniger Thonerde, Eisenoxyd, Kalk und Magnesia.

Es müssen sich dann entweder saure Feldspathe oder neutrale mit Ausscheidung von Quarz bilden; nachdem der letztere ausgesondert, beginnt die Abscheidung des Glimmers, der soweit es seine stöchiometrische Zusammensetzung zulässt, sich des Kalks, der Magnesia, des Eisen- und Manganoxyds u. s. w. bemeistert und dessen Bildung solange fortdauert, bis in der noch übrigbleibenden, für den Feldspath bestimmten flüssigen Masse in den Basen $\ddot{R}$ und $\dot{R}$ das Sauerstoffverhältniss von 3:1 hergestellt ist.

Jetzt tritt nun ein doppelter Fall ein; entweder kann sich aus der noch nicht erstarrten Masse ein neutraler Feldspath, Orthoklas oder Albit genau heraus bilden, oder es ist zu viel oder zu wenig Säure vorhanden. Im letztern Falle wird die noch flüssige Silicatmasse in zwei Feldspathe, nach Umständen in einen mehr sauren und neutralen und in einen basischen und neutralen, die sämmtlich nach einfachen Zahlengesetzen gebildet sind, in der Art zerlegt, wie es Seite 83 angegeben ist.

Es würde dann z. B. entweder Petalit und Albit, oder Orthoklas und Oligoklas, Labrador und Anorthit entstehen. Bei der Bildung der crystallinischen Gesteine scheint die Natur nach folgenden Gesetzen zu verfahren.

Unter gegebenen Umständen, die von Druck, Abkühlung und der ursprünglichen Mischung abhängig sind, wird eine erstarrende Silicatmasse die verschiedenen Mineralkörper in absteigender Ordnung ihrer Schmelzpunkte ausscheiden. Die Silicatmasse wird ferner in die möglich kleinste Anzahl von Mineralkörpern, die nach den möglich einfachsten Zahlengesetzen gebildet sind, zerlegt werden; ein amorpher, unindividualisirter Theil, wenn ich mich dieses Ausdrucks bedienen darf, der bald auf die eine, bald auf die andere Art ausfallen kann und sich keiner stöchiometrischen Zusammensetzung fügt, wird überhaupt nicht entstehen können. Um diesen letzten möglicher Weise eintretenden Fall zu vermeiden, greift die Natur zu verschiedenen Hülfsmitteln, von denen eins in der Feldspathbildung repräsentirt ist, indem eine Silicatmasse von der Norm (x, 3, 1), aus der ohne weiteres keine stöchiometrische Verbindung nach dem auf Seite 57 aufgestellten Gesetze hervorgehen kann, in zwei Verbindungen nach den Normen (w, 3, 1), (v, 3, 1) zerlegt wird.

Die Zerlegung einer Mischung von der Norm (x, 3, 1) in zwei verschiedene Feldspathe kann man gewissermassen als einen Compensator bei der Gesteinsbildung betrachten, der zu aller Zeit die Möglichkeit darbietet, eine beliebig gemischte Silicatmasse in einige wenige nach bestimmten Zahlengesetzen gebildete Mineralkörper vollständig aufzulösen.

Im Bezug auf die Zusammensetzung der Feldspathe ist es einleuchtend, dass die der obern Schichten neben dem hohen, bestimmt ihnen zukommenden Kieselgehalte von etwa 69 Procent reich an Kali oder Natron sein müssen, während sie nur untergeordnete Mengen von

Kalk und Magnesia enthalten, welche dort verhältnissmässig nur weniger vorkommen und theilweise vor der Feldspathbildung für Glimmer und in etwas tiefern Gegenden für Hornblende und Augit verwandt sind.

Alle Feldspathe die in tiefern Schichten entstehen, werden über weniger Kieselerde, Kali und Natron und über mehr Thonerde, Eisenoxyd, Kalk und Magnesia zu verfügen haben.

Dem zu Folge müssen sich mit zunehmender Tiefe und Dichtigkeit mehr und mehr basische Feldspathe bilden, in denen in $\ddot{R}$ Eisenoxyd für die Thonerde einzudringen sucht, während in $\dot{R}$ Kali und Natron abnehmen und dafür Kalk und Magnesia wachsen. Oder was dasselbe ist, alle kieselerdeärmern Feldspathe, also von kleinern Werthen von x, besitzen relativ grössere Mengen von Kalk und Magnesia, auf Kosten von Kali und Natron, wie dieses in der That die auf Seite 95 zusammengestellten und nach der Methode der kleinsten Quadrate discutirten Mittelwerthe der Analysen zeigen.

Wenden wir die gewonnenen Resultate auf das Vorkommen des Feldspaths in den Formationen verschiedenen Alters an, so ergibt sich, dass im Urgebirge hauptsächlich Orthoklas und Albit vertreten sind, während sich später Oligoklase, darauf Andesine, Labradore und zuletzt Anorthite bilden, welche mit charakteristischen Mineralkörpern der respectiven Zonen eng verbunden vorkommen.

Für die relative Alterbestimmung einer crystallinischen Schicht ist daher sowohl das Zusammenvorkommen, als auch das gegenseitige sich Ausschliessen gewisser Mineralkörper eben so wichtig und bezeichnend, als ihr selbstständiges Erscheinen.

Wir wollen hier nur auf einige der wichtigsten Gesteinsgruppen aufmerksam machen, und dieselben den mitgetheilten Principien gemäss, ihrem relativen Alter nach, so gut es jetzt schon thunlich ist, von den ältesten bis zu den jüngsten auf einander folgen lassen.

A. Quarzführende Gesteine.

1. Granit mit vielem Quarz und wenig Glimmer, Kali, Feldspath, x = 12 und mehr. Einförmiges Gestein, ohne merkliche Einschlüsse anderer Mineralkörper. Granite dieser Art halte ich für die ältesten noch vorhandenen crystallinischen Gesteine, die auch die primitive Erdkruste mit gebildet haben und in sedimentäre Schichten theilweise übergeleitet sind. Beispiel: Brockengranit, scandinavische Granite.

2. Granit, in der Regel jünger wie 1., er enthält weniger Quarz, ist reicher an Glimmer und besitzt Natron-Feldspath, x = 12 und mehr. Fremde Einschlüsse von Turmalin, Beryll, Mikrolith, Tantalit, Zinnstein u. s. w. Granite von Elba, Island und Chesterfield in Nordamerica.

3. Es folgen quarzärmere Granite mit Glimmer und gemischten Feldspathen x = 12 bis x = 9. Beispiel: Granite der Mont Blanc Kette.

5. Granit arm an Quarz; reich an Glimmer, Feldspath x = 12 bis x = 9. Hornblendenadeln beginnen, Sphen und Titaneisen als Einschluss. Alpengesteine, z. B. vom Monte Baro bei Lecco am Comer See.

6. Syenite sehr arm an Quarz, bis zum Verschwinden dieses Minerals, Feldspath x = 9 bis x = 10. Hornblende und Bronzit sind hier in grossen Crystallen ausgeschieden. Das Titaneisen wird merkbar. Beispiel: Gesteine von Bolladore im obern Val Tellina.

7. Quarzporphyre, Trachytporphyre, zum Theil bronzithaltige Gesteine von Arran und Skye.

B. Quarzfreie Gesteine.

1. Isländische Trachyte, Feldspath x = 24 bis x = 20. Magneteisensteinhaltig.

2. Syenite mit vieler Hornblende, Feldspath x = 6 und weniger. Beimischungen von Elaeolith, Zirkon, Tantalit, Polymignit, Pyrochlor u. s. w. Syenit von Fredriksvärn in Norwegen. Ob derselbe immer vollkommen quarzfrei ist, lasse ich noch dahin gestellt sein. Die mir zur Verfügung stehenden Exemplare enthalten keinen Quarz.

3. Diorit, Hornblende und Feldspath x = 7 bis x = 5. Beispiel: Kugeldiorit von Corsica.

4. Trachyte, Feldspath x = 12 bis x = 8, Hornblende, zuweilen Augit, wenig Glimmer. Älteste Gesteine vieler Vulkane, z. B. von Pantellaria, Stromboli, vom Ararat, vom Aetna und den Andes.

5. Diabas, Augit und Feldspath x = 6. Gestein ohne Olivin; Einschlüsse öfter metallischer Art.

6. Trapp, Dolerit, Basalt und Lava, Feldspath x = 5 bis x = 11. Starke Beimischungen von Augit, $\frac{1}{3}$ sogar bis über die Hälfte. Olivin und Magneteisenstein, der erstere beträgt selten über 5, der letztere dagegen erreicht 15 Procent und mehr der gesammten Mischung.

Ich bin weit entfernt schon gegenwärtig dieser Altersscala der crystallinischen Gesteine eine definitive Geltung beizumessen. Nur ihre Hauptgruppen habe ich zu bezeichnen versucht. Der billige Beurtheiler wird die Richtigkeit einer solchen Scala im Allgemeinen anerkennen müssen, während er auch auf manche obwohl seltnere Ausnahmen, über welche man sich aus schon angeführten Gründen nicht wundern darf, gefasst sein muss.

Um einen Schritt weiter zu gehen als den welchen ich zu thun versucht habe, sind viele, in grossartigem Massstabe angestellte umsichtsvolle Analysen von Gebirgsarten, sowohl im Gemisch als auch im Bezug auf einzelne auscrystallisirte Mineralkörper, das erste unabweisbare Bedürfniss.

Mit neuem vollständigern Material dieser Art ausgerüstet wird man unzweifelhaft den eben neu betretenen Weg zu verbessern und zu erweitern im Stande sein.

Bevor ich meine Untersuchungen fortsetze, möchte ich noch auf zwei Erscheinungen hinweisen, von denen die erste zwar bekannt, die zweite aber weniger beachtet ist, und die beide mit der Dichtigkeitszunahme der Gesteine mit der Tiefe zusammenhängen.

Zuerst nämlich ist die Farbe für das Alter der crystallinischen Gebilde bezeichnend. Alle hellen Gesteine von weisser, schwach grauer oder röthlicher Färbung sind in der Regel älter als die dunkeln, schwarzen, aus dem einfachen Grunde, weil die einen hauptsächlich Feldspath und Quarz enthalten, während die andern mit dunkelen Hornblenden, Augiten und Magneteisenstein gemischt sind.

Zweitens mag hier die Bemerkung ihren Platz finden, dass in den tiefern Erdschichten oder in solchen Gesteinen, die aus grossen Tiefen hervordringen, zumal in den Basalten und Laven, allgemein Nickel und Cobalt verbreitet sind, die sich den verschiedenen Eisenverbindungen, wenn auch nur in geringer Menge, beimischen.

Alle tellurischen Olivine enthalten ohne Ausnahme etwa $\frac{1}{3}$ Procent Nickel mit Spuren von Kobalt, aber auch in gewissen von mir analysirten Feldspathen des Hekla Seite 30 ist Nickel und Cobalt und zwar in auffallender Menge enthalten.

Ohne Zweifel wird man diese Metalle bei sorgsamem Nachsuchen in allen oder doch den meisten Laven gewahr werden, auch muss man aus dem Mitgetheilten schliessen, dass sie sich in grösserer Tiefe neben dem Eisen eine gewisse Geltung verschaffen. In solchen Tiefen, wo die Metalle in gediegenem Zustande vorhanden sind, werden wir dem Meteoreisen ähnliche Zusammensetzungen von Eisen, Nickel und Cobalt erwarten können, und ist die Erde etwas anderes als ein grosser Meteorit?

Im Bezug auf die schweren Metalle und ihre Verbreitung in der Oberfläche der Erde kann man einen für die Geologie wichtigen Satz aufstellen, der sich, wie ich vermuthe, beweisen lässt, dass nämlich dieselben bei der ersten ursprünglichen Bildung, in der unser Planet die Gestalt eines abgeplatteten Ellipsoids angenommen und die äussere Kruste sich zu erhärten begonnen hat, nicht durch mechanische Vorgänge in die

Gegenden gelangt sind, in denen wir sie jetzt antreffen.

Nur chemische Actionen sind im Stande gewesen, die Verbreitung der Erze und namentlich der schweren Metalle in der Erdoberfläche zu bewirken.

Unsere Erzgänge, die ohne Zweifel später entstanden sind, als die Gesteine, durch die sie sich verzweigen, sind die ursprünglichen Leiter und Canäle, in denen alle Erze ohne Ausnahme durch Sublimation nach Umständen als Schwefel-, Chlor-, Jod-, Brom- und Fluorverbindungen u. s. w. emporgestiegen sind. Die Sublimationen, z. B. von Kupfer, Blei, Arsen, Titan und andern dauren noch bis zum heutigen Tage in den Vulkanen fort und geben uns ein deutliches Bild solcher Vorgänge, die vormals in ungleich grösserm Massstabe in der Erdrinde stattgefunden haben.

Wenn ich die Bildung aller Erzgänge auf Sublimationsprocesse zurückführe, so ist damit die mannichfachste secundäre Umbildung der Erze auf nassem Wege nicht im Entferntesten ausgeschlossen

In den unendlichen Zeiträumen, welche seit jenem ersten Emporsteigen der Erze vergangen sind, haben auf sie chemische Processe ununterbrochen eingewirkt und dauren im Innern der Erde fort bis zum heutigen Tage.

Beispielsweise gestatten die grossen Kupferablagerungen am Obern See in den vereinigten Staaten von Nordamerica einen ungetrübten Blick in diese zum Theil noch nicht genug beachteten Vorgänge.

Ein weit ausgedehntes Trappgebirge, das hauptsächlich

aus labradorischem Feldspath und Augit besteht, den isländischen Gesteinen nicht ganz unähnlich, und sehr wahrscheinlich wie diese von sehr neuer Bildung, wird in einer bestimmten Richtung von einem mächtigen Gangsystem durchbrochen, welches den ungeheueren Kupferreichthum enthält.

Es ist mir unzweifelhaft, dass in dieser Localität einst weit ausgedehnte Sublimationen von Chlorkupfer stattgefunden haben, in ähnlicher Weise wie sie fast alle Vulkane noch in der Gegenwart zeigen. Das erste Stadium der Metamorphose ist durch Wasserdämpfe eingeleitet, welche eine Reduction des Chlorkupfers in schwarzes Kupferoxyd bewirkt haben. Grosse Massen dieses schwarzen Kupferoxyds in Verbindung mit halbzersetztem Chlorkupfer werden in jenen Gegenden häufig gefunden und zum Ausbringen des Kupfers benutzt. Direct aus dem Chlorkupfer oder auch aus dem Kupferoxyd werden eine Reihe mannichfaltiger Kupfererze, zumal beim Zutritt von Schwefelsäure, die durch sublimirte schweflige Säure an der Atmosphäre sich bildet, erzeugt werden.

Namentlich ist die Reduction des gediegenen Kupfers aus Flüssigkeiten, oder die Bildung desselben in ausgezeichneten Crystallen auf nassem Wege, worauf auch das Zusammenvorkommen wasserhaltiger Silicate von Apophyllit, Analcim, Laumonit u. s. w. hindeutet, durchaus nicht in Zweifel zu ziehen.

Aus dem gediegenen Kupfer können dann wieder mit der Zeit Rothkupfererze, Malachit und Kupferlasur hervorgehen, wie man solche Umwandlungen z. B. an mehrern pompejanischen Gefässen im Museo Burbonico zu Neapel auf das Deutlichste beobachten kann.

Die successiven Umbildungen der Erze in der äussern Erdrinde unter dem Einflusse der Atmosphäre und des Wassers sind übrigens auf sehr mannichfache Weise denkbar. Der angedeutete Weg ihrer Entstehung ist gewiss nicht der einzige, denn verschiedene Wege führen oftmals zu demselben Ziel.

Was eben von dem ursprünglichen Emporsteigen der Kupfererze und ihrer Umbildung beispielsweise gesagt worden ist, lässt sich ohne Zweifel auch auf die Entstehung der übrigen Erze verallgemeinern.

Unsere Schwefelkiese, Bleiglanze, Zinkblenden, Rothgülden u. s. w. haben ihr ursprüngliches Bildungsmaterial nicht aus der Nachbarschaft der Schichten, wo wir sie jetzt finden, ebensowenig von der Oberfläche, sondern aus den Tiefen der Erde erhalten; sie sind aber demungeachtet jedenfalls zum grössern Theil auf nassem Wege aus Flüssigkeiten, die secundär gewissen Sublimationsproducten ihre Entstehung verdanken, auscrystallisirt und abgeschieden worden.

Das gemeinsame Vorkommen ursprünglich sublimirter und metamorphosirter Erze kann nicht in Zweifel gezogen werden und wird in vielen vulkanischen Spalten noch bis zur Stunde beobachtet. Beide Erzgruppen in unsern Gängen mit Sicherheit von einander zu unterscheiden, ist bisjetzt noch mit Schwierigkeiten verbunden, die sich jedoch demnächst wohl beseitigen lassen.

Es kann durchaus nicht meine Absicht sein, hier über die Entstehung der Erzgänge ausführlichere Untersuchungen einzuschalten, welche ich mir auf eine spätere Zeit vorbehalten muss. Nur auf den wichtigen Punkt wollte ich aufmerksam machen, dass die schweren Metalle an der Oberfläche der Erde sich nicht ursprünglich zu Hause befinden, sondern durch später eingetretene chemische Wirkungen oder auch vielleicht mitunter durch den Druck von Wasserdämpfen an ihre jetzigen Lagerstätten geführt worden sind.

Bevor ich über die Bildung der neuern crystallinischen Gesteine weitere Betrachtungen anstelle, werde ich zunächst noch einige Beispiele anführen, um die Zerlegung der Silicatmassen in die ihnen zugehörigen Mineralkörper deutlich zu zeigen.

Eine Reihe flüssiger Silicatmassen sollen durch Erstarren in crystallinische Gebirgsarten von möglichst einfacher Beschaffenheit übergehen. Ihre Zusammensetzung sei:

	1.	2.	3.	4.	5.	6.
Kieselerde	86,2	79,0	70,1	59,5	50,1	35,0
Thonerde	8,2	10,2	22,3	16,5	18,8	25,0
Eisenoxd *)	0,3	2,9	0,4	11,2	11,7	14,0
Kalk	0,3	1,8	0,3	5,4	11,6	17,0
Magnesia	0,8	0,1	0,6	2,4	5,2	8,5
Natron	1,0	4,2	4,3	3,6	2,2	0,2
Kali	3,2	1,8	2,0	1,4	0,4	0,3
	100,0	100,0	110,0	100,0	100,0	100,0

Die für diese Zusammensetzungen berechneten Sauerstoffmengen sind:

*) Statt Eisenoxyd kann auch Oxydul und Oxydoxydul auftreten, oder alle drei Verbindungen können gemischt erscheinen, worauf bei der Rechnung Rücksicht zu nehmen ist.

	1.		2.		3.	
$\ddot{Si}$	45,622	45,622	41,812	41,812	37,102	37,102
$\ddot{Al}$	3,045	3,135	4,768	5,637	10,424	10,544
$\ddot{Fe}$	0,090		0,869		0,120	
$\dot{Ca}$	0,085		0,512		0,085	
$\dot{Mg}$	0,319	1,205	0,040	1,942	0,240	2,777
$\dot{Na}$	0,258		1,085		1,113	
$\dot{Ka}$	0,543		0,305		0,339	

	4.		5.		6.
$\ddot{Si}$	31,543	31,756	26,516	26,516	18,574
$\ddot{Al}$	7,713	11,070	8,788	12,294	11,686
$\ddot{Fe}$	3,357		3,506		3,856
$\dot{Ca}$	1,535		3,299		4,834
$\dot{Mg}$	0,958	3,661	2,079	6,012	3,393
$\dot{Na}$	0,930		0,568		0,051
$\dot{Ka}$	0,238		0,068		0,051

Aus jeder dieser 6 verschiedenen Silicatmischungen, welche wir beispielsweise hier zusammenstellen, und die von sehr sauern Verbindungen allmählig zu den basischen übergehen, sind in verschiedene Gruppen von Mineralkörpern zerlegbar, die nach sehr einfachen Formeln gebildet sind, und die, wie vorhin bemerkt, wahrscheinlich in Folge verschiedener Abkühlung, bald in der einen, bald in der andern Art gebildet werden können.

Aus 1. kann zuerst ein Granit mit starker Quarzausscheidung, Orthoklas und etwas Glimmer hervorgehen. Für den hexagonalen Glimmer (Biotit) legen wir die Formel:

$$\dot{R}\dddot{Si} + \bar{\dddot{R}}\dddot{Si}^3$$

die zugleich für den Granat gilt, zu Grunde.

Bezeichnet man mit u den Sauerstoff der ausgeschiedenen Kieselerde, mit y den Modulus des Orthoklas, mit z den des Glimmers, so erhält man folgende Gleichungen:

$$u + 12y + 6z = 45{,}622$$
$$3y + 3z = 3{,}135$$
$$y + 3z = 1{,}205.$$

Aus denselben bestimmt man:

$$u = 33{,}562$$
$$y = 0{,}965$$
$$z = 0{,}080.$$

Die für den monoklinen Glimmer aufgestellte Formel:

$$\dot{R}\dddot{Si} + n\bar{\dddot{R}}\dddot{Si}$$

würden für z offenbar negative Werthe geben, d. h. aus der obigen Mischung kann kein Glimmer dieser Beschaffenheit ausgeschieden werden.

Zunächst ist die Art der Vertheilung der isomorphen Bestandtheile festzusetzen. Ist dieselbe für den Glimmer, als für den früher ausscheidenden Körper gegeben, so folgt die für den Feldspath von selbst.

Der Sauerstoff der Thonerde zum Eisenoxyd verhalte sich bei ersterm wie 9 : 1 und Magnesia zu Kali wie 5 : 1.

Die Silicatmasse 1. wird alsdann folgendermassen in Quarz, Orthoklas und Glimmer, d. h. in einen Granit verwandelt.

	Quarz.	Orthoklas.	Glimmer.
Kieselerde	63,41	21,88	0,91
Thonerde		7,74	0,46
Eisenoxyd		0,22	0,08
Kalkerde		0,30	
Magnesia		0,27	0,53
Natron		1,00	
Kali		3,02	0,18

63,41 + 34,43 + 2,16 = 100,00

Dieser Granit besteht also aus

Quarz	=	63,41
Orthoklas	=	34,43
Hexag. Glimmer	=	2,16
		100,00.

Reducirt man die Orthoklas- und Glimmer-Verbindung auf 100, so wird man für beide Mineralkörper die Zusammensetzungen erhalten, welche sich von andern bekannten Analysen nur durch eine zufällig etwas andere Vertheilung der isomorphen Bestandtheile unterscheiden werden.

Dass der obigen Rechnung zu Folge für hexagonalen Glimmer auch Granat oder jedes andere dimorphe Mineral derselben Zusammensetzung, wenn es solches geben sollte, hervorgehen kann, ist einleuchtend.

In Folge anderer Abkühlungsverhältnisse, wie wir vermuthen, entsteht keine Ausscheidung von Quarz, sondern statt dessen ein saurer Feldspath von der Norm (x, 3, 1), welcher sich in zwei Feldspathe, nach (v, 3, 1) und (w, 3, 1) zerlegen lässt, ausserdem kann nach Umständen Glimmer, Granat, Hornblende, Augit oder eine Verbindung dieser Mineralkörper abgeschieden werden.

Die Rechnung stellt sich alsdann für sauren Feldspath und Glimmer folgendermassen.

Aus den Gleichungen:

$$xM + 6z = 46,622$$
$$3M + 3z = 3,135$$
$$M + 3z = 1,205$$

findet man:

$$M = 1,037$$
$$x = 43,531$$
$$z = 0,080.$$

Die Zusammensetzung des Glimmers wird dieselbe wie vorhin, während die freie Kieselsäure an den Feldspath gebunden wird. Man findet alsdann die Zusammensetzung beider Körper folgendermassen:

	Sauerer Feldspath		Hexagonaler Glimmer
Kieselerde	85,29	+	0,91
Thonerde	7,74	+	0,46
Eisenoxyd	0,22	+	0,08
Kalkerde	0,30		
Magnesia	0,27	+	0,53
Natron	1,00		
Kali	3,02	+	0,18

Der von Glimmer befreite Feldspath zerlegt sich alsdann, den vorhin mitgetheilten Regeln gemäss, nach den Normen (1, 3, 12) und (1, 3, 48), in Albit und einen hypothetischen sauren Feldspath, der in der Wirklichkeit vielleicht gar nicht existirt; doch habe ich absichtlich zum Beispiel eine sehr kieselerdereiche Verbindung gewählt, die sich eben so leicht als jede andere kieselerdeärmere in ihre Componenten zerlegen lässt.

Die Rechnung für den Feldspath von der Norm (43,531, 1, 3) weiter durchzuführen, ist überflüssig, da bereits früher mehrere ganz ähnliche Beispiele mitgetheilt worden sind.

Statt des Glimmers könnte auch hier wiederum Granat oder Augit ausgeschieden werden. Für den letztern würden sich etwas andere Verhältnisse als für den Glimmer ergeben, auch würde seine Zusammensetzung von etwa vorhandenem Eisenoxydul mit abhängig sein.

Aus der Silicatmasse 2. werden ganz ähnliche Verbindungen wie aus 1. hervorgehen. Sie ist auch bereits in einer bestimmten Weise vorhin bei der Zusammensetzung der isländischen Trachyte auf Seite 136 berechnet worden. Man fand sie zusammengesetzt aus:

Feldspath	95,56	$x = 24{,}615$
Augit	2,83	
Magneteisenstein	1,41	
	99,80.	

Statt dieses Trachyts kann nun ebensogut unter andern Abkühlungsverhältnissen ein Granit, in dem Albit vorherrscht, entstehen, der folgende Zusammensetzung hat: Es ergibt sich zunächst $u = 19{,}447$ $y = 1{,}848$ $z = 0{,}031$.

Die Zusammensetzung des Granits wird alsdann:

Quarz	36,74
Albit	62,27
Glimmer	0,99
	100,00.

Die Zusammensetzung des hier vorkommenden Glimmers bei derselben Vertheilung der isomorphen Körper findet sich:

	Hexag. Glimmer	Albit
Kieselerde	0,357	41,900
Thonerde	0,181	10,020
Eisenoxyd	0,030	2,870
Kalkerde		1,800
Magnesia	0,100	
Natron		4,200
Kali	0,318	1,479
	0,985	62,269.

Wir wenden uns jetzt zum Beispiel 3. Ich habe dasselbe absichtlich so gewählt, dass die Thonerde etwas vorherrschender als gewöhnlich ist. Diese und ähnliche Silicatmassen sind besonders geeignet, entweder als Nebenbildung des Granits Corund oder Cyanit, Staurolith u. s. w. abzuscheiden, wie die Rechnung sogleich zeigen wird.

Für die Zusammensetzung des Cyanits wählen wir die Formel:

$$\ddot{\text{Al}}^5 \ddot{\text{Si}}^3$$

Soll nun aus der Silicatmasse 3. Quarz, Corund, Albit gebildet werden, so gelangt man zu den Gleichungen unter I, wird dieselbe dagegen in Quarz, Cyanit und Feldspath zerlegt, so ergeben sich die Gleichungen unter II.

I.	II.
$u + 12z = 37,102$	$u + 6y + 12z = 37,102$
$u' + 3z = 10,544$	$9y + 3z = 10,544$
$z = 2,777$	$z = 2,777$
$u = 3,778 \quad u' = 2,213 \quad z = 2,777$	$u = 2,302 \quad y = 0,246 \quad z = 2,777$

In gleicher Weise können aus dieser Silicatmasse neben Quarz und Feldspath auch monokline Glimmer von der Form

$$\dot{R}\,\dddot{Si} + n\,\dddot{\bar{R}}\,\dddot{Si}$$

hervorgehen.

Setzt man z. B. n = 3, so erhält man für dieselbe Silicatmasse folgende Gleichungen:

III.

$$\begin{aligned} u + 12y + 12z &= 37{,}102 \\ 9y + 3z &= 10{,}544 \\ y + z &= 2{,}777 \end{aligned}$$

$$u = 3{,}778 \quad y = 0{,}396 \quad z = 2{,}408.$$

Aus dieser Silicatmasse können nur dann 4 Mineralkörper, z. B. Quarz, Corund, Glimmer und Feldspath, entstehen, wenn eine neue Bedingung, welche die Aufstellung einer 4ten Gleichung erlaubt, hinzugekommen ist. Diese ist ohne Zweifel, wie vorhin bemerkt, von Druck- und Abkühlungsverhältnissen abhängig.

Die Silicatmasse 3. zerfällt alsdann, je nach der Anwendung der Gleichungen unter I, II, III, in folgende Mineralkörper:

I.		II.		III.	
Quarz	7,138	Quarz	4,349	Quarz	7,138
Corund	4,735	Cyanit	7,524	Glimmer	19,589
Albit	88,127	Albit	88,127	Albit	73,273
	100,000		100,000		100,000

Im $\dddot{\bar{R}}$ des Cyanits ist in diesem Beispiel nur Thonerde vertreten. Für den monoklinen Glimmer ist in $\dddot{\bar{R}}$ das Verhältniss des Sauerstoffs der Thonerde zum Eisen wie 9 : 1 gewählt, in $\dot{R}$ befindet sich nur Kali.

Im Bezug auf die Glimmerbildung ist es einleuchtend, dass wenn für den hexagonalen Glimmer die Formel

$$\dot{R}^3 \dddot{Si} + \ddot{R} \dddot{Si}$$

und für den monoklinen die Formel

$$\dot{R} \dddot{Si} + n\ddot{R} \dddot{Si}$$

gilt, der erstere nur aus solchen Silicatmassen hervorgehen kann, in denen der Sauerstoff in $\dot{R}$ grösser, als das 3fache von dem in $\ddot{R}$ ist. Im entgegengesetzten Falle kann der monokline Glimmer ausgeschieden werden.

Die verschiedenen Glimmerarten sind also, ähnlich dem Feldspath, Compensatoren für die Gesteinsbildung, mit deren Hülfe eine jede Silicatmasse in wenige einfache Gruppen vollständig zerlegt wird.

Die Silicatmassen 4. und 5. sind schon vorhin Seite 141 und 145 der Berechnung unterworfen und in Olivin, Augit, Magneteisenstein und Feldspath zerlegt.

Es ist enthalten in:

	4.) $x = 7,08$	5.) $x = 11,34$
Feldspath	67,1	84,0
Augit	21,7	3,1
Olivin	2,7	3,7
Magneteisenstein	8,5	7,5
	100,0	98,0.

Ausser diesen Zerlegungen jener Silicatmassen in die genannten 4 Körper, wie sie in den Laven wirklich vorkommen, sind noch andere denkbar, die zum Theil von der Art der Oxydation des Eisens abhängig sind. Ist z. B. kein Oxydoxydul, sondern nur Oxyd gegenwärtig, so kann auch kein Magneteisenstein ausgeschieden werden.

Die Silicatmasse 4. liesse sich dann ohne Schwierigkeit in einen Feldspath von der Norm (x, 3, 1) und in monoklinen Glimmer, die Silicatmasse 5. in einen ähnlichen Feldspath und in einen hexagonalen Glimmer zerlegen. Die numerische Rechnung, die sehr leicht auszuführen ist, hier noch mit aufzunehmen, scheint ohne Interesse.

Endlich mag das Beispiel 6. betrachtet werden, welches eine ideale doch immerhin mögliche sehr basische Silicatmasse zeigt, wie sie in bedeutender Tiefe wahrscheinlicher Weise zu finden wäre.

Sie lässt sich nach den vorhin aufgestellten Gleichungen (Seite 131) in Feldspath von der Norm (x, 3, 1), Augit, Olivin und Magneteisenstein zerlegen. Mit den obigen Constanten für die isomorphen Vertretungen in diesen Mineralkörpern ergibt sich für die Silicatmasse 6. folgende mineralogische Zusammensetzung:

Feldspath	59,511
Augit	22,782
Olivin	8,815
$\ddot{Fe}\dot{Fe}$	10,045
	100,153.

Die Zusammensetzung des hier vorkommenden Feldspaths ist:

Kieselerde	34,86
Thonerde	39,85
Eisenoxyd	2,64
Kalkerde	20,90
Magnesia	0,90
Natron	0,34
Kali	0,51
	100,00.

Dieser Feldspath, wiederum aus zwei Theilen zusammengesetzt, ist noch beträchtlich basischer als Anorthit; x findet sich nämlich = 2,857, M = 6,472. Feldspathe von solcher oder ähnlicher Zusammensetzung sind jedoch bisjetzt noch nicht nachgewiesen worden.

Aus der angegebenen Verbindung würde unter Umständen auch neben den genannten Mineralkörpern hexagonaler Glimmer oder Granat ausgeschieden werden können.

In den Beispielen 4. 5. 6. ist auf die Ausscheidung des Quarzes, welche nur bei der Bildung noch sehr viel basischerer Feldspathe als die berechneten stattfinden könnte, keine Rücksicht genommen. Die Erfahrungen zeigen aber auch auf das Unzweifelhafteste, dass die neuen vulkanischen Gesteine niemals Quarz ausscheiden. Keine Lava von Island oder vom Aetna enthält auch nur die geringsten Spuren von Quarz. Ausser der verschiedenartigen Abkühlungsweise der neuern crystallinischen Formationen, im Vergleich zum Urgebirge, welche letztere für die Quarzbildung nothwendig zu sein scheint, ist auch das sehr erhebliche Zurückweichen der Kieselsäure ihrer selbstständigen Ausbildung hinderlich.

Es muss hier noch auf die Stellung des Augits und auf seine Bedeutung in den neuern Silicatmassen aufmerksam gemacht werden. Der Augit besitzt nämlich vermöge seiner Zusammensetzung die Eisenschaft, in ähnlicher Weise wie der Glimmer, als ein Compensator für die Gesteinsbildung zu wirken, und ein solcher ist, um das rationale Verhältniss von 3 : 1 in den beiden Basen der zurückbleibenden Feldspathmasse hervorzubringen, da durchaus nothwendig, wo die Glimmerausscheidnng aus andern Gründen nicht mehr stattfinden kann.

Ist nämlich in der ursprünglichen Silicatmasse mehr Thonerde und Eisenoxyd vorhanden, als zur Feldspathbildung erforderlich ist, so wird der Überschuss der Thonerde für den Augit so verwandt, wie es das von Scheerer aufgestellte Gesetz des polymeren Isomorphismus mit sich bringt. Nachdem durch dieses Ausscheiden der überschüssigen Thonerde das Verhältniss in $\ddot{R}$ und $\dot{R}$ wie 3 : 1 hergestellt ist, wird die Bildung des Augits aufhören und die Feldspathbildung beginnen.

Ist im Gegentheil gleich anfangs ein Mangel an Thonerde vorhanden, welches in den tiefern Schichten wohl nur selten der Fall sein dürfte, so werden thonerdefreie Augite so viel Kalk, Magnesia und Eisenoxydul in Anspruch nehmen, bis sich das Verhältniss 3 : 1 in den beiden Basen für den Feldspath hergestellt hat.

Zum Schlusse dieses Abschnittes wird noch die Bemerkung ihren Platz finden, dass die aus den analysirten Silicatmassen berechneten Feldspathe durchschnittlich etwas saurer auszufallen scheinen oder einen grössern Werth von x besitzen, als der ist, welcher aus den Analysen der Feldspath-Crystalle, die in denselben Gesteinen vorkommen, abgeleitet wird. So ergibt sich z. B. für die neuern Aetnalaven der berechnete Werth von $x = 6{,}6$ bis $7{,}0$, während die Feldspathanalysen nur $x = 6{,}3$ bis $6{,}7$ ergeben.

Die Thiorsà Lava ergibt für $x = 6{,}9$, während die in derselben ausgesonderten Feldspathe eine beträchtlich geringere Zahl liefern. Aus diesen zur Zeit sehr vereinzelten Beobachtungen wäre man vielleicht zu schliessen berechtigt, dass in der feinkörnigen Grundpasta, in der die grössern Feldspathcrystalle liegen, saurere Feldspathe enthalten, als jene sind. Man müsste auch alsdann annehmen, dass die grossen Feldspathcrystalle den Theil der Laven bilden, welcher zuletzt erstarrt.

Unsere Kenntnisse sind bisjetzt im Bezug auf dieses Verhältniss noch sehr mangelhaft, doch hoffe ich demnächst durch fortgesetzte Untersuchungen darüber einigen Aufschluss zu erhalten.

XIII. Besondere Untersuchungen über den Zusammenhang unter den neuern crystallinischen Gesteinen.

Schon im VI. Abschnitt dieses Buches habe ich die Zusammensetzung der crystallinischen Gesteine von Island und Sicilien einer näheren Prüfung unterworfen und zugleich die Rechnungs-Methoden angegeben, durch deren Anwendung eine Lava, ein Basalt oder Trachyt in seine mineralogischen Bestandtheile zerlegt werden kann.

In Bezug auf den Fortgang und die weitere Verallgemeinerung unserer Untersuchungen halte ich es von besonderm Interesse eine Reihe vulkanischer Gesteine in derselben Weise wie vorhin zu bearbeiten und die gewonnenen Resultate mit jenen in einer allgemeinen Übersicht zusammenzustellen.

Abichs Analysen über die Gesteine des armenischen Hochlandes und der einiger anderer Vulkane liefern uns für diesen Zweck ein reiches und werthvolles Material; auch sind einige Analysen anderer Chemiker, die ich zufällig bemerkte, in diese Bearbeitung aufgenommen worden.

Solche Analysen, welche man mit verwitterten oder

halbzersetzten Gesteinen angestellt hat, habe ich absichtlich hier ausgeschlossen.

Ferner habe ich die Leuzitgesteine oder solche, die möglicherweise Leuzit enthalten können, wie z. B. die Laven des Vesuv wenigstens vorläufig von dieser Bearbeitung ausgeschlossen. Zuerst führe ich die sauern obsidianartigen Gesteine von Transcaucasien an, welche Abich untersucht hat*). Die Resultate der Analysen sind.

Spec. Gew.	2,358	2,394	2,363	2,656
	1.	2.	3.	4.
Kieselerde	77,27	77,60	77,42	76,66
Thonerde	11,85	11,79	12,08	12,05
$\ddot{F}e + \ddot{F}e\dot{F}e$	2,55	2,17	3,05	3,47
Kalkerde	1,31	1,40	2,73	1,25
Natron	4,15	4,21	2,16	3,53
Kali	2,44	2,30	2,16	2,94
	99,57	99,47	99,60	99,89.

1. Brauner Obsian vom kleinen Ararat.
2. Obsidianporphyr vom grossen Ararat.
3. Obsidian von Kiotangdag.
4. Dioritähnlicher Porphyr von Besobdal.

Auf den geringen etwa ½ procentigen Glühverlust wird bei unsern Rechnungen keine Rücksicht genommen. Der Kali- und Natrongehalt ist in 3. nur zusammen angegeben, und es blieb daher nichts übrig, als ihn an beide Körper gleich zu vertheilen.

Die 4 Gesteine zeigen nur Spuren von Magnesia, sie können daher weder Augit noch Olivin enthalten.

*) Über die geologische Natur des armenischen Hochlandes von H. Abich. Dorpat 1843.

Die Rechnung ergibt für diese Analysen folgende Gesteinszusammensetzung:

	1.	2.	3.	4.
Feldspath	99,54	98,25	96,35	96,42
$\ddot{F}e\dot{F}e$	0,54	1,93	3,03	3,47
	100,08	100,18	99,38	99,89.

Die Zusammensetzung der hier vorkommenden Feldspathe ist folgende:

	1.	2.	3.	4.
Kieselerde	77,99	79,45	80,18	79,50
Thonerde	11,96	11,80	12,51	12,50
Eisenoxyd	2,08	0,65	—	—
Kalkerde	1,32	1,43	2,83	1,30
Natron	4,19	4,31	2,24	3,66
Kali	2,46	2,36	2,24	3,04
	100,00	100,00	100,00	100,00.

In den Analysen 3 und 4 ist in $\ddot{R}$ und $\dot{R}$ das Sauerstoffverhältniss von 3 : 1 nicht vollkommen herzustellen.

Die reducirten Thonkalkfeldspathe haben folgende Zusammensetzung:

	1.	2.	3.	4.
	M = 2,076	M = 2,235	M = 1,948	M = 1,966
	x = 19,949	x = 21,905	x = 21,035	x = 20,639
Kieselerde	79,22	77,60	81,08	80,76
Thonerde	13,48	12,03	12,65	12,70
Kalkerde	7,30	6,37	6,27	6,54
	100,00	100,00	100,00	100,00.

Es folgen darauf eine Reihe Analysen schon etwas basischerer Gesteine, deren Resultate wir hier zunächst mittheilen.

	1.	2.	3.	4.
Spec. Gew.	2,595	2,546	2,643	2,616
Kieselerde	69,47	69,37	69,25	70,25
Thonerde	14,98	14,44	13,35	13,49
$\ddot{F}e + \ddot{F}e\dot{F}e + \dot{F}e$	3,35	5,32	4,79	4,95
Kalkerde	4,68	4,38	5,09	4,20
Magnesia	0,98	2,26	1,64	1,52
Natron	4,46	1,91	3,32	2,53
Kali	1,46	1,91	1,89	2,53
	99,38	99,59	99,43	99,47
	5.	6.	7.	8.
Spec. Gew.	2,635	2,707	2,632	2,760
Kieselerde	65,46	65,21	65,26	61,13
Thonerde	15,36	14,16	15,34	16,44
$\ddot{F}e + \ddot{F}e\dot{F}e + \dot{F}e$	6,65	6,70	7,26	9,23
Kalkerde	4,24	6,56	7,39	6,25
Magnesia	2,11	3,47	2,99	3,76
Natron	4,09	1,90	0,78	1,49
Kali	1,33	1,90	0,78	1,48
	99,24	99,90	99,80	99,58.

1. Gipfelgestein des grossen Ararat.
2. Gipfelgestein des Elbrouz.
3. Gipfelgestein des Kasbek.
4. Gipfelgestein des Kasbek, rothbraune Varietät.
5. Araratgestein a.
6. Araratgestein b.
7. Poröses Araratgestein.
8. Gestein zwischen Keschet und Kobi.

Das Gestein des Ararat (Abichs Untersuchungen Nr. 12) ist hier nicht mit aufgenommen, da es einen Wassergehalt von fast 4 Procent besitzt und daher secundär verändert zu sein scheint.

Die Rechnung für diese Analysen gibt zunächst nachfolgende Resultate:

	a	M	x	z	y	f
1.	0,3852	2,3652	14,7230	0,4201	0,0000*)	0,5819
2.	0,3274	2,3453	15,3950	0,0000	0,5128	1,6334
3.	0,5677	2,1299	16,4980	0,2383	0,3646	1,0556
4.	0,4698	2,1623	16,6472	0,1785	0,3206	1,1239
5.	0,4572	2,4824	13,5390	0,0734	0,6900	1,5829
6.	0,8180	2,4738	13,5070	0,0779	0,9824	1,7296
7.	0,5967	2,2120	15,1440	0,5457	0,6784	1,4821
8.	0,6658	2,6701	11,9060	0,0000	1,3944	1,3771

Die mineralogische Zusammensetzung dieser Gebirgsarten berechnet man alsdann mit den gefundenen Zahlen folgendermassen:

	1.	2.	3.	4.
Feldspath	90,59	92,71	89,79	91,00
Augit	7,38		4,17	3,29
Olivin	—	2,81	1,89	1,66
$\ddot{F}e\,\dot{F}e$	2,11	4,72	3,83	4,08
	100,08	100,24	99,68	100,13

	5.	6.	7.	8.
Feldspath	89,22	88,38	86,45	87,10
Augit	1,29	0,76	5,29	—
Olivin	3,49	5,08	3,51	7,15
$\ddot{F}e\,\dot{F}e$	5,74	6,27	5,38	5,00
	99,74	100,49	100,63	99,25

*) Da wo in der Rechnung negative Werthe für z und y hervorgehen, kann kein Augit oder Olivin in der Mischung vor-

Die Zusammensetzung der hier vorkommenden Feldspathe ist:

	1.	2.	3.	4.
Kieselerde	72,635	74,583	73,942	74,739
Thonerde	16,076	15,576	14,605	14,630
Eisenoxyd	1,068	1,025	0,965	0,967
Kalkerde	3,536	4,724	4,735	3,925
Magnesia	0,151	0,972	0,040	0,168
Natron	4,922	2,060	3,697	2,791
Kali	1,612	2,060	2,016	2,780
	100,000	100,000	100,000	100,000

	5.	6.	7.	8.
Kieselerde	71,008	71,430	73,211	68,960
Thonerde	17,130	17,269	15,753	18,876
Eisenoxyd	1,133	1,139	1,042	1,248
Kalkerde	4,463	8,052	5,369	7,176
Magnesia	0,191	0,344	0,229	0,307
Natron	4,584	0,883	2,198	1,722
Kali	1,491	0,883	2,198	1,711
	100,000	100,000	100,000	100,000

Zunächst lasse ich Abichs Analysen der Obsidian und Bimssteinsgruppe folgen, welche ich aus Rammelsbergs Handwörterbuch Suppl. IV. entlehnt habe.

Zur Vereinfachung der Rechnung ist der mitunter vorkommende, selten ein Procent betragende Mangan- und Titangehalt *) mit dem Eisenoxyd vereinigt; ferner

handen sein. Man setzt in einem solchen Falle y oder z in den Gleichungen = 0 und bestimmt alsdann die übrigen Unbekannten.

*) Es ist zu bemerken, dass in den Originalanalysen nur ein Gemisch von Kiesel- und Titansäure angegeben wird. In Er-

ist die geringe Beimischung von Chlor, Wasser, Schwefel- und Kohlenwasserstoff vernachlässigt, und endlich habe ich die Analysen auf 100 reducirt.

Auf diese Weise sind die nachfolgenden Zahlenangaben aus den ursprünglich mitgetheilten abgeleitet worden.

	1.	2.	3.	4.	5.
Spec. Gew.	2,528	2,477	1,983	2,571	2,471
Kieselerde	61,00	62,27	62,84	64,50	65,40
Thonerde	19,14	16,63	17,66	15,12	17,73
$\ddot{F}e+\dot{F}e+\ddot{F}e\dot{F}e$	4,89	5,27	9,26	7,20	4,36
Kalkerde	0,59	0,63	1,42	3,34	1,30
Magnesia	0,19	0,80	4,09	3,39	0,53
Natron	10,68	11,39	2,89	4,86	6,49
Kali	3,51	3,00	1,84	1,56	4,19
	100,00	100,00	100,00	100,00	100,00

	6.	7.	8.	9.	10.	11.
Spec. Gew.	2,489	2,411	2,354	2,224	2,377	2,370
Kieselerde	63,92	65,23	71,34	75,97	74,85	74,50
Thonerde	17,31	17,40	12,58	11,16	12,46	13,04
$\ddot{F}e+\dot{F}e+\ddot{F}e\dot{F}e$	5,48	4,66	4,76	1,85	2,35	2,74
Kalkerde	1,81	1,38	1,72	1,24	0,66	0,12
Magnesia	0,84	0,76	0,70	1,34	0,29	0,28
Natron	6,21	6,72	6,84	4,42	4,59	4,17
Kali	4,43	3,85	2,06	4,02	4,80	5,15
	100,00	100,00	100,00	100,00	100,00	100,00

---

manglung besserer Angaben blieb nichts übrig, als die Hälfte für die eine, die Hälfte für die andere Substanz in Rechnung zu bringen.

1. Obsidian von Teneriffa.
2. Bimsstein von Teneriffa.
3. Bimsstein von der Insel Ferdinanda.
4. Bimsstein vom Vulkan von Arequipa.
5. Bimsstein von Ischia.
6. Obsidian von Procida.
7. Bimsstein der Campi Flegrei.
8. Bimsstein von Santorin.
9. Bimsstein vom Cotopaxi.
10. Bimsstein von Lipari.
11. Obsidian von Lipari.

Die Analyse des Bimssteins von Pantellaria habe ich von diesen Rechnungen ausgeschlossen, da sie einen Irrthum entweder in der Bestimmung der Thonerde oder der Alkalien zu enthalten scheint.

Die Rechnung gibt für diese Analysen folgende mineralogische Zusammensetzung:

	1.	2.	3.
Feldspath	97,03	96,55	89,140
Augit	2,14	3,27	
Olivin	—		1,780
$\ddot{Fe}\dot{Fe}$	0,47		9,108
	99,64	99,72	100,028.

Die Zusammensetzung des Feldspaths ist:

	M = 3,457	M = 3,259	M = 3,711
	x = 9,451	x = 10,210	x = 11,944
Kieselerde	61,75	62,88	69,88
Thonerde	19,62	16,05	19,81
Eisenoxyd	4,02	5,39	
Kalkerde			1,60
Magnesia			3,61
Natron	10,99	11,61	3,24
Kali	3,62	3,07	2,06
	100,00	100,00	100,00

Die Zusammensetzung des Augits ist:

Kieselerde	51,38	56,59
Thonerde	5,17	
Eisenoxydul	7,01	
Kalkerde	27,56	18,94
Magnesia	8,88	24,47
	100,00	100,00.

Bei der Berechnung der Analysen 1 bis 3 ist eine indirecte Methode angewandt, welche in solchen Fällen schneller zum Ziele führt, wo dem Feldspath nur eine geringe Menge von Augit, Olivin oder Magneteisenstein beigemischt ist.

In 1. wird die Zusammensetzung des Augits in Bezug auf die Vertheilung der isomorphen Bestandtheile etwas verschieden von der, welche auf Seite 151 mit den früher angegebenen Constanten berechnet ist.

In 2. ist das Verhältniss des Sauerstoffs in $\dddot{R}$ und $\dot{R}$ wie 3 : 1 nicht völlig herzustellen, selbst wenn ein eisenoxydul- und thonerdefreier Augit in der Mischung angenommen wird. Wahrscheinlicher Weise ist in dieser Analyse in der Bestimmung der Thonerde, in der Trennung der Alkalien oder in beiden ein Versehen vorgekommen; denn der Werth der ersteren ist entschieden zu klein, der der zweiten zu gross.

	4.	5.	6.
Feldspath	86,93	94,82	92,40
Augit	1,49	—	1,82
Olivin	6,16	1,06	1,04
$\ddot{Fe}\dot{Fe}$	6,59	4,72	4,04
	101,17	100,15	99,30.

Die Zusammensetzung des Feldspaths ist:

	4.	5.	6.
	M = 2,810	M = 2,914	M = 3,0230
	x = 13,276	x = 12,445	x = 12,004
Kieselerde	70,48	68,52	67,82
Thonerde	17,31	18,70	18,64
Eisenoxyd	1,13		0,37
Kalkerde	3,51	1,32	1,61
Magnesia	0,15	0,16	0,06
Natron	5,60	6,85	6,73
Kali	1,82	4,42	4,77
	100,00	100,00	100,00.

In 4 und 6. ist die directe Auflösung der Gleichungen Seite 131 angewandt. Die Rechnung ergab die Hülfsgrössen:

	a	M	x	z	y	f
4.	0,3543	2,4423	13,276	0,0843	1,204	1,8185
6.	0,1502	2,7964	12,004	0,0955	0,200	1,1140

	7.	8.	9.
Feldspath	95,20	91,44	92,09
Augit	—	7,47	8,06
Olivin	1,44		—
$\ddot{Fe}\dot{Fe}$	2,86	2,06	
	99,50	100,99	100,15.

Die Zusammensetzung des Feldspaths ist:

	M = 2,369	M = 2,315	M = 1,9796
	x = 12,104	x = 16,847	x = 20,800
Kieselerde	67,90	73,70	77,80
Thonerde	18,28	13,76	12,11
Eisenoxyd	1,20	1,80	0,93
Kalkerde	1,43		
Magnesia	0,06		
Natron	7,07	7,48	4,80
Kali	4,06	2,26	4,36
	100,00	100,00	100,00.

Der Augit in 8 und 9. hat folgende Zusammensetzung:

	8.	9.
Kieselerde	52,82	53,72
Eisenoxydul	16,77	14,27
Kalkerde	21,09	15,39
Magnesia	9,32	16,62
	100,00	100,00

	10.	11.
Feldspath	96,46	97,84
Augit	2,33	
Olivin		0,57
$\ddot{Fe}\dot{Fe}$	1,67	2,09
	100,46	100,50.

Die Zusammensetzung des Feldspaths ist:

	M = 2,074	M = 2,143
	x = 19,575	x = 18,803
Kieselerde	76,72	76,15
Thonerde	12,91	13,33
Eisenoxyd	0,62	0,59
Kalkerde		0,12
Magnesia		0,29
Natron	4,77	4,26
Kali	4,98	5,26
	100,00	100,00.

Die Zusammensetzung des Augits in II. ist:

Kieselerde	55,73
Eisenoxydul	3,49
Kalkerde	28,34
Magnesia	12,44
	100,00.

Die Zusammensetzung des Olivins ist in allen Fällen mit der Constante η berechnet.

Schliesslich nehme ich hier eine Reihe Analysen auf, welche sich auf vulkanische Gesteine von sehr verschiedenen Gegenden der Erde beziehen, die theils saure und neutrale, theils basische Feldspathe enthalten.

Ich lasse zuerst die Originalanalysen, dann ihre Berechnung folgen:

	1.	2.	3.	4.
Kieselerde	53,88	50,25	67,07	57,76
Thonerde	12,04	13,09	13,19	17,56
$\ddot{F}e + \dot{F}e + \ddot{F}e\dot{F}e$	9,25	10,95	4,74	7,55
Kalkerde	8,83	11,16	3,69	5,46
Magnesia	7,96	9,43	3,46	2,76
Natron	2,38	2,46	2,18	6,82
Kali	2,38	2,46	4,90	1,42
	98,72	99,78	99,03	99,33.

	5.	6.
Kieselerde	61,92	65,09
Thonerde	14,10	15,58
$\ddot{F}e + \dot{F}e + \ddot{F}e\dot{F}e$	6,42	5,56
Kalkerde	6,03	2,61
Magnesia	5,27	4,10
Natron	2,44	4,46
Kali	2,44	1,99
	98,62	99,39.

1. Dolerit von Strombolino.
2. Lava von Stromboli.
3. Gipfelgestein des Pichincha.
4. Gestein vom Circus von Teneriffa.
5. Gestein vom Vulkan Schivelutsch in Kamschatka.
6. Gipfelgestein des Chimborazo.

Die Rechnung für diese Analysen gibt zunächst wieder folgende Zahlenwerthe:

	a	M	x	z	y	f
1.	0,3067	1,6739	11,2050	1,7502	1,4812	1,7066
2.	0,3646	1,7160	8,1078	2,5479	0,7965	1,8960
3.	0,1847	2,0338	15,6192	0,6736	0,5476	0,8923

	a	M	x	z	y	f
4.	0,2460	2,7095	9,7522	0,8856	0,0432	1,5981
5.	0,4648	2,1770	12,924	0,7029	1,2347	1,2848
6.	0,2933	2,5305	12,932	0,0000	1,5384	1,1704

Diese Gesteine bestehen den eben mitgetheilten Zahlen gemäss aus:

	1.	2.	3.	4.
Feldspath	53,07	44,76	81,83	78,40
Augit	30,74	44,75	11,92	15,56
Olivin	7,66	4,12	2,83	0,22
$\ddot{\text{Fe}}\dot{\text{Fe}}$	6,19	6,88	3,24	5,80
	97,66	100,51	99,82	99,98

	5.	6.
Feldspath	76,51	87,16
Augit	12,35	—
Olivin	6,39	8,32
$\ddot{\text{Fe}}\dot{\text{Fe}}$	4,66	4,26
	99,91	99,73.

Die Zusammensetzung der hier vorkommenden Feldspathe ist:

	1.	2.	3.	4.
Kieselerde	66,779	58,721	73,350	63,683
Thonerde	19,420	23,601	15,302	21,280
Eisenoxyd	1,284	1,560	1,012	1,407
Kalkerde	3,402	4,916	1,615	2,992
Magnesia	0,145	0,210	0,069	0,128
Natron	4,485	5,496	5,988	8,699
Kali	4,485	5,496	2,664	1,811
	100,000	100,000	100,000	100,000.

	5.	6.
Kieselerde	69,477	70,528
Thonerde	17,519	17,612
Eisenoxyd	1,158	1,181
Kalkerde	4,651	2,992
Magnesia	0,020	0,287
Natron	6,378	5,117
Kali	0,797	2,283
	100,000	100,000.

Es sind theils in diesem, theils in dem 6ten und 7ten Abschnitt dieses Buches die Resultate der Berechnung von 59 Analysen vulkanischer Gesteine des verschiedensten Alters und von den verschiedensten Localitäten mitgetheilt worden.

Zur bessern Übersicht der erhaltenen Zahlenangaben und zur weitern Verfolgung unserer Untersuchungen lasse ich zunächst in Tabelle I. die mineralogische Zusammensetzung jener 59 Gesteinsarten, und in Tabelle II. die chemische Zusammensetzung der in ihnen vorkommenden Feldspathe folgen, welche nach wachsendem Kieselgehalte geordnet sind.

Tabelle I.

Übersicht der mineralogischen Zusammensetzung der in diesen Untersuchungen berechneten vulkanischen Gesteine.

Name und Fundort des Gesteins.	Spec. Gew.	x = 6–8	Feld-spath.	Au-git*).	Oli-vin.	F̈eF̈e
1. Asche des Aetna 1843		6,606	59,52	29,18	0,55	10,76
2. Lava d. Aetna nörd. v. Catania	2,954	6,936	55,27	39,10	—	5,68
3. Thiorsà Lava. Island	2,958	6,994	57,51	30,30	4,73	6,12
4. Alte Lava des Hekla		6,993	57,21	30,20	4,67	6,07
5. Asche von Timpa Canelli		7,071	84,32	—	5,62	10,06
6. Trapp vom Esia. Island	3,027	7,079	67,11	21,66	2,75	8,50
7. Asche des Aetna 1811	2,686	7,720	73,84	14,37	3,02	9,54
8. Lava von Almannagjà	3,052	7,751	43,99	37,11	6,71	9,62
9. Asche von Cava Secca		7,872	80,81	1,38	2,82	15,00
10. Lava des Aetna 1669	3,342	7,872	63,28	24,24	0,46	10,30
11. Trapp von Viđoe. Island	2,854	7,890	47,16	39,72	—	10,67
Mittel	2,980	7,344	62,729	24,296	2,848	9,211
		x = 8–10				
12. Lava von Stromboli	2,889	8,108	44,76	44,75	4,12	6,88
13. Trapp von Hagafjall. Island		8,112	55,10	29,94	3,44	9,03
14. Asche v. Cava Secca. Aetna		8,130	80,78	5,57	2,77	10,87
15. Trapp v. Skarđsfjall. Island		8,365	36,56	51,46	—	11,65
16. Asche v. Rocca d. V. del Bove		8,872	86,67	—	2,32	10,89
17. Trachyt v. Giannicola. Aetna	2,632	9,156	86,23	2,86	4,55	6,38
18. Klingsteinschiefer. Aetna	2,702	9,383	82,75	6,00	1,96	10,11
19. Obsidian von Teneriffa	2,528	9,451	97,03	2,14	—	0,47
20. Trapp vom Esia	3,027	9,508	48,09	36,97	2.83	9,57
21. Asche von Cassone. Aetna		9,642	66,40	14,54	1,39	17,86
22. Gestein v. Circus v. Teneriffa	2,749	9,755	78,40	15,56	0,22	5,80
Mittel	2,754	8,953	69,343	19,072	2,145	9,046

*) Es bedarf den frühern Untersuchungen zu Folge wohl kaum der Bemerkung, dass, zumal in den ältern Gesteinen, Hornblende von der Augitzusammensetzung statt des Augits erscheinen kann.

Name und Fundort des Gesteins.	Spec. Gew.	x = 10–13	Feld-spath.	Au-git.	Oli-vin.	$\dddot{Fe}\,\dot{Fe}$
23. Bimsstein von Teneriffa	2,477	10,210	96,55	3,27	—	—
24. Lava von Häls	2,919	11,176	74,79	6,48	6,04	10,23
25. Dolerit von Strombolino	2,857	11,205	53,07	30,74	7,66	6,19
26. Lava vom Hekla 1845	2,819	11,236	72,93	11,31	4,22	9,03
27. Efrahvolshraun Hekla	2,776	11,336	84,82	3,07	3,44	7,48
28. Asche des Hekla 1845	2,815	11,885	72,31	12,29	3,85	9,06
29. Gestein zwis. Keschet u. Kobi	2,760	11,906	87,10	—	7,15	5,00
30. Bimsstein v. d. I. Ferdinanda	1,983	11,944	89,14	—	1,78	9,11
31. Obsidian von Procida	2,489	12,004	92,40	1,82	1,04	4,04
32. Bimsstein der Campi Flegraei	2,411	12,104	95,20	—	1,44	2,86
33. Bimsstein von Ischia	2,417	12,445	94,82	—	1,06	4,72
34. Gestein vom Schivelutsch	2,778	12,924	76,51	12,35	6,39	4,66
35. Gipfelgestein v. Chimborazo	2,685	12,932	87,16	—	8,32	4,25
Mittel	2,629	11,793	82,831	6,256	4,030	5,895
		x = 13–20				
36. Bimsstein v. Vulcan Arequipa	2,571	13,276	86,93	1,49	6,16	6,59
37. Araratgestein b	2,707	13,507	88,38	0,76	5,08	6,27
38. Araratgestein a	2,670	13,539	89,22	1,29	3,49	5,74
39. Gipfelgestein des gr. Ararat	2,595	14,723	90,59	7,38	—	2,11
40. Poröses Araratgestein	2,632	15,144	86,45	5,29	3,51	5,38
41. Gipfelgestein des Elbrouz	2,546	15,395	92,71	—	2,81	4,72
42. Gipfelgestein des Pichincha	2,580	15,619	81,83	11,92	2,83	3,24
43. Gipfelgestein des Kasbek a	2,643	16,498	89,79	4,17	1,80	3,83
44. Gipfelgestein des Kasbek b	2,616	16,647	91,00	3,29	1,66	4,08
45. Bimsstein von Santorin	2,354	16,847	91,44	7,47	—	2,06
46. Obsidian von Lipari	2,377	18,803	97,84	—	0,57	2,09
47. Bimsstein von Lipari	2,370	19,575	96,46	2,33	—	1,67
48. Obsidian vom kleinen Ararat	2,595	19,949	99,54	—	—	0,54
Mittel	2,566	16,117	90,937	3,491	2,155	3,793

Name und Fundort des Gesteins.	Spec. Gew.	x = 20–26	Feld-spath.	Au-git.	Oli-vin.	$\dddot{Fe}\dot{Fe}$
49. Trachyt v. Laúgarfjall. Island	2,501	20,000	97,400	—	—	2,10
50. Dioritporphyr von Besobdal	2,656	20,639	96,420	—	—	3,47
51. Trachyt von Kalmanstúnga		20,716	99,640	0,14	—	0,03
52. Bimsstein von Cotopaxi	2,224	20,800	92,090	8,06	—	—
53. Trachyt von Baula	2,572	21,010	95,010	4,19	0,12	0,78
54. Obsidian von Kiotangdag	2,363	21,035	96,350	—	—	3,03
55. Trachyt vom Krabla		21,086	95,800	1,88	—	1,89
56. Obsidian vom grossen Ararat	2,394	21,905	98,250	—	—	1,93
57. Obsidian vom Krabla		23,091	92,770	3,88	—	2,08
58. Trachyt von Arnarhnipa	2,575	24,611	95,560	2,83	—	1,41
59. Trachyt von Falkaklettur		25,231	92,430	3,05	—	3,19
Mittel	2,469	21,849	95,611	2,185	0,011	1,814

Tabelle II.

Zusammensetzung der Feldspathe in den mineralogisch zergliederten vulkanischen Gesteinen nach wachsenden Werthen von x geordnet.

	x 6–8	S̈i	Äe	F̈e	Ċa	Ṁg	Ṅa	Ka
1.	6,606	54,295	26,102	3,082	7,662	0,705	5,732	2,422
2.	6,936	55,074	25,217	2,738	4,676	0,432	7,768	4,096
3.	6,994	56,653	26,398	1,746	12,179	0,520	2,156	0,348
4.	6,998	56,649	26,399	1,744	12,169	0,521	2,168	0,350
5.	7,071	57,379	25,771	2,798	8,136	0,748	2,052	3,116
6.	7,079	56,828	26,161	1,730	10,912	0,467	3,338	0,566
7.	7,720	58,196	23,941	2,600	6,241	0,571	6,278	2,200
8.	7,751	58,767	24,702	1,633	8,729	0,373	4,478	1,318
9.	7,872	58,985	23,796	2,584	8,351	0,768	3,914	1,602
10.	7,872	58,429	23,570	3,455	7,164	0,659	5,496	1,227
11.	7,890	59,090	24,406	1,614	7,182	0,307	6,129	1,272
	7,344	57,304	25,133	2,338	8,490	0,552	4,501	1,683
	8–10							
12.	8,108	58,721	23,601	1,560	4,916	0,210	5,496	5,496
13.	8,112	59,636	23,957	1,584	10,299	0,441	1,052	3,031
14.	8,130	59,320	23,170	2,516	5,831	0,536	5,932	2,695
15.	8,365	60,360	23,512	1,555	5,320	0,227	7,713	1,313
16.	8,872	62,531	22,383	2,430	4,872	0,448	5,384	1,952
17.	9,156	61,976	21,497	2,334	7,027	0,648	2,489	4,029
18.	9,383	62,883	21,283	2,311	6,150	0,566	4,709	2,098
19.	9,451	61,750	19,620	4,020			10,990	3,620
20.	9,508	63,827	21,764	1,439	7,692	0,328	4,243	0,705
21.	9,624	63,230	20,863	2,265	4,524	0,416	6,181	2,521
22.	9,755	63,683	21,280	1,407	2,992	0,128	8,699	1,811
	8,953	61,629	22,083	2,129	5,420	0,359	5,718	2,662

	x = 10-13	S̈i	Äl	F̈e	Ċa	Ṁg	Ṅa	K̇a
23	10,210	62,820	17,000	5,480			11,650	3,050
24	11,176	67,180	19,588	1,296	7,010	0,300	3,356	1,270
25	11,205	66,779	19,420	1,284	3,402	0,145	4,485	4,485
26	11,236	67,182	19,480	1,288	5,633	0,241	4,717	1,459
27 *)	11,336	67,330	19,357	1,280	5,830	0,248	4,245	1,710
28	11,885	67,858	18,613	1,232	5,196	0,217	3,242	3,642
29	11,906	68,960	18,876	1,248	7,176	0,307	1,722	1,711
30	11,944	69,680	19,810		1,600	3,610	3,240	2,060
31	12,004	67,820	18,640	0,370	1,610	0,060	6,730	4,770
32	12,104	67,900	18,280	1,200	1,430	0,060	7,070	4,060
33	12,445	68,520	18,700		1,350	0,160	6,850	4,420
34	12,924	69,477	17,519	1,158	4,651	0,020	6,378	0,797
35	12,932	70,528	17,612	1,181	2,992	0,287	5,117	2,283
	11,793	67,849	18,684	1,309	3,683	0,435	5,292	2,748
	x = 13-20							
36	13,276	70,480	17,310	1,130	3,510	0,150	5,600	1,820
37	13,507	71,430	17,269	1,139	8,052	0,344	0,883	0,883
38	13,539	71,008	17,130	1,133	4,462	0,191	4,584	1,491
39	14,723	72,635	16,076	1,068	3,536	0,151	4,922	1,612
40	15,144	73,211	15,753	1,042	5,369	0,229	2,198	2,198
41	15,395	74,583	15,576	1,025	4,724	0,972	2,060	2,060
42	15,619	73,350	15,302	1,012	1,615	0,069	5,988	2,664
43	16,498	73,942	14,605	0,965	4,735	0,040	3,697	2,016
44	16,647	74,739	14,630	0,967	3,925	0,168	2,791	2,780
45	16,847	73,700	13,760	1,800			7,480	2,260
46	18,803	76,150	13,330	0,590	0,120	0,290	4,260	5,260
47	19,575	76,720	12,910	0,620			4,770	4,980
48	19,949	77,990	11,960	2,080	1,320		4,190	2,460
	16,117	73,841	15,046	1,121	3,182	0,202	4,109	2,499

*) Bei der Berechnung dieser Lava hat sich Seite 115 in Bezug auf den Feldspath ein kleiner Fehler eingeschlichen, den ich hier und auf Seite 383 verbessert habe.

	x = 20-26	$\dddot{Si}$	$\ddot{Al}$	$\ddot{Fe}$	$\dot{Ca}$	$\dot{Mg}$	$\dot{Na}$	$\dot{Ka}$
49	20,000	75,290	12,940	2,600	1,010	0,030	2,710	5,420
50	20,639	79,500	12,500		1,300		3,660	3,040
51	20,716	77,920	12,010	1,320	0,760	0,130	4,590	3,270
52	20,800	77,800	12,110	0,930			4,800	4,360
53	21,010	75,910	11,490	2,130	1,560	0,760	2,510	5,640
54	21,035	80,180	12,510		2,830		2,240	2,240
55	21,086	76,380	11,530	3,590	1,760	0,400	4,460	1,880
56	21,905	79,450	11,800	0,650	1,450		4,310	2,360
57	23,091	75,770	10,290	3,850	1,820	0,250	5,560	2,460
58	24,611	78,950	10,220	2,910	1,840	0,140	4,180	1,760
59	25,231	76,420	9,570	5,100	1,350	0,200	5,240	1,940
	21,849	77,597	11,543	2,098	1,442	0,173	4,023	3,124

Die hier aufgeführten Resultate sind von mir in 5 Gruppen eingetheilt; in der ersten und zweiten befinden sich 11, in der dritten 13, in der vierten 12 und in der letzten 8 Analysen.

Um unserm Ziele näher zu kommen, nehmen wir aus jeder Gruppe in Tabelle I und II. das Mittel und stellen diese Werthe auf's Neue zusammen.

Man erhält alsdann folgende Zahlen:

Tabelle III.

Mittelwerthe der mineralogischen Zusammensetzung der 5 Gruppen.

	x	Feldspath *)	Augit	Olivin	$\ddot{Fe}\dot{Fe}$
1.	7,344	63,302	24,517	2,877	9,304
2.	8,953	69,619	19,147.	2,153	9,081
3.	11,793	83,657	6,318	4,069	5,956
4.	16,117	90,631	3,502	2,161	3,806
5.	21,849	95,975	2,193	0,011	1,821

*) Es ist zu bemerken, dass diese Zahlen von den auf Seite 382 bis 384 gefundenen etwas verschieden sind. Die letztern habe ich

Tabelle IV.

Mittelwerthe der in den 5 Gruppen vorkommenden Feldspathe.

	x	$\dddot{Si}$	$\dddot{Al}$	$\dddot{Fe}$	$\dot{Ca}$	$\dot{Mg}$	$\dot{Na}$	$\dot{Ka}$
1.	7,343	57,304	25,133	2,338	8,490	0,552	4,501	1,683
2.	8,953	61,629	22,083	2,129	5,420	0,359	5,718	2,662
3.	11,793	67,849	18,684	1,309	3,683	0,335	5,292	2,748
4.	16,117	73,841	15,046	1,121	3,182	0,202	4,109	2,499
5.	21,849	77,597	11,543	2,098	1,442	0,173	4,023	3,124

Aus diesen in Tabelle III und IV. zusammengestellten 5 Gruppen von Mittelwerthen der vulkanischen Gesteine und aus der mittlern Zusammensetzung der in ihnen vorkommenden Feldspathe, ergeben sich folgende für die Geologie wichtige Resultate:

1. Mit wachsendem x nimmt in den crystallinischen Gesteinen die Masse des Feldspaths zu, oder kieselerdereiche Feldspathe nehmen an der Zusammensetzung jener grössern Theil als die basischen.

2. Mit der allmählichen Abnahme und dem Basischwerden des Feldspaths ist eine stete Zunahme des Augits und Magneteisensteins verbunden. Der Olivin fügt sich zwar im Wesentlichen demselben Gesetze, doch findet dafür bei x = 11,7 eine gewisse Unregelmässigkeit statt, von der es bisjetzt noch nicht mit Sicherheit angegeben werden kann, ob sie in der Natur begründet ist, oder nur aus noch mangelhaften Beobachtungen

---

nämlich proportional den einzelnen Bestandtheilen auf 100 reducirt, während die erstern aus bereits mitgetheilten Gründen bald ein wenig zu gross, bald ein wenig zu klein ausfallen.

hervorgeht. So sind z. B. die Analysen 2 und 35 als zweifelhaft zu betrachten.

Das von Herrn Joy analysirte Gestein habe ich zwar nicht gesehen, doch enthält die nämliche Lava, von der ich mehrere Exemplare besitze, nicht unbeträchtliche Mengen von Olivin.

Eben so ist es nicht wahrscheinlich, dass das Chimborazogestein der Rechnung zu Folge über 8 Procent Olivin enthalte.

Gesteine, deren Zusammensetzung von den übrigen so sehr abweichen, müssen jedenfalls aufs Neue untersucht werden, da man in den vorhandenen Analysen grössere Beobachtungsfehler, als die gewöhnlichen zu sein pflegen, erwarten darf. Ist dieses aber nicht der Fall, so sind die Constanten des Augits und Olivins, die Grössen h, g, ε, k und η von den provisorisch angenommenen Mittelwerthen wesentlich verschieden, und man muss suchen für sie richtigere Bestimmungen zu erhalten.

Wenn sich keine Analysen der in solchen Gesteinen vorkommenden Augite und Olivine machen lassen, so ist es in solchen Fällen das Rathsamste, die Zusammensetzung jener aus ihrer Farbe einigermassen zu beurtheilen. Schwarze undurchsichtige Augite enthalten immer Thonerde und Eisenoxydul in vorherrschender Menge etwa 8 bis 12 Procent. Der Kalk überwiegt in der Regel die Magnesia. Hellgrüne Varietäten enthalten dagegen wenig oder keine Thonerde und selten mehr als 3 bis 5 Procent Eisenoxydul.

Ähnlich ist es beim Olivin. Alle dunklere Varietäten sind auf Kosten der Magnesia reicher an Eisenoxydul.

3. Die Zusammensetzung der Mittelwerthe der in den untersuchten crystallinischen Gesteinen vorkommenden Feldspathe zeigt in noch auffallenderer Weise eine gesetzmässige von x abhängige Vertheilung der isomorphen Basen in $\dot{R}$, als die, welche sich bereits früher Seite 93 und 94 bei der Discussion der Feldspathanalysen herausgestellt hat.

Im Allgemeinen findet nämlich mit wachsendem x eine Zunahme in den Alkalien und eine Abnahme in der Kalkerde und in der Magnesia statt.

Eine kleine Unregelmässigkeit ist bei der Magnesia ohne Zweifel nur durch die Analyse 30, Bimsstein von der Insel Ferdinanda entstanden, in welcher die Thonerde wahrscheinlicherweise zu gross beobachtet worden ist. In Folge davon musste ein Theil der Magnesia der ursprünglichen Mischung in den Feldspath aufgenommen werden, um in $\dddot{R}$ und $\dot{R}$ das Verhältniss von 3 : 1 hervorzubringen.

Bei einer neuen ausführlichern Bearbeitung dieser Beobachtungen wäre eine solche zweifelhafte Analyse aufs Neue zu wiederholen und in verbesserter Form in obige Zusammenstellung aufzunehmen.

Sehr beachtungswerth ist bei der Zusammensetzung dieser mittlern Feldspathe der Natrongehalt, welcher zuerst wächst, dann ein Maximum erreicht und darauf wieder abnimmt; auch diese Erscheinung, welche nicht zufällig zu sein scheint, wird sich erklären lassen.

4. Die mittlere Dichtigkeit der crystallinischen Gesteine ist abhängig von ihrer mittlern Zusammensetzung; mit einer Zunahme des specifischen Gewichts ist eine Abnahme von x verbunden, wie dieses die Beobachtungen jener Mittelwerthe unzweifelhaft zeigen. Dieselben fanden sich nämlich:

	x	Sp. Gew.
1.	7,344	2,980
2.	8,953	2,700
3.	11,793	2,629
4.	16,117	2,566
5.	21,849	2,469.

Betrachten wir das specifische Gewicht y als eine Function von x, so können wir eine Curve construiren, die von der Beschaffenheit ist, dass die Summe der Quadrate der Abweichungen zwischen den beobachteten und den berechneten Werthen von y ein Minimum werde.

Wir benutzen zu dieser Aufgabe die bereits angewandte Function:

$$y = \frac{\xi + x}{\nu + x}$$

Nach der Methode der kleinsten Quadrate bestimmt man: $\xi = 115{,}56$ $\nu = 35{,}26$. Mit diesen Elementen findet man zwischen der Beobachtung und der Rechnung folgende Übereinstimmung:

x	y Beob.	Berech.	
7,344	2,980	2,883	+ 0,097
8,953	2,754	2,818	— 0,061
11,793	2,629	2,706	— 0,077
16,117	2,566	2,562	+ 0,004
21,849	2,469	2,405	+ 0,064.

Es wird unsern Lesern nicht entgangen sein, dass die in Tabelle I und III. Seite 387 enthaltenen Resultate die allmählige Dichtigkeitszunahme der tieferliegenden Erdschichten der Theorie gemäss ausser Zweifel stellen. Diejenigen Gesteine, welche noch heut zu Tage oder vor nicht zu entlegener Zeit in feurigem Flusse sich befunden haben, müssen nothwendigerweise aus solchen Gegenden herstammen, die zunächst an der Scheidungsfläche der schon erstarrten Rinde und der noch feurigflüssigen Masse sich befinden. Rückt nun bei zunehmender Dicke der Rinde diese Scheidungsfläche immer tiefer und tiefer, so müssen bei neuen Eruptionen auch Gesteine von grösserer Dichtigkeit an die Erdoberfläche geführt werden.

Mit einer grössern Dichtigkeit der Gesteinsmassen ist aber auch nothwendigerweise eine andere chemische und mineralogische Zusammensetzung verbunden, die in Durchschnittswerthen in Tab. III und IV. auf das Characteristischste hervortritt.

Die basischen Feldspathe besitzen bei vorherrschender Thon- und Kalkerde ein grösseres specifisches Gewicht als die sauren oder neutralen. Das Spec. Gew. des Anorthits ist z. B. 2,76, das des Albits 2,55. Ausserdem versteht es sich von selbst, dass die Gesteine um so dichter werden, um so viel mehr sie Augit, Olivin und Magneteisenstein in sich aufnehmen. Im Allgemeinen werden daher in den tieferliegenden Zonen mit dem allmähligen Übergreifen jener Mineralkörper auch dichtere Feldspathe mit kleinen Werthen von x erscheinen.

Ausnahmen von dieser Regel kommen zwar mitunter

in Bezug auf den Feldspath vor, wie es z. B. die neue Lava des Hekla vom Jahre 1845 zeigt. Aus der Analyse derselben ergibt sich $x = 11,2$. Der in ihr vorkommende Feldspath ist fast neutral und ist in der Regel nur in ältern, höherliegenden Schichten zu finden. Das specifische Gewicht der Lava ist dagegen 2,819, welches dem mittlern specifischen Gewichte der isländischen Laven, welches wir nach den später folgenden Beobachtungen zu 2,911 festsetzen werden, ziemlich nah kömmt, aber immerhin etwas geringer ist.

Wir können diese kleinen Anomalien nur auf eine zufälligerweise unregelmässige Vertheilung der Masse im Erdinnern schieben, zu welcher Vermuthung wir um so mehr berechtigt zu sein glauben, da andere aus neuerer Zeit abstammende Heklalaven mehr basische Feldspathe und ein grösseres specifisches Gewicht als das eben angegebene mittlere besitzen.

Aus dieser Thatsache muss man schliessen, dass an der erwähnten Scheidungsfläche gewisse Bewegungen in der flüssigen Masse vorkommen, so dass zu verschiedenen Zeiten durch die Thätigkeit des Vulkans zwar ähnliche, doch verschiedene Silicatmassen emporgeführt werden können.

Diese Unregelmässigkeiten in der Vertheilung der Materie im Erdinnern lassen sich nur durch Reihen von Mittelwerthen eliminiren, zu welchem Hülfsmittel wir bei der Zusammenstellung der Beobachtungen in Tab. I und II. bereits geschritten sind.

Auf Seite 316 ist der Versuch gemacht, die Dichtigkeitszunahme von der Erdoberfläche gegen den Mittelpunkt hin durch die Gleichung:

$$D = D' - (D' - D^{o})rr$$

auszudrücken.

Für D^{o}, die mittlere Dichtigkeit an der Erdoberfläche, wurde vorhin die Zahl 2,66 gesetzt, die indess nach einer Reihe specifischer Gewichtsbestimmungen, die ich kürzlich zu diesem Zwecke mit verschiedenen Graniten vornahm, etwas zu gross ausgefallen zu sein scheint. Das specifische Gewicht des Granits, des ältesten crystallinischen Gesteins, woraus die primitive Erdoberfläche vorzugsweise zusammengesetzt ist, ergab sich:

$$D^{o} = 2{,}643.$$

Mit dieser Zahl und der mittlern Dichtigkeit findet sich $D' = 9{,}61$.

Bezeichnen wir mit T die Tiefe eines bestimmten Punktes unter der Oberfläche der Erde, deren Halbmesser $R = 6366200^{m}$ ist, so findet man:

$$T = R\left(1 - \sqrt{\frac{D' - D}{D' - D^{o}}}\right)$$

Mit dieser Formel kann man aus dem specifischen Gewichte D eines gewissen Gesteins und den Grössen D^{o}, D' und R die Tiefe berechnen, aus der dasselbe hervorgedrungen ist. Es ist von selbst einleuchtend, dass eine einzige specifische Gewichtsbestimmung einer Lava über ihre Tiefe, in der sie zu Hause ist, kein genügendes Resultat geben kann.

Wenn man indess aus Reihen von specifischen Gewichtsbestimmungen einen Mittelwerth zu Grunde legt, so wird man wenigstens eine approximative Vorstellung von diesen bisjetzt noch so verborgenen Verhältnissen erhalten.

Setzen wir zunächst in der Gleichung

$$y = \frac{\xi + x}{\nu + x}$$

$x = 0$, $\xi = 115{,}56$ und $\nu = 35{,}26$, so wird $y = D = 3{,}276$ (Seite 391).

Es wird alsdann $T = 299210$ oder 40,4 geographische Meilen, in welcher Tiefe die Feldspathbildung im Innern der Erde spätestens aufhören müsste, während Augit und Magneteisenstein an ihre Stelle treten.

Um über die Tiefe, aus der die Laven stammen, eine gewisse Vorstellung zu erhalten, lassen wir zunächst zwei Reihen specifischer Gewichtsbestimmungen folgen, welche sich auf die neuern Laven von Island und Sicilien beziehen.

I. Laven von Island.

Lava östlich von Reykjavik	3,138
Lava von Almannagjà	3,052
Lava vom Leirhnukr	2,687
Lava der Thiorsà	2,958
Lava des Hekla älter	2,630
Lava von Hafnefiord	3,009
Lava des Hekla von 1845	2,819
Lava von Odada Hraun, Skalfondefliot	2,983
Trapp von Viđoe	2,845
Trapp vom Esia	3,027
Mittel	2,911.

II. Laven vom Aetna.

Lava nördlich von Catania	2,954
Lava 1669 westlich von Catania	2,852
Schwarzer Sand von 1811	2,686
Lava 1787 unten am Strom	3,227
Lava 1809 bei Linguagrossa	2,917
Lava 1819 Val del Bove	2,801
Lava 1832 Piano del Lago	2,947
Lava 1838 Piano del Lago	2,490
Lava 1842 Piano del Lago	2,877
Mittel	2,911.

Merkwürdigerweise stimmen die Mittelwerthe der specifischen Gewichte der isländischen und Aetna-Laven vollkommen überein. Wenn auch ein günstiger Zufall bei dieser Zahlenzusammenstellung geherrscht haben mag, so kann es doch keinem Zweifel unterliegen, dass die Mittelwerthe aus einer grössern Anzahl von Beobachtungen gezogen nur wenig von einander abweichen werden.

Für $D = 2,911$ findet man $T = 124780^m = 16,84$ geographische Meilen.

Denken wir uns vergleichungsweise die Erde vom Durchmesser eines pariser Fusses, so würde die äussere feste Rinde kaum 1,5 Linien betragen.

Um die Laven aus einer Tiefe von 16 bis 17 Meilen bis zu den Gipfeln vulkanischer Kegel zu erheben, sind Druckkräfte von mehr als 30000 Atmosphären erforderlich.

Unter der mittlern Dichtigkeit der Erdoberfläche, die wir $= 2,64$ gesetzt haben, ist eigentlich die mittlere

Dichtigkeit der ursprünglich flüssigen äussern Rinde verstanden, welche der des Granits wohl am nächsten kömmt.

Es ist indess darauf aufmerksam zu machen, dass die ältern quarzfreien vulkanischen Gesteine, namentlich die Trachyte und die von denselben hergeleiteten Obsidiane und Bimssteine, die ohne Zweifel bedeutend jünger als die Granite sind, ein geringeres specifisches Gewicht als diese besitzen, während ihnen ihrer chemischen und mineralogischen Zusammensetzung, so wie ihrem Alter nach ein erheblich grösseres zukommen sollte.

So fand ich für die isländischen Trachyte folgende specifische Gewichte:

Trachyt von Arnarhnipa a.	2,558
Trachyt von Arnarhnipa b.	2,591
Trachyt vom Laugarfjall	2,501
Trachyt zwischen Eskifiord u. Vapnafiord	2,551
Trachyt vom Esia (2 Beob.)	2,417
Trachyt vom Baulakegel	2,572
Trachyt auf dem Wege nach Sprengesandr	2,583
Mittel	2,524.

Das mittlere specifische Gewicht des Granits aus einer Reihe von Beobachtungen ergab sich dagegen = 2,643.

Nach den Untersuchungen von Seite 359 würde sich ein und dieselbe sehr kieselerdereiche flüssige Grundpasta, nur nach der chemischen Zusammensetzung zu urtheilen, eben so gut in einen Granit als in einen Trachyt umwandeln können; im erstern Falle würde ein grösseres, im zweiten ein geringeres specifisches Gewicht, sehr wahrscheinlicher Weise nur durch verschiedene Abkühlung, den erstarrenden Gesteinen zu Theil werden.

Die auffallend lockere Struktur im Gefüge des Trachyts scheint für manche geologische Vorgänge und namentlich für die Bildung der trachytischen Kegel ein wichtiges Moment zu sein, dem noch grössere Aufmerksamkeit zugewandt werden sollte.

Die Obsidiane und Bimssteine, die durch eine zweite Schmelzung und darauf erfolgte sehr rasche Abkühlung aus dem Trachyt entstanden sind, besitzen eine noch geringere Dichtigkeit, und sollten wenigstens demnächst als eine Art metamorphischer Gebilde, sobald man über eine grössere Anzahl von Analysen und specifischer Gewichtsbestimmungen ursprünglich crystallinischer Gesteine verfügen kann, nicht mit in den Kreis dieser Untersuchungen aufgenommen werden; namentlich sind sie für die Bestimmung der mittlern Dichtigkeit der äussern Erdrinde nicht anwendbar.

Nach diesen hier eingeschobenen Betrachtungen wenden wir uns zunächst zu einer genauern Discussion der auf Seite 387 zusammengestellten Mittelwerthe der mineralogischen Zusammensetzung vulkanischer Gesteine und der in ihnen enthaltenen Feldspathe. Wir bedienen uns dazu im Wesentlichen der Ausgleichungs-Methode, die wir schon mehrfach in diesen Untersuchungen mit Vortheil angewandt haben.

Die Beobachtungen von Tabelle III. lassen sich graphisch durch 3 Hyperbeln darstellen, welche ein Rechteck von der Höhe $= 100$ und der Basis $x = 0$, bis $x = 24$ in 4 Flächenräume zertheilen, und den Verlauf des Feldspaths, Augits, Olivins und Magneteisensteins angeben.

Bezeichnen wir mit F, A, O und E den procentischen Gehalt des Feldspaths, Augits, Olivins und Magneteisensteins, so gelangt man offenbar zu folgenden Gleichungen:

$$\frac{\xi - x}{\nu - x} = F$$

$$\frac{\varepsilon - x}{\eta - x} - \frac{(\xi - x)}{(\nu - x)} = A$$

$$\frac{\delta - x}{\theta - x} - \frac{(\varepsilon - x)}{(\eta - x)} = O$$

$$100 - \frac{(\delta - x)}{(\theta + x)} = E$$

Es ist zunächst unsere Aufgabe, die Constanten ξ, ν, ε, η, δ, θ so zu bestimmen, dass die Summe der Quadrate der Unterschiede zwischen beobachteten und berechneten Werthen von F, A, O und E ein Minimum werde. Die Aufgabe bietet keine Schwierigkeiten dar, sie wird, wie ähnliche andere bereits mitgetheilte, behandelt, nur macht die Bestimmung von 6 unbekannten Grössen eine bedeutend mühsamere Berechnung erforderlich.

Herr Klinkerfues, Assistent an hiesiger Sternwarte, hat auf meinen Wunsch diese Rechnung ausgeführt, welche folgendes Resultat gibt:

Die nach der Methode der kleinsten Quadrate berechneten Elemente sind zunächst:

$$\xi = -\ 142{,}22 \qquad \varepsilon = -\ 11845 \qquad \delta = -\ 15000$$

$$\nu = -\ 3{,}919 \qquad \eta = -\ 14265 \qquad \theta = -\ 17310.$$

Mit diesen Zahlen findet man dann zur Berechnung von F, A, O, E die Gleichungen:

$$F = 100 - \left(\frac{142,22 - x}{-3,919 + x}\right)$$

$$A = \frac{-11845 - x}{-142,65 + x} + \left(\frac{142,22 - x}{-3,919 + x}\right) - 100$$

$$O = \frac{-15000 - x}{-173,10 + x} + \left(\frac{-11844 - x}{-142,65 + x}\right)$$

$$E = 100 - \left(\frac{-15000 - x}{-173,10 + x}\right).$$

Zwischen der Beobachtung und Berechnung ergibt sich endlich folgende Übereinstimmung:

	Feldspath.			Augit.		
	Beob.	Berech.	Beob.-Berech.	Beob.	Berech.	Beob.-Berech.
1.	63,302	60,619	+ 2,683	24,517	26,973	— 2,456
2.	69,619	73,526	— 3,907	19,147	15,134	+ 4,013
3.	83,657	83,435	+ 0,222	6,318	7,171	— 0,853
4.	90,631	89,662	+ 0,969	3,502	4,080	— 0,578
5.	95,975	93,287	+ 2,688	2,193	4,948	— 2,755

	Olivin.			Magneteisenstein.		
	Beob.	Berech.	Beob.-Berech.	Beob.	Berech.	Beob.-Berech.
1.	2,877	2,944	— 0,067	9,304	9,464	— 0,160
2.	2,153	2,776	— 0,623	9,081	8,564	+ 0,517
3.	4,069	2,458	+ 1,611	5,956	6,936	— 0,980
4.	2,161	1,916	+ 0,245	3,806	4,342	— 0,536
5.	0,011	1,083	— 1,072	1,821	0,682	+ 1,139

Das allmähliche Wachsen des Feldspaths mit wachsendem x bei dem Abnehmen von Augit, Olivin und

Magneteisenstein, ist in nachfolgender Tabelle, in der x nach Einheiten von 5 bis 24 fortschreitet, zu übersehen.

Tabelle V.

x	F	A	O	E
5.	— 26,94	113,03	3,17	10,74
6.	+ 34,54	52,19	3,07	10,20
7.	56,11	31,26	2,98	9,65
8.	67,11	20,92	2,87	9,10
9.	73,78	14,91	2,77	8,54
10.	78,26	11,11	2,66	7,97
11.	81,47	8,59	2,54	7,40
12.	83,89	6,86	2,43	6,82
13.	85,77	5,69	2,31	6,23
14.	87,25	4,93	2,20	5,62
15.	88,52	4,39	2,07	5,02
16.	89,55	4,10	1,94	4,41
17.	90,43	3,97	1,79	3,79
18.	91,18	3,99	1,67	3,16
19.	91,83	4,12	1,52	2,53
20.	92,40	4,34	1,37	1,89
21.	92,90	4,64	1,22	1,24
22.	93,35	5,01	1,07	0,57
23.	93,75	5,44	0,91	— 0,10
24.	94,11	5,92	0,74	— 0,77.

Es scheint nicht unangemessen eine graphische Construction Fig. 2 dieser Tabelle hinzuzufügen, welche in sich selbst verständlich ist.

Wir wenden uns ferner zu einer gemeinsamen Bearbeitung der in den berechneten vulkanischen Gesteinen enthaltenen Feldspathe, deren Zusammensetzungen in Tabelle II. Seite 385 aufgeführt worden sind.

Die bereits auf Seite 94 mitgetheilte Ausgleichungsmethode wird auch hier mit einer geringen Modification Anwendung finden. Wir betrachten, wenigstens für jetzt, um der Rechnung eine etwas einfachere Gestalt zu geben, in den Feldspath-Analysen das Verhältniss von Thonerde zu Eisenoxyd in $\ddot{\text{R}}$ und das Verhältniss von Kalk zu Magnesia in $\dot{\text{R}}$ als constant und untersuchen nur den Zusammenhang, welcher bei veränderlichem x zwischen Kalk, Natron und Kali stattfindet.

Bezeichnen wir, wie vorhin, mit τ die relative Sauerstoffmenge von Kalk und Magnesia zusammen, mit ψ die des Natrons und mit ω die des Kalis, so erhält man für die mittleren Feldspathe aus Tab. II. folgende Zahlenwerthe:

	x	τ	ψ	ω
1.	7,344	0,6452	0,2848	0,0700
2.	8,953	0,4663	0,4087	0,1250
3.	11,793	0,3997	0,4476	0,1527
4.	16,117	0,3988	0,4296	0,1716
5.	21,849	0,1886	0,5108	0,2606.

Das Parallelogramm von der Basis $x = 0$ bis $x = \infty$ und von der Höhe 1 wird durch zwei Hyperbeln in 3 Theile getheilt. Die Grösse τ bedeutet alsdann die Ordinate bis zur ersten Hyperbel, ψ die Differenz der Ordinaten zwischen der ersten und zweiten und ω das Stück der Ordinate von der zweiten Hyperbel bis an die in der Distanz 1 von der Abscissenaxe abstehende Parallele.

Man hat alsdann die 3 Gleichungen:

$$\tau = \frac{\xi + x}{\nu + x}$$

$$\psi = \frac{\varepsilon, + x}{\eta + x} - \frac{\xi + x}{\nu + x}$$

$$\omega = \frac{\eta - \varepsilon}{\eta + x}$$

Folgende genäherte Werthe wurden zu Grunde gelegt:

$$\xi = -22{,}6 \quad \nu = -31{,}0$$

$$\varepsilon = -23{,}7 \quad \eta = -25{,}0.$$

Die allgemeine Form der Bedingungsgleichungen ist:

$$d\tau = \frac{d\xi}{\nu + \xi} - \frac{\xi + x}{(\nu + x)^2} d\nu$$

$$d\psi = \frac{d\varepsilon}{\eta + x} - \frac{\varepsilon + x}{(\eta + x)^2} d\eta - \frac{d\xi}{\nu + x} + \frac{\xi + x}{(\nu + x)^2} d\nu$$

$$d\omega = -\frac{d\varepsilon}{\eta + x} + \frac{\varepsilon + x}{(\eta + x)^2} d\eta.$$

Mit diesen und den Näherungswerthen ergeben sich alsdann die 15 Gleichungen:

1.	$+ 0{,}0003$	$=$	$- 0{,}04227\,d\xi$	$+ 0{,}02727\,d\nu$		
2.	$- 0{,}1527$	$=$	$- 0{,}04536\,d\xi$	$+ 0{,}02808\,d\nu$		
3.	$- 0{,}1630$	$=$	$- 0{,}05206\,d\xi$	$+ 0{,}02930\,d\nu$		
4.	$- 0{,}0368$	$=$	$- 0{,}06719\,d\xi$	$+ 0{,}02927\,d\nu$		
5.	$+ 0{,}1066$	$=$	$- 0{,}10928\,d\xi$	$+ 0{,}00897\,d\nu$		
6.	$+ 0{,}0033$	$=$	$+ 0{,}04227\,d\xi$	$- 0{,}02727\,d\nu$	$- 0{,}05664\,d\varepsilon$	$+ 0{,}05247\,d\eta$
7.	$+ 0{,}1087$	$=$	$+ 0{,}04536\,d\xi$	$- 0{,}02808\,d\nu$	$- 0{,}06232\,d\varepsilon$	$+ 0{,}05727\,d\eta$
8.	$+ 0{,}1087$	$=$	$+ 0{,}05206\,d\xi$	$- 0{,}02930\,d\nu$	$- 0{,}07572\,d\varepsilon$	$+ 0{,}06827\,d\eta$
9.	$+ 0{,}0115$	$=$	$+ 0{,}06719\,d\xi$	$- 0{,}02927\,d\nu$	$- 0{,}11257\,d\varepsilon$	$+ 0{,}09610\,d\eta$
10.	$+ 0{,}0054$	$=$	$+ 0{,}10928\,d\xi$	$- 0{,}00897\,d\nu$	$- 0{,}31736\,d\varepsilon$	$+ 0{,}18643\,d\eta$
11.	$- 0{,}0036$	$=$			$+ 0{,}05664\,d\varepsilon$	$- 0{,}05247\,d\eta$
12.	$+ 0{,}0440$	$=$			$+ 0{,}06832\,d\varepsilon$	$- 0{,}05727\,d\eta$
13.	$+ 0{,}0543$	$=$			$+ 0{,}07572\,d\varepsilon$	$- 0{,}06827\,d\eta$
14.	$+ 0{,}0253$	$=$			$+ 0{,}11257\,d\varepsilon$	$- 0{,}09610\,d\eta$
15.	$- 0{,}1519$	$=$			$+ 0{,}31736\,d\varepsilon$	$- 0{,}18643\,d\eta$

Die Normalgleichungen finden sich:

$$+0{,}013816 = +0{,}046024\,d\xi - 0{,}013795\,d\nu - 0{,}051317\,d\varepsilon + 0{,}035199\,d\eta$$
$$-0{,}016621 = -0{,}013795\,d\xi + 0{,}006656\,d\nu + 0{,}011653\,d\varepsilon - 0{,}009523\,d\eta$$
$$-0{,}056909 = -0{,}051317\,d\xi + 0{,}011653\,d\nu + 0{,}304584\,d\varepsilon - 0{,}163386\,d\eta$$
$$+0{,}035780 = +0{,}035199\,d\xi - 0{,}009523\,d\nu - 0{,}163386\,d\varepsilon + 0{,}109372\,d\eta$$

Aus diesen Gleichungen berechnet man die Correctionen:

$$d\xi = -1{,}266,\quad d\nu = -4{,}736$$
$$d\varepsilon = -0{,}217,\quad d\eta = +0{,}004$$

Die nach der Methode der kleinsten Quadrate verbesserten Elemente sind:

$$\xi = -23{,}866,\quad \nu = -35{,}736$$
$$\varepsilon = -23{,}917,\quad \eta = -24{,}996$$

Mit diesen verbesserten Elementen ergibt sich zwischen Beobachtung und Rechnung folgende Übereinstimmung:

Beob.	Berech.	Beob.-Berech.
0,6452	0,5819	+ 0,0633
0,4663	0,5568	— 0,0905
0,3997	0,5030	— 0,1033
0,3988	0,3950	+ 0,0038
0,1886	0,1452	+ 0,0434
0,2848	0,3570	— 0,0722
0,4087	0,3760	+ 0,0327
0,4476	0,4783	— 0,0307
0,4296	0,4835	— 0,0539
0,5108	0,5119	— 0,0011
0,0700	0,0611	+ 0,0089
0,1250	0,0668	+ 0,0582
0,1527	0,0817	+ 0,0710
0,1716	0,1215	+ 0,0501
0,2606	0,3429	— 0,0823

Die aus den Fehlergleichungen abgeleiteten Unterschiede zwischen Rechnung und Beobachtung sind in Folge der ursprünglich zu Grunde gelegten, aber noch ziemlich mangelhaften genäherten Werthen mit den aus den Elementen berechneten nicht vollständig übereinstimmend, indess scheint es nicht der Mühe zu verlohnen, die Rechnung noch ein Mal zu wiederholen.

Es folgt zunächst die mit den verbesserten Constanten ξ, ν, ε, η berechnete Zusammensetzung der in den vulkanischen Gesteinen vorkommenden Feldspathe nach Einheiten von x fortschreitend.

Tabelle VI.

x	4.	5.	6.	7.	8.	9.	10.
$\dddot{\mathrm{Si}}$	42.287	47,780	52,306	56,100	59,319	62,099	64,507
$\dddot{\mathrm{Al}}$	33,799	30,551	27,870	25,623	23,705	22,059	20,624
$\dddot{\mathrm{Fe}}$	3,295	2,979	2,718	2,498	2,312	2,151	2,011
$\dot{\mathrm{Ca}}$	10,976	9,725	8,700	7,802	7,035	6,364	5,765
$\dot{\mathrm{Mg}}$	0,959	0,845	0,756	0,678	0,614	0,553	0,500
$\dot{\mathrm{Na}}$	6,986	6,513	6,102	5,800	5,547	5,323	5,145
$\dot{\mathrm{Ka}}$	1,698	1,607	1,548	1,499	1,468	1,451	1,448
x	11.	12.	13.	14.	15.	16.	17.
$\dddot{\mathrm{Si}}$	66,617	68,478	70,134	71,607	72,930	74,115	75,181
$\dddot{\mathrm{Al}}$	19,361	18,244	17,248	16,352	15,544	14,809	14,138
$\dddot{\mathrm{Fe}}$	1,888	1,779	1,681	1,595	1,516	1,444	1,378
$\dot{\mathrm{Ca}}$	5,227	4,733	4,276	3,851	3,447	3,062	2,669
$\dot{\mathrm{Mg}}$	0,454	0,412	0,371	0,335	0,299	0,266	0,232
$\dot{\mathrm{Na}}$	4,998	4,876	4,777	4,695	4,627	4,571	4,541
$\dot{\mathrm{Ka}}$	1,455	1.478	1,513	1,565	1,637	1,733	1,861

x	18.	19.	20.	21.	22.	23.	24.
$\ddot{Si}$	76,138	76,989	77,734	78,364	78,826	78,980	78,361
$\ddot{Al}$	13,523	12,955	12,426	11,930	11,455	10,979	10,438
$\ddot{Fe}$	1,318	1,263	1,212	1,163	1,117	1,071	1,018
$\dot{Ca}$	2,320	1,955	1,583	1,203	0,807	0,393	
$\dot{Mg}$	0,202	0,169	0,138	0,104	0,070	0,034	
$\dot{Na}$	4,464	4,395	4,290	4,094	3,700	2,753	
$\dot{Ka}$	2,035	2,274	2,617	3,142	4,025	5,790	10,183

Mit Hülfe der mittlern Zusammensetzung des Augits und Olivins und der Tabelle V und VI Seite 401 u. 405 kann man eine neue Tabelle reconstruiren, welche die theoretische Gesteinszusammensetzung nach wachsenden Einheiten von x zeigt.

Für den Augit ist folgende mittlere Zusammensetzung angenommen:

Kieselerde	50,135
Thonerde	5,257
Eisenoxydul	8,167
Kalkerde	20,208
Magnesia	16,233
	100,000.

Sie ist von der in der Regel angewandten von Seite 151 ein wenig verschieden, da aus einigen Gesteinen eine etwas andere Zusammensetzung hervorging. Die eben mitgetheilte ist ein Mittelwerth aus allen in jenen untersuchten 59 Gesteinen vorkommenden Augitanalysen.

Für den Olivin gilt die mittlere Zusammensetzung:

Kieselerde	40,976
Eisenoxydul	10,586
Magnesia	48,438
	100,000.

Man findet alsdann:

Tabelle VII.

Übersicht der theoretischen Gesteinszusammensetzung, nach in Einheiten wachsenden Werthen von x berechnet.

x	$\dddot{Si}$	$\ddot{Al}$	$\ddot{F}e\dot{F}e\ddot{F}e\dot{F}e$	$\dot{C}a$	$\dot{M}g$	Na	$\dot{K}a$
6	45,50	12,35	15,73	13,55	10,23	2,11	0,53
7	48,55	15,82	13,94	10,70	6,90	3,25	0,84
8	51,50	17,01	12,68	8,93	5,17	3,72	0,99
9	54,45	17,05	11,62	7,72	4,17	3,93	1,06
10	57,09	16,74	10,75	6,76	3,50	4,03	1,13
11	59,64	16,21	9,91	6,00	2,98	4,07	1,19
12	61,97	15,69	9,15	5,20	2,66	4,09	1,24
13	63,93	15,07	8,39	4,82	2,39	4,10	1,30
14	65,79	14,50	7,63	4,35	2,16	4,10	1,37
15	67,49	14,00	6,94	3,94	1,98	4,10	1,45
16	69,21	13,49	6,24	3,57	1,85	4,09	1,85
17	70,71	13,01	5,56	3,21	1,71	4,11	1,69
18	72,11	12,54	4,87	2,93	1,62	4,07	1,86
19	73,35	12,11	4,22	2,63	1,56	4,04	2,09
20	74,55	11,71	3,51	2,34	1,50	3,96	2,43
21	75,61	11,33	2,83	2,06	1,45	3,80	2,92
22	76,54	10,96	2,13	1,76	1,40	3,45	3,76
23	77,09	10,57	1,54	1,47	1,33	2,58	5,42
24	77,20	10,15	1,52	1,20	1,33	—	9,60

Die ursprünglichen Gesteinsanalysen, in denen die Werthe von x vorhin ermittelt sind, lassen sich mit der theoretischen Gesteinszusammensetzung aus Tab. VII vergleichen. Bei den öfter nicht unbeträchtlichen Unterschieden, welche man zwischen der beobachteten und theoretisch berechneten Gesteinszusammensetzung finden wird, ist es ganz überflüssig auf mehrere Decimalstellen Rücksicht zu nehmen, weshalb nur die Zehntheile der Procente angegeben sind. Das Resultat dieser Vergleichung enthält endlich die Tabelle VIII.

Tabelle VIII.

Vergleichung zwischen der theoretisch berechneten und beobachteten Zusammensetzung der vulkanischen Gesteine.

	$\dddot{Si}$			$\dddot{Al}$			$\dddot{Fe}+\dot{Fe}+\dddot{Fe}\dot{Fe}$		
	Beob.	Ber.	Diff.	Beob.	Ber.	Diff.	Beob.	Ber.	Diff.
1	47,31	47,3	— 0,0	17,22	14,5	+ 2,7	14,59	14,6	— 0,0
2	49,91	48,3	+ 1,6	16,14	15,4	+ 0,7	12,14	14,1	— 2,0
3*)	49,36	48,5	+ 0,9	16,81	15,8	+ 1,0	11,87	13,9	— 2,0
4	49,37	48,5	+ 0,9	16,81	15,8	+ 1,0	11,85	13,9	— 2,0
5	50,75	48,8	+ 2,0	21,73	15,9	+ 5,8	12,87	13,8	— 0,9
6	50,05	48,8	+ 1,2	18,78	15,9	+ 2,9	11,69	13,8	— 2,1
7	51,56	50,6	+ 1,0	18,50	16,6	+ 1,9	11,83	13,1	— 1,5
8	47,07	50,7	— 3,6	12,96	16,6	— 3,6	16,65	13,1	+ 3,6
9	49,55	51,1	— 1,5	19,31	16,8	+ 2,5	17,40	12,8	+ 4,6
10	48,85	51,1	— 2,2	16,16	16,8	— 0,6	16,87	12,8	+ 4,1
11	47,48	51,1	— 3,6	13,75	16,8	— 3,0	17,47	12,8	+ 4,7
12	50,36	51,8	— 1,4	13,12	17,0	— 3,9	10,95	12,7	— 1,7
13	49,17	51,8	— 2,6	14,89	17,0	— 2,1	15,20	12,7	+ 2,5
14	51,88	51,9	— 0,0	19,04	17,0	+ 2,0	13,58	12,6	+ 1,0
15	47,69	52,6	— 4,9	11,50	17,0	— 5,5	19,43	12,3	+ 6,1
16	55,15	54,0	+ 1,2	19,40	17,0	+ 2,4	13,31	11,7	+ 1,6
17	57,04	54,9	+ 2,2	18,72	17,0	+ 1,7	8,46	11,5	— 3,0
18	54,79	55,6	— 0,8	17,60	16,9	+ 0,7	11,51	11,2	+ 0,3
19	61,00	55,6	+ 5,4	19,14	16,9	+ 2,2	4,89	11,2	— 6,3
20	50,25	55,8	— 5,5	12,55	16,9	— 4,3	16,13	11,2	+ 4,9
21	51,09	56,3	— 5,2	14,69	16,8	— 2,1	19,11	11,0	+ 8,1
22	58,15	56,4	+ 1,8	17,67	16,8	+ 0,9	7,60	11,0	— 3,4
23	62,27	57,6	+ 4,7	16,63	16,6	— 0,0	5,27	10,5	— 5,7
24	55,70	60,0	— 4,3	15,02	16,1	— 1,1	15,12	9,8	+ 5,3
25	55,67	60,1	— 4,4	12,45	16,1	— 3,6	9,57	9,7	— 0,1
26	56,37	60,2	— 3,8	14,84	16,0	— 1,6	13,85	9,7	+ 4,2
27	59,43	60,4	— 1,0	16,42	16,0	+ 0,4	11,26	9,6	+ 1,7
28	56,75	61,5	— 4,7	14,14	15,7	— 1,6	13,86	9,3	+ 4,6
29	61,25	61,5	— 0,2	16,48	15,7	+ 0,8	9,25	9,3	— 0,0
30	62,84	61,7	+ 1,1	17,66	15,7	+ 2,0	9,26	9,2	+ 0,1
31	63,92	62,0	+ 1,9	17,31	15,7	+ 1,6	5,48	9,2	— 3,7

*) Es ist zu vermuthen, dass 3 und 4 als ein und dieselbe Analyse anzusehen sind, obwohl Bunsen dieselbe Poggend. 1851 Nro 6. S. 201 auf einen alten Lavastrom des Hekla von sehr gleichförmigem Korne bezieht, während Genth sie als Thiorsà-

Tabelle VIII.

Vergleichung zwischen der theoretisch berechneten und beobachteten Zusammensetzung der vulkanischen Gesteine.

Ċa			Ṁg			Ṅa			K̇a		
Beob.	Ber.	Diff.	Beob.	Ber.	Diff.	Beob.	Ber.	Diff.	Beob.	Ber.	Diff.
10,48	12,0	— 1,5	5,55	8,2	— 2,7	3,41	2,8	+ 0,6	1,44	0,7	+ 0,7
10,42	11,0	— 0,6	4,85	7,2	— 2,3	4,29	3,1	+ 1,2	2,26	0,8	+ 1,5
13,01	10,7	+ 2,3	7,52	6,9	+ 0,6	1,23	3,2	— 2,0	0,20	0,8	— 0,6
13,01	10,7	+ 2,3	7,52	6,9	+ 0,6	1,24	3,2	— 2,0	0,20	0,8	— 0,6
6,86	10,6	— 3,7	3,43	6,8	— 3,4	1,69	3,3	— 1,6	2,67	0,9	+ 1,8
11,66	10.6	+ 1,1	5,20	6,8	— 1,6	2,24	3,3	— 1,1	0,38	0,9	— 0,5
7,52	9,4	— 1,9	4,33	5,7	— 1,4	4,64	3,6	+ 1,0	1,62	0,9	+ 0,7
11,27	9,4	+ 1,9	9,50	5,7	+ 3,8	1,97	3,6	— 1,6	0,58	0,9	— 0,3
7,04	9,1	— 2,1	2,25	5,3	— 3,0	3,16	3,6	— 0,4	1.29	0,9	+ 0,4
9,32	9.1	+ 0,2	4,58	5,3	— 0,7	3,45	3,6	— 0,1	0,77	0,9	— 0,1
11,34	9,1	+ 2,2	6,47	5,3	+ 1,2	2,89	3,6	— 0,7	0,60	0,9	— 0,3
11,18	8,8	+ 2,4	9,45	5,1	+ 4,4	2,47	3,7	— 1,2	2,47	1,0	+ 1,5
11,67	8,8	+ 2,9	6,82	5,1	+ 1,7	0,58	3,7	— 3,1	1,67	1,0	+ 0,7
5,85	8,8	— 2,9	2,68	5,1	— 2,4	4,80	3,7	+ 1,1	2,17	1,0	+ 1,2
12,25	8,4	+ 3,9	5,83	4,8	+ 1,0	2,82	3,7	— 0,9	0,48	1,0	— 0,5
4,23	7,8	— 3,6	1,55	4,3	— 2,7	4,67	3,9	+ 0,8	1,69	1,0	+ 0,7
6,65	7,6	— 0,9	3,52	4,0	— 0,5	2,14	3,9	— 1,8	3,47	1,1	+ 2,4
6,19	7,3	— 1,1	4,85	3,9	+ 1,0	4,29	3,9	+ 0,3	2,26	1,1	+ 1,2
0,59	7,2	— 6,6	0,19	3,9	— 3,7	10,68	3,9	+ 6,8	3,51	1,1	+ 2,4
11,10	7,2	+ 3,9	7,59	3,8	+ 3,8	0,34	4,0	— 3,7	2,04	1,1	+ 0,9
5,98	7,0	— 1,0	3,35	3,7	— 0,3	4,11	4,0	+ 0,1	1,67	1,1	+ 0,6
5,50	7,9	— 1,5	2,78	3,7	— 0,9	6,87	4,0	+ 2,9	1,43	1,1	+ 0,3
0,63	6,6	— 6,0	0,80	3,4	— 2,6	11,39	4,0	+ 7,4	3,00	1,1	+ 1,9
6,52	5,9	+ 0,6	4,19	2,9	+ 1,3	2,50	4,0	— 1,5	0,95	1,2	— 0,2
8,23	5,8	+ 2,4	9,12	2,9	+ 6 2	2,48	4,0	— 1,5	2,48	1,2	+ 1,3
6,37	5,8	+ 0,6	4,07	2,9	+ 1,2	3,44	4,0	— 0,6	1,06	1,0	— 0,0
5,50	5,7	— 0,2	2,38	2,9	— 0,5	3,57	4,1	— 0,5	1,44	1,2	+ 0,2
6,22	5,3	+ 0,9	4,04	2,7	+ 1,3	2,35	4,1	— 1,7	2,64	1,2	+ 1,4
6,26	5,3	+ 1,0	3,77	2,7	+ 1,1	1,50	4,1	— 2,6	1,49	1,2	+ 0,3
1,42	5,2	— 3,8	4,09	2,7	+ 1,4	2,89	4,1	— 1,2	1,84	1,2	+ 0,6
1,81	5,2	— 3,4	0,84	2,7	— 1,9	6,21	4,1	+ 2,1	4,43	1,2	+ 3,2

lava bezeichnet, die grobkörnig ist. Ob sich hier ein Versehen in der Bezeichnung eingeschlichen hat, oder ob beide Analysen zufälliger Weise sehr genau übereinstimmen, ist aus dem vorliegenden Material nicht zu beurtheilen.

	$\dddot{\mathrm{Si}}$			$\ddot{\mathrm{Al}}$			$\dddot{\mathrm{Fe}}+\dot{\mathrm{Fe}}+\dddot{\mathrm{Fe}}\dot{\mathrm{Fe}}$		
	Beob.	Ber.	Diff.	Beob.	Ber.	Diff.	Beob.	Ber.	Diff.
32	65,23	62,2	+ 3,0	17,40	15,6	+ 1,8	4,66	9,0	— 4,3
33	65,40	62,9	+ 2,5	17,73	15,4	+ 2,3	4,36	8,8	— 4,4
34	62,40	63,7	— 1,3	14,21	15,1	— 0,9	6,92	8,4	— 1,5
35	65,47	63,7	+ 1,8	15,67	15,1	+ 0,6	5,62	8,4	— 2,8
36	64,50	64,4	+ 0,1	15,12	14,8	+ 0,3	7,20	8,2	— 1,0
37	65,28	64,9	+ 0,4	14,17	14,8	— 0,6	6,71	8,0	— 1,3
38	61,39	64,9	— 3,5	16,51	14,8	+ 1,7	9,27	8,0	+ 1,3
39	69,90	67,1	+ 2,8	15,07	14,1	+ 1,0	3,37	7,0	— 3,6
40	65,39	67,7	— 2,3	15,37	13,9	+ 1,5	7,27	6,8	+ 0,5
41	69,65	68,2	+ 1,5	14,50	13,8	+ 0,7	5,34	6,6	— 1,3
42	67,57	68,6	— 1,0	13,30	13,7	— 0,4	4,78	6,5	— 1,7
43	69,77	70,0	— 0,2	13,45	13,3	+ 0,2	4,83	5,9	— 1,1
44	70,61	70,2	+ 0,4	13,56	13,2	+ 0,4	4,98	5,8	— 0,8
45	71,34	70,5	+ 0,8	12,58	13,1	— 0,5	4,76	5,7	— 0,9
46	74,50	73,1	+ 1,4	13,04	12,2	+ 0,8	2,74	4,3	— 1,6
47	74,85	74,1	+ 0,8	12,46	11,9	+ 0,6	2,35	3,8	— 1,4
48	77,63	74,5	+ 3,3	11,90	11,7	+ 0,2	2,56	3,5	— 0,9
49	75,29	74,6	+ 0,7	12,94	11,7	+ 1,2	2,60	3,5	— 0,9
50	76,75	75,3	+ 1,5	12,06	11,4	+ 0,7	3,47	3,0	+ 0,5
51	77,92	75,3	+ 2,6	12,01	11,4	+ 0,6	1,32	3,0	— 1,7
52	71,34	75,4	— 4,1	12,58	11,4	+ 1,2	4,76	2,9	+ 1,9
53	75,91	75,6	+ 0,3	11,49	11,3	+ 0,2	2,13	2,8	— 0,7
54	77,89	75,6	+ 2,7	12,15	11,3	+ 0,9	3,07	2,8	+ 0,3
55	76,38	75,7	+ 0,7	11,53	11,3	+ 0,2	3,59	2,7	+ 0,9
56	77,94	76,4	+ 1,5	11,84	11,0	+ 0,8	2,18	2,2	— 0,0
57	75,77	77,1	— 1,4	10,29	10,5	— 0,2	3,85	1,5	+ 2,4

Die zwischen der beobachteten und berechneten Gesteinszusammensetzung übrigbleibenden Unterschiede fallen zum kleinern Theile noch auf mangelhafte Analysen, zum grössern aber ohne Zweifel auf eine unregelmässige Zusammensetzung der Materie im Erdinnern.

Die mittlern Fehler für die verschiedenen Bestandtheile aus 47 Beobachtungen abgeleitet geben folgendes Resultat:

$\dot{\text{Ca}}$ Beob.	$\dot{\text{Ca}}$ Ber.	$\dot{\text{Ca}}$ Diff.	$\dot{\text{Mg}}$ Beob.	$\dot{\text{Mg}}$ Ber.	$\dot{\text{Mg}}$ Diff.	$\dot{\text{Na}}$ Beob.	$\dot{\text{Na}}$ Ber.	$\dot{\text{Na}}$ Diff.	$\dot{\text{Ka}}$ Beob.	$\dot{\text{Ka}}$ Ber.	$\dot{\text{Ka}}$ Diff.
1,38	5,2	— 3,8	0,76	2,6	— 1,8	6,72	4,1	+ 2,6	3,85	1,2	+ 2,7
1,30	5,0	— 3,7	0,53	2,5	— 2,0	6,49	4,1	+ 2,4	4,19	1,3	+ 2,9
6,53	4,9	+ 1,6	5,31	2,4	+ 2,9	4,91	4,1	+ 0,8	0,62	1,3	— 0,7
2,62	4,9	— 2,3	4,13	2,4	+ 1,7	4,49	4,1	+ 0,4	2,00	1,3	+ 0,7
3,34	4,6	— 1,3	3,39	2,3	+ 1,1	4,86	4,1	+ 0,8	1,56	1,3	+ 0,3
6,57	4,6	+ 2,0	3,47	2,3	+ 1,2	1,90	4,1	— 2,2	1,90	1,3	+ 0,6
6,27	4,6	+ 1,7	3,77	2,3	+ 1,5	1,50	4,1	— 2,6	1,49	1,3	+ 0,2
4,71	4,0	+ 0,7	0,99	2,0	— 1,0	4,49	4,1	+ 0,4	1,47	1,4	+ 0,1
7,41	3,9	+ 3,5	3,00	2,0	+ 1,0	0,78	4,1	— 3,3	0,78	1,5	— 0,7
4,40	3,8	+ 0,6	2,27	1,9	+ 0,4	1,92	4,1	— 2,2	1,92	1,5	+ 0,4
3,72	3,7	— 0,0	3,49	1,9	+ 1,6	4,94	4,1	+ 0,8	2,20	1,5	+ 0,7
5,13	3,4	+ 1,7	1,65	1,8	— 0,1	3,35	4,1	— 0,7	1,82	1,6	+ 0,2
4,22	3,3	+ 0,9	1,53	1,7	— 0,2	2,56	4,1	— 1,5	2,54	1,6	+ 0,9
1,72	3,3	— 1,6	0,70	1,8	— 1,1	6,84	4,1	+ 2,7	2,06	1,7	+ 0,4
0,12	2,7	— 2,6	0,28	1,6	— 1,3	4,17	4,0	+ 0,2	5,15	2,1	+ 3,1
0,66	2,4	— 1,7	0,29	1,5	— 1,2	4,59	4,0	+ 0,6	4,80	2,4	+ 2,4
1,32	2,3	— 1,0	—	1,5	— 1,5	4,17	4,0	+ 0,2	2,45	2,4	+ 0,1
1,01	2,3	— 1,3	0,03	1,5	— 1,5	2,71	4,0	— 1,3	5,42	2,4	+ 3,0
1,25	2,2	— 0,9	—	1,5	— 1,5	3,53	3,9	— 0,4	2,94	2,8	+ 0,1
0,76	2,2	— 1,4	0,13	1,5	— 1,4	4,59	3,9	+ 0,7	3,27	2,8	+ 0,5
1,72	2,1	— 0,4	0,70	1,5	— 0,8	6,84	3,8	+ 3,0	2,02	2,8	— 0,8
1,56	2,1	— 0,5	0,76	1,5	— 0,7	2,51	3,8	— 1,3	5,64	2,9	+ 2,7
2,75	2,1	+ 0,7	—	1,5	— 1,5	2,17	3,8	— 1,6	2,17	2,9	— 0,7
1,76	2,0	— 0,2	0,40	1,4	— 1,0	4,46	3,8	+ 0,7	1,88	3,0	— 1,1
1,40	1,8	— 0,4	—	1,4	— 1,4	4,21	3,5	+ 0,7	2,30	3,8	— 1,5
1,82	1,4	+ 0,4	0,25	1,3	— 1,0	5,56	2,3	+ 3,3	2,46	5,8	— 3,3

	Mittlerer Fehler
für Kieselerde	$\pm$ 2,60
Thonerde	$\pm$ 1,94
$\ddot{\text{Fe}} + \dot{\text{Fe}} + \ddot{\text{Fe}}\dot{\text{Fe}}$	$\pm$ 2,96
Kalkerde	$\pm$ 2,35
Magnesia	$\pm$ 1,98
Natron	$\pm$ 2,15
Kali	$\pm$ 1,41.

Diese mittlern Abweichungen der Beobachtungen von der theoretischen Zusammensetzung, wenn sie auch nicht klein zu nennen sind, geben für einen ersten

Versuch ein immerhin befriedigendes Resultat, und es steht zu erwarten, dass dasselbe bei einer neuen Bearbeitung einer grössern Reihe zweckmässig angestellter Analysen noch bedeutend günstiger ausfallen wird.

Die zur Erreichung dieses Zwecks zu ergreifenden Vorsichtsmassregeln würden etwa folgende sein:

1. Um zu diesem Zwecke zuverlässigere Beobachtungen zu sammeln, dürfen nur Gesteine analysirt werden, von denen man sich überzeugt hat, dass sie vollkommen frisch sind und dass in keiner Weise metamorphische Einflüsse auf sie eingewirkt haben. Womöglich sollte man das Material zu den Analysen aus frischen Anbrüchen aus dem Innern der Lavaströme oder aus der Mitte fester Gesteinsmassen entnehmen, auf welche auch die Verwitterung keinerlei Einfluss ausgeübt hat.

Alle Obsidiane und Bimssteine würden aus diesem Grunde künftig bei einer neuen Bearbeitung für die mittlere Gesteinszusammensetzung besser auszuschliessen sein, da sie als eine Art metamorphischer Gebilde anzusehen sind; ich habe sie in der obigen Zusammenstellung nur aus Mangel zweckmässiger gewählter Beobachtungen mit aufgenommen.

Statt der Obsidiane und Bimssteine muss man die ihnen entsprechenden Trachyte von frischem Korn benutzen.

2. Man wähle für die Analysen möglichst gleichförmige Gesteine, in denen Crystalle von höchstens einer Linie Länge ausgeschieden sind. Von denselben nehme man eine grössere Masse, etwa ein Pfund oder mehr, pulverisire es in einem Mörser und benutze von

dem möglichst gleichförmigen Gemisch die zur Analyse nöthige Quantität.

3. Man stelle jede Analyse doppelt oder dreifach an und ziehe aus den verschiedenen Beobachtungen einen Mittelwerth. Namentlich ist eine sorgfältige Trennung von Eisenoxyd und Thonerde und von Natron und Kali, welche letztere so oft vernachlässigt wird, aufmerksam zu beachten. Ganz besonders wünschenswerth würde bei einer jeden solchen Gesteinsanalyse die Trennung von Eisenoxydul und Oxyd sein, weil durch dieselbe neue Bedingungen für die Berechnung der mineralogischen Zusammensetzung erzielt werden.

Durch eine grössere Anzahl guter Beobachtungen wird man dann auch einstmals in den Stand gesetzt werden, eine grössere Anzahl von Normalörtern zu berechnen und der Zusammenhang zwischen Feldspath, Augit, Olivin und Magneteisenstein wird noch sichrer zu ermitteln sein.

Endlich ist es einleuchtend, dass für eine neue Bearbeitung dieser Verhältnisse bei dem grössern Schwanken der mineralogischen Bestandtheile auf der basischen Seite und bei dem raschen Abnehmen der Ordinaten der Hyperbeln daselbst, eine grössere Anzahl von Analysen für die Bestimmung der Normalörter sehr viel nöthiger wird, als auf der entgegengesetzten.

Während die vorliegenden Untersuchungen, wie ich schon vorhin bemerkte, nahe zum Schluss gelangt waren, wurde ich mit Bunsens interessantem Aufsatze in Pogg. Ann. 1851 Nr. 6 S. 197 bekannt, und ich konnte daher nicht im Zweifel sein, die von ihm mitgetheilten

Beobachtungen über die Zusammensetzung der isländischen crystallinischen Gesteine und ihrer metamorphischen Gebilde mit den meinigen zu verweben.

Indem ich auf der einen Seite den Werth dieses für die Vulkanologie wichtigen und zugleich reichhaltigen Materials im vollen Masse anerkenne, muss ich auf der andern gegen die wissenschaftliche Behandlung desselben und namentlich gegen Bunsens geologische Grundprincipien, die ich durchaus nicht theilen kann, meine entschiedenen Bedenken aussprechen.

In diesem Abschnitte ist zunächst nur von den Bildungsgesetzen des nicht metamorphischen Gesteins die Rede, mit denen auch Bunsens Untersuchungen beginnen.

Obgleich die grosse Mannichfaltigkeit, sagt Bunsen sehr richtig, welche sich in der mineralogischen und chemischen Zusammensetzung der nicht metamorphosirten Gebirgsarten Islands ausspricht, auf den ersten Blick jeden Gedanken an eine nachweisbare Gesetzmässigkeit ihres Ursprungs auszuschliessen scheint, so bietet sich doch bei näherer Betrachtung eine Beziehung dar, welche alle diese Bildungen von den jüngsten Lavaergüssen bis zu den ältesten Eruptionsmassen, wie verschieden auch immer ihre mineralogische Constitution sein mag, unter einander auf das Innigste verknüpft.

Um diese Mannichfaltigkeit von Erscheinungen zu erklären, greift Bunsen, das Einfachste, Naturgemässe, die im Allgemeinen gesetzmässige Disposition der Materie im Innern des Erdkörpers, zumal die Zunahme der

Dichtigkeit von der Erdoberfläche gegen die Tiefe hin, übersehend, zu einer sehr unwahrscheinlichen Hypothese von zwei gesonderten vulkanischen Herden, die getrennt von einander saure und basische Silicate enthalten, durch deren Vermischung oder Verschmelzung jene unzähligen Gesteinsnuancen hervorgegangen sind, welche in Island und in Armenien, aber besser gesagt an der ganzen Erdoberfläche, durch die verschiedensten geologischen Zeiträume hindurch sich wiederfinden.

Als eine blosse Fiction könnte man diese Hypothese wohl hinnehmen, nur muss man nicht glauben, dass sie in der Natur begründet sei, oder dass wirklich im Innern der Vulkane zwei gesonderte Herde mit basischen und sauren Flüssigkeiten vorhanden wären, so wie etwa der Chemiker in zwei verschiedenen Gläsern ein Alkali und eine Säure dicht neben einander stehen hat, welche er beim Zusammengiessen in Salze verwandeln kann. Die von Bunsen zur Rechtfertigung seiner Hypothese zwischen seinen Beobachtungen und ihrer Berechnung vorkommenden Unterschiede geben in den angeführten Beispielen meist eine sehr befriedigende Übereinstimmung, doch ist sie nur scheinbar, wie dieses eine ausführliche Vergleichung einer grössern Anzahl von Beobachtungen mit der Theorie sogleich nachweisen wird.

Abgesehen davon, dass ich die genannte Grundhypothese nicht theile, kann ich auch mit der mathematisch-physikalischen Behandlung der hier in Frage stehenden Aufgabe nicht einverstanden sein. Erstens ist nämlich die mineralogische Beschaffenheit der neuern vulkanischen Gesteine und namentlich die ausserordentlich wichtige Rolle, welche der Feldspath unter allen Verhältnissen bei ihrer Zusammensetzung spielt, ganz ausser Acht gelassen, zweitens sind die Principien der Berechnung der Gesteine aus der Zusammensetzung der sogenannten normaltrachytischen und normalpyroxenischen Endglieder streng wissenschaftlichen Forderungen nicht entsprechend.

Meine Einwendungen beziehen sich hauptsächlich auf folgende Punkte:

1. Die beiden Endglieder, so wie sie Bunsen hinstellt, sind keiner präcisen Definition fähig; sie sind ferner aus sehr wenigen Beobachtungen, die den Grenzen einigermassen nahe liegen, abgeleitet, während in einer vollständigen Theorie zu ihrer Bildung alle zwischen beiden Grenzen enthaltene Beobachtungen mit verwandt werden sollten.

Während Bunsen für seine Theorie nur von zwei Punkten ausgeht, berechne ich dagegen eine Reihe von Normalörtern, deren Zahl beliebig gesteigert werden kann, sobald nur die nöthige Zahl von Beobachtungen vorhanden ist; gegenwärtig habe ich mich mit 5 derselben begnügt.

2. Indem Bunsen alle vulkanischen Gesteine zunächst von Island als Mischungen aus den beiden genannten Endgliedern betrachtet, können keine über die angegebenen Grenzen hinausliegenden Beobachtungen mit der Theorie verglichen werden.

3. Es erscheint mir nicht zweckmässig, dass Bunsen in seiner Tabelle, welche auf die Mischung der End-

glieder beruht, die Kieselerde zum Argumente wählt. Ich habe in dieser Hinsicht die Grösse x, welche von allen Theilen der Analyse abhängig ist und die den Feldspath besonders charakterisirt, vorgezogen. Der Kieselerde, dem wichtigsten Theile der Analyse, werden alsdann ebenso gut Beobachtungsfehler, oder Unterschiede zwischen der Theorie und der Beobachtung zukommen, die nach der andern Betrachtungsweise gar nicht auszumitteln sind.

4. Scheint es mir nicht zu billigen, dass Bunsen Thonerde und Eisen in den verschiedenen Oxydationsstufen mit einander vereinigt. Ein chemischer Grund ist dazu nicht vorhanden.

Dass durch die Vereinigung dieser beiden Körper, so wie durch die Verbindung von Kali und Natron, wie dieses mehrfach bei der Vergleichung der Beobachtungen Abichs geschehen, eine günstigere Übereinstimmung zwischen Theorie und Beobachtung scheinbar erzielt wird, liegt in der Natur der Sache. Wollte man auch Kalk und Magnesia vereinigen, so würde diese Übereinstimmung noch grösser und durch fortgesetztes Zusammenfassen von Bestandtheilen zuletzt unfehlbar absolut werden.

5. In der Strenge ist die Theorie der Mischungen in der von Bunsen aufgestellten Art, wenn sie auch näherungsweise Genüge leistet, unrichtig, wie dieses sowohl aus einfachen analytischen Betrachtungen, als auch aus der Erfahrung deutlich hervorgeht. Bunsen bezeichnet mit S die Procente der Kieselerde in einem Mischlingsgestein, mit s den Procentgehalt der Kiesel-

erde in der normaltrachytischen, mit σ ihren Procentgehalt in der normalpyroxenischen Masse und mit α die Menge der normalpyroxenischen Masse, welche sich mit der Gewichtseinheit der normaltrachytischen Masse mischt, um das fragliche Mischungsgestein zu erzeugen.

Man findet alsdann:

$$(1) \qquad \frac{s - S}{S - \sigma} = \alpha.$$

Für die übrigen Bestandtheile, für Thonerde, Eisenoxyd u. s. w. ergeben sich dieser Gleichungen analog:

$$(2) \qquad \frac{s' - S'}{S' - \sigma'} = \alpha,$$

$$(3) \qquad \frac{s'' - S''}{S'' - \sigma''} = \alpha, \text{ u. s. w.}$$

Verbindet man z. B. 1 mit 2, so ergibt sich die Gleichung:

$$S' = \frac{(\sigma' - s')S}{\sigma - s} - \frac{(s\sigma' - s'\sigma)}{\sigma - s},$$

d. h. die verschiedenen Bestandtheile, Thonerde, Eisenoxyd, Kalkerde u. s. w. nehmen bei wachsendem S gleichförmig ab.

Betrachtet man geometrisch die Kieselerde als Abscisse und z. B. die Kalkerde als die Ordinate, so liegen alle Werthe der letztern für jedes Mischlingsgestein in einer geraden Linie, deren Lage durch den Werth der Kalkerde in der normaltrachytischen und normalpyroxenischen Zusammensetzung bedingt wird. Dieses Verhältniss zeigt auch die von Bunsen mitgetheilte Tafel.

Der Ausdruck $\frac{s - S}{S - \sigma}$ ist indess gleichbedeutend mit der von mir Seite 81 mitgetheilten Formel für die Mischung zweier Feldspathe, und in den für die mittlere Zusammensetzung dieses Mineralkörpers berechneten Tabellen Seite 99 und 405 ist bei der Zunahme der Kieselerde eine proportionale Abnahme der übrigen Bestandtheile bemerkbar.

Wenn nun die ganze äussere Erdkruste bis in die Tiefen hinab, aus denen die jetzt thätigen Vulkane ihr Material emporführen, nur aus Feldspath bestände, so würde man in voller Übereinstimmung mit der Theorie eine jede Lava als ein Gemisch zweier extremer Glieder betrachten können; dieses ist aber den mitgetheilten Erfahrungen gemäss nicht der Fall.

Wenn auch der Feldspath in den obern Schichten, d. h. in den ältesten Gesteinen, ganz überwiegend vorherrscht, so wird er doch allmählig immer mehr und mehr durch Augit, Olivin und Magneteisenstein ersetzt und bis zum Verschwinden zurückgedrängt.

Mit Rücksicht darauf und in Beziehung auf die Gleichung $F = \frac{\alpha x}{\beta + \gamma x}$ und auf die Zusammensetzungsweise des Feldspaths Seite 64 ist es leicht nachzuweisen, dass der Zusammenhang des Kieselerdegehalts mit der Thonerde, Kalkerde u. s. w. in einem crystallinischen Gesteine nur für den Feldspath allein, nicht für die andern 3 Mineralkörper, durch eine Gleichung vom 2ten Grade und zwar durch eine Hyperbel dargestellt wird. Zieht man indess den Augit, Olivin und Magneteisenstein mit in Betracht, so gelangt man zu sehr verwickelten Gleichungen, respective vom 8ten und 12ten Grade, niemals aber zu einer Gleichung des ersten

Grades, was auch schon die Beobachtungen zeigen. Wollte man, wie dieses Bunsen gethan hat, die Kieselerde zum Argumente nehmen, wozu ich nicht rathen würde, so sind zuerst für die verschiedenen, nach wachsendem Kieselerdegehalte geordneten Gesteine eine Anzahl von Normalörtern zu berechnen, denen man statt Curven höherer Ordnungen, hinreichend genau bei dem entschiedenen Vorherrschen des Feldspaths Hyperbeln anpassen kann.

Man würde nach dieser Methode eine Tabelle berechnen können, in welcher die Kieselerde statt x zum Argumente gewählt wird, mit deren Hülfe jedenfalls zwischen der Beobachtung und Berechnung eine grössere Übereinstimmung zu erzielen ist, als nach der von Bunsen angegebenen Art.

Eine solche Tabelle, bei deren Gebrauche der mittlere Fehler von x sich berechnen liesse, hier einzuschalten, dürfte überflüssig erscheinen, da sie durch Tab. VII, wenigstens vor der Hand, genügend ersetzt wird.

Vorläufig habe ich es jedoch nicht unzweckmässig gehalten nach der von Bunsen vorgeschlagenen Methode und nach der meinigen, indem x zum Argumente gewählt wird, für die vorhin mitgetheilten Beobachtungen den mittlern Fehler *) zu bestimmen.

---

*) Zur Berechnung des mittlern Fehlers nach Bunsens Theorie sind die Beobachtungen, die ausserhalb der normaltrachytischen und normalpyroxenischen Grenzen liegen, nicht hinzugezogen worden.

Das Resultat der Rechnung ist:

	Bunsen.	S. v. W.
$\ddot{R}$	$\pm$ 2,7	$\pm$ 2,4
$\dot{Ca}$	$\pm$ 2,8	$\pm$ 2,0
$\dot{Mg}$	$\pm$ 1,9	$\pm$ 1,6
$\dot{Na}$	$\pm$ 2,5	$\pm$ 2,2
$\dot{Ka}$	$\pm$ 1,2	$\pm$ 1,3

Aus den von mir bereits mitgetheilten Untersuchungen über die Zusammensetzung der crystallinischen Gesteine glaube ich folgern zu müssen, dass die von Bunsen aufgestellte Hypothese der beiden vulkanischen Herde, die gesondert saure und basische Silicatmassen enthalten und durch deren Verschmelzung alle Mischlingsgesteine entstehen, auf die merkwürdige Eigenschaft eines jeden Feldspaths, der in ein saures und ein basisches Salz zerlegbar ist, sich reducirt.

Die Feldspathe, selbst als der wesentlichste Bestandtheil der äussern Erdkruste, stellen eine continuirliche Kette von den sauern durch die neutralen zu den basischen Silicatmassen dar, die nach den specifischen Gewichten geordnet, mit den Kieselerde- und Alkali-reichsten an der Erdoberfläche beginnen und in der Tiefe mit den Kieselerde-ärmsten, Thonerde-, Eisenoxyd-, Kalk- und Magnesia-reichsten endigen.

Indem mit dem Basischwerden des Feldspaths die Dichtigkeit der Erdschichten nach Innen hin zunimmt, wird diese auch noch durch das Überhandnehmen des Augits, Olivins und Magneteisensteins nach und nach ausserordentlich vermehrt.

Während an der Oberfläche der Erde saure Feldspathe in der Gestalt der Trachyte, oder neutrale Feldspathe mit Ausscheidung der Kieselsäure, als Granite erscheinen, werden in den tiefern Erdschichten die Feldspathe allmälig bis zum Verschwinden zurückgedrängt werden.

Aus der vorhin mitgetheilten Gleichung

$$F = 100 - \left(\frac{142{,}22 - x}{-3{,}919 + x}\right)$$

ergibt sich, dass die Feldspathbildung im Innern der Erde nicht, wie wir früher Seite 395 angenommen haben, bei $x = 0$, sondern schon bei $x = 5{,}39$ aufhört, d. h. in einer Tiefe von 157250^m oder 21,23 Meilen.

Unter der bezeichneten Tiefe, in der die Feldspathbildung ihre Grenze erreicht hat, wird der Augit vorzuwalten anfangen, zu einem Maximumwerthe gelangen und dann durch den Magneteisenstein verdrängt nach und nach wieder abnehmen. Endlich gewinnt der Magneteisenstein die Oberhand, der dann ohne Zweifel allmählig wieder durch gediegene Metalle, namentlich durch Eisen, Nickel und Cobalt verdrängt wird.

Unsern Rechnungen zu Folge wird im Mittel die Feldspathbildung eher aufhören als die Grenze des Anorthits mit $x = 4$ erreicht wird. Wenn sich auch die Lage der Curven in Fig. 2 künftig durch neue Beobachtungen noch etwas ändern kann, so ist es doch kaum wahrscheinlich, dass crystallinische Gesteine zum Vorschein kommen werden, welche noch basischere Feldspathe als den Anorthit enthalten, den wir in dieser wichtigen

Mineralgruppe als basischen Grenzwerth bezeichnen können.

Der reine Anorthit mit dem Werthe $x = 4{,}0$ gehört nach unsern Erfahrungen zu den sehr seltenen Mineralkörpern und ist bis jetzt nur an wenigen Orten zum Vorschein gekommen. Die sogenannten Anorthite oder Thiorsaaite der isländischen Laven, von denen weiter oben mehrere Analysen mitgetheilt sind, stehen schon etwa in der Mitte zwischen Anorthit und Labrador; sie sind in crystallinischen Massen, die als grosse geologische Gebilde, nicht etwa als Local-Erscheinungen anzusehen sind, vielleicht schon als die basischsten Feldspathe zu betrachten, die dicht an der Grenze des Verschwindens dieser wichtigen Mineralgruppe auftreten.

XIV. Ueber die Palagonitbildung.

Nachdem wir schon im Abschnitt VIII und IX. dieses Buches die mannigfache Zusammensetzung der isländischen und sicilianischen Palagonite kennen gelernt haben, ist es jetzt meine Absicht über die Entstehung dieser merkwürdigen Gruppe von Mineralkörpern, die in den vulkanischen Formationen eine bis in die neuere Zeit übersehene, aber doch so äusserst wichtige Stellung einnimmt, meine Erfahrungen mitzutheilen.

Dem aufmerksamen Leser wird es bei einer nur etwas näheren Betrachtung der mitgetheilten Analysen nicht entgangen sein, dass es wesentlich der Feldspath ist, der in Verbindung mit Eisenoxyd, Magnesia und Wasser den Palagonit bildet.

Um indess eine deutlichere Einsicht über die Bildung dieser Metamorphose zu erhalten, ist es erforderlich, einige allgemeinere Betrachtungen voraufzuschicken, welche geeignet sind, den Weg für die nachfolgende Untersuchung anzubahnen.

Ein Feldspath von der Norm (x, 3, 1), dessen Modulus M sei, löse sich in zwei Theile, in (θ, 3, 1) und (ζ, 3, 1), wo $\zeta > \theta$ ist. Der Modulus des ersten Theiles sei v, des zweiten w. Man findet alsdann folgende Gleichungen:

1. Theil		2. Theil		
$\frac{s\theta v}{300}$	+	$\frac{s\zeta w}{300}$	=	$\dddot{\mathrm{Si}}$
$\frac{p\lambda v}{300}$	+	$\frac{p\lambda w}{300}$	=	$\dddot{\mathrm{Al}}$
$\frac{q\mu v}{300}$	+	$\frac{q\mu w}{300}$	=	$\ddot{\mathrm{Fe}}$
$\frac{kav}{100}$	+	$\frac{kaw}{100}$	=	$\dot{\mathrm{Ca}}$
$\frac{lbv}{100}$	+	$\frac{lbw}{100}$	=	$\dot{\mathrm{Mg}}$
$\frac{ncv}{100}$	+	$\frac{ncw}{100}$	=	$\dot{\mathrm{Na}}$
$\frac{mdv}{100}$	+	$\frac{mdw}{100}$	=	$\dot{\mathrm{Ka}}$

Den zweiten sauern oder kieselerdereichern Theil, den wir mit T' bezeichnen, schliessen wir zunächst von unsern Untersuchungen aus, während wir den ersten basischen Theil = T näher betrachten werden.

Derselbe nehme in $\ddot{\mathrm{R}}$ isomorph mit der Thonerde eine gewisse Quantität Eisenoxyd = f und in $\dot{\mathrm{R}}$ eine gewisse Quantität Magnesia = g, isomorph mit der Kalkerde und den Alkalien in sich auf.

Bleiben in dieser neuen Verbindung dieselben Sauerstoffverhältnisse und dasselbe Gewicht wie zuvor, so entsteht die Frage, welche Quantitäten der übrigen Bestandtheile: der Kieselerde, der Thon- und Kalkerde und der Alkalien für das eingetretene Eisenoxyd und die Magnesia aus der Verbindung ausscheiden müssen. Für die Kalkerde und die Alkalien wird angenommen, dass dieses Ausscheiden dem Factor $P = v - \frac{100}{l(a + c + d)}$ proportional sei. Schreibt man $R = \frac{a}{k} + \frac{c}{n} + \frac{d}{m}$ und $\tau = a + c + d$ und bezeichnet man die ausscheidende Kieselerde mit z, die ausscheidende Thonerde mit y die ausscheidenden Mengen von Kalkerde, Natron und Kali mit aPt, cPt, dPt, so gelangt man, wie dieses leicht zu sehen ist, zu folgenden 3 Gleichungen:

$$f + g - z - y - \tau Pt = 0$$

$$\left(PRt - \frac{g}{l}\right)\theta s - 3z = 0$$

$$\left(\frac{y}{p} - \frac{f}{q}\right)\theta s - 3z = 0$$

aus denen die Werthe von t, y, z durch Elimination bestimmt werden.

Man findet nämlich:

$$t = \frac{\left(1 - \frac{p}{q}\right)f + \left(1 + \frac{p}{l} + \frac{s\theta}{3l}\right)g}{P\left(\left(p + \frac{s\theta}{3}\right)R + \tau\right)}$$

$$y = \frac{\left(\left(1 + \frac{s\theta}{3q}\right)R + \frac{\tau}{q}\right)pf + \left(R - \frac{\tau}{l}\right)pg}{\left(p + \frac{s\theta}{3}\right)R + \tau}$$

$$z = \frac{\left(1 - \frac{p}{q}\right)R\frac{s\theta}{3}f + \left(R - \frac{\tau}{l}\right)\frac{s\theta}{3}g}{\left(p + \frac{s\theta}{3}\right)R + \tau}$$

Substituirt man in diese Gleichungen die Zahlen für

die Atomengewichte, setzt man ferner den Specialfall $\theta = 6$, so erhält man folgende für die Rechnung bequemere Ausdrücke. Nämlich:

$$t = \frac{0,35888\,f + 8,0876\,g}{P\,(1775,44\,R + \tau)}$$

$$y = \frac{(1368,62\,R + 0,64112\,\tau)f + (641,8\,R - 2,5621\,\tau)g}{1775,44\,R + \tau}$$

$$z = \frac{406,84\,Rf + (1133,64\,R - 4,5253\,\tau)g}{1775,44\,R + \tau}$$

Bevor wir unsere Untersuchungen über diesen Gegenstand fortsetzen, mag ein Zahlenbeispiel den Gebrauch und die Richtigkeit der eben aufgestellten Gleichungen darlegen.

Der Feldspath des Aetna Tab. I. Nr. 23 hat nach meiner Analyse folgende Zusammensetzung:

Kieselerde	53,810	28,480	28,480
Thonerde	25,942	12,126	13,152
Eisenoxyd	3,423	1,026	
Kalkerde	11,738	3,338	4,678
Magnesia	0,529	0,211	
Natron	4,019	1,038	
Kali	0,539	0,091	

$x = 6,452 \qquad M = 4,4134$

Zerlegen wir diesen Feldspath in zwei Theile, indem für den ersten $\theta = 6$, für den zweiten $\zeta = 12$ wird, d. h. in reinen labradorischen Feldspath und Albit, so berechnet man $v = 4,0802$ und $w = 0,3332$; setzen wir ferner:

$$\lambda = 2,766$$
$$\mu = 0,234$$
$$a = 0,714$$
$$b = 0,045$$
$$c = 0,222$$
$$d = 0,019$$

so findet sich die Zusammensetzung der beiden Theile:

	1. Theil		2. Theil		
Kieselerde	46,255	+	7,555	=	53,810
Thonerde	24,145	+	1,972	=	26,117
Eisenoxyd	3,186	+	0,260	=	3,446
Kalkerde	10,245	+	0,837	=	11,082
Magnesia	0,460	+	0,060	=	0,520
Natron	3,507	+	0,286	=	3,793
Kali	0,457	+	0,037	=	0,494
	88,255	+	11,007	=	99,262

$$T = 88,255 \quad T' = 11,007$$

Setzen wir nun z. B. $f = 15,000$ $g = 5,000$, so berechnet man zunächst:

$$P = 0,487750$$
$$R = 0,002636$$

Mit diesen Hülfsgrössen findet man aus den angegebenen Gleichungen:

$$t = + 16,6715$$
$$y = + 10,5630$$
$$z = + \ 1,6713$$

Die neue Eisenoxyd- und Magnesia-reiche Verbindung berechnet man mit diesen Grössen aus dem Labradorischen Feldspath, oder dem Theile I:

	Labrador		Ausgeschieden		Neue Verbindung
Kieselerde	46,255	—	1,6713	=	44,5837
Thonerde	24,145	—	10,5630	=	13,5820
Eisenoxyd	3,186	+	15,0000	=	18,1860
Kalkerde	10,245	—	5,8060	=	4,4390
Magnesia	0,460	+	5,0000	=	5,4600
Natron	3,507	—	1,8052	=	1,7018
Kali	0,457	—	0,1545	=	0,3025
	T = 88,255				T^0 = 88,2550

Als Prüfung für die richtige Lösung der Aufgabe dienen die Sauerstoffverhältnisse zwischen $\dddot{Si}$, $\dddot{R}$ und $\dot{R}$. Die berechneten Sauerstoffmengen aus der neuen Verbindung sind:

$\dddot{Si}$	23,5960	23,5960
$\dddot{Al}$	6,3481	11,7980
$\dddot{Fe}$	5,4499	
$\dot{Ca}$	1,2624	3,9328
$\dot{Mg}$	2,1796	
$\dot{Na}$	0,4395	
$\dot{Ka}$	0,0513	

Danach ist für diesen Feldspath die Norm (6, 3, 1), wie bei T im Anfang der Rechnung.

Als ein zweites Beispiel wählen wir

$$f = 18{,}529, \quad g = 2{,}281$$

Die Rechnung ergibt mit diesen Substitutionen in denselben Labrador:

	Labrador		Ausgeschieden	Neue Verbindung.
Kieselerde	46,255	—	2,986	43,269
Thonerde	24,145	—	13,570	10,575
Eisenoxyd	3,186	+	18,529	21,715
Kalkerde	10,245	—	3,180	7,065
Magnesia	0,460	+	2,281	2,741
Natron	3,507	—	0,989	2,518
Kali	0,457	—	0,085	0,372
	T = 88,255			T^0 = 88,255

Ein Feldspath von der Norm (x, 3, 1) in dessen basischen Theil eine gewisse Quantität Eisenoxyd und Magnesia substituirt worden ist, zerfällt also in 3 Glieder:

1. in T^0 den basischen Eisenoxyd- und Magnesiareichen Theil,

2. in T' den albitischen, unzersetzten Theil,

3. in T'' den aus der Verbindung ausscheidenden Theil.

Auf diese verschiedenen Theile wenden wir unsere Aufmerksamkeit und betrachten zunächst T^0. Dieser Theil werde hydratisch oder nehme allgemein δ Atome Wasser auf, so dass noch das Glied $\frac{\delta h v^0}{100}$ demselben hinzugefügt wird, wo v^0 den Modulus von T^0 bezeichnet.

Um die procentische Zusammensetzung der neuen Verbindung zu erhalten, ist jeder Theil derselben mit dem Factor $L = \frac{10000}{100\, T^0 + \delta h v^0}$ zu multipliciren.

Mineralkörper, welche auf die eben angegebene Weise aus dem Feldspath hervorgegangen sind, werden mit dem Namen orthotype Palagonite bezeichnet und stellen eine Reihe mineralogischer Species dar, je nachdem für θ und δ verschiedene ganze Zahlen substituirt werden, d. h. aus jedem Feldspath von der Norm $(\theta, 3, 1)$ geht eine Reihe orthotyper Palagonite mit 1, 2, 3 ... Atomen Wasser hervor.

Setzen wir beispielsweise $\theta = 6$ und $\delta = 4$, so wird aus T^0 das Mineral, welches wir Seite 227 analysirt, beschrieben und mit dem Namen Hyblit bezeichnet haben, hervorgehen. Die Zusammensetzung mit den Werthen $f = 18{,}529$ und $g = 2{,}281$ berechnet und mit der Beobachtung verglichen, ergibt folgendes Resultat:

Hyblit, $\dddot{R}\,\ddot{Si} + \dot{R}\,\ddot{Si} + 4\dot{H}$

	Berechnet	Beobacht. v. Palagonia	
Kieselerde	41,041	40,855	+ 0,186
Thonerde	10,030	10,224	— 0,194
Eisenoxyd	20,596	20,684	— 0,088
Kalkerde	6,701	4,526	+ 2,175
Magnesia	2,600	2,611	— 0,011
Natron	2,387	4,048	— 1,661
Kali	0,358	1,118	— 0,770
Wasser	16,287	15,934	+ 0,353
	100,000	100,000.	

Der geringe Unterschied in der Zusammensetzung des aus dem labradorischen Feldspathe vom Aetna berechneten Hyblits von dem beobachteten aus dem Val di Noto, liegt nur in einer etwas verschiedenen Vertheilung der isomorphen Bestandtheile. Das berechnete Mineral ist etwas reicher an Kalk und dafür ärmer an Kali und Natron als das beobachtete. Hätten wir einen andern etwas Alkali-reichern Labrador für unsere

Rechnung zu Grunde gelegt, so hätte eine noch vollkommenere Übereinstimmung erzielt werden können.

Bei der grossen Mannichfaltigkeit der isomorphen Substitution in beiden Basen können zahllose Varietäten desselben Minerals, in unserm Beispiele des Hyblits entstehen, die zwar dieselbe stöchiometrische Formel besitzen, aber dennoch sehr erheblichen Schwankungen in den einzelnen Bestandtheilen, vorzugsweise aber in Thonerde und Eisenoxyd, unterworfen sind.

Berechnete man aus dem ersten Beispiele $f = 15$, $g = 5$ die Zusammensetzung des Hyblits, so würde man für diese schon eine sehr viel verschiednere isomorphe Vertheilung erhalten, als sie in dem Hyblit von Palagonia bemerkt wird.

Unsere Erfahrungen über die Zusammensetzung der Palagonite sind noch zu neu, als dass wir jetzt schon eine grosse Mannichfaltigkeit von Species erwarten könnten. In der Reihe der orthotypen Palagonite, den vorhin mitgetheilten Analysen gemäss, kennen wir den Trinacrit, den Korit und den Hyblit. Für δ und θ hat man bei diesen Körpern folgende Werthe:

	θ	δ
Trinacrit	4	3
Korit	6	3
Hyblit	6	4.

Neben dieser Hauptreihe orthotyper Palagonite, von der Norm $(\theta, 3, 1, \delta)$ erscheint eine zweite allerdings bis jetzt noch sehr wenig bekannte Nebenreihe von der Norm $(\theta, 3, 2, \delta)$, die wir mit dem Namen der heterotypen Palagonite bezeichnen.

Eine solche Verbindung geht aus T⁰ hervor, wenn man $\dot{R}$ verdoppelt, das Glied $\frac{\delta hv}{100}$ hinzufügt und die Summe der Bestandtheile auf 100 reducirt.

Setzen wir $\delta = 5$, so erhalten wir, indem wir das erste Beispiel Seite 229 anwenden, jenes Mineral, welches wir bereits vorhin beschrieben und mit dem Namen Notit bezeichnet haben.

Zwischen der aus dem ätnäischen Labrador berechneten und bei Palagonia beobachteten Zusammensetzung ergibt sich folgende Übereinstimmung:

	Notit. $R^2\dddot{Si} + \dddot{R}\dddot{Si} + 5\dot{H}$	
	Berech.	Beob. v. Palagonia
Kieselerde	36,462	36,962
Thonerde	11,107	6,359
Eisenoxyd	14,873	21,660
Kalkerde	7,261	3,259
Magnesia	8,930	11,636
Natron	2,784	0,972
Kali	0,494	0,987
Wasser	18,089	18,125
	100,000	100,000.

Der zum Theil beträchtliche Unterschied zwischen der Rechnung und Beobachtung ist nur eine Folge der verschiedenen isomorphen Substitutionen. Nimmt man in der Rechnung dieselbe Vertheilung der isomorphen Bestandtheile als in der Beobachtung an, so wird die Vergleichung von Seite 229 hervorgehen.

Wir haben ferner im Vorhergehenden eine Reihe

von Palagoniten kennen lernen, denen allgemein die Norm $(4, 2, 1, \delta)$ zugehört.

Wir fanden nämlich:

1.	von Aci Castello	(4, 2, 1, 1)
2.	von Aci Castello, Militello u. Island	(4, 2, 1, 2)
3.	von Aci Castello, Palagonia u. Island	(4, 2, 1, 3)
4.	von den Galopagos (Bunsen)	(4, 2, 1, 4)

Multipliciren wir diese Normen mit 3, so erhalten wir:

1. (12, 6, 3, 3)
2. (12, 6, 3, 6)
3. (12, 6, 3, 9)
4. (12, 6, 3, 12).

Eine jede dieser Normen lässt sich offenbar in einen orthotypen und einen heterotypen Palagonit von den Normen $(6, 3, 1, \delta')$ und $(6, 3, 2, \delta'')$ zerlegen, oder jeder Palagonit der ersten Art ist ein Gemisch der beiden andern. Es wird alsdann:

$$3\delta = \delta' + \delta''$$

woraus hervorgeht, dass eine verschiedene Vertheilung des Wassergehalts in beiden Mineralkörpern möglich ist. Die einfachste mit den Erfahrungen am besten stimmende scheint folgende zu sein:

Palagonit

Orthotyper		Heterotyper		Gemischter
(6, 3, 1, 2)	+	(6, 3, 2, 1)	=	(12, 6, 3, 3)
(6, 3, 1, 3)	+	(6, 3, 2, 3)	=	(12, 6, 3, 6)
(6, 3, 1, 4)	+	(6, 3, 2, 5)	=	(12, 6, 3, 6)
(6, 3, 1, 5)	+	(6, 3, 2, 7)	=	(12, 6, 3, 12).

Aus einem gemischten Palagonit lassen sich beide

Theile der Zusammensetzung leicht durch Rechnung bestimmen.

Man erhält z. B. für den Palagonit von Seljadalr nach Bunsens Analyse folgende Gleichungen:

$$6x + 6y = 20,958$$
$$3x + 6y = 10,102$$
$$x + y = 5,080$$
$$4x + 5y = 15,562.$$

Aus diesen Gleichungen berechnet man nach der Methode der kleinsten Quadrate:

$$x = 1,8246 \quad y = 1,6455.$$

Mit diesen Elementen ergibt sich die Vergleichung:

20,958	20,821	+ 0,137
10,102	10,411	— 0,309
5,080	5,116	— 0,036
15,562	15,526	+ 0,036.

Aus diesen Zahlen berechnet man sodann die Zusammensetzung der beiden Theile folgendermassen:

	I. Orthotyp. Palag. Hyblit		II. Heterot. Palag. Notit		III. Gemisch. Ber.	Beob.	Ber.-Beob.
Kieselerde	20,685	+	18,655	=	39,340	39,689	— 0,349
Thonerde	6,487	+	5,837	=	12,324	11,944	+ 0,380
Eisenoxyd	8,171	+	7,369	=	15,540	15,080	+ 0,460
Kalkerde	2,974	+	5,365	=	8,339	8,300	+ 0,039
Magnesia	2,173	+	3,920	=	6,093	6,051	+ 0,042
Natron	0,250	+	0,450	=	0,700	0,695	+ 0,005
Kali	0,265	+	0,478	=	0,743	0,737	+ 0,006
Wasser	8,209	+	9,255	=	17,464	17,504	— 0,040
	49,214		51,329		100,543	100,000.	

Die aus I und II. auf 100 reducirten Zusammensetzungen sind:

	I. Hyblit	II. Notit
	berechnet aus Zerlegung des Palagonits von Seljadalr.	
Kieselerde	42,031	36,345
Thonerde	13,181	11,373
Eisenoxyd	16,603	14,357
Kalkerde	6,043	10,451
Magnesia	4,416	7,637
Natron	0,507	0,877
Kali	0,539	0,930
Wasser	16,680	18,030
	100,000	100,000.

Der Palagonit von Seljadalr ist diesen Zahlenangaben zufolge ein Gemisch von einem Atom Hyblit und einem Atom Notit; oder 49,214 des erstern mit 51,329 des zweiten gemischt, geben mit genügender Genauigkeit die Zahlen der ursprünglichen Analyse.

Ganz in derselben oder in ähnlicher Weise müssen wir uns die übrigen Palagonite von der Norm (4, 2, 1, δ) zusammengesetzt vorstellen; sie jedoch so wie eben den Palagonit von Seljadalr in ihre beiden Componenten zu zerlegen, scheint nach der Anführung dieses einen Beispiels von wenigem Interesse zu sein.

Die Zahlenverhältnisse, welche die Normen der gemischten Palagonite zeigen, erwecken die Hoffnung, dass bei fortgesetzten Untersuchungen manche bisjetzt fehlende Glieder dieser Mineralgruppe aufgefunden werden, die sich aber, wie die schon bereits bekannten Palagonitspecies, nicht durch mineralogische Kennzeichen, welche alle fast vollkommen unter sich übereinstimmen, sondern nur durch sehr sorgfältige chemische Analysen unterscheiden lassen.

Die orthotypen Palagonite sind, soviel wir bisjetzt wissen, nur aus den basischsten Feldspathen abgeleitete Gebilde mit Werthen von θ, welche die Zahl 6 nicht überschreiten. Palagoniten, in denen $\theta = 8$ ist, die in der Zeolithgruppe dem Phillipsit, oder mit $\theta = 12$ dem Heulandit, Desmin u. s. w. entsprechen, sind bisjetzt nicht gefunden und scheinen überhaupt nicht zu existiren.

Neutrale oder gar saure Feldspathe werden von dieser eigenthümlichen Metamorphose unberührt gelassen, weshalb auch in allen Urgebirgen oder in den Trachytformationen keine Palagonite gefunden werden.

Palagonite mit dem Werthe $\theta = 4$ sind sehr wohl möglich, da indess der Anorthit schon an sich ein seltenes Mineral ist, so werden die aus ihm abgeleiteten Gebilde gewiss nicht häufig vorkommen. Feldspathe, welche zwischen Anorthit und Labrador stehen, würden zu solchen Bildungen das reichste und verhältnissmässig allgemein verbreitetste Material darbieten.

Wir wenden uns jetzt zur Betrachtung des zweiten Theiles der Metamorphose zu dem unzersetzten albitischen Rückstand T'.

Ist in der Norm (x, 3, 1) eines Feldspaths zufälligerweise $x = 6$, so wird T' offenbar $= 0$, und die ganze Verbindung ist unter günstigen Umständen fähig, sich ohne Rückstand in orthotypen Palagonit von der Norm (6, 3, 1, δ) zu verwandeln. Dieses ist z. B. beim Feldspath von Palagonia der Fall; er zeigt der Analyse zu

Folge fast reinen Labrador $x = 5{,}9$ und eignet sich daher vorzugsweise zur Palagonitbildung. Ginge die Metamorphose vollständig vor sich, so würde der Feldspath gänzlich verschwinden und durch Palagonit ersetzt werden; allein dieses findet in der Natur nur bis zu einem gewissen Grade statt, denn in der Regel bemerkt man zwischen dem Palagonit entweder vollständig erhaltene, zuweilen halb zersetzte und durch äussere Einflüsse theilweise angegriffene fast millimeterlange Labrador-Crystalle. So ist z. B. die Analyse des labradorischen Feldspaths Nr. 11 mit Crystallfragmenten angestellt, welche der palagonitischen Metamorphose entgangen waren und die durch verdünnte Salzsäure von jenem wasserhaltigen Silicate leicht getrennt werden konnten.

Wird ferner $x < 6$, so lässt sich ein solcher Feldspath in Anorthit und Labrador zerlegen und aus jedem wird alsdann ein selbstständiger orthotyper Palagonit hervorgehen, der durch die Werthe von θ und δ characterisirt ist.

Palagonite, die aus dem Anorthit abgeleitet sind, hat man bisjetzt kaum beobachtet, und der vorhin erwähnte Trinacrit ist nur ein vereinzeltes Beispiel dieser noch wenig bekannten Gruppe.

Zuletzt tritt der Fall ein, dem wir schon vorher unsere Aufmerksamkeit geschenkt haben, indem $x > 6$ wird. Der Feldspath von der Norm (x, 3, 1) theilt sich dann in Labrador und einen kieselerdereichern Feldspath, z. B. Albit. Der erste basische (hier labradorische) Theil, insofern er hinreichend vorherrscht, wird unter Umständen in Palagonit übergeführt, während der zweite

T′ ganz von der Palagonitbildung ausgeschlossen bleibt. Er unterliegt aber entweder neuen Metamorphosen, von denen später geredet werden wird, oder er bleibt unzersetzt und in seiner chemischen Eigenthümlichkeit im Palagonittuff, von welchem er in Verbindung mit Augit und Olivin durch verdünnte Salzsäure leicht und sicher getrennt werden kann.

Der Palagonit von Aci Castello eignet sich besonders um den unzersetzten Theil T′ näher kennen zu lernen. Hat man nämlich den Palagonit mit Salzsäure gelöst und die ihm zugehörige Kieselerde durch Kali getrennt; so besteht der unlösliche Rückstand aus zwei Theilen, nämlich aus T′, aus weissen in Säure unlöslichen Feldspaththeilchen und aus unzerstörten vortrefflich ausgebildeten, spiegelglatten grünen fast millimeterlangen Augitcrystallen. Beide Theile lassen sich alsdann mit Hülfe einer kleinen Pincette von einander trennen und auf ihre Beschaffenheit prüfen. Es hält allerdings sehr schwer, das zu einer quantitativen Untersuchung nöthige Material zu erhalten, jedoch ist es mir gelungen, wenigstens eine approximative Analyse von T′ zu Stande zu bringen, welche an der Richtigkeit der eben entwickelten Theorie nicht zweifeln lässt.

Die Zusammensetzung von T′ findet sich:

Kieselerde	73
Thonerde	21
Kalk und	—
Natron	6
	100.

Hiernach ist T′ ein Feldspath, der den Albit noch

etwas an Kieselerdegehalt übertrifft; eine genauere Analyse desselben denke ich gelegentlich nachzuliefern, sobald ich über freiere Zeit und reicheres Material verfügen kann.

Wir betrachten endlich den dritten Theil der Metamorphose T″, d. h. die Körper, welche aus der Feldspathverbindung ausscheiden müssen, nachdem Eisenoxyd und Magnesia in dieselbe eingetreten sind. In dem vorher mitgetheilten Beispiele sind beim Eintritt von 15 Procent Eisenoxyd und 5 Procent Magnesia folgende Bestandtheile ausgeschieden:

Kieselerde	1,6715	0,8847	
Thonerde	10,5630	4,9375	
Kalkerde	5,8060	1,6510	
Natron	1,8052	0,4662	2,1432
Kali	0,1545	0,0262	

Der Sauerstoff der ausgeschiedenen Kalkerde und der Alkalien zusammen ist 2,1434 = ε, dagegen ist der Sauerstoff der eingetretenen Magnesia nur 1,9960 = ε'. Es sei

$$\varepsilon - \varepsilon' = D = 0{,}1474.$$

Aus dem Vorhergehenden findet man allgemein:

$$\frac{100\,R\left(1-\frac{p}{q}\right)}{\left(p+\frac{s\theta}{3}\right)R+\tau}\cdot f-\frac{100\left(\frac{\tau}{l}-R\right)}{\left(p+\frac{s\theta}{3}\right)R+\tau}\cdot g=D$$

Diese Gleichung zeigt, dass für $g = 0$ und $f = \frac{\lambda v q}{300}$, D den grössten Werth annimmt, d. h. wenn keine Magnesia in die Verbindung aufgenommen wird, dagegen das Eisenoxyd die Thonerde vollständig verdrängt. Es findet dann auch überhaupt die grösste Ausscheidung der genannten 5 Stoffe statt.

Dieser extremste Fall für den im vorhin angeführten Beispiele $f = 37,659$ und $D = 0,6321$ sich ergibt, wird in der Natur wohl kaum zu erwarten sein. Gewöhnlich pflegt f einen kleinern und g einen grössern Werth zu besitzen, welcher letztere jedoch die Zahl $\frac{vl}{100}$, wo Kalk, Natron und Kali ganz durch Magnesia ersetzt werden, nicht übersteigen kann.

Ein jeder orthotyper Palagonit, wie dieses bereits theoretisch und durch ein numerisches Beispiel nachgewiesen ist, lässt sich aus einem Feldspath von der Norm (x, 3, 1) ableiten, und es entsteht nun die für die Geologie sehr wichtige Frage, durch welche Verhältnisse der erwähnte Austausch der isomorphen Bestandtheile bedingt werde.

Der in den Palagoniten grössere Eisenoxyd- und Magnesiagehalt, als in den gewöhnlichen Feldspathen, muss bei der Bildung jener irgend woher entnommen sein, oder es muss gewisse Feldspathe geben, in denen jene beiden genannten Körper entweder ganz oder zum grössern Theile enthalten sind.

Die Feldspathe, welche sowohl die ältern, so wie die neuern crystallinischen Schichten der Erde, die Granite, Porphyre, Trachyte, Basalte und Laven bilden, und deren chemische Zusammensetzung im Vorhergehenden ausführlich untersucht worden ist, zeigen durchaus keine solche Vertheilung der isomorphen Bestandtheile, wie man sie im orthotypen Palagonite wahrnimmt. Sie sind meist sehr arm an Eisenoxyd und Magnesia, welche öfter nur einen Bruchtheil eines Procentes betragen.

Anders jedoch verhält es sich mit dem vorhin beschriebenen Sideromelan, einem stark eisenoxydhaltigen amorphen Labrador, der mit der isländischen Palagonitformation innig gemischt ist. Er besitzt einen nur etwas geringern Eisenoxydgehalt, als der ihn begleitende Palagonit, ist aber fast eben so arm an Magnesia, wie die andern crystallisirten Feldspathe.

Aber auch hier bei dem Übergang des Sideromelans in Palagonit ist ein gewisser, wenn auch nur geringer Austausch oder Umsatz der isomorphen Bestandtheile nicht zu verkennen.

Der orthotype Palagonit enthält überall, wenigstens soweit unsere Erfahrung reicht, auf Kosten der Thonerde mehr Eisenoxyd, als der crystallisirte oder amorphe Feldspath aus dem er hervorgegangen ist; in gleicher Weise mehr Magnesia bei geringern Kalk- und Alkaligehalt.

Dass der Feldspath, um in Palagonit übergeführt zu werden, eine gänzliche Umgestaltung oder Auflösung seiner Bestandtheile erleiden müsse, kann ebensowenig bezweifelt werden, als dass Eisenoxyd und Magnesia aus Körpern in der Nachbarschaft, die bereits diese Bestandtheile enthalten, durch chemische Verwandtschaft in die Palagonitverbindung eintreten müssen.

Es unterliegt ferner nicht dem geringsten Zweifel, dass die Palagonitbildung einst unter dem Spiegel der See vor sich gegangen ist, was aus den zahllosen

Meerwasser-Conchylien, welche namentlich die Palagonitformation des Val di Noto begleiten, geschlossen werden muss.

Das Material zum Umsatz der isomorphen Bestandtheile in $\ddot{R}$ und $\dot{R}$, kann daher nur aus den schon vorhandenen Gesteinen, aus dem Seewasser oder aus beiden zugleich entlehnt werden. Wir werden es daher zu untersuchen haben, welcher dieser Fälle der wahrscheinlichste ist.

In den neuern vulkanischen Gebirgsmassen von Island und Sicilien, wie es vorhin bei der Untersuchung der festen Gesteine und Aschen gezeigt worden, findet man neben dem Feldspath das Eisen in der Form von Oxyd-Oxydul, Oxyd oder Oxydhydrat, in unzersetztem oder verändertem Magneteisenstein, als Oxydul im Augit und Olivin.

Da wo Feldspathe sich auflösen und andere Verbindungen einzugehen Gelegenheit haben, wird Eisenoxydhydrat meistentheils, vielleicht immer in grösserer oder geringerer Menge, gegenwärtig sein. Das Meerwasser jedoch enthält kein Eisenoxyd und höchstens nur Spuren von kohlensaurem Eisenoxydul, die auf unsere Betrachtungen keinen Einfluss ausüben können.

Das zur Palagonitbildung nöthige Eisenoxydhydrat kann daher nur aus den vulkanischen Gesteinen, vorzugsweise aus zersetztem Magneteisenstein, nicht aber aus dem Meerwasser entnommen werden. Anders dagegen verhält es sich mit der Magnesia, die zwar einen wesentlichen Bestandtheil im Augit und Olivin ausmacht, die aber auch in beträchtlicher Menge in der Form von

Chlor-Magnesium, von kohlensaurer und schwefelsaurer Magnesia im Meerwasser enthalten ist.

Es entsteht zunächst die Frage, die, wie ich glaube, sich auf eine exacte Weise beantworten lässt, ob der Augit und Olivin ihren ganzen Magnesiagehalt oder einen Theil desselben zur Bildung des Palagonits abgegeben haben. Ist dieses wirklich der Fall, so ist es durchaus nothwendig anzunehmen, dass die beiden genannten Mineralkörper oder der grössere Theil derselben zugleich mit dem Feldspath in Lösung gewesen sind.

Die Lösungsfähigkeiten des Feldspaths, des Augits und Olivins in Flüssigkeiten sind daher näher zu prüfen.

Ein jeder Feldspath ist, meinen Erfahrungen gemäss, welches Lösungsmittel auch angewandt werden mag, um so löslicher, je basischer er ist.

Anorthit und reiner Labrador werden durch concentrirte Salzsäure vollkommen zersetzt. Labradore mit einem Werthe von etwa $x = 6{,}5$, erleiden schon eine unvollkommnere Lösung durch Salzsäure, die noch schwieriger beim Oligoklas wird. Albite, Orthoklase, Petalit und Krablit widerstehen dem Angriff der Salzsäure um so mehr, als die Kieselerde in ihnen zunimmt.

Dieselbe Erfahrung gilt für die Lösbarkeit dieser Silicatmassen in schmelzenden Alkalien bei hohen Temperaturen. Es ist allgemein bekannt, dass sich die kieselerdereicheren Feldspathe schwieriger aufschliessen lassen, als die kieselerdeärmern.

Der Augit ist ohne allen Zweifel schwerer löslich, als basischer Feldspath. Concentrirte Salzsäure greift viele Augite gar nicht, oder nur sehr schwer an; auch in Alkalien werden sie viel schwerer als der Feldspath aufgeschlossen. Bei einer Reihe von Augitanalysen habe ich sogar die Erfahrung gemacht, dass zwischen der Kieselerde öfter über ein halbes Procent unzersetztes Mineral zurückblieb, obgleich sowohl beim Reiben desselben und beim Aufschliessen die hinreichende Vorsicht angewandt wurde.

Der Olivin verhält sich in Bezug auf seine Löslichkeit in Säuren dem Feldspath ähnlich, in Alkalien scheint er sich jedoch etwas schwieriger aufzuschliessen. Aus diesen Erfahrungen geht hervor, dass der basische Feldspath der am leichtesten lösliche dieser drei Körper ist, was auch andere Beobachtungen, welche wir noch mittheilen, mit grosser Wahrscheinlichkeit bestätigen.

Von schwächern Lösungsmitteln, namentlich vom Wasser, wird der Feldspath sehr merklich angegriffen, während Augit und Olivin nicht unberührt bleiben, aber doch viel kräftiger widerstehen.

Auflösungen, die durch Säuren und Alkalien nur öfter schwer zu bewerkstelligen sind, kann das Wasser unter günstigen Umständen bei höherer Temperatur, höherm Druck und vor allem in längern Zeiträumen gleichfalls hervorbringen.

Ist das Wasser nicht chemisch rein, sondern mit Kohlensäure oder Salztheilen gemischt, so ist es dann, wie Bischof sehr richtig bemerkt, um so geeigneter für die Zersetzung von Silicatmassen.

Es ist eine für die vulkanischen Metamorphosen sehr wichtige Erscheinung, dass selbst das Regenwasser in Verbindung mit dem geringen Kohlensäuregehalte der

Atmosphäre, aber in langen Zeiträumen, vermögend ist, aus den basischen Feldspathen die Alkalien theilweise auszulaugen und sie in der Form kohlensaurer Salze abzuscheiden. Man kann sich von diesem Vorgange deutlich unterrichten, wenn man gewissen ätnäischen Laven in der Nähe von Bronte einige Aufmerksamkeit widmet. Man findet nämlich unter denselben in versteckten Höhlungen und Spalten kohlensaures Natron öfter in so bedeutender Menge ausgeschieden, dass dasselbe in den Handel kommt, von den Landleuten gesammelt und seiner Reinheit wegen zu bessern Preisen verkauft wird *), als die Soda, welche man allgemein in Sicilien aus Pflanzenaschen zu gewinnen pflegt.

Dieses Ausscheiden der Alkalien aus basischen Feldspathen durch atmosphärisches Wasser ist der erste Schritt zu einer in vulkanischen Gesteinen tiefergreifenden Metamorphose. Die auflösende Wirkung des Wassers auf die Silicate wird jedoch bedeutend vermehrt, sobald jene, wie es z. B. bei vulkanischen Aschen der Fall ist, sehr fein gepulvert erscheinen und der lösenden Flüssigkeit eine grössere Oberfläche darbieten.

Liegen solche Aschen Jahrtausende unter dem Meere, dem ununterbrochenen Einflusse des Wassers und mitunter bei submarinen vulkanischen Ausbrüchen höheren Temperaturen und auch wohl den Wirkungen empor-

---

*) Ich sah eines Tages bei einem englischen Kaufmann Herrn Thowes in Bronte einen ganzen Haufen dieser ätnäischen Soda 20 bis 30 Centner an Gewicht, der unter den ältern Laven oberhalb Bonte gesammelt und für den Handel bestimmt war.

strömender Kohlensäure ausgesetzt, so wird man sich nicht wundern dürfen, wenn sie eine theilweise oder gänzliche Zersetzung ihrer Bestandtheile erleiden müssen. Aber auch alle festen Gesteine, selbst mächtige injicirte Trapp-, Basalt- oder Lavaschichten, sind, wenn auch weniger rasch, unter gewöhnlichen Temperatur- und Druckverhältnissen beim Einfluss von kohlensaurem Wasser gewissen Metamorphosen unterworfen.

So z. B. fliesst im Val di S. Giacomo am Aetna über eine etwa 4 bis 5 Meter dicke Basaltschicht eine Sauerquelle, welche auf das unterliegende Gestein eine allmählige, wenn auch sehr langsame Umwandlung ausübt. Obgleich sie nur im ersten Beginnen ist, bezeichnet sie deutlich den Weg, den die Natur bei einer durchgreifenden Metamorphose solcher Gesteine in vielen vulkanischen Formationen, z. B. auf der Insel Island, zu nehmen gewohnt ist.

Kleinere auch mitunter grössere Höhlungen in jenem dunkeln ätnäischen Gestein, sind eben da, wo das Wasser wirkt, an ihren Wänden mit kleinen Crystallen von sehr glänzendem Analcim mit Mesolith und linsenförmig ausgebildeten Rhomboedern eines sehr dunkeln Spatheisensteins überkleidet. Da, wo die Einwirkung des Wassers aufhört, verschwindet schon in der nächsten Nachbarschaft jede Spur dieser Mineralkörper.

Es ist gewiss sehr einleuchtend, dass wenn statt eines kleinen Baches, der kaum Wasser genug besitzt, um im Sommer die Ziegenherden des Aetna zu tränken, das Weltmeer mit beträchtlichem Salzgehalt, während ungeheuerer Zeiträume, bei hohen Temperaturen, die bei submarinen Ausbrüchen nicht fehlen können, unter einem Drucke von vielleicht 100 Atmosphären und bei Gegenwart von bedeutenden Mengen von kohlensaurem Gas, auf solche Basalt- oder gar auf sehr fein pulverisirte Aschenschichten einwirkt, dasselbe eine viel durchgreifendere Metamorphose hervorbringen muss.

Diese Verhältnisse, über welche die Natur leicht gebieten kann, sind auf dem Wege des Versuchs, den ich auch hier betreten habe, nur unvollkommen zu erreichen. Einige Vorarbeiten in dieser Richtung sind von mir bisjetzt kaum begonnen, und ich muss es mir vorbehalten, zu einer mir gelegnern Zeit dieselben zu einem befriedigenden Abschluss zu bringen.

Hier ist es nur meine Absicht, fürerst darauf hinzuweisen, dass basischer Feldspath eine sehr viel grössere und leichtere Lösbarkeit in Flüssigkeiten besitzt als der Augit, eine Thatsache, welche für die Palagonitbildung von besonderer Bedeutung wird.

Wie es sich mit der Lösbarkeit des Olivins in reinem oder in kohlensauerm Wasser verhält, ist von mir bisjetzt nicht ermittelt worden, indess widersteht er ohne allen Zweifel solchen äussern Einwirkungen, welche basischen Feldspath vollständig oder doch zum grössern Theile zersetzt haben.

Aus den vorhin mitgetheilten Untersuchungen, vornehmlich über den Palagonit aus dem Val di Noto und von Aci Castello, sind wir zu dem Resultate gelangt, dass derselbe eine sehr grosse Menge kleiner, aber sehr ausgezeichneter grüner und schwarzer Augit- und hellgrüner Olivincrystalle enthalte. Die Form und äussere

Beschaffenheit derselben habe ich sehr häufig theils mit freiem Auge, theils mit dem Microscope untersucht, und bin dadurch zur Überzeugung gelangt, dass dieselben vollkommen erhalten sind und keine oder kaum eine Spur einer Zersetzung oder Zerstörung an sich tragen, während die Feldspathfragmente, die im Rückstand des Palagonits sich finden, sehr viel seltener erhaltene Crystalle zeigen. Die meisten dieser letztern besitzen rauhe, zerfressene, unebene Oberflächen; sie gleichen dem Zucker, der einige Zeit im Wasser gelegen hat und sich aufzulösen beginnt. Aus der Betrachtung dieser Crystalle wird es daher ebenfalls sehr wahrscheinlich, dass sowohl der Augit als auch der Olivin keinen, jedenfalls nur einen geringen Antheil an der Bildung des Palagonits nehmen, während basischer Feldspath das hauptsächlichste Material dazu liefert.

Es sind indess noch mehrere andere Gründe vorhanden, welche für diese Ansicht sprechen.

Die Quantität des aus dem Palagonittuff abgeschiedenen Augits und Olivins stimmt nämlich fast mit der überein, welche man im Mittel in den vulkanischen Aschen und festen Gesteinen der neuern Zeit zu finden pflegt. Ist sie den mitgetheilten Analysen zu Folge etwas geringer, so rührt dieses daher, dass ich zu Gunsten der Palagonitanalysen das möglichst reinste Material mir zu verschaffen suchte und alle fremden Substanzen, namentlich die sichtbar beigemengten Crystalle, durch ein sorgfältiges Aussuchen gleich Anfangs ausgeschieden habe. Demungeachtet ist eine gewisse Menge von etwa

5 bis 15 Procent Augit und Olivin in die Analyse mit übergegangen.

Den Augit findet man im unlöslichen Rückstande wieder, während der Olivin mit dem Palagonit zugleich in Lösung geht. Dass indess der dem Palagonit beigemischte Olivin seine Selbstständigkeit vollkommen bewahrt hat und an der Verbindung jener nicht nur nicht Antheil nimmt, sondern sie meistens nur verunreinigt, ist durch die mitgetheilten Resultate längerer Rechnungen festgestellt.

Obwohl es ausserordentlich wahrscheinlich ist, dass der Augit bei seiner schwereren Löslichkeit sich bei der Palagonitbildung fast indifferent verhalte, so ist es doch nicht ausser Acht zu lassen, dass er wenigstens mitunter einen gewissen, bestimmt nachweisbaren, wenn auch nur sehr geringen Antheil an derselben nimmt, durch den aber der hohe Magnesiagehalt jener durchaus nicht erklärt werden kann.

Diese Thatsache geht aus folgenden Betrachtungen hervor:

Man vergleiche zuerst den Magnesiagehalt der wasserfreien, orthotypen Palagonite der mitgetheilten Analysen mit dem des mittlern Feldspaths (vom Werthe x = 7,0) der in den basischen Gesteinen von Island und Sicilien durchschnittlich am meisten auftritt, so ergibt sich alsdann folgende Zusammenstellung:

	$\dot{M}g$	$\dot{M}g$ im Feldsp. x = 7	Diff.
Hyblit von Palagonia	3,106	0,657	+ 2,449
Korit von Palagonia	5,552	0,657	+ 4,895
Korit von Suđafell	5,680	0,657	+ 5,023
	4,779	0,657	4,116

Die Zusammensetzung des schwarzen vulkanischen Augits, der in den neuern Gesteinen hauptsächlich auftritt, fand sich als ein Mittel von 3 Analysen:

Kieselerde	47,617	25,203
Thonerde	6,737	3,149
Eisenoxyd	11,600	3,476
Kalkerde	20,866	5,934
Magnesia	12,894	5,184
Wasser	0,286	—
	100,000.	

Den mitgetheilten Untersuchungen gemäss über die Zusammensetzung der crystallinischen Gesteine, kann in solchen Laven, in denen $x = 7$ ist, ein Augitgehalt von etwa 26 Procent erwartet werden.

Nehmen wir nun an, dass bei der Palagonitbildung ausser dem Feldspath auch der Augit ganz oder theilweise in Lösung gerathe, und dass bei diesem Vorgange das Eisenoxydul sich in Oxyd verwandle, so können aus dem Augit zwei Theile hervorgehen, welche wir mit U und U′ bezeichnen.

Der erste Theil U kann nämlich die Norm (6, 3, 1) bekommen, und wir nehmen an, dass $\ddot{R}$ durch Eisenoxyd, $\dot{R}$ nur durch Magnesia vertreten sei. Wird diese Verbindung hydratisch, so ergibt sich die stöchiometrische Formel:

$$\dot{R}\dddot{Si} + \ddot{R}\dddot{Si} + m\dot{H}$$

oder es entsteht aus einem Theile der Augitmasse ein orthotyper Palagonit, der sich zu dem aus dem Feldspath gebildeten summiren wird.

In U′ ist aber dadurch offenbar das im Augit herrschende Sauerstoffverhältniss von der Säure zur Basis wie 2 : 1 gestört worden. Es kann nur dadurch wieder hergestellt werden, dass entweder ein gewisser, wenn auch nur geringer Theil der Säure aus der Verbindung ausscheidet, oder, dass in die Basis aus andern Quellen ein anderer Theil eintrete, den wir mit Z bezeichnen wollen.

Den Erfahrungen gemäss wählt die Natur den zweiten Fall und verwendet zu Z Natron und Kali im Verhältniss von c : d. Die Verbindung U′ + Z repräsentirt dann einen eisenfreien etwas Natron- und Kali-haltigen Augit, der nothwendigerweise wie der Palagonit nur hydratisch erscheinen kann und dessen stöchiometrische Formel sich $R^3 \dddot{Si}^2 + n\dot{H}$ ergibt.

Wir betrachten zunächst die Sauerstoffmengen.

	Im Augit $\ddot{Fe}$ für $\dot{Fe}$		In U (6, 3, 1)		In U′	
$\dddot{Si}$,	25,302	=	6,952	+	18,251	20,351
$\ddot{Al}$,	3,149	=			3,149	
$\ddot{Fe}$,	3,476	=	3,476			
$\dot{Ca}$,	5,934	=			5,934	10,175
$\dot{Mg}$,	5,184	=	1,159	+	4,025	
			Z′	=	0,216	

Der zu Z gehörige Sauerstoff wird in diesem Beispiele Z′ = 0,216. Derselbe verbinde sich mit Natron und Kali im Verhältniss von c : d = 0,4 : 0,07, ferner werde n = 3.

Berechnen wir nun die Zusammensetzungen von U und U′, so ergibt sich:

	U		$U' + Z + 3\dot{H}$ $= \dot{R}^3\ddot{S}i^2 + 3\dot{H}$
Kieselerde	13,136	Kieselerde	34,483
Eisenoxyd	10,599	Thonerde	6,737
Magnesia	2,837	Kalkerde	20,832
	26,572.	Magnesia	10,083
		Natron	0,708
		Kal	0,189
		Wasser	11,445
			84,477.

Reducirt man die Zusammensetzung $U + Z + 3\dot{H}$ auf 100, so erhält man jenen Mineralkörper, dem wir bereits Seite 308 beschrieben und mit dem Namen Hydrosilicit belegt haben. Zwischen dem so berechneten und dem in der Palagonit-Formation von Palagonia und in der von Aci Castello angetroffenen Hydrosilicit herrscht folgende Übereinstimmung:

	Berechnet aus d. Augit v. M. Rosso	Beob. v. Palagonia	Beob. v. Aci Castello
Kieselerde	40,821	44,899	43,314
Thonerde	7,975		3,141
Kalkerde	24,660	33,322	28,701
Magnesia	11,935	4,600	8,662
Natron	0,838	2,106	} 1,702
Kali	0,223	1,859	
Wasser	13,548	13,214	14,480
	100,000	100,000	100,000.

Die Unterschiede in der Zusammensetzung zwischen

der berechneten und den beiden beobachteten Verbindungen liegen vorzugsweise in der verschiedenen isomorphen Substitution. Aus einem an Kalkerde reichen und an Magnesia ärmern Augit könnte offenbar ein Hydrosilicit abgeleitet werden, der mit dem beobachteten sehr viel näher übereinstimmen würde. Ferner ist zu berücksichtigen, dass bei der Zerlegung des Augits in den Theil U ausser Eisenoxyd eine gewisse Quantität, möglicherweise alle Thonerde dieses Minerals eintreten könnte, wodurch ein grösseres Ausscheiden von Magnesia, vielleicht aber auch von Kalk aus U′ bedingt werden würde.

Die Frage, aus welcher Quelle der Antheil Z oder das Alkali für die Bildung des Hydrosilicits entlehnt werde, lässt sich noch nicht mit Bestimmtheit beantworten. Indess ist es mir sehr wahrscheinlich, dass auch in der einen oder andern Weise der Feldspath dazu das Material liefere.

Der Feldspath, der zur Palagonitbildung in Palagonia verwandt wird, besitzt die Norm (5, 9, 3, 1); er kann daher einen orthotypen Palagonit bilden und zugleich die unverwandten Alkalien dem Hydrosilicit bei dem gegenseitigen Austausch der Bestandtheile abgeben. Übrigens ist zu berücksichtigen, dass der Hydrosilicit selbst nur einen äusserst kleinen Bruchtheil, vielleicht kaum $\frac{1}{10000}$ der ganzen Metamorphose ausmacht und dass die noch erforderlichen Alkalien wiederum nur etwa 1 Procent seiner Zusammensetzung betragen und daher leicht auch aus dem Meerwasser selbst herstammen können.

Die näheren Details bei diesen metamorphischen Vorgängen werden sich durch weiteres Nachforschen ohne Zweifel später ermitteln lassen, doch sind dazu neue und genauere Analysen des Hydrosilicits, und des Augits, woraus derselbe entstanden, so wie genaue Analysen des Labradors, der vornehmlich den Palagonit mit constituirt, erforderlich.

Der ausgezeichnete Palagonittuff von Palagonia enthält alle diese noch fehlenden Elemente, die ich gelegentlich in einem Nachtrage zu dieser Arbeit mitzutheilen beabsichtige.

Wir wenden zunächst wieder unsere Aufmerksamkeit auf die Grösse U, oder auf den Antheil, welchen der Augit möglicher Weise zur Palagonitbildung liefern kann. Verbinden sich 26 Procent von U mit der Grösse T, so erhält man folgende Zusammensetzung:

	T		$\frac{26}{100}$U		T + $\frac{26}{100}$U
Kieselerde	46,255	+	3,415	=	49,670
Thonerde	24,145				24,145
Eisenoxyd	3,186	+	2,750	=	5,936
Kalk	10,245				10,245
Magnesia	0,460	+	0,837	=	1,297
Natron	3,507				3,507
Kali	0,457				0,457
	88,255				95,257.

Reducirt man T + $\frac{26}{100}$U auf 100, so erhält man folgende Zahlen:

Kieselerde	52,143
Thonerde	25,346
Eisenoxyd	6,232
Kalkerde	10,755
Magnesia	1,362
Natron	3,682
Kali	0,480
	100,000

Vergleicht man den Magnesiagehalt dieser Verbindung mit dem mittlern Magnesiagehalt aus den 3 wasserfreien orthotypen Palagoniten Seite 450, so ist der letztere über 3 Mal grösser als der erstere, woraus augenfällig hervorgeht, dass im Augit keine oder nur eine unbedeutende Quelle der Magnesia für die Palagonitbildung gesucht werden kann.

Die letzte Zahlenreihe, im Vergleich mit den der Verbindung des wasserfreien orthotypen Palagonits, zeigt ferner, dass auch der hohe Eisenoxydgehalt desselben zum grössern Theile nicht durch den Augit veranlasst sein kann.

Wenn wir sodann berücksichtigen, dass in allen oder doch in den meisten Palagoniten der Augit so gut als unversehrt erhalten ist, dass die Crystalle desselben noch spiegelnde Flächen besitzen, dass ausserdem seine Masse mit der in den nicht metamorphischen Gesteinen, so weit die wenigen Beobachtungen reichen, der Hauptsache nach übereinstimmt, so wird man zum entschiedenen Endresultate gedrängt, dass der Augit nur sehr wenig bei der Palagonitbildung betheiligt gewesen sei. Aller Einfluss kann ihm jedoch nicht abgesprochen werden, wie dieses aus der Nebenbildung des Hydrosilicits mit grosser Wahrscheinlichkeit hervorgeht. Wie äusserst gering aber der Antheil des Augits an der Bildung des Palagonits sei, kann man auch noch aus dem sehr spärlichen, wenn auch allgemein verbreiteten Erscheinen des Hydrosilicits entnehmen.

Es ist zwar unmöglich, die Masse des jetzt in den silicianischen Formationen vorhandenen Palagonits gegen die des Hydrosilicits mit einiger Genauigkeit abzuschätzen, doch reicht ein Blick hin, um sich zu überzeugen, dass der Hydrosilicit, von dem ich kaum das zu einer quantitativen Analyse nothwendige Material erhalten konnte, gegen den Palagonit als eine fast verschwindende Grösse anzusehen sei. Auch aus dieser Betrachtung geht aufs Neue hervor, dass der hervorstechende Magnesiagehalt in den Palagoniten nicht aus dem Augit entlehnt werden kann.

Dass der Olivin an den metamorphischen Umwandlungen keinen oder wenigstens keinen merkbaren Antheil nimmt, habe ich schon vorhin erwähnt. Seine Crystalle sind wie die des Augits im Palagonit sogut wie vollkommen erhalten, und ausserdem ist die Olivinmasse nach der mittlern Zusammensetzung der Gesteine nur etwa $\frac{1}{8}$ der des Augits, und schon daraus geht hervor, dass der Einfluss des Olivins auf die Palagonitbildung als vollkommen verschwindend angesehen werden muss.

Nach diesen Betrachtungen bleibt nichts anders übrig, als die Quelle der Magnesia für die Palagonitbildung im Seewasser oder in nicht vulkanischen Formationen zu suchen. Die letztern, z. B. magnesiahaltige

Kalksteine fehlen wenigstens in Island und auch am Fusse des Aetna, wo die Palagonitformation in grösster Vollkommenheit entwickelt ist, ganz und gar, und sind in dem Val di Noto meist in solcher Entfernung von den Palagonitschichten, dass sie auf ihre Bildung nur selten einen Einfluss ausgeübt haben können.

Wir erblicken daher die Magnesiaquelle für die Palagonitbildung hauptsächlich in dem Meerwasser, dessen Salzfluth sowohl vulkanische Aschenfelder als Lavamassen überdeckt. Es verhält sich also mit der Entstehung das Palagonit ähnlich, als wie Forchhammers trefflichen Untersuchungen zu Folge mit der Dolomitbildung. Eine chemische Zersetzung der magnesiahaltigen Salze kann bei beiden Bildungsweisen nicht in Zweifel gezogen werden, doch sind die hier zu berücksichtigenden Wahlverwandtschaften in mehr als einer Weise denkbar.

Bei diesen höchst eigenthümlichen metamorphischen Vorgängen kömmt die chemische Zusammensetzung des Meerwassers näher in Betracht. Zur fernern Verwendung für unsere Untersuchungen führe ich zunächst eine Reihe von Seewasseranalysen an, die sich theils auf das Mittelmeer, theils auf den atlantischen Ocean beziehen, auf die Meere, in denen, wenn auch an etwas andern Stellen, die Palagonite gebildet worden sind.

Diese Analysen*) sind mit A, B, C, D bezeichnet;

*) Jahresbericht von Liebig und Kopp für 1847 und 1848 Seite 999.

sie geben den Salzgehalt in Grammen an, der in 10 Liter oder in $\frac{1}{1000}$ Cubikmeter Wasser enthalten ist.

A, Salzgehalt im Meerwasser aus den Lagunen von Venedig.

B, im Meerwasser aus dem Hafen von Livorno. A und B von Calamai.

C, im Meerwasser in der Nähe von Cette, untersucht von Usiglio.

D, im Meerwasser von der Küste von Havre, untersucht von Figuier und Mialhe.

	A	B	C	D
Eisenoxyd	—	—	0,03	—
Kohlens. Kalk	—	—	1,14	1,32
Schwefels. Kalk	6,020	8,940	13,57	12,10
Schwefels. Magnesia	27,500	30,900	24,77	24,62
Schwefels. Kali	—	—	—	0,94
Brommagnesium	—	—	—	0,30
Chlormagnesium	25,910	30,260	32,19	29,05
Chlorkalium	8,330	11,111	5,05	—
Bromnatrium	—	—	5,56	1,03
Chlornatrium	223,459	261,908	294,24	257,04
Kiesels. Natron	—	—	—	0,17
Im Ganzen	291,219	343,119	376,55	326,57

Aus diesen Analysen ergibt sich, dass der hauptsächlichste Magnesiagehalt im Meerwasser, der unter Umständen in die Palagonitbildung eintreten kann, von der schwefelsauren Magnesia und vom Chlormagnesium herrührt; beide Körper sind etwa in gleicher Quantität darin enthalten.

Indem die Magnesia aus beiden oder einer dieser

Verbindungen in $\dot{R}$ des in Palagonit verwandelnden Feldspaths eintritt, bildet sich hier kieselsaure Magnesia, während schwefelsaurer Kalk, schwefelsaures Natron und Kali, oder Chlorcalcium, Chlornatrium und Chlorkalium, nach den Regeln der Wahlverwandtschaft, dem Meere zurückgegeben werden.

Um diese für die Geologie so wichtige chemische Wechselwirkung klarer zu durchblicken, ist es nothwendig, auf die allgemeinen Betrachtungen im Anfange dieses Abschnittes zurück zu kommen.

Wenn in den basischen Theil eines Feldspaths, den wir mit T bezeichnet hatten, eine gewisse Quantität Eisenoxyd $= f$ und eine Quantität Magnesia $= g$ eintritt, während seine Norm (1, 3, v) und sein Gewicht erhalten bleiben soll, ist ein gewisses Ausscheiden von Kieselerde, Thonerde, Kalkerde, Natron und Kali aus der Verbindung durchaus nothwendig.

Es ist bei diesem Vorgange der Grösse D Seite 440 und den von ihr abhängigen Verhältnissen besondere Aufmerksamkeit zu widmen, wesshalb wir in Beziehung darauf das erste Zahlenbeispiel S. 428 noch ein Mal erwähnen.

Wir fanden nämlich, dass wenn 88,255 Gewichtstheile Labrador beim Eintritt von 15,000 Eisenoxyd und 5,000 Magnesia eben so viele Gewichtstheile wasserfreien Palagonit geben sollen, folgende Ausscheidungen stattfinden müssen:

	Labrador	Ausgeschieden
Kieselerde	46,255	— 1,6713
Thonerde	24,146	— 10,6530
Eisenoxyd	3,186	+ 15,0000

	Labrador		Ausgeschieden	Sauerstoff
Kalkerde	10,245	—	5,8060	1,6511
Magnesia	0,460	+	5,0000	1,9960
Natron	3,507	—	1,8052	0,4663
Kali	0,457	—	0,1545	0,0262.

Um dieses Resultat hervorzubringen, ist es gleichgültig, ob schwefelsaure Magnesia oder Chlormagnesium oder beide gemeinsam den erwähnten Umsatz der isomorphen Bestandtheile bewirken, doch bleiben wir zunächst bei dem erstern Falle stehen, wo schwefelsaure Magnesia zersetzt werden soll.

Man findet nämlich:

Den eintretenden Sauerstoff	1,9960
Den ausscheidenden	2,1436
Disponibeler Sauerstoff = D =	0,1476.

Bringt man D, dem ausscheidenden Sauerstoff von Kalk, Natron und Kali proportional, bei dem Sauerstoff dieser 3 Körper in Abzug, so erhält man für dieselben den der Magnesia äquival nten Sauerstoff unter α; die 3 Theile des disponibeln Sauerstoffs unter β.

	α		β	
$\dot{C}a$,	1,5374		0,1137	
$\dot{N}a$,	0,4342		0,0321	
$\dot{K}a$,	0,0244		0,0018	
$\dot{M}g$,	1,9960	= C	0,1476	= D

Die diesen Sauerstoffmengen zukommenden Basen sind:

α'	β'
$\dot{C}a$ = 5,4062	Ca = 0,3998
$\dot{N}a$ = 1,6809	$\dot{N}a$ = 0,1243
$\dot{K}a$ = 0,1439	$\dot{K}a$ = 0,0106

Die Basen unter α' verbinden sich nun mit der Schwefelsäure der schwefelsauren Magnesia, die man $= 14{,}995$ findet.

Die in das Meer zurücktretenden schwefelsauren Salze sind:

$$\dddot{S}\dot{Ca} = 13{,}105$$
$$\dddot{S}\dot{Na} = 3{,}855$$
$$\dddot{S}\dot{Ka} = 0{,}266$$

Als Controlle der Rechnung ergibt sich der Sauerstoff aus diesen 3 Salzmengen

$$4C = 7{,}9840, \quad C = 1{,}9960.$$

Führt man die Rechnung statt mit schwefelsauren Salzen mit den Chlorverbindungen aus, so erhält man für den disponibeln Theil ς' dieselben Grössen. Die in das Meer zurücktretenden Chlorverbindungen sind aber:

$$\not{C}l\,Ca = 10{,}684$$
$$\not{C}l\,Na = 3{,}171$$
$$\not{C}l\,Ka = 0{,}227.$$

Ob unter dem Spiegel des Meeres es die schwefelsauren Salze oder die Chlorverbindungen sind, oder beide gemeinsam, welche sich mit dem Feldspath gegenseitig zersetzen, ist nicht mit Bestimmtheit zu ermitteln. Die übrigbleibenden Zersetzungsprodukte, die aber alle im Wasser meist sehr leicht löslich sind, können darüber Auskunft geben.

Das Salz, welches sich am besten erhalten wird, ist ausgeschiedener schwefelsaurer Kalk.

In der That findet man in den Palagoniten von Aci Castello hin und wieder kleine etwa linienlange Gypscrystalle, die durch Zersetzung schwefelsaurer Magnesia gebildet worden zu sein scheinen. Sie kommen jedoch nicht eben häufig vor, woraus man schliessen muss, dass die sehr allmählig gebildete Gypslösung in das Meer zurückgetreten ist und nicht zum auscrystallisiren gelangen konnte, oder dass auch, was ich für sehr wahrscheinlich halte, Chlorverbindungen in überwiegender Menge neben den schwefelsauren Salzen zersetzt worden sind.

Der disponibele Theil $\mathfrak{g}'$, welcher nach den von uns gestellten Bedingungen aus der Feldspathverbindung ausscheiden muss und weder vom Chlor noch von der Schwefelsäure gebunden werden kann, tritt mit der ausgeschiedenen Kieselerde und Thonerde zu einer neuen Gruppe zusammen, und es entsteht die Frage, welche Mineralkörper nach den stöchiometrischen Gesetzen daraus hervorgehen können.

Wir stellen zuerst die Substanzen des nun disponibeln Theiles, den wir vorhin mit T″ bezeichnet haben, zusammen.

In T″ ist enthalten:

		Sauerstoff
Kieselerde	1,6713	0,8847
Thonerde	10,5630	4,9375
Kalkerde	0,3998	0,1137
Natron	0,1243	0,0321
Kali	0,0106	0,0018.

Es kann keinem Zweifel unterliegen, dass in diesem dritten Theile die Elemente für die Zeolithbildung sich befinden; indess ist auch hierin das Material für mehrere andere Nebenbildungen, die nicht ausser Acht gelassen werden dürfen, zu suchen, und die wesentlich modificirt werden können, wenn das Meer zufälliger Weise gewisse Bestandtheile enthält, die sich zu T'' summiren, oder die zu gewissen Theilen desselben eine ganz besondere Verwandtschaft besitzen.

So z. B. wird in einigen Seewasser-Analysen eine geringe Menge von Eisenoxyd und von kieselsaurem Natron angegeben. Beide würden geeignet sein, wenn sie zufälliger Weise vorhanden sind, mit in T'' einzutreten. Fälle dieser Art scheinen jedoch nicht häufig vorzukommen und von keinem bedeutenden Belang zu sein.

Anders verhält es sich mit der freien Kohlensäure, die bald in grössern, bald in geringern Mengen im Meerwasser enthalten ist.

Wenn sehr bedeutende Mengen dieses Gases während eines solchen Zersetzungsprocesses zufälliger Weise zugegen sind, so wird der disponibele Theil von $\dot{R}$ sich sofort zu kohlensauren Salzen umgestalten; die kohlensauren Alkalien treten in das Meerwasser zurück, während der kohlensaure Kalk unter geeigneten Umständen als Kalkspath zum Auscrystallisiren gelangt.

Die disponibele Kiesel- und Thonerde werden in amorpher Gestalt als Opal oder Chalcedon und als plastischer Thon zurückbleiben.

Dieser extreme Fall, wo sich freie Kohlensäure des ganzen disponibeln Theils von $\dot{R}$ bemächtigt, kommt wenigstens in den Gegenden von Sicilien, wo ich die gemeinsame Bildung von Palagonit- und Zeolithformation beobachtet habe, nicht vor, doch scheint in vielen

Fällen ein gewisser Theil desselben durch sie gebunden zu werden.

Es wenden sodann als Nebenbildungen ein oder mehrere Zeolithe, Kalkspath und eine gewisse Quantität plastischer Thonerde, die keiner Verbindung sich anschliesst, hervorgehen. Die letztere meist von grauer oder gelblicher Färbung ist häufig mit T , oder mit anderm unzersetzten Material gemischt, welches fast unverändert in jenen eingehüllt zurückbleibt.

Aus dem disponibeln Theile wird zunächst ohne den Einfluss von Kohlensäure ein Zeolith von der Norm (6, 3, 1, δ) hervorgehen; wird $\delta = 2$, so entsteht Natrolith, wird $\delta = 3$, so bildet sich Scolezit.

Bei der Durchführung unseres Beispiels haben wir alsdann die Sauerstoffmengen für:

$\dddot{Si}$,	0,8847	6
$\ddot{Al}$,	0,4424	3
$\dot{Ca}$,	0,1137	
$\dot{Na}$,	0,0321	1
$\dot{Ka}$,	0,0018	
$\dot{H}$,	0,4424	3.

Der hieraus berechnete Scolezit hat folgende Zusammensetzung:

Kieselerde	45,792
Thonerde	25,926
Kalkerde	10,954
Natron	3,405
Kali	0,291
Wasser	13,632
	100,000.

Kömmt indess mit dem disponibeln Theile Kohlensäure in Berührung, so wird die Basis $\dot{R}$ von derselben entweder ganz oder theilweise ergriffen, und es wird das Sauerstoffverhältniss von $\ddot{Si}$ zu $\dot{R}$ vergrössert werden.

Es kann unter Umständen zwischen Säure und Basis das Verhältniss von 8 : 1 oder von 12 : 1 hervorgehen, und, nachdem anfänglich ein Theil des Natroliths oder Scolezits auscrystallisirt ist, werden Zeolithgruppen von den Normen (8, 3, 1, δ) und (12, 3, 1, δ) bei neuer Abscheidung von plastischer Thonerde successiv zum Vorscheine kommen, also Herschelite, Chabasit, Phillipsit u. s. w., ferner Heulandit, Epistilbit, Parastilbit und Desmin. Als Nebenproducte sondern sich zuerst Massen von Kalkspath aus, welche in der Regel früher crystallisiren und daher meist von den Zeolithen überkleidet werden.

Das gemeinsame Vorkommen beider Mineralkörper ist in Island, auf Faroe, in Sicilien und vielen andern Orten so ganz allgemein, dass diese Wechselbeziehung zwischen dem Kalkspath und der Zeolithgruppe unmöglich verkannt werden kann.

Wir müssen daher die Kohlensäure gleichsam als einen Regulator betrachten, durch dessen grössern oder geringern Einfluss, abgesehen vom Wassergehalte, die grosse Mannichfaltigkeit der Zeolithspecies hervorgebracht wird.

Es entziehe im obigen Beispiel die Kohlensäure dem disponibeln Theile so viel Kalk, bis zwischen der Kieselsäure und den beiden Basen die Norm (8, 3, 1) hergestellt ist, so erhält man zunächst folgende Sauerstoffverhältnisse:

Sauerstoff			für Zeolith	
	im disp. Theil	nach (8, 3, 1)	für $\dot{C}a$	für $\dddot{A}l$
$\dddot{S}i$	0,8847	= 0,8847		
$\dddot{A}l$	4,9375	= 0,3318		+ 4,6057
$\dot{C}a$	0,1137	= 0,0767	+ 0,0370	
$\dot{N}a$	0,0321	= 0,0321		
$\dot{K}a$	0,0018	= 0,0018.		

Aus diesen Sauerstoffmengen berechnet man alsdann:

	I. Dispon. Theil	II. für Zeolith (8, 3, 1)	III. für $\ddot{C}\dot{C}a$	IV. Thon
Kieselerde	1,6713	= 1,6713		
Thonerde	10,5630	= 0,7098		+ 9,8532
Kalkerde	0,3998	= 0,2697	+ 0,1301	
Natron	0,1243	= 0,1243		
Kali	0,0106	= 0,0106.		

Der zu III. berechnete kohlensaure Kalk ist = 0,2319. Der unter II. für die Zeolithbildung bestimmte Theil wird aller Wahrscheinlichkeit nach während seiner Entstehung von gewissen fremdartigen, von der stöchiometrischen Zusammensetzung unabhängigen Einflüssen beherrscht, nämlich von verschiedenen Temperatur- und Druckverhältnissen, von denen theils der Dimorphismus mehrerer Zeolithe, theils der jeder Species eigenthümliche Wassergehalt abzuhängen scheint.

Nimmt z. B. die Verbindung unter II. die Norm (8, 3, 1, 4) an, so entsteht der Phillipsit, dessen Zusammensetzung sich folgendermassen ergibt:

		Red. auf 100	Beob. von Val di Noto
Kieselerde	1,6713	50,904	48,899
Thonerde	0,7098	21,618	21,302
Eisenoxyd	—		0,720
Kalkerde	0,2697	8,214	3,279
Magnesia	—		1,440
Natron	0,1243	3,786	3,450
Kali	0,0106	0,322	6,215
Wasser	0,4976	15,156	14,695
	3,2833	100,000	100,000.

Der Unterschied zwischen dem so berechneten und beobachteten Phillipsit liegt nur in einer verschiedenen Vertheilung der isomorphen Bestandtheile. Ob das Eisenoxyd, welches unsern Beobachtungen zu Folge Phosphorsäure-haltig ist, mit zur Verbindung gerechnet werden darf, scheint zweifelhaft.

Der geringe Magnesiagehalt dieses und anderer Zeolithe deutet auf einen nicht vollkommen hergestellten Austausch der isomorphen Bestandtheile, den wir theoretisch angenommen haben; ob derselbe aus dem Meerwasser oder aus dem ursprünglichen Feldspathe herrührt, lässt sich wenigstens für jetzt nicht ermitteln.

Betrachten wir den eben beispielsweise für die Palagonitbildung verwandten Feldspath mit 15 Procent aus dem Magneteisenstein herstammenden Eisenoxyd mit Augit und Olivin, etwa nach der mittlern Gesteinszusammensetzung, in Verbindung, so wird sich eine solche Gebirgsart nach vollendeter Metamorphose in folgende Bestandtheile zerlegen lassen:

1. in orthotypen Palagonit, z. B. $\delta = 4$,
2. in den unzersetzten albitischen Theil T′,
3. in den zeolithischen Theil T″,
4. in Hydrosilicit,
5. in Augit unzersetzt,
6. in Olivin,
7. in plastischen Thon,
8. in Kalkspath,
9. unzersetztes aus den 4 ursprünglichen Mineralkörpern gebildetes vulkanisches Gestein, welches mit W bezeichnet werde.

Alle diese Körper, welche theils unverändert theils erst metamorphosirt, undenkliche Zeiten unter dem Meere gelegen haben, werden sich zu einem Ganzen, zu einer Art von Conglomerat verbinden, oder wie ich es früher genannt habe, cementiren. Sie werden in amorpher Form oder in wohlgebildeten Crystallen in demselben auftreten, je nachdem es ihre Natur erlaubt.

Ursprünglich crystallisirt und crystallinisch sind 2, 5, 6 und 9, amorph 1, 4 und 7, secundär crystallisirt 3 und 8.

Ausser diesen Hauptbestandtheilen findet man in Palagonia zu 9 gehörig ein unzersetztes vulkanisches Glas, welches bisjetzt von mir noch nicht hat untersucht werden können, das aber wahrscheinlicher Weise aus einer Verschmelzung eines kieselerdereichern Feldspaths hervorgegangen zu sein scheint.

Vergleichen wir diese Resultate mit der vorhin mitgetheilten geognostischen Beschreibung der Palagonitformationen von Palagonia und Aci Castello, siehe Abschnitt IX, so werden wir zwischen beiden eine vollkommene Übereinstimmung gewahr werden.

Aus einem ursprünglich vulkanischen Gestein lässt sich unter der Voraussetzung des Verhältnisses der unzersetzten zu den zersetzten Massen, welches wir beispielsweise wie 1 : 5 annehmen und mit der Kenntniss des Verhältnisses zwischen Hydrosilicit und Augit, das 1 : 200 sei, die Zusammensetzung eines palagonitischen Conglomerats aus den vorhin angegebenen Zahlen berechnen.

Rücksichtlich des zeolithischen Theils nehmen wir an, dass die eine Hälfte desselben in Scolezit, die andere Hälfte zu gleichen Theilen in Phillipsit und Analcim nebst dem zugehörigen Kalkspath zerfallen.

Das ursprüngliche vulkanische Gestein enthalte:

Feldspath	70,0
Augit	17,0
Olivin	2,5
Eisenoxyd	10,5
	100,0.

Das Eisenoxyd sei aus dem Magneteisenstein hervorgegangen und der hier vorkommende Feldspath habe die Zusammensetzung wie der, welcher im Anfang dieses Abschnitts als erstes Beispiel für die Palagonitbildung gedient hat.

Es bleiben 20 Procent = W der Gebirgsart durchaus unverändert für die Conglomeratbildung; der Rest W′ wird ganz oder doch grössern Theils für die Metamorphose verwandt. Alsdann wird:

	W	=	20,00
W =	Feldspath	=	56,00
	Augit	=	13,60
	Olivin	=	2,00
	Eisenoxyd	=	8,40
			100,00.

Man berechnet alsdann für das wasserfreie Conglomerat folgende Zahlen:

	W	=	20,00
	T⁰	=	49,42
	T′	=	6,58
Scolezit	T″	=	1,44
Analcim	T″	=	0,35
Phillipsit	T″	=	0,35
Kalkspath	T″	=	0,11
Plastischer Thon	T″	=	5,37
	Augit	=	13,53
	Hydrosilicit	=	0,07
	Olivin	=	2,00
			99,22.

Nehmen der Palagonit, die verschiedenen Zeolithe und der Hydrosilicit die ihnen entsprechenden Wassermengen auf und reducirt man die ganze Zusammensetzung dieses palagonitischen Conglomerats auf 100, so findet man:

Unzersetztes vulkanisches Gestein	W	= 18,23
Palagonit, als Cement des Conglomerats	T⁰	= 54,27
Saurer, oder neutraler Feldspath	T′	= 6,00
Scolezit	hervorgehend aus T″	= 1,56
Analcim		= 0,35
Phillipsit		= 0,36
Kalkspath		= 0,10
Plastischer Thon		= 4,91
Augit		= 12,33
Hydrosilicit, aus Augit und T″ gebildet		= 0,08
Olivin		= 1,81
		100,00.

Indem soeben die Bildungsweise eines palagonitischen Conglomerats gezeigt worden ist, dürfen wir nicht ausser Acht lassen, dass das angeführte Beispiel nur einen Fall der unzähligen darstellt, denen wir in der Natur begegnen werden. Es ist absichtlich von mir so gewählt, dass es der mittlern Zusammensetzung der Palagonittuffe vom Val di Noto und Aci Castello einigermassen entsprechen mag. Häufig jedoch wird der unzersetzte Theil der vulkanischen Gesteine, der mit W bezeichnet worden, sehr überhand nehmen und die übrigen Bestandtheile und namentlich den Palagonit, der als Hauptbindemittel des Conglomerats anzusehen ist, zurückdrängen.

Der kieselerdereichere albitische Theil T′ kömmt besonders charakteristisch im Palagonittuff von Aci Castello zum Vorschein und fehlt dagegen bei Palagonia, wo dieses eigenthümliche wasserhaltige Silicat aus einem Feldspath von der Norm (6, 3, 1) hervorgegangen ist.

Was das relative Verhältniss der Zeolithe und des Kalkspaths zum Palagonit anbelangt, so erscheint dieses in unserer Rechnung etwa so, wie an den genannten sicilianischen Localitäten, doch darf man sich nicht verbergen, dass die gegenseitige Abschätzung der Mengen zweier oder mehrerer Mineralkörper in einer Gebirgsart sehr trügerisch sein kann.

Gegen das Ende dieser Untersuchungen werde ich auf das quantitative Verhältniss, welches zwischen den Palagoniten und Zeolithen stattfindet, noch ein Mal zurückzukommen Gelegenheit haben.

Die Entstehung des plastischen Thons ist vorzugsweise von der isomorphen Substitution des Eisenoxyds in den Feldspath abhängig, aber auch im geringern Theile durch die kieselerdereichern Zeolithe bedingt. Sehr augenfällig wird das Ausscheiden dieser Erde bei Palagonia bemerkt, aus dem Grunde, weil die dortigen Palagonite ausserordentlich reich an Eisenoxyd sind.

In Aci Castello dagegen, wo die Conglomeratbildung mehr vorherrscht und die Palagonite in der Regel weniger Eisenoxyd enthalten, ist der plastische Thon zurückgedrängt und wird öfter kaum bemerkt werden.

In allen Gegenden, wo nur ein sehr geringer Austausch von etwa ein oder zwei Procenten zwischen Thonerde und Eisenoxyd stattgefunden hat, wird jede sichtbare Spur der ausgeschiedenen plastischen Thonerde verschwinden.

Die sicilianischen Palagonite in Verbindung mit der Zeolithgruppe, mit Kalkspath, plastischem Thon und Hydrosilicit, bilden eine so charakteristische und eigenthümliche Formation, wie ich sie sonst nirgend, auch in keinem Punkte von Island, zu sehen Gelegenheit hatte, und es scheinen auf sie Umstände von besonders günstiger Art, die dem Auscrystallisiren der Zeolithe förderlich waren, eingewirkt zu haben.

In den isländischen eigentlichen palagonitischen Gebirgsmassen, die in einem breiten Gürtel vom Cap Reikjanes an bis Thiornes, vom südwestlichen bis zum nordöstlichen Theile der Insel sich erstrecken und die in den parallelen Rücken des Hekla-Gebiets, aber auch am Krabla und an unzähligen andern Orten ausgezeichnet erscheinen, tritt der Palagonit in der Regel ganz ohne alle Zeolithe auf oder erscheint sparsam von ihnen begleitet, wie z. B. bei Seljadalr, Rhuni und an einigen andern Orten. Die eigentliche Heklakette, die ich vom Selsundsfjall bis hinauf zum Crater des Vulkans in allen Richtungen begangen habe, besteht nur aus groben palagonitischen Conglomeraten ohne alle Spur von Zeolithen; ebenso die parallellaufende Bjolfellkette; auch in Sicilien gibt es zeolitharme Palagonite. Die zeolithreichen Gegenden Islands, wo Scolezite fast vom Gewicht eines halben Centners vorkommen, liegen dagegen ganz ausser dem ebengenannten Bereiche der Palagonitzone, die von jenen im Osten und Westen begleitet wird.

Alle oder der grössere Theil der in unsern Sammlungen sich befindenden isländischen Zeolithe kommen von der Ostseite der Insel, meist von Eskifiord und Berufiord.

Dass die grossen isländischen Palagonitformationen keine oder nur sehr sparsam verbreitete Zeolithe besitzen, scheint hauptsächlich in der zweiten Art der in Island verbreiteten Palagonitbildung zu liegen, die durch unmittelbare Metamorphose des Sideromelans hervorgebracht wird.

Wir haben vorhin den Sideromelan, der ein sehr eisenoxydreicher amorpher Labrador ist, einer genauern Prüfung unterworfen und sind zu dem bestimmt hervortretenden Resultate gelangt, dass das Hydrat desselben mit 3 Atomen Wasser denjenigen orthotypen Palagonit bilde, den wir mit dem Namen Korit bezeichnet haben.

In Sicilien entsteht der Palagonit grössern Theils so, dass in eisenoxydfreien Labrador das aus Magneteisenstein gebildete Eisenoxyd eintritt und dafür die entsprechende Menge von Thonerde ausscheidet. Der Sideromelan besitzt aber bereits schon den grössern Theil des Eisenoxyds in seiner ursprünglichen Mischung und kann sich so ohne einen bedeutenden Umsatz der Bestandtheile und ohne merkliches Ausscheiden von Thonerde in Palagonit verwandeln.

Diese zweite Art der Palagonitbildung ist von der ersten nicht wesentlich verschieden; auch stimmen im Austausch der Alkalien mit der Bittererde im Meerwasser beide Arten vollkommen überein.

Bei der Umwandlung des Sideromelans in Palagonit ist wahrscheinlich keine so vollkommene Lösung aller Bestandtheile nöthig gewesen, als im andern Falle, wo auch eine bedeutende Quantität Eisenoxyd in die neue Verbindung aufgenommen werden muss, aus welchem Umstande ich mir die in vielen isländischen Palagonitformationen fehlende Zeolithbildung erkläre.

Es scheint hier der Ort zu sein noch besonders hervorzuheben, dass wir im Anfang dieses Abschnittes unsere Aufgabe so gestellt haben, dass ein Gewichtstheil Feldspath genau in einen gleichen Gewichtstheil orthotypen wasserfreien Palagonit durch die isomorphe Substitution von Eisenoxyd und Magnesia übergeleitet werde.

Unter dieser einfachen auch wahrscheinlichen Voraussetzung, die mit den Erfahrungen in der Natur jedenfalls nicht im Widerspruch steht, wird ein Ausscheiden für den plastischen Thon und für die Stoffe, welche für die Zeolithbildung verwandt werden, nothwendig. Es ist indess einleuchtend, dass ohne die gemachte Voraussetzung, die jedenfalls für die vorgenommenen Rechnungsbeispiele sehr anschaulich ist, der wasserfreie Palagonit in jeder beliebigen Weise in zwei Theile, wovon jedem die Norm (6, 3, 1) zukommt, getheilt werden könne, und dass daher mit Ausnahme für die Thonerde kein Ausscheiden für den zeolithischen Theil durchaus erforderlich wird.

Das Ausscheiden der Zeolithe würde alsdann vom verschiedenen Grade der Löslichkeit der einzelnen Substanzen in dem metamorphosirten Theile, in welchem bereits die isomorphe Substitution vorgenommen ist, abhängig sein.

Wir stellen uns vor, dass der besonders alkalireiche Theil nach der Norm (6, 3, 1) aus dem stark magnesiahaltigen, palagonitischen am Besten durch heisses oder kohlensäurehaltiges Wasser extrahirt werde, die Spalten, Gänge, Drusen, Mandeln, in dem in Zersetzung begriffenen Gebirge ausfülle und nach und nach unter fortwährendem Einfluss von sich allmählig entwickelnder Kohlensäure und langsamer Abkühlung zum Auscrystallisiren gelange. Es entstehen so die verschiedenen Zeolithspecies, deren wasserhelle Crystalle in Verbindung mit Kalkspath auf den Wandungen des bereits zuerst gebildeten Palagonits oder auf unzersetzten vulkanischen Gesteinen aufgewachsen sind.

Die oft sogar meist vollendeten Formen dieser zeolithischen Crystalle; ihre Grösse und Reinheit macht es sehr wahrscheinlich, dass dieser letzte Theil der Metamorphose in grosser Ruhe während längerer Zeiträume vor sich gegangen ist, ohne welche Annahme überhaupt die ganze Palagonitbildung sich nicht genügend erklären lässt.

Um indess diese Verhältnisse gehörig zu beurtheilen, ist es nöthig die vorhin angeführten Bemerkungen über die Löslichkeit der basischen Feldspathe sich in das Gedächtniss zurückzurufen, und zugleich die geologischen Vorgänge in der Gesteinsbildung, ehe die Metamorphose ihren Anfang genommen hat, gehörig zu berücksichtigen.

Schon auf der ersten Seite dieses Buches haben wir, in Beziehung auf die vorliegenden Untersuchungen, die innere Bauart aller vulkanischen Gebirge hervorgehoben, die sich durch abwechselnde Schichten von crystallinischen Gesteinen und Tuffen, welche aus den vulkanischen Aschen hervorgegangen sind, charakteristisch auszeicchnet.

Diese geologische Beschaffenheit der Schichten erklärt sich, wie ich es anderweitig gezeigt habe, aus ihrer ursprünglichen Entstehungsweise und ist ganz unabhängig von der Bildung der Vulkane über oder unter dem Spiegel der See.

Sowohl die festen crystallinischen Gesteine wie die Aschen einer bestimmten Eruption bestehen ganz aus demselben Material, nur ist in den letztern der Magneteisenstein mitunter in Eisenoxyd verwandelt worden.

Dass auf beide Arten dieser verwandten Gesteinsbildungen die Metamorphose einwirken müsse, kann nicht bezweifelt werden, doch liegt es in der Natur der Sache, dass das feingepulverte Material der Aschen ungleich leichter von ihr ergriffen werde.

Es unterliegt keinem Zweifel, wie dieses auch schon Bischof sehr richtig bemerkt hat, dass der Grad der Löslichkeit der Silicatmassen von der Grösse der Oberfläche abhänge, welche die Gesteinsmassen den Flüssigkeiten zur Berührung darbieten. Während grobe Trümmergesteine von der auflösenden Wirkung des Wassers so gut als unangefochten bleiben, werden die feiner zerriebenen Theile ungleich leichter von ihr beeinflusst. Die vulkanischen Aschen sind aber, wie ich dieses vorhin bereits angegeben habe, durch die Dampfwirkung in den Vulkanen so fein pulverisirt und durch den Einfluss des Windes, der auf die emporsteigenden Aschenwolken wirkt, so gesiebt werden, dass sie mitunter dem feinsten Staube gleichen, den man nicht feiner durch das Zerreiben fester crystallinischer Gesteine in einem Achatmörser würde hervorbringen können.

In den meisten Fällen wird aber sehr fein gepulvertes und zugleich grobkörniges, mit Lavastücken gemischtes Material bei den vulkanischen Ausbrüchen gemeinsam niederfallen und über dem Meere die Bildung der Tuffe und unter demselben die der palagonitischen Conglomerate veranlassen.

Werden dann einst nach langen Zeiträumen diese submarinen Gebilde durch säculare oder instantane Erhebung ins Trockne gelegt, so werden in ihren Querschnitten, wo sich solche beobachten lassen, crystallinische Gesteine und Tuffe zum Vorschein kommen, die beide den Charakter der Metamorphose an sich tragen. Die letztern sind vorzugsweise von ihr ergriffen und theilweise in Palagonit verwandelt worden. Insofern hier nur zunächst von der Bildung orthotyper Palagonite die Rede ist, sind folgende Umstände dafür theils förderlich, theils nothwendig.

1. Um so feiner die Aschen pulverisirt sind, um so mehr wird von ihnen in Palagonit verwandelt. Alles grobkörnige Gestein, selbst Lavastücke etwa von der Grösse einer Haselnuss, bleiben meist unzersetzt, werden von jenem umhüllt und zur Conglomeratbildung verwandt. Aschentheilchen, welche unter 0,1 Millimeter Durchmesser haben, sind für diese Metamorphose am dienlichsten. Grössere Lavastücke werden an der Oberfläche mit einer dünnen Palagonitrinde überzogen, während ihr Inneres so gut wie unverändert bleibt. Aus Schichten fester crystallinischer Gesteine, aus Trapp oder Basaltsäulen bildet sich der Hauptsache nach kein Palagonit.

2. Nur solche Aschen, die basische Feldspathe mit vielem Eisenoxyd enthalten, also Labradore oder die Gemische von Labrador und Anorthit, sind zur

Palagonitbildung am tauglichsten, besonders wenn sie zufälligerweise mehr Alkali besitzen, als ihnen nach ihrer mittlern Zusammensetzung zukommen sollte. Am geeignetsten dafür sind aber die Sideromelane, da sie bei vorherrschendem Eisenoxyd weniger Kieselerde enthalten und aus diesem Grunde vorzugsweise leicht gelöst werden können.

Feldspathe mit Werthen von $x = 7$ sind schon weniger für die Palagonitbildung geschickt; nur ein Theil derselben kann dazu verwandt werden, und ein anderer unzersetzter Theil, der vorhin T' bezeichnet wurde, wird zurückbleiben. Feldspathe mit noch grössern Werthen von x, also Oligoklas, Albit u. s. w., sind der Metamorphose überhaupt nicht mehr zugänglich. Aus diesem Grunde scheinen die Palagonite auch im Golf von Neapel zu fehlen, weil die dortigen submarinen Tuffe den Analysen Abichs zu Folge fast neutrale Feldspathe enthalten; aus demselben Grunde ist auch die palagonitische Metamorphose dem Urgebirge fremd. Für welchen Werth von x die Palagonitbildung aufhört, ist bisjetzt noch nicht ermittelt.

3. Heisses, womöglich kohlensäurehaltiges, von hohem Druck beherrschtes Seewasser ist für diese Metamorphose besonders günstig.

4. Es sind grosse Zeiträume, Reihen von Jahrhunderten für die Palagonitbildung nothwendig.

Mit diesen 4 Bemerkungen sind sowohl die bereits angegebenen chemischen Vorgänge, als auch die geologischen Beobachtungen in voller Übereinstimmung.

Dass der Palagonit nicht aus festen crystallinischen

Gesteinen, sondern aus Aschen hervorgegangen ist, zeigen erstens die unzähligen scharf ausgebildeten Crystalle von Feldspath, Augit und Olivin, die den Aschen und Palagoniten gemeinsam sind und die den festen Gesteinen entweder ganz und gar fehlen, oder die doch wenigstens äusserst selten in ihnen angetroffen werden; namentlich gilt dieses von den ausgezeichneten oft wasserhellen Olivincrystallen, die nur den Aschen zukommen und die ich niemals in festen Gesteinen habe bemerken können.

Zweitens wird diese Ansicht durch die Betrachtung der geologischen Profile der submarinen Formationen von Island und Sicilien im vollsten Maasse bestätigt. In denselben finden sich die crystallinischen Gesteine grösstentheils erhalten, während die Aschen, besonders an der Contactfläche mit dem Meere, mit Ausnahme der groben Trümmergesteine verschwunden und in Palagonit übergeleitet worden sind.

Besonders instructiv für die Entstehung des Palagonits sind die Profile, welche die Schlucht von Seljadalr zwischen Reykjavik und Thingvalla in Island darbietet. Zuerst erblickt man am obern, östlichen Ende derselben folgenden sehr merkwürdigen Querschnitt.

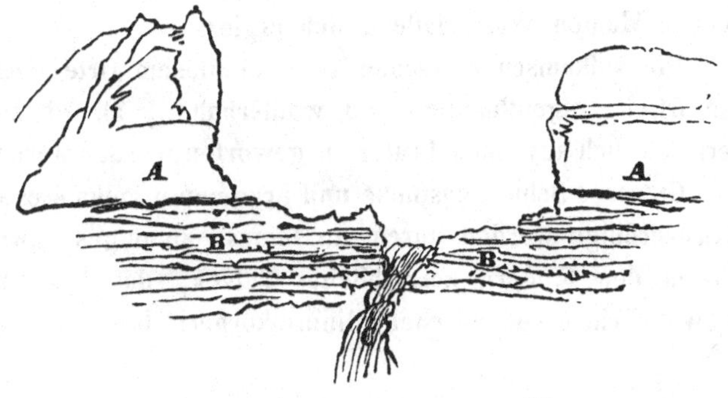

Auf beiden Seiten der Schlucht sind A und A Palagonitfelsen, die ohne Zweifel früher mit einander im Zusammenhang gewesen, aber im Laufe der Zeit durch das fortgesetzte Auswaschen des Baches c, der zu gewissen Jahreszeiten, besonders beim aufthauenden Schnee, öfter merklich anzuschwellen scheint, von einander getrennt sind. Der Palagonit ist an dieser Stelle, so wie weiter unten in der Schlucht, verhältnissmässig sehr rein, hellbraun, fettglänzend, mit wenigen Sideromelan-Punkten gemischt und, soviel ich bemerkt habe, ohne wesentliche zeolithische Einschlüsse, welche jedoch am untern Ende der Formation, wo man den Bach überschreitet, allgemein verbreitet sind.

Das Palagonitlager hat an der Stelle, auf welche sich der beigefügte. Holzschnitt bezieht, noch eine Mächtigkeit von etwa 6 bis 8 Metern, doch verflacht es sich aufwärts gegen die Anhöhen von Thingvalla immer mehr und mehr; hin und wieder erblickt man es noch am Wege anstehen und bald darauf verschwindet es ganz und gar.

Unter der Palagonitschicht liegt bis zur Sohle des Thales eine auf beiden Seiten des Baches fast horizontal abgelagerte Aschenschicht, über welche der Bach in einem kleinen Wasserfalle c sich ergiesst.

Die vulkanischen Aschen sind an diesem Orte noch so frisch, eigenthümlich und wohlerhalten, als ob sie erst kürzlich aus einem Crater ausgeworfen worden wären.

Grössere Schlackenstücke und Fragmente vulkanischer Auswürflinge werden durch ein feines, staubiges, zwischen den Fingern zerreibliches Pulver, das aus den gewöhnlichen vulkanischen Mineralkörpern besteht, zusammengehalten. Dieses letztere ist in der Schicht A zu Palagonit verwandelt, während es in B unverändert geblieben ist. Die gröbern vulkanischen Trümmer sind in beiden Schichten unverändert geblieben, doch werden sie in der obern Schicht durch reinen Palagonit, in der untern durch die feine vulkanische Asche zusammengehalten.

Nach meiner Ansicht war A und A früher im Zusammenhang und bildete eine fortlaufende Palagonitschicht, welche unmittelbar am Boden des Meeres gelegen hat. Vor ihrer Metamorphose war sie mit der untern von gleicher Beschaffenheit und hat diese später gegen den Einfluss des Meeres geschützt. Beide wurden endlich bei der ganz allmählig heranwachsenden Bildung der Insel durch säculare und instantane Erhebungen nach und nach ins Trockne gelegt.

Nicht minder wichtig und instructiv sind die geologischen Verhältnisse, welche die Schlucht von Seljadalr etwas weiter abwärts am nördlichen Abhange zeigt. Dort erblickt man folgendes Profil:

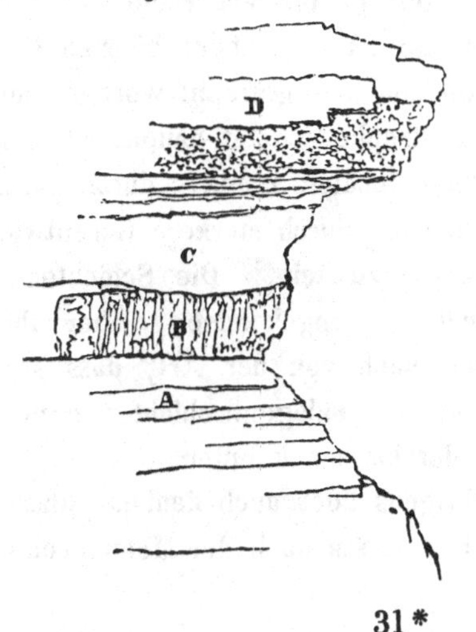

Die Wand der Schlucht, deren Höhe ich daselbst etwa auf 25 Meter schätze, ist ihrer grossen Steilheit wegen zwar am untern Theile näher zu untersuchen, doch lässt sich der obere nur aus einer gewissen Entfernung betrachten.

Die untern Schichten A dieses Profils bestehen aus einem dunkelbraunen Palagonit, der sich hin und wieder fast schiefrig absondert. Darüber liegt B, eine zwei bis drei Meter dicke Schicht eines neuern crystallinischen Gesteins (isländisches Trappgestein), welches durch einen benachbarten Gang zwischen die Schichten von A und C injicirt ist.

Über dem Trapplager C folgt wieder Palagonit, über demselben bei D ein grobes Conglomerat von vulkanischen Schlacken, Trümmergesteinen, Rapilli u. s. w., das einer spätern Bildung anzugehören scheint.

Die Schichten A und C waren ursprünglich submarine vulkanische Aschen, die am Ende der Eruption oder später durch die aus dem benachbarten Gange injicirte Schicht B von einander getrennt worden sind.

Diese Katastrophe scheint hauptsächlich für die Umwandlung der Schichten A und C durch grössere Wärme und vielleicht auch durch stärkere Gasentwickelung förderlich gewesen zu sein. Die Schichten von D sind vielleicht später hinzugekommen, aber ihrer porösen Beschaffenheit nach von der Art, dass sie das Meerwasser bis zu den Palagonitschichten ohne wesentliche Hindernisse durchlassen konnten.

Es ist übrigens doch auch denkbar, dass die feurigflüssige Schicht von B nach der Metamorphose zwischen

A und C hineingedrängt sei. In diesem Falle sollte man an den obern und untern Berührungsflächen Umgestaltungen des Palagonits, theils Entwässerung, theils Schmelzung desselben gewahr werden, die ich nicht bemerken konnte. Ob eine feurigflüssige Lava, welche zwischen zwei von Seewasser getränkte Palagonitschichten eindringt, diese sehr erheblich verändern würde, lässt sich, da zu vielerlei Umstände in Betracht kommen, im Voraus nicht wohl bestimmen.

Am wahrscheinlichsten jedoch ist mir der erste Fall, dass die Schicht B zwischen C und A vor der vollendeten Metamorphose eingedrungen sei.

Eine Skizze des erwähnten Gangs, der noch an einer Stelle deutlich zu beobachten ist, stellt der nachfolgende Holzschnitt dar.

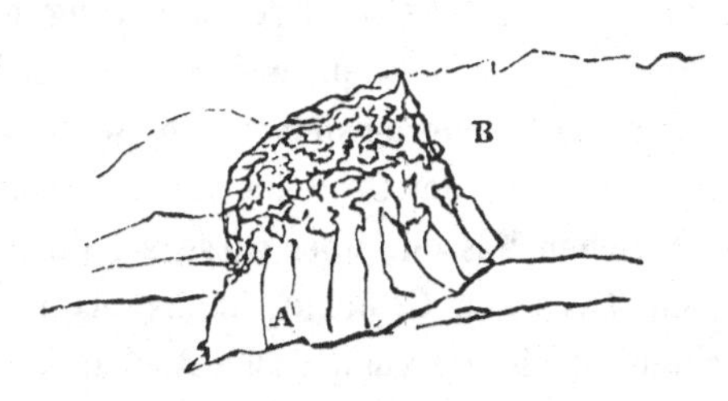

An der Stirnfläche des Ganges bemerkt man horizontale Klafterung, A ist die Seitenfläche desselben, welche die Absonderung des Gesteins zeigt, B ist die aufwärts gegen Thingvalla fortziehende Thalwand, aus der der Gang hervorspringt.

Die Verbreitung vulkanischer Gänge unter dem Meere und ihre Verzweigung in die zuvorgebildeten Aschen- oder Tuffschichten, ist für die Palagonitbildung von besonderer Bedeutung, und macht sich in manchen isländischen Localitäten, aber auch in Aci Castello und im Val di Noto, bemerkbar.

In der Nähe der vulkanischen Gänge findet man die Palagonitbildung in der Regel am vollkommensten ausgebildet, woraus man vermuthen muss, dass eben höhere Temperaturen und ausströmende Gase derselben besonders förderlich gewesen sein müssen.

Leopold von Buch, mit dem ich, als er noch zwischen uns verweilte, öfter über die geologischen Verhältnisse Islands zu sprechen Gelegenheit hatte, schien wenigstens früher die Ansicht von Krug von Nidda zu theilen, wonach Island aus einer mächtigen Trachytzone bestehe, die im Osten und Westen durch zwei breite Basaltformationen begleitet werde.

Wenn man eine solche strenge Sonderung der geologischen Formationen machen wollte, die nicht ganz mit den Erfahrungen übereinstimmt, so würde ich die umgekehrte Anordnung der Gesteine viel richtiger finden.

Die basaltischen Massen, oder wissenschaftlicher ausgedrückt, die basischen Gesteine, theils als crystallinische Schichten, theils als vulkanische Aschen und metamorphosirte Palagonite, bilden, vorherrschend vom Cap Reykjanes bis Thiornes, von Südwest nach Nordost, eine kaum unterbrochene Formation, in der zugleich die activen Vulkane allineirt sind und in der die Trachyte zwar nicht fehlen, aber eine untergeordnete Stellung einnehmen.

Diesen mittlern Theil von Island halte ich entschieden für den neusten der Insel, während ich den östlichen und westlichen, wo die Trachyte und überhaupt kieselerdereiche Gesteine vorwalten, als den ältesten betrachte. Die östlichen und westlichen Küsten Islands haben früher vielleicht, etwa so wie jetzt die Gruppe der Faroe, als zwei gesonderte Inselgruppen existirt, welche durch die ununterbrochene bis zum heutigen Tage fortdauernde vulkanische Thätigkeit in der mittleren Zone erst später zu einem Körper vereinigt worden sind.

Kaum scheint es noch der Bemerkung zu bedürfen, dass in dem westlichen und östlichen Theile von Island neben den sehr ausgedehnten trachytischen Gebilden auch häufig genug basische Gesteine zum Vorschein kommen, die jene in verhältnissmässig schmalen Gängen durchsetzen.

Es ist aber eine für Island charakteristische Erscheinung, dass nur in der genannten Mittelzone submarine Ausbrüche von basischen Aschen stattgefunden haben, aus welchem Grunde auch hier nur die Palagonite erscheinen, welche man im Nordwesten und Südosten der Insel, z. B. in Berufiord und Eskifiord ganz vergeblich sucht.

Die in diesem Abschnitt mitgetheilten Untersuchungen haben sich bisjetzt nur auf die Ableitung des orthotypen Palagonits aus basischem Feldspath bezogen. Der Zusammenhang zwischen beiden ist so klar und offen am Tage liegend, dass kein Zweifel darüber bestehen kann.

Die gemischten Palagonite, die im Allgemeinen vielleicht verbreiteter als die orthotypen sind, zeigen rücksichtlich ihrer Ableitung etwas grössere Schwierigkeiten. Dass ein jeder gemischter Palagonit als aus orthotypem und heterotypem zusammengesetzt zu betrachten ist, haben wir bereits erwähnt und an einem Beispiele gezeigt.

Es würde sich daher nur um die Ableitung des heterotypen Palagonits handeln, der in wasserfreiem Zustande die Norm (6, 3, 2) besitzt, während dem Labrador die Norm (6, 3, 1) zukömmt.

Ein heterotyper Palagonit kann also aus einem labradorischen Feldspath entstehen, wenn ihm ein Atom Basis in $\dot{R}$ hinzugefügt wird.

Dasselbe kann möglicher Weise aus verschiedenen Quellen entlehnt werden und ist während der Metamorphose jedenfalls in den zersetzten Feldspath secundär mit aufgenommen worden. Man kann indess die Verdopplung der Basis nur durch ein Hinzutreten von Magnesia und Kalk erklären, da Kali und Natron sowohl in dem orthotypen als in den heterotypen Palagoniten in viel geringerm Maasse als im entsprechenden Feldspath vorhanden sind und daher nur an ein Ausscheiden nicht an ein Eintreten derselben während der Metamorphose zu denken ist.

Um zuerst über die Quantität der nothwendigerweise hinzutretenden Magnesia und Kalkerde in den heterotypen Theil eines gemischten Palagonits eine deutliche Vorstellung zu erlangen, wenden wir uns beispielsweise zu der Analyse des gemischten Palagonits von Seljadalr zurück. Der erste Theil desselben, der Hyblit, ist nach den frühern Untersuchungen aus Labrador mit dem nöthigen Zusatz von Eisenoxyd oder aus Sideromelan durch Zersetzung des Meerwassers hervorgegangen. Ebenso können wir uns den Hyblit gebildet vorstellen, der noch ein zweites Atom Kalk und Magnesia in sich aufgenommen hat.

Für den Palagonit von Seljadalr würde sich die Rechnung alsdann folgendermaassen stellen:

	Gemischt. Palag.	Hyblit		Notit		
Kieselerde	39,340	20,685	+	18,655		
Thonerde	12,324	6,487	+	5,837		
Eisenoxyd	15,540	8,171	+	7,369		
Kalkerde	8,339	2,974	+	2,475	+	2,890
Magnesia	6,093	2,173	+	1,861	+	2,059
Natron	0,700	0,250	+	0,450		
Kali	0,743	0,265	+	0,478		
Wasser	17,464	8,209	+	9,255.		

Den Notit kann man daher als einen Hyblit betrachten, dem im vorliegenden Beispiele 2,890 Kalk und 2,059 Magnesia hinzugefügt wird, doch versteht es sich von selbst, dass zwischen Kalk und Magnesia jede andere isomorphe Vertretung gedacht werden kann.

Diese in die Metamorphose eintretende Kalkerde und Magnesia können möglicherweise aus drei verschiedenen Quellen entlehnt werden, nämlich:

1. aus dem Augit der vulkanischen Gesteine, die zersetzt werden sollen,

2. aus dem Meerwasser,

3. aus secundären oder tertiären Flötzschichten, die in der Nähe der Gegenden, wo die Palagonitbildung vor sich geht, zufälligerweise anstehen.

Es ist daher zu untersuchen, aus welcher dieser Quellen die Kalkerde und Magnesia für die Bildung der heterotypen Palagonite hervorgegangen sei. Es lässt sich bei gegenwärtigem Standpunkte unserer Erfahrungen diese Frage zwar nicht mit voller, doch mit einiger Sicherheit beantworten.

1. Der Augit nimmt in mehreren Formationen, die nur aus gemischtem Palagonit bestehen, zumal bei Aci Castello und bei Palagonia, dieselbe Stellung ein, wie in denen, die aus orthotypem gebildet sind, d. h. er ist bei der Bildung jenes so gut wie indifferent.

Beide Formationen, wie wir schon vorhin bemerkt haben, enthalten in hervorragender Menge kleine helllauchgrüne und tief ölgrüne Augitcrystalle, an denen keine oder sogut wie keine Zersetzung wahrzunehmen ist. In diesen und ähnlichen Formationen scheint es unmöglich, dass aus dem Augit, dessen Zersetzung jedenfalls schwierig ist, das zweite Atom von Kalk und Magnesia in dem heterotypen Palagonit sich gebildet habe.

Ebenso enthält der conchylienführende gemischte Palagonit von Militello etwa 7 Procent Augit und zwar in ausgezeichneten Crystallen. Wenn auch die Quantität dieses Minerals der mittlern Zusammensetzung basischer Gesteine nicht vollkommen entspricht, so kann dieses wohl nicht befremden, da die Menge des Augits auch in einzelnen Fällen in nicht metamorphosirten Gesteinen sich sehr erheblich von der mittlern Zusammensetzung entfernt.

Die isländischen Palagonite enthalten bald mehr bald weniger unzersetzten Rückstand, der nach Bunsens Analysen bis zu 31 Procent steigt, indess ist es nicht zu ersehen, wie viel davon auf Augit und wie viel auf T' falle. Immerhin ist ein wesentlicher Theil desselben nichts anderes als Augit, woraus mit grosser Wahrscheinlichkeit geschlossen wird, dass das zweite Atom Basis in den heterotypen Palagoniten der Hauptsache nach aus jenem Mineralkörper nicht entnommen sei.

In dem vorhin angeführten Beispiel sind etwa 5 Procent Kalk und Magnesia erforderlich, um als Zusatz zu einem orthotypen Palagonit einen heterotypen zu erzeugen. Dass diese Quantität unter günstigen Umständen aus dem Augit bei vollständiger Zersetzung desselben hervorgehen könnte, ist nicht zu bezweifeln, wesshalb auch Bunsens normalpyroxenische Masse mit dem mittlern wasserfreien Palagonit einigermassen übereinstimmt.

Der sehr viel grössere Magnesiagehalt im wasserfreien Palagonit beim Zurückweichen von Kalk und Natron im Vergleich zu dem der normalpyroxenischen Masse, worauf Bunsen keinen besondern Werth zu legen scheint, halte ich für den schlagendsten Beweis, dass für die Palagonitbildung fremde, nicht in den vulkanischen Gesteinen zu suchende Hülfsquellen mit in Anspruch genommen sind, die wir nur im Seewasser oder mitunter in gewissen benachbarten Flötzformationen, namentlich in Kalksteinschichten, suchen können.

Dass dem Augit aller Antheil an der Bildung der heterotypen Palagonite abgesprochen werden solle, ist nicht meine Meinung, doch liefert er jedenfalls, den mitgetheilten Beobachtungen zu Folge, im günstigsten Falle einen nur mässigen, wahrscheinlich sogar sehr untergeordneten Beitrag.

2. Das Meerwasser von Sicilien und von Island enthält sehr beträchtliche Mengen von kohlensaurem Kalk

und von kohlensaurer Magnesia. Für die Palagonitbildung wäre es sehr interessant, eben aus den erwähnten Localitäten das Meerwasser zu untersuchen.

Die Analysen C und D Seite 459 vom Meerwasser von Havre und von Cette enthalten gleichfalls nicht unbeträchtliche Mengen von kohlensaurem Kalk.

Ein Blick auf die Umgegend von Militello und auf einige Küstendistricte von Island wird uns auch ohne chemische Analysen die Überzeugung verschaffen, dass in Kohlensäure gelöster kohlensaurer Kalk in hervorragender Menge in dem Seewasser enthalten sei.

Das ganze submarine vulkanische Terrain des Val di Noto ist mit unzähligen Gängen, Adern und Schnüren von Kalkspath nach allen Richtungen hin durchzogen, die von der Oberfläche, dem ursprünglichen Meeresboden an beginnen und sich von da ab in die Tiefe auf die mannichfaltigste Weise verzweigen.

Ähnliche Erscheinungen bemerkt man in Island. Man erblickt z. B. bei Haltjarnastadr-Kambur Holzstämme in Kalkspath verwandelt und unzählige Doppelschalen der Venus islandica mit braunen Kalkspathcrystallen angefüllt, deren Bildung man sich nicht anders erklären kann, als dass Lösungen dieses Minerals in überschüssiger Kohlensäure, während die ganze Formation noch unter dem Meere lag, in die Conchylien eingedrungen sind. In Verbindung mit dem kohlensauren Kalk findet sich meistentheils auch kohlensaure Magnesia, welche mit jenem auscrystallisirt und gemeinsam mit ihr in neue Verbindungen nach den Grundsätzen des Isomorphismus eintreten kann.

Es scheint nun die Annahme die wahrscheinlichste, dass der kohlensaure Kalk und die Magnesia das noch fehlende Atom Basis zur Bildung des heterotypen Palagonits geliefert haben, und dass die durch diesen Vorgang freigewordene Kohlensäure in das Meer zurückgetreten sei.

Sollte durch vulkanische Ausbrüche, durch Lager von kohlensaurem Kalk, Kalkwasser unter dem Meere gebildet werden, was mitunter der Fall gewesen sein mag, so wird vermuthlich die Bildung der heterotypen Palagonite noch leichter von Statten gehen.

3. Neptunische Formationen, Gebirgsmassen von kohlensaurem Kalk und Magnesia, die in der einen oder andern Weise mit basischen vulkanischen Gesteinen in Berührung gerathen, können gleichfalls das fehlende Atom Basis für die Bildung des heterotypen Palagonits liefern. Für ganz Island, wo keine Spur von secundären oder tertiären Formationen wahrgenommen wird, kann an diese Bildungsweise ebenso wenig gedacht werden, als für die Formation von Aci Castello, in welcher Gegend bis auf eine Entfernung von mehrern Meilen keine Kalksteinschichten anstehen. Anders verhält es sich jedoch in dieser Beziehung in einigen Gegenden des Val di Noto, wo die Vulkane weit ausgedehnte Lager von tertiärem Kalkstein durchbrochen haben.

Bei Palagonia, wo sich grosse Lager von gemischtem Palagonit finden, sind die Kalksteinlager in einiger Entfernung und es ist kaum wahrscheinlich, dass sie bei der Bildung dieser Silicatmassen sich betheiligt haben. In der Nähe von Militello dagegen ist ein innigerer Contact zwischen der tertiären Kalkstein- und Palagonitformation zu beobachten.

Der conchylienreiche gemischte Palagonit vom Fondo di Gallo im Val di Militello liegt zwischen tertiärem, kalkreichem Mergel. An andern Stellen sind Fragmente von Kalkstein mit Palagonit gemischt. Von besonderer Wichtigkeit fur die Wechselbeziehung zwischen Palagonit und Kalkstein sind die Breccien unmittelbar bei Militello, die aus Lava- und Basalttrümmern und Geröllen, die durch kohlensauren Kalk verbunden sind, bestehen. Zwischen einem und dem nächsten Basaltstück befindet sich bald in grösserer, bald geringerer Entfernung ein meist grobkörniger, aber weicher, ganz mit Conchylien angefüllter Kalkstein. Die Conchylien sind vortrefflich erhalten und meist nur wenig verändert. Verschiedene Species von Ceritium, Buccinum, Arca u. s. w., namentlich auch Haliotis tuberculata, die sonst fast nie in Sicilien fossil gefunden wird, erblickt man in dem Cement, welches die verschiedenen grössern und kleinern Basaltfragmente verkittet.

Besonders beachtungswerth und für die Metamorphose der vulkanischen Gesteine wichtig ist die Veränderung, welche diese Lavatrümmer oder Basaltfragmente in dem genannten Conglomerate an ihren Berührungsflächen mit dem kohlensauren Kalk bis zu einer gewissen Tiefe hin erlitten haben. Die ursprünglich schwarzen crystallinischen Gesteine verändern nämlich, wo sie mit dem kohlensauren Kalk längere Zeit in Berührung gewesen sind, ihre Farbe; sie werden namentlich braun, und weniger hart, behalten aber öfter noch ihre crystallinische Structur; in andern Fällen nähern sie sich sehr dem eigentlichen Palagonit. Die Metamorphose greift gewöhnlich eine oder einige Linien tief in die Gesteine ein und hört dann ziemlich scharf begrenzt auf. Wo solche vulkanische, von kohlensaurem Kalk umgebene Trümmergesteine im Querschnitt erscheinen, zeigen sie rings umher nach Aussen einen hellbraunen metamorphosirten Ring und einen dunkeln unveränderten Kern.

Es hat mir bisjetzt an Zeit gefehlt, über diese Gesteinsumwandlung chemische Analysen vorzunehmen, die ich später in einem Nachtrage zu dieser Arbeit liefern werde, doch scheint es kaum einem Zweifel zu unterliegen, dass dieselbe als das erste Stadium zur Palagonitbildung angesehen werden müsse.

Die nähere Betrachtung dieser merkwürdigen Basalt- und Kalk-Breccien zeigt ferner aufs Neue, dass die grossen, oft 100 Fuss mächtigen Palagonitlager nicht aus festen Gesteinen, die unter günstigen Umständen nur an ihrer Oberfläche etwa liniendick, wie dieses sowohl in Militello als bei Palagonia vielfach von mir beobachtet ist, umgewandelt sind, sondern nur aus vulkanischen Aschen entstehen konnten, die unzählige Berührungsstellen für die einwirkenden Flüssigkeiten dargeboten haben.

Die Bildung der eben beschriebenen Breccien kann auf eine doppelte Weise vor sich gegangen sein. Entweder sind die vulkanischen Trümmer bei submarinen Ausbrüchen noch heiss mit den am Meeresboden befindlichen Kalk- oder Schlammmassen in Berührung gerathen und dann mit derselben zu einem Conglomerate verbunden; oder es haben sich, was ich für viel wahrscheinlicher halte, die Kalkmassen um die vulkanischen Fragmente, zwischen denen man mitunter auch Rollsteine bemerkt, secundär in langen Zeiträumen aus dem Meere abgesetzt.

Es bilden sich in dieser Weise vulkanische Conglomerate an der Meeresküste bei Trezza in der Nähe der Cyclopen-Felsen noch bis zum heutigen Tage, die durch Conchylien, Krebsscheren, Augitcrystalle, Sandkörner und wenig kohlensauren Kalk gegenseitig verkittet werden.

Die erwähnte Metamorphose in den Breccien von Militello, welche von beiden Bildungsweisen man auch für jene annehmen mag, kann nur durch eine sehr langsame Einwirkung des kohlensauren Kalks auf die vulkanischen Trümmergesteine erklärt werden, denn es scheint mir unmöglich, dass selbst glühende Lavastücke, die bei vulkanischen Ausbrüchen auf den Meeresboden niederfallen und daselbst mit kohlensaurem Kalk in Berührung kommen, noch eine solche Temperatur besässen, um die Kohlensäure auszutreiben und Kalkhydrat für ein zweites Atom Basis im heterotypen Palagonit zu bilden.

Indess ist es nicht unmöglich, dass vulkanische Gänge, welche unter dem Meere durch Kalksteinlager hindurchbrechen, unter günstigen Umständen Kalkwasser erzeugen, welches auf gewisse Entfernungen von der Ausbruchsstelle eine metamorphosirende Wirkung ausüben kann.

Bei Militello, wo die tertiären Kalksteinschichten häufig von Lavamassen durchbrochen werden, wären solche Verhältnisse wohl denkbar, auch ist die von Darvin erwähnte Localität von Porto Praja, worauf Bunsen seine Ansichten über die Palagonitbildung stützt, vielleicht ähnlicher Art. Für unmöglich halte ich es aber nicht, dass auch dort eine Einwirkung des kohlensauren Kalks auf die Laven stattgefunden hat, ohne dass die Bildung von Kalkhydrat nothwendigerweise angenommen zu werden braucht. Es ist mir nämlich noch sehr zweifelhaft, ob ein submariner Lavastrom eine solche Hitze besitzt, um kohlensauren Kalk vollkommen zu brennen und die Kohlensäure auszutreiben. Bei emporbrechenden Gängen ist dieser Process eher möglich, die als die ursprünglichen Canäle für geschmolzene Silicatmassen jedenfalls eine höhere Temperatur als Lavaströme oder seitwärts injicirte Schichten besitzen. Jedenfalls ist die Bildung von Kalkhydrat, wenn auch nicht unmöglich, doch nicht eben wahrscheinlich, und sicherlich dem Raume nach sehr beschränkt.

Nach diesen Erörterungen scheint uns keine andere Wahl zu bleiben, als für die bei der Bildung der heterotypen Palagonite eintretende Basis das Meerwasser als eigentliche Quelle zu betrachten und zwar hauptsächlich aus dem Grunde, weil sich die gemischten Palagonite in vielen Gegenden finden, wo weit und breit keine Kalksteinschichten anstehen und in ihnen meistens der Augit und Olivin vollständig oder doch zum bei weiten grössern Theile erhalten und unzersetzt aufgefunden wird.

Dagegen den letzten physikalischen Grund anzugeben, durch den die Bildung der orthotypen, der heterotypen, oder beider zusammen, also der gemischten Palagonite bedingt wird, ist mir bisjetzt nicht gelungen, und ich kann darüber nur meine Vermuthungen statt bestimmter Thatsachen mittheilen.

Die Palagonitbildung ist, den frühern Untersuchungen gemäss, eine submarine Metamorphose, bei der der Feldspath in Verbindung mit dem Eisenoxyd das hauptsächlichste Material geliefert hat; wo das Eisenoxyd, wie beim Sideromelan, schon vorhanden ist, wird dieser Vorgang um so leichter und einfacher von Statten gehen.

Der basische Feldspath, bei jeder beliebigen Vertheilung der isomorphen Bestandtheile in $\dddot{\bar{R}}$ und $\dot{R}$, muss eine vollständige Lösung erfahren. Von zwei Labradoren, denen genau die Norm (6, 3, 1) zukömmt, wird der am leichtesten gelöst, der von beiden am meisten Kali und Eisenoxyd, und daher am wenigsten Kieselerde enthält. Der Sideromelan wird demnach leichter in Palagonit übergeführt werden können, als eisenoxydfreier Labrador.

Aber auch der verhältnissmässig am leichtesten lösliche Feldspath wird vom Wasser nur nach längeren Zeiträumen eine Umwandlung erfahren, und jedes unendlich kleine aufgelöste Theilchen desselben wird, mit dem Meere in Berührung, diesem ein unendlich kleines Theilchen Magnesia entziehen und eine den stöchiometrischen Gesetzen entsprechende Menge von Chlor-Calcium, -Natrium und -Kalium, oder von schwefelsaurem Kalk, Natron und Kali dafür zurückgeben. Jedes neue hinzutretende Feldspathatom zersetzt sich so nach und nach mit einem neuen Atome Chlormagnesium, das durch die ewig fortdaurende Bewegung des Meerwassers immer wieder an den Ort der Zersetzung hingeführt wird.

Ist ausser dem Chlormagnesium und der schwefelsauren Magnesia zufälligerweise eine grössere Menge von kohlensaurem Kalk und Magnesia, oder, was allerdings nur seltener sein mag, gelöstes Kalkhydrat im Meerwasser vorhanden, so liefern diese, wie ich vermuthe, ebenfalls in Folge molecularer Wirkung das fehlende Atom Basis für die heterotypen Palagonite. Bei einer solchen Zersetzung von kohlensauren mit kieselsauren Salzen würde freie Kohlensäure ins Meer zurücktreten. Nur in dieser Weise kann ich mir die Bildung der heterotypen Palagonite erklären, die allerdings noch einer experimentellen Bestätigung bedarf. Sollte es jedoch künftig gelingen, eine bessere, überzeugendere Erklärungsweise dafür aufzufinden, so werde ich dann die nothwendigen Zusätze und Verbesserungen zu der vorliegenden Arbeit nachtragen.

Die Mittelzone von Island, die reichlich den dritten Theil der Insel ausmacht, enthält die Palagonitformation in Verbindung von unzersetzten vulkanischen, zum Theil überseeischen Aschen und festen crystallinischen Gesteinen.

Nehmen wir an, dass auch nur der funfzigste Theil dieser Gebirgsmassen aus Palagonit bestehe, dass ferner die Oberfläche der Zone 600 Quadratmeilen, und ihre mittlere Dicke auch nur 300 Meter betrage, so würde in Island eine Palagonitschicht von einer Quadratmeile Oberfläche und 3600 Meter Höhe, oder nahe zu eine halbe Kubikmeile Palagonit vorhanden sein. Da die Länge der geographischen Meile = 7420^{m}, so betrüge die gesammte Palagonitmasse Islands in runder Zahl

204000 Millionen Kubikmeter. Rechnen wir von dieser Masse 4 Procent für die aus dem Meerwasser herstammende Magnesia, so findet man dafür 8160 Millionen Kubikmeter.

In einem Kubikmeter Seewasser von Livorno (s. Seite 459) sind aber 30900 Gramm schwefelsaure Magnesia und 30206 Gramm Chlormagnesium enthalten, in beiden Verbindungen zusammen circa 23000 Gr. Magnesia. Setzen wir das spec. Gewicht der Magnesia = 3,2, so würde in einem Kubikmeter Meerwasser 7,187 Liter oder 0,007187 Kubikmeter Magnesia enthalten sein.

Für die gesammte Palagonitbildung von Island müssen nach diesem Überschlage

$$\frac{8160\,000000}{0{,}007187} = 1\,135300\,000000$$

Kubikmeter oder 2,78 Kubikmeilen Seewasser, rücksichtlich der Magnesia vollständig zersetzt werden.

Durch diesen Überschlag, der die Palagonitmenge von Island wahrscheinlicher Weise noch viel zu gering angibt, muss man die Überzeugung gewinnen, dass die Bildung dieser merkwürdigen submarinen Formation nicht das Resultat einer einmaligen gewaltigen Katastrophe gewesen sein kann, sondern dass dieselbe in sehr langen Zeiträumen, für die uns jeder Maassstab fehlt, allmählig vor sich gegangen ist.

Die Palagonitbildung ist daher wohl mit Recht als eine säculare zu bezeichnen, die sich rücksichtlich der zu ihrer Entstehung nothwendigen Zeiträume, von der

Bildungsweise der Dolomite, Kalksteine und vieler anderer Flötzgebirge nicht wesentlich unterscheidet; Zeiträume, die noch um so grösser erscheinen, wenn man in Erwägung zieht, dass die Eruptionen der einzelnen, für die Bildung der Palagonit-Gebirge erforderlichen Aschen, den jetzigen Erfahrungen gemäss, wiederum durch lange Reihen von Jahren von einander getrennt sind.

Die Palagonite von Island können daher nicht als eine einzige Formation, welche die Basis der Insel constituirt, sondern nur als verschiedene einzelne Localbildungen betrachtet werden, die durch Zeit und Raum von einander getrennt sind, oder nur hin und wieder in einem sehr losen Zusammenhange mit einander stehen. Vergleichen wir die früher in meiner Abhandlung über die submarinen vulkanischen Ausbrüche im Val di Noto und in meiner Skizze von Island Seite 85 bis 88 mitgetheilten Ansichten über die Palagonitbildung, mit unserer eben mitgetheilten Theorie, so wird diese nur als eine ausführlichere Bearbeitung jener angesehen werden müssen.

Dagegen hat Bunsen in dem bereits vorhin erwähnten Aufsatze Poggend. Ann. LXXXIII, eine Theorie der Palagonitbildung gegeben, gegen die ich mich eben so bestimmt aussprechen muss, als gegen die von ihm mitgetheilte Theorie der Gesteinsmischungen.

Die von Bunsen aufgestellte Theorie der Palagonitbildung besteht im Wesentlichen darin, dass die sogenannte normal-pyroxenische Masse durch Kalk- oder Kalihydrat aufgeschlossen und dann unter dem Meere zu Palagonit verwandelt sei. Er stützt diese Hypothese auf einen Versuch, indem er 13 Theile zerfallenen Kalk mit einem Theile Basaltpulver glüht und die erhaltene Masse abschlämmt. Statt des Kalks kann auch Kalihydrat genommen werden.

Die erste Art der Palagonitentstehung, durch das Aufschliessen der genannten Silicatmassen vermittelst Kalk gibt Bunsen selbst auf, da die durchschnittlich an Kalk ärmern Palagonite aus den an Kalkerde reichern normalpyroxenischen Gesteinen durch den Einfluss von Kalkerde nicht wohl entstanden sein können. Statt dessen wird die palagonitische Metamorphose durch ein Zusammenschmelzen der ursprünglichen Gesteine durch Kalihydrat erklärt.

Die Frage, woher die ungeheuern Alkalimassen, die doch wohl mindestens eben so gross, als die jetzigen Palagonitgebirge gewesen sein müssten, zu nehmen sind, setzt Bunsen selbst in Verlegenheit. Er hält es nämlich zuerst für nicht unmöglich, dass durch irgend einen vulkanischen Vorgang das zur Palagonitbildung nöthige Alkali aus den vorhandenen Gesteinen extrahirt und dann weiter verwendet werde.

Allen unsern Erfahrungen gemäss ist aber in den vulkanischen Gesteinen das Alkali nur aus dem Feldspath zu entnehmen. Ferner besitzen, nach den von uns mitgetheilten Untersuchungen, alle basischen Feldspathe und in sofern auch die aus ihnen vorzugsweise gebildeten basischen Gesteine weniger Alkali und dafür mehr Kalk und Magnesia als die ältern. Wie können aber die an Alkali ärmsten crystallinischen Gesteine, die wir kennen, solche Massen von Kali und Natron liefern, um damit ganze Gebirge in Palagonit zu verwandeln, die Island von einem Ende bis zum andern durchziehen und die mitunter zu einer Höhe von 4000 Fuss gelangen? Wollte man aber wirklich eine solche Bildung annehmen, so ist es klar, dass das, was auf der einen Seite zur Palagonitbildung verwandt wird, den Gesteinen auf der andern entzogen werden muss. Der des Alkalis beraubte Theil würde aber dann ohne Zweifel für die Metamorphose nicht mehr verwendbar sein und müsste sich neben dem Palagonit so wiederfinden, dass das Sauerstoffverhältniss im Feldspath von $\ddot{R}:\dot{R}$ grösser wäre als 3. Gesteine dieser Art sind aber bisjetzt durchaus nicht in den Palagonitregionen von Island und Sicilien aufgefunden.

Die Schwierigkeit, auf diese Weise die Palagonitbildung zu erklären, hat Bunsen selbst gefühlt, und er schreitet daher zu der noch unwahrscheinlichern Hypothese, dass in der Vulkanenperiode ausser dem trachytischen und normalpyroxenischen Herd noch ein dritter gegenwärtig erloschener thätig gewesen sei, dessen Inhalt aus alkalireichen Silicaten bestand, die überbasisch genug waren, um unter dem Einfluss des Wassers in Palagonitsubstanz und lösliche, mit dem Wasser fortgeführte Substanzen zu zerfallen.

Indem Bunsen von dem sehr anerkennungswerthen Streben ausgeht, die geologischen Vorgänge, welche die Natur uns vorführt, auch im chemischen Laboratorium nachzubilden, hat er ganz ausser Acht gelassen, dass die grosse Werkstatt der Schöpfung mit Leichtigkeit über eine Reihe von Umständen gebietet, welche dem Chemiker bei dem besten Willen gar nicht, oder nur sehr unvollständig zu Gebote stehen.

Hierher rechne ich vorzugsweise die grossartigere Verfügung über Material, über hohe Temperaturen, Druckkräfte und über unabsehbare Zeiträume, welche letztern bei der Palagonitbildung vom allerwesentlichsten Einflusse gewesen sind.

Bunsen ersetzt dieses zuletzt genannte ihm fehlende Element durch den Eingriff kräftig wirkender Akalimassen, die vielleicht um das 10fache die aufzuschliessenden Silicatmassen übertreffen. Dass man durch dieses Hülfsmittel zum Ziele gelangt, wird niemand in Abrede stellen, allein man darf nicht vergessen, dass es nur ein Hülfsmittel, einer der verschiedenen Wege ist, welche zu demselben Ziele führen.

Das Aufschliessen der Silicatmassen durch einen beträchtlichen Überschuss von Alkalien entspricht der Leistung einer grossen Kraft in einer kurzen Zeit, während mit einer ungleich geringeren Kraft in einem grossen Zeitraume dasselbe Resultat erzielt werden kann.

Unsere basischen Silicate, die durch den Anorthit und Labrador und ihre Zwischenglieder repräsentirt werden, sind aber in der That basisch genug, um in grössern Zeiträumen durch das Seewasser zersetzt zu werden, und es ist vollkommen überflüssig, die Ergüsse eines dritten jetzt erloschenen vulkanischen Herds mit zu Hülfe zu ziehen, dessen Existenz jeder Beobachtung direct widerspricht.

Die Erfahrung belehrt uns, dass durchschnittlich die vulkanischen Gesteine der neuern Zeit bei allmählig zurückweichendem Alkali die basischsten aller bekannten sind, die jedenfalls beim Anorthit und meist schon früher ihre Grenze erreicht haben.

Die hunderte von Analysen vulkanischer Gesteine, die man gemacht hat, zeigen von solchen überbasischen Silicaten, die doch aller Wahrscheinlichkeit nach gegenwärtig hin und wieder vorkommen müssten, auch nicht die geringste Spur. Es ist allerdings, um diesen Hindernissen zu begegnen, eine bequeme Theorie, die aber mit dem Gesammtresultat unserer Erfahrungen nicht harmonirt, einen erloschenen Herd überbasischer Silicate vorauszusetzen, dessen Bestandtheile jetzt aus der Reihe der Mineralkörper gänzlich verschwunden sind.

Die Aufstellung so gewagter Hypothesen würde Bunsen haben vermeiden können, wenn er statt im Allgemeinen mit unbestimmten Silicatmassen zu arbeiten, die einzelnen chemischen Verbindungen, die nothwendigerweise aus ihnen hervorgehen, und ihre daraus abgeleiteten Metamorphosen scharf ins Auge gefasst hätte. Es würde ihm dann auch gewiss nicht der ungeheure Einfluss des Meerwassers auf die Zersetzung basischer Feldspathe und der gegenseitige Umsatz der Bestandtheile entgangen sein.

Das äusserst wichtige Verhalten des Seewassers zur Palagonitbildung wird in Bunsens Untersuchungen mit keinem Worte erwähnt, und wie nah lag diese Frage bei der Betrachtung der Zusammensetzung der normalpyroxenischen Masse und des wasserfreien Palagonits um so mehr, wenn man den unzersetzt gebliebenen Augit mit berücksichtigt.

Ohne Zweifel hat das reiche und sehr instructive Material aus den Formationen von Palagonia, welches Bunsen fremd war, auf die Entwicklung meiner Ansichten günstig gewirkt, indess ist der Sideromelan in Island allgemein verbreitet und wahrscheinlich wird sich der Korit auch ausser am Suđafell bei sorgfältigerm Nachsuchen auch an andern Orten vorfinden und den Einfluss des Meerwassers auf seine Entstehung deutlich beurkunden.

Bunsens Versuch, aus dem geglühten und schnell mit Wasser in Berührung gebrachten Palagonit, Mandelstein und Zeolith abzuleiten, ist interessant und gewiss sehr zu beachten.

Dass in Island auf diese Weise manche zeolithführende Mandelsteine hervorgegangen sind, ist wohl möglich; die Zeolithe im Palagonit in Sicilien sind aber auf diese Weise nicht entstanden, eben so wenig haben sich so die ungeheuern Zeolith- und Mandelsteingebirge des östlichen und westlichen Islands gebildet, was auch Bunsen anzunehmen scheint.

Naturwissenschaftliche Fragen zur Discussion, wo möglich zur Lösung zu bringen, ist unsere Lebensaufgabe; ich bin mir bewusst, in diesen Untersuchungen mich streng auf dem Felde der Objectivität gehalten zu haben, und werde alle Mängel, von denen diese Arbeit gewiss nicht frei ist, sogleich verbessern, und am bereitwilligsten dann, wenn sie auf eine exacte Weise nachgewiesen werden.

XV. Bemerkungen über die Metamorphose der neuern crystallinischen Gesteine.

Die Metamorphose der palagonitischen Gebilde, welche uns im letzten Abschnitte ausschliesslich beschäftigt hat, wird in solchen Gegenden der Erde besonders bemerkbar, in denen durch basische Feldspathe charakterisirte Aschen vom Meerwasser allmählig zersetzt werden. Wo diese Bedingungen fehlen, kann keine Palagonitbildung erscheinen, dagegen wird die Metamorphose fester crystallinischer Gesteine nicht selten zum Vorschein kommen.

Die Gebirge der West- und Ostküste Islands, welche die Palagonitformation der Mitte der Insel auf beiden Seiten wie zwei grosse Mauern begleiten, geben uns ein deutliches Bild dieser zweiten Art der Metamorphose, welche sich in ähnlicher Weise auf Faroe, auf den Hebridischen Inseln, in den Basalt-Gebirgen Schottlands, Deutschlands und Italiens, so wie in unzähligen andern Gegenden, bald mehr bald minder deutlich entwickelt hat.

Bei der Palagonitbildung erstreckt sich die Metamorphose auf die kleinsten Aschenpartikelchen, in denen wenigstens rücksichtlich des Feldspaths und Eisens eine gänzliche Umgestaltung vorgenommen wird, während bei den crystallinischen Gesteinen die Metamorphose darin besteht, dass aus ihnen gewisse Stoffe allmählig extrahirt und zu neuen Körpern verwandelt werden.

Nachdem ein gänzliches oder theilweise bewirktes Ausscheiden der löslichen Bestandtheile stattgefunden hat, bleibt ein poröses, mehr oder minder zusammenhängendes Mineralscelett zurück, dessen Höhlungen und Spalten mit den neugebildeten metamorphischen Producten erfüllt werden und das den Namen Mandelstein führt. Die auf die festen Gesteine so eingeleitete Zersetzung ist in noch höherm Maasse wie die Palagonitbildung als ein säcularer Process anzusehen, der von seinem ersten Beginnen bis zu seinem vollkommenen Schlusse ungeheure Zeiträume erfordert.

So wie bei der Palagonitbildung wird auch bei der Metamorphose der festen Gesteine der basische, leichter lösliche Theil besonders in Anspruch genommen, während der saure Theil der Feldspathe und der schwerer lösliche Augit nicht ganz unberücksichtigt bleiben dürfen.

Das allmählige Extrahiren der basischen Bestandtheile aus den crystallinischen Gesteinen, oder ihr allmähliger Übergang in Mandelstein geht, wie das vorher angeführte Beispiel vom Val di S. Giacomo am Aetna zeigt, unter gewöhnlichen Umständen, ohne höhere Temperatur, ohne höhern Druck, nur durch den langsam fortwirkenden Einfluss von schwach kohlensäurehaltigem Wasser unausgesetzt von statten.

Wo indess basische Gesteine bei höherer Temperatur, höherm Drucke und öfter bei starker Kohlensäure-Entwicklung vielleicht Jahrtausende unter dem Meere gelegen haben, nimmt die Metamorphose ein schärferes, charakteristischeres Gepräge an.

Die ursprünglich schwarzen oder dunkelgrauen, öfter blasigen Laven, Trappe oder Basalte werden durch Wasser nach und nach gleichsam ausgesogen, bekommen eine hellere, graue oder schwach bräunliche Färbung, öfter ein gebändertes, flammiges Aussehen, sie werden locker, zerreiblich und zerfallen endlich in eine graue mergelartige Erde, die mit unzersetzten Gesteinsfragmenten und mit aus der Zersetzung hervorgegangenen Körpern, namentlich mit Zeolithdrusen, innig durchwebt wird.

Alle möglichen Übergänge von kaum angegriffenen bis zu fast vollständig zersetzten Gesteinen sind in Island in der grössten Mannichfaltigkeit zu beobachten, und kommen namentlich an den Ufern des Berufiord zur höchsten Stufe der Entwicklung.

Die Metamorphose erstreckt sich vorzugsweise auf das Extrahiren des basischen Feldspaths, ganz wie bei der Palagonitbildung, doch wird das Eisen nur zum kleinern Theile bei der Bildung der neuen Körper mit verwandt; eben so nimmt der Augit daran einen beschränkten Antheil.

Aus einem Feldspath von der Norm (x, 3, 1) kann der basische Theil (y, 3, 1) extrahirt werden. Die Grösse y stelle allgemein eine jede Grösse zwischen 4 und 6 dar. Sind zufälligerweise in dem ursprünglich crystallinischen Gesteine anortithähnliche Feldspathe vorhanden, so wird y = 4, oder etwas grösser ausfallen;

sind z. B. reine Labradore zugegen, so wird der extrahirte Theil die Zusammensetzung (6, 3, 1) besitzen.

Diese Feldspathlösungen gelangen alsdann zum Crystallisiren und bilden die verschiedenen Zeolithe. Eine Lösung nach der Norm (4, 3, 1) wird zunächst Mesolith und Thomsonit erzeugen. Ist y zwischen 4 und 6 z. B. 5,1, so wird die Norm (5,1, 3, 1) in zwei Theile, in Anorthit und Labrador zerlegt, und es entstehen gemischte Mesolithe, wie z. B. der von Trezza (Siehe Seite 269), die aus Mesolith und Scolezit zusammengesetzt sind. Wird $y = 6$, so erscheinen Natrolithe und Scolezite, der erstere mit 2, der andere mit 3 Atomen Wasser.

Während der extrahirte Theil in der Bildung begriffen ist, wird die Kohlensäure auf ihn einen sehr wesentlichen Einfluss ausüben, wodurch sowohl die Entstehung mannichfaltiger Zeolithspecies, als auch das Ausscheiden von plastischem Thon, Kieselerde und die Bildung von Kalkspath bedingt wird.

Bei der Zeolithbildung scheint die Natur basische und neutrale Salze zu bevorzugen, während die sauren so gut wie gänzlich fehlen. Auch da, wo aus den Feldspathhydraten durch eine günstige Combination von Umständen saure Salze hervorgehen könnten, bilden sich, ähnlich wie bei der Granitbildung, neutrale mit Ausscheidung von Kieselerde und Thonerde.

Ein Beispiel wird dieses Verhältniss noch verdeutlichen. Aus einem neuern vulkanischen Gesteine werde eine Lösung von der Norm (6, 3, 1) extrahirt. Kömmt dieselbe zum Auscrystallisiren, so bildet sich z. B. Scolezit; wird aber die Flüssigkeit allmählig während des ganzen Bildungsprocesses mit einer gewissen Quantität Kohlensäure gemischt, so kann neben den neutralen oder basischen Zeolithen, Kalkspath, Chalcedon oder Quarz und plastischer Thon mit gebildet werden.

Die Norm (6, 3, 1) = (36, 18, 6) kann dann beispielsweise für die Bildung der verschiedenen Mineralkörper so zerlegt werden:

Für Scolezit	(18,	9,	3)
Rest	(18,	9,	3)
Für Kalkspath verwandt			2
Neuer Rest	18	9	1
Für Desmin, Heulandit u. s. w.	12	3	1
Für Chalcedon und Quarz	6		
Für plastischen Thon		6	

Die Kohlensäure erscheint auch hier, wie wir schon bemerkt haben, gleichsam als ein Regulator für die Zeolithbildung, und kann unter Umständen die Basis $\dot{R}$ ganz an sich ziehen. In diesem Falle wird die Zeolithbildung aufhören, während die Quarz-, Kalkspath- und Thonbildung ihren Culminationspunkt erreichen.

Manche der isländischen Localitäten geben von dieser Art der Bildung ein sprechendes Zeugniss. Die Gebirge des Graukoll oberhalb Helgastadir am Eskifiord zeigen in ihren Mandeln, Spalten, Gängen u. s. w. in auffallend grosser Menge und Mannichfaltigkeit Quarz-, Chalcedon- und Jaspismassen, ohne irgend eine Spur von Zeolithbildung, in anderen Gegenden, z. B. am Ende des Berufiords, herrscht diese vor, während die Chalcedon-

und Quarzbildung zwar nicht fehlt, doch ohne Vergleich beschränkter ist.

Bei langsamer Einwirkung von Kohlensäure wird den Zeolithen Zeit zum Auscrystallisiren gegönnt, die successiv mit den verschiedensten Normen mit (4, 3, 1, δ), (6, 3, 1, δ), (8, 3, 1, δ), (12, 3, 1, δ) allmählig zum Vorschein kommen, und in mannichfacher Weise Nebenbildungen von Quarz, Kalkspath und Thon gestatten.

Unter dem ungeheuren Drucke, der am Boden des Meeres herrscht, wird es diesen Minerallösungen leicht werden, durch die kleinsten Spalten und oft ganz unsichtbare Haarröhrchen in scheinbar durchaus geschlossene Blasenräume gleichsam wie durch die Poren eines Filters vollkommen geläutert einzudringen und im Innern derselben nach längern Zeiträumen zum Crystallisiren zu gelangen.

Am Eskifiord im östlichen Island findet man z. B. braune Mandelsteine, die mit unzähligen grössern und kleinern Chalcedonkugeln und Quarznieren gefüllt sind. Bei einigen ist der Weg deutlich zu erkennen, den die Flüssigkeit genommen hat, um in das Innere der Drusen zu gelangen, andere dagegen ganz in ihrer Nähe scheinen ringsum geschlossen und machen es mehr als wahrscheinlich, dass dieselbe durch unendlich kleine Spalten oder Röhrchen unter einem gewaltsamen Drucke in die Höhlungen eingepresst ist.

Eben so bemerkte ich auf Staffa dichte, scheinbar ganz unzersetzte Basaltmassen, welche in ringsumschlossenen Höhlungen sehr schöne Apophyllit-Crystalle enthielten.

Bei dieser Bildungsweise können die verschiedensten Modificationen rücksichtlich des Zusammenvorkommens der Mineralkörper entstehen, von denen einige der interessantesten angeführt zu werden verdienen.

Erstens erscheinen Chalcedon-Drusen mit einem Kerne von Quarz oder mit einem Crystallgewölbe, um das sich öfter gegen 100 abwechselnde Schichten von amorpher und crystallinischer Kieselerde ablagern. Bei einer näheren Betrachtung dieser Drusen und Chalcedonmandeln gelangt man bald zu der Ansicht, dass der amorphe Quarz, also zunächst Kieselerdegallerte, äusserst schwierig und erst nach langen Zeiträumen oder vielleicht bei bedeutenden Temperaturwechseln in den crystallinischen oder crystallisirten Zustand übergeht. Die Opale, Chalcedone, Achate, Amethyste und endlich die rechts- und linksgewundenen Quarze, die im amorphen Zustande vereint erscheinen, bilden hier eine innig in einander verwebte Gruppe von Mineralkörpern.

Die Chalcedone findet man ausser in Kugeln und Nieren öfter in bänderartigen Schichten von schalenförmigen Absonderungen und häufig in ausgezeichneten stalactitischen Formen, die durch fortgesetztes Herabtropfen gelatinöser Kieselerde, im Hangenden oder Liegenden der Schichten erzeugt werden konnten.

Die gelatinöse Kieselerde ist alsdann auch, wie es öfter in Island bemerkt wird, sehr geneigt, Pflanzengewebe, Blätter und Holzstücke innig zu durchdringen und dieselben mit Erhaltung der frühern Struktur in sogenannte Holzopale zu metamorphosiren.

Zweitens bemerkt man häufig in dem Mandelsteine

Drusen, welche aussen mit einer kaum $\frac{1}{10}$ Millimeter dicken, schwarzen, mattglänzenden Rinde von einer bis jetzt unbekannten Substanz überzogen werden. Nach Innen sind die Wände der Höhlung mit klaren Quarzcrystallen besetzt, denen offenbar durch eine spätere Infiltration Crystalle von Kalkspath, Braunspath oder Chabasit aufgelagert sind.

Ferner findet man, zumal am Berufiord, Mandeln von derben oder in freien Räumen auscrystallisirten Scoleziten, Heulanditen und Epistilbiten, welche nach aussen von einer prächtig gefärbten, vanadinhaltigen Grünerde überkleidet werden, unter der eine dünne Schicht eines blätterigen, dunkelölgrünen, chloritähnlichen, bisjetzt ununtersuchten Minerales folgt.

Über der erwähnten Grünerde bemerkt man bei einigen Mandeln einen sehr zarten kirschrothen, matten, amorphen Überzug, der seiner Seltenheit wegen auch noch nicht analysirt ist, aber ohne Zweifel eine selbstständige Mineralspecies repräsentirt.

Am Eskifiord finden sich, ähnlich wie am Berufiord, Quarzmandeln, mit einer hell-pistaziengrünen sehr feinen Schicht von Grünerde überzogen. Im Innern derselben liegen den Quarzen zuweilen kleine Braunspathcrystalle auf.

Von besonderm Interesse sind die Mandelsteinc einer gewissen Schicht des Läuafell zwischen Reikjavik und dem Esia. Die hier vorkommenden Geoden sind nämlich an ihrer untern Hälfte mit einem gebänderten, schichtenförmig-abgelagerten, gelblichen Chalcedon gefüllt, der an der Oberfläche gegen das Gewölbe zu mit mikroskopisch kleinen Quarzcrystallen, die auch die Wände ihrer obern Hälfte bekleiden, bedeckt wird. Betrachtet man mehrere neben- und übereinander liegende Geoden, so bemerkt man, dass in allen die Oberflächen der Chalcedon-Schichten einander parallel laufen und an der Lagerstätte selbst horizontal sind. Aus dieser Beobachtung geht deutlich hervor, dass dieselben einst etwa bis zur Hälfte mit kieselerdereichen Flüssigkeiten, die von oben allmählig an den Wandungen herabgefallen sind, sich gefüllt haben *).

Sehr merkwürdig sind in dieser Hinsicht die Chalcedon-Mandeln von Montecchio Maggiore bei Vicenza, welche mitunter noch bis zum heutigen Tage leichtbewegliche Kieselerdeflüssigkeit enthalten.

Endlich sind noch solche Mandeln zu erwähnen, welche im Innern nur aus Kalkspath, Grünerde oder Chlorophait bestehen.

Dass die Kohlensäure bei der Bildung der Zeolithgruppen von besonderm Einfluss sei, und dass dadurch Quarz und Kalkspath als Nebenproducte gebildet werden, wird auch noch durch eine andere Betrachtung wahrscheinlich.

Man kann nämlich den Epistilbit, Parastilbit, Desmin und Heulandit als wasserhaltige Albite; Analcim, Phillipsit, Herschelit u. s. w. als wasserhaltige Andesine und Natro-

---

*) Diese isländischen Geoden, die am Läuafell systemweise bei einander und zwar an ihrer Lagerstätte durchgehends mit horizontalen Chalcedonschichten sich finden, gleichen denen vollkommen, welche Macculloch beschrieben und von denen eine in Naumanns Geologie I, 459, C abgebildet ist.

lith und Scolezit als wasserhaltige Labradore betrachten. Wären die beiden ersten Gruppen wirklich hydratische Feldspathe von der Norm (12, 3, 1) und (8, 3, 1), so müsste in ihnen, wenigstens bei Mittelwerthen, den frühern Untersuchungen gemäss, die von x abhängige Vertheilung der isomorphen Basen bemerkbar sein. Es müsste dann z. B. dem Desmin, Epistilbit u. s. w. nur wenig Kalkerde und viel Natron und Kali zukommen, während beide Mineralkörper, aus Mittelwerthen zu urtheilen, verhältnissmässig sehr reich an Kalk und arm an Alkalien sind.

Diese abweichende Art der Vertheilung der isomorphen Basen ist aber vollkommen erklärlich, sogar nothwendig, wenn Desmin und Epistilbit aus Labradorlösungen sich gebildet haben, in denen ein Theil von $\dot{R}$ durch Kohlensäure absorbirt worden ist.

Ob der albitische Theil der Feldspathe bei der Bildung der Zeolithe sich bis zu einem gewissen Grade betheilige, oder ob er sich durchaus indifferent verhalte, lässt sich bisjetzt nicht entscheiden.

Der albitische Theil eines Feldspaths, den wir vorhin Seite 425 mit T′ bezeichnet haben, findet sich in den Tuffen von Aci Castello unzersetzt wieder und hat dort zu keiner neutralen Zeolithbildung Veranlassung gegeben, obgleich er sich seiner chemischen Zusammensetzung nach dazu vollkommen eignen würde.

Die Heulandite und Desmine dagegen, welche man auf den Gängen von Arendal, am St. Gotthard und am Mt. Blanc findet, können möglicher Weise aus Orthoklas hervorgegangen sein; da sich aber in den genannten

Localitäten Oligoklas findet, so ist es doch wahrscheinlicher, dass der basische Theil desselben auch im Urgebirge die Zeolithbildung veranlasst hat.

Es sprechen für diese Bildungsweise die kleinen saubern Kalkspathcrystalle, welche auf den Granatgesteinen von Arendal, die häufig vorkommenden Heulandite und Desmine begleiten.

Dass die Zeolithbildung sowohl in den ältern als auch in den neuern crystallinischen Formationen nicht durch gewaltsame Schmelzungsprocesse von Alkalien mit Silicaten, sondern durch eine säculare Einwirkung von mehr oder minder kohlensäurehaltigem Wasser vorzugsweise aus basischen Feldspathen hervorgegangen sei, wird noch durch folgende Beobachtungen besonders wahrscheinlich.

Die Zeolithcrystalle, zumal in Island, sind öfter 2 bis 3 Zoll gross und dabei ausserordentlich regelmässig gebildet. Nach allen Erfahrungen, welche wir über das Wachsthum solcher Crystalle haben, muss man schliessen, dass dazu sehr lange Zeiträume erfordert werden. Es spricht dafür ferner ihr gemeinsames Vorkommen mit Quarz, dessen langsames Crystallisiren nicht in Abrede gestellt werden kann. Ausserdem ist in dieser Hinsicht eine Beobachtung von besonderm Interesse, welche ich in Halbjarnastadr-Kambur bei Husavik zu machen Gelegenheit hatte.

In der dortigen conchylienreichen Tuffformation findet man, wie schon vorhin bemerkt, Holzstämme, welche mit dem von mir beschriebenen Xylochlor angefüllt sind. In derselben Gegend fand ich wenig verändertes Holz, an dessen Fasern, ähnlich wie bei den Dornensteinen der Gradirwerke, Stalactiten abgesetzt waren, die bei näherer Untersuchung sich als Apophyllit erwiesen.

Diese merkwürdigen Gebilde, die etwa einen halben Zoll lang sind, lassen bei Querschnitten in ihrer Axe noch die organischen Fasern erkennen, um die sich peripherisch kleine 4seitige Pyramiden von Apophyllit zu einem cylindrischen Zapfen gruppiren *).

Auch aus dieser Erscheinung muss man mit Sicherheit entnehmen, dass diese wasserhaltigen Silicate aus sehr wenig concentrirten Flüssigkeiten im Laufe längerer Zeiträume sich abgesetzt haben, ohne dass dabei Schmelzprocesse oder bedeutend höhere Temperaturen mitgewirkt hätten, welche die Holzfasern, die als Unterlage der Crystalle dienen, gewiss zerstört haben würden.

Eine besondere Berücksichtigung scheint hier noch die interessante Localität des isländischen Doppelspaths oberhalb Helgastadir am Eskifiord zu verdienen. Die Gesteine am Ufer dieses Meerbusens bestehen theils nach Damours, theils nach meinen Untersuchungen aus einem eigenthümlichen hellgrauen, kieselerdereichen und meist an Kalk sehr armen Klingsteinschiefer, wenn man sich dieses unbestimmten Ausdrucks bedienen darf, der sehr häufig der Metamorphose gar nicht ausgesetzt gewesen zu sein scheint. Wie sich aus einer so kalkarmen und dabei schwer zersetzbaren Formation der Doppelspath habe entwickeln können, ist schwer begreiflich.

---

*) Das beschriebene Exemplar von Apophyllit auf Holz befindet sich in der hiesigen Universitätssammlung.

Der Doppelspath bildet in dem genannten Gestein eine vollkommen abgeschlossene riesige Mandel von fast 16 Metern Länge, 8 Metern Breite und kaum 4 Metern Höhe, durch deren Mitte ein kleiner Bach, Silvrleikr seinen Weg gebahnt hat. Dieses Mineral ist im Innern vollkommen compact, zuweilen so fest, dass er nur durch Sprengen oder durch Anwendung von Brecheisen zu bearbeiten ist. In der äussern Umhüllung der Mandel liegen aber einzelne Kalkspathrhomboeder, zwischen denen sich gewöhnlich die klarsten Stücke finden, nicht selten von Desminkrusten ganz oder zum Theil umhüllt, lose neben einander. Die Crystalle dieses wasserhaltigen Silicats sind auch öfter in den Kalkspath eingewachsen, und beurkunden dadurch, dass sie früher als jener fest geworden sind. In andern Gegenden Islands ist diese Bildungsweise jedoch umgekehrt; Crystalle von Kalkspath werden gänzlich von Zeolith umschlossen, und der Kalkspath ist früher als jener gebildet.

Die ganze Masse wird darauf nach Aussen von einer rostbraunen Erde umschlossen, deren Analyse folgende Zusammensetzung ergab:

Kieselerde	52,650
Thonerde	8,017
Eisenoxyd	10,491
Kalk	5,608
Magnesia	3,522
Natron	0,286
Kali	0,643
Wasser + $\ddot{C}$	18,783
	100,000.

Der in dieser Substanz befindliche Kalk ist mit Kohlensäure verbunden oder als feinzertheilter Kalkspath darin enthalten, und konnte auf mechanischem Wege nicht wohl getrennt werden. Es würde vielleicht zweckmässig sein, denselben durch verdünnte Essigsäure zu extrahiren.

Man kann wohl kaum daran zweifeln, dass diese Erde als ein Zersetzungsproduct, d. h. als ein durch Wasser ausgesogenes Scelett eines vulkanischen Gesteins zu betrachten sei, das aus T′, oxydirtem Magneteisenstein und etwas Augit besteht. Die Doppelspathformation würde sich alsdann, wie dieses Bunsen schon sehr richtig bemerkt hat, mit in die Reihe der Metamorphosen stellen.

Es sind indess manche eigenthümliche Umstände vorhanden, welche dieser Erklärungsweise grosse Hindernisse entgegenstellen. Die metamorphosirte Erde ist nämlich in so geringer Menge vorhanden, dass sie gegen die grosse Kalkspathmasse gar nicht in Betracht kommt. Dabei ist das zunächst anstehende Gestein von keiner irgend sichtbaren Zersetzung berührt. Es ist feinkörnig, etwas dunkeler als der erwähnte Klingstein, frei von Zeolith- und Quarz-Ausfüllungen und enthält nur hin und wieder kleine vereinzelte Kalkspathcrystalle, die in sehr viel grösserer Menge und Schönheit an andern Orten in Island gefunden werden.

Für die Lösung der hier in Betracht kommenden geologischen Frage würde eine Analyse dieses vulkanischen Gesteins sehr wichtig sein, doch ist das einzige von mir mitgebrachte Exemplar, welches uns hätte Aufschluss geben können, durch einen unglücklichen Zufall abhanden gekommen. Wahrscheinlicherweise ist dieses Gestein basischer als viele andere des Eskifiord, weil sonst die Ausbildung des Doppelspaths ganz unerklärlich wird. Ausserdem möchte ich vermuthen, dass durch irgend einen günstigen Umstand die den kohlensauren Kalk absetzenden Flüssigkeiten aus grösserer Entfernung herstammen und in der genannten Localität wie in einem grossen Reservoire sich angesammelt und daher nur wenige Masse von der metamorphischen Erde mit sich geführt haben.

Ohne diese Annahme dürfte es überhaupt schwer halten eine richtige Erklärungsweise zu finden, da aus der nächsten Nähe der Kalk für diese Bildung nicht füglich entnommen werden konnte.

Die Bildung der Zeolithe, Chalcedone und Kalkspathe, ist nur vom Feldspath und seiner Zersetzung abhängig, indess kann es keinem Zweifel unterliegen, dass auch der Augit, wenn auch nicht so allgemein und durchgreifend, einen gewissen Antheil an dieser submarinen Metamorphose nimmt.

Wir haben vorhin bereits den Hydrosilicit, ein amorphes eisenoxydulfreies Augithydrat, beschrieben, welches sich nach unsern jetzigen Erfahrungen jedoch nur auf die Palagonitformationen Siciliens beschränkt und von dem ich keine Spur in Island habe entdecken können.

Dagegen erscheint allgemein in Island, auf Faroe, in den Gebirgen von Vicenza u. s. w. die Grünerde, die ohne allen Zweifel als eine Metamorphose des Augits angesehen werden muss.

Die verwandte chemische Zusammensetzung derselben mit dem Augit, so wie ihre charakteristischen Pseudomorphosen nach diesem Minerale, die sich im Fassathale finden, setzen diese Ansicht ausser Zweifel.

Für den Hydrosilicit fanden wir die Formel:

$$\dot{R}^3 \dddot{Si}^2 + 3\dot{H},$$

der man nach Scheerers Bezeichnung auch die Gestalt

$$(\dot{R})^2 (\dddot{Si})$$

geben kann.

Für die Grünerde dagegen ergibt sich die Formel:

$$(\dot{R}) (\dddot{Si}),$$

woraus die grosse Ähnlichkeit beider Mineralkörper vollkommen deutlich wird.

Der Hydrosilicit ist als ein Augit anzusehen, dem nach einer Vertauschung der isomorphen Bestandtheile ein Atom basisches Wasser hinzugefügt wird; der Grünerde dagegen fehlt, im Vergleich mit dem Augit, ebenfalls nach einem Austausch der isomorphen Bestandtheile, ein Atom Basis.

Es ist bei der Zusammensetzung der Grünerde besonders zu beachten, dass sie sehr wenig Kalkerde und Magnesia, aber dafür eine auffallende Menge von Eisenoxydul enthält. Die Grünerde-Bildung besteht nun offenbar darin, dass dem Augit fast aller Kalk und der grösste Theil der Magnesia entzogen, dafür aber so viel Eisenoxydul substituirt wird, dass im Ganzen ein Atom Basis weniger in der neuen als in der ursprünglichen Verbindung sich befindet.

Dieser Umsatz der Bestandtheile wird wahrscheinlich dadurch erreicht, dass Wasser mit Lösungen von kohlensaurem Eisenoxydul in überschüssiger Kohlensäure (ein Sauerwasser) auf Augitcrystalle während langer Zeiträume wirkt, es bildet sich dann die Grünerde von der genannten Zusammensetzung und Kalk auch Bitterspath als Nebenbildung.

Das Eisenoxydul wird durch kohlensäurehaltiges Wasser aus dem Magneteisenstein entlehnt und es kommt auf diesem Wege auch ohne Zweifel der geringe Gehalt des dem Eisen und Chrom isomorphen Vanadins in die Verbindung der Grünerde.

Die grossen Massen von Kalk- und Bitterspath, welche überall, besonders auf Faroe, in Berufiord und Eskifiord die Grünerde begleiten und die nie ohne jene erscheint, machen diesen sehr einfachen Vorgang äusserst wahrscheinlich.

Der Chlorophait, der übrigens sehr beschränkt auftritt, und eine zweite, bisjetzt noch nicht untersuchte Species der Grünerde, beschliessen den Kreis dieser Metamorphosen. Die Bildung des erstern bei seiner einfachen Zusammensetzung ist leicht erklärlich; über die Bildung der zweiten wird man erst dann urtheilen können, sobald man nähere Kenntnisse über ihre Zusammensetzung besitzen wird.

So sind wir denn zu dem Ziele dieser Untersuchungen gelangt, deren Gesammtresultat wir in einem kurzen Überblick noch ein Mal zusammenstellen.

Um uns über die Umwandlungen, welche die neuern vulkanischen Gesteine unter dem Spiegel der See erlitten haben, und über die Gesetzmässigkeit ihrer Bildung eine gründliche Einsicht zu verschaffen, erkannten wir es gleich im Anfang für unumgänglich nothwendig die mineralogisch-chemische Constitution der Gebirgsarten, die der Metamorphose unterliegen, näher zu erforschen.

Die Kenntniss dieser Gebirgsarten reducirt sich aber auf die Kenntniss der einzelnen in ihnen vorkommenden, nach bestimmten chemischen Proportionen gebildeten Mineralkörper, die der Hauptsache nach auf 3 Silicate, auf Olivin, Augit und Feldspath und auf Magneteisenstein, in dem isomorphe Vertretungen von Titan, Mangan, Chrom und Vanadin vorkommen können, sich zurückführen lassen.

Die Zusammensetzung des Olivins und Magneteisensteins bietet keine Schwierigkeiten dar und die Zusammensetzung des Augits stösst nur auf solche rücksichtlich der Thonerde. Wir haben 2 Atome Kieselerde 3 Atomen Thonerde isomorph gesetzt. Ohne hier in die verschiedenen sich noch widerstreitenden Hypothesen über die Molecularbeschaffenheit dieses Körpers näher einzugehen, finden wir die von Scheerer mitgetheilte in Übereinstimmung mit unsern Beobachtungen, weshalb wir sie für die Grundlage einiger Rechnungen benutzt haben.

Der Feldspath endlich ist unzweifelhaft der wichtigste dieser 4 Mineralkörper, dem wir deshalb eine längere Aufmerksamkeit schenken mussten und auf dessen chemische Zusammensetzung der grössere und wesentlichste Theil unserer spätern Arbeiten über die Metamorphosen gegründet ist.

Unsere ausführlich erörterte Ansicht über die Zusammensetzung des Feldspathes unterscheidet sich von der früher angenommenen dadurch, dass das Sauerstoff-Verhältniss der Säure zu den Basen nicht durch gewisse rationale ganze Zahlen, sondern durch eine continuirliche Function dargestellt wird, die rein theoretisch betrachtet alle Werthe von 0 bis ∞ zulässt.

Während der Sauerstoff der beiden Basen bei den verschiedenen Feldspathen durchgängig innerhalb der möglichen Beobachtungsfehler sich wie 3 : 1 verhält, durchläuft das Sauerstoffverhältniss, welches vorhin mit x bezeichnet worden ist, den Erfahrungen gemäss, alle möglichen Zahlenwerthe zwischen 4 und 24.

Wir haben an 100 der besten uns bekannten Analysen, diese eigenthümliche, scheinbar mit den in der Chemie geltenden Grundsätzen in Widerspruch stehenden Zusammensetzung dieser Mineralkörper bestimmt nachgewiesen, welche einfach dadurch erklärt wird, dass ein jeder Feldspath aus einem basischen und einem sauren Salze, zusammengesetzt ist.

Die Kenntniss der chemischen Zusammensetzung sämmtlicher Feldspathe reducirt sich daher auf die der beiden äussersten Grenzglieder, die des Anorthits und Krablits, zwischen denen das neutrale Salz, der Albit und Orthoklas, etwa in der Mitte zweckmässiger Weise eingeschaltet werden kann. Von wissenschaftlichem Standpunkte aus sind nur diese 3 Salze als Species anzusehen.

Alle übrigen Namen für andere Feldspathspecies sind meist nichtssagend, öfter geschmacklos und die Mineralogie verwirrend.

In der ausgedehnten Scale zwischen Anorthit und Albit mag man sich erlauben, gleichsam als Haltpunkte die Namen Labrador und Oligoklas einzuschalten, Benennungen, welche für mineralogische und geologische

Zwecke als Abkürzungen in der Sprache mitunter bequem sein können, ohne ihnen jedoch mehr Werth und Bedeutung in der systematischen Mineralogie beizulegen, als jeder andern Mischung, die aus den beiden bezeichneten Endgliedern hervorgehen kann.

Von besonderm Interesse bei der Lehre vom Feldspath ist die Vertheilung der isomorphen Basen, die Durchschnittswerthen zu Folge an eine bestimmte Gesetzmässigkeit gebunden ist. Den letzten Grund davon erblicken wir in der ursprünglichen Bildung des einstmals aus feurigem Fluss hervorgegangeneu Erdkörpers.

Die mittlere Dichtigkeit der Gebirgsarten an der Oberfläche und die mittlere Dichtigkeit, die man für die ganze Kugel beobachtet hat, erheischen, mit Rücksicht auf die ursprüngliche Entstehung, eine continuirliche Dichtigkeitszunahme von der Oberfläche gegen den Mittelpunkt hin, die sich auch in der mineralogischen Structur der uns bekannten Erdrinde schon geltend zu machen anfängt.

Die specifisch leichteten Körper, Kieselerde, Kali und Natron sind danach an der Oberfläche der Erde verhältnissmässig stärker als im Innern vertreten, wo bei ihrem Zurückweichen specifisch schwerere Körper, Thonerde, Eisenoxyd, Kalkerde und Magnesia, die zwar der Oberfläche nicht fremd sind, in erhöhtem Maasse an ihre Stelle treten.

Durch diese gesetzmässige, nach den specifischen Gewichten mit Ausnahme von kleinern Schwankungen geordnete Materie, wird nothwendigerweise bei dem successiven Erkalten der einzelnen Schichten für eine jede derselben ihr mineralogisch-geognostischer Typus bedingt.

Während in der äussern Rinde, dieser Massenvertheilung gemäss, saure Feldspathe oder neutrale mit Ausscheidung von Quarz vorherrschen, kommen in den tiefern Schichten nach und nach basische Feldspathe zum Vorschein.

Abgesehen davon, dass beide Basen $\ddot{R}$ und $\dot{R}$ mit der wachsenden Tiefe gegen die Säure zunehmen, gelangen auch in ihnen die specifisch schwerern Körper mehr und mehr zur Herrschaft, die Thonerde wird durch Eisenoxyd, Kali und Natron werden mehr und mehr durch Kalk und Magnesia ersetzt.

Die Gestaltung einer geschmolzenen, in Erstarrung übergehenden Silicatmasse, in die möglichst geringste Anzahl von Mineralkörpern, nach möglichst einfachen chemischen Proportionen gebildet, scheint der Cardinalpunkt zu sein, um den sich die Bildung der crystallinischen Gesteine dreht. Um diesen Endzweck zu erreichen, sind eigenthümliche Gesteinszusammensetzungen erforderlich, die wir mit dem Namen Gesteinscompensation bezeichnet haben.

Vorzugsweise hat neben Glimmer und Augit der Feldspath die Bestimmung, als Gesteins-Compensator zu dienen, und eine nach irrationalen Verhältnissen gebildete Silicatmasse in ein basisches und saures Doppelsalz zu zerlegen.

Die verschieden zu bildenden Mineralkörper scheiden sich in absteigender Ordnung ihrer Schmelzpunkte aus der allgemeinen Silicatmasse aus. In den obern Schichten bilden sich Quarz, Glimmer, Cyanit u. s. w. mit vorherrschendem Orthoklas oder Albit, der später als jene erkaltet; in den tiefern treten allmählig Hornblenden, Augite, Olivin und Magneteisenstein an ihre Stelle und werden von basischem kalk- und magnesiareichern aber alkaliärmern Feldspathen umhüllt.

Die ganze äussere Erdrinde ist in primitiver Form als eine Feldspathmasse zu betrachten, die an der Oberfläche nur verhältnissmässig wenige fremde Mineralkörper enthält, die aber, nachdem sie ihre basischste Zusammensetzung erlangt hat, in einer Tiefe von etwa 21 Meilen aufhört und durch specifisch schwerere Silicate und Metalloxyde, vorzugsweise durch Augit und Magneteisenstein verdrängt wird; in noch grössern Tiefen verschwinden ohne Zweifel auch diese Körper, indem sie durch gediegene Metalle, vorzugsweise durch Eisen, Nickel und Cobalt, ersetzt werden.

Wenn man so den Bau unserer Erdkruste betrachtet, gelangt man bald zu der entschiedenen Ansicht, dass alle diese crystallinischen Gesteine eine einzige continuirliche Kette bilden, deren Glieder innig mit einander verwebt mit den ältesten granitischen Formationen beginnen und mit den neusten Laven endigen.

Da die letztern, welche durch ein bestimmtes Gesetz in ihrer chemischen Constitution mit den erstern eng verbunden sind, sich vor unsern Augen bilden, so scheint für beide eine gleiche Entstehungsweise angenommen werden zu müssen.

Daher muss ich für die plutonische Bildungsweise der Granite, die gegenwärtig von mehrern Geologen aufgegeben ist, mich bestimmt aussprechen, doch mit Ausnahme mancher secundärer Erscheinungen, Gangausfüllungen, Crystallbildungen u. s. w., die erst später, sowohl in den ältern wie in den neuern crystallinischen Formationen, durch metamorphische Einflüsse entstanden sind.

Die grosse Mannichfaltigkeit der metamorphischen Processe zur Zeit des Urgebirges, die Bildung der Dolomite, der Gypse, körnigen Kalksteine und Serpentine näher zu beleuchten, liegt durchaus nicht im Bereich der uns vorgesetzten Aufgabe, doch gedenke ich später den einen oder den andern dieser Gegenstände ausführlicher zu behandeln.

Nur die metamorphischen Vorgänge in den jüngern crystallinischen Gesteinen und namentlich die Bildung der submarinen vulkanischen Formationen haben wir zunächst in den Kreis unserer Untersuchungen gezogen und ihr mit besonderer Vorliebe eine längere Aufmerksamkeit gewidmet.

Die Structur der neueren vulkanischen Gebirge, die Wechsellagerung von Aschen und festen crystallinischen Gesteinen, haben wir bereits auf der ersten Seite dieses Buches erwähnt. Sie ist durch das Wesen der vulkanischen Thätigkeit, zunächst durch das Hervorbrechen der Gänge, durch die Bildung der Aschen und die durch Injectionen der crystallinischen Schichten bedingt und ist in sofern unabhängig vom Einflusse des Meers.

Sind indess die Eruptionen unter dem Niveau der

See vor sich gegangen, so wird das Meerwasser mit seinen specifischen Eigenschaften unter höherer Temperatur, unter höherem Drucke, in Gegenwart von Kohlensäure eine durchgreifende Metamorphose anbahnen.

Alle basischen Gesteine und vorzugsweise die basischen Aschen, sind den auflösenden Wirkungen des Seewassers besonders zugängig, und namentlich wird der Feldspath als der leichtlöslichste Theil diesem Einflusse am wenigsten widerstehen.

Die beiden grossen Gruppen der wasserhaltigen Silicate, nämlich amorphe Eisenoxyd- und Magnesia-haltige, die Palagonite, crystallisirte fast Eisenoxyd- und Magnesiafreie, die Zeolithe, in Verbindung mit dem nothwendigen Erscheinen der Nebenproducte des Kalkspaths, Chalcedons und des plastischen Thons, sind die wesentlichen Glieder dieser weitverbreiteten basischen Feldspathmetamorphose, deren erster Theil sich vornehmlich auf die Aschenschichten, der zweite auf diese und die festen Gesteine gemeinsam sich erstreckt.

Da wo die Metamorphose den höchsten Grad ihrer Entwicklung erreicht, wird auch der Augit mitunter theilweise von ihr ergriffen und die Bildung von Hydrosilicit oder von Grünerde kommen zum Vorschein.

Alle diese Gesteinsumbildungen konnten aus der ursprünglichen vulkanischen Masse nur durch allmählige, durch lange Zeiträume ununterbrochen fortgesetzte chemische Actionen gebildet werden, welche durch eine continuirliche Zersetzung der Magnesiaverbindungen im Meerwasser mit den basischen Silicaten sich vorzugsweise charakterisiren.

Obwohl diese metamorphischen Vorgänge nur der neusten Geschichte der Erdbildung angehören, so haben sie dennoch von ihrem Anfang bis zu ihrem Ende ungeheuere Zeiträume erfordert, und sind in sofern mit Recht als säculare zu bezeichnen. Sie geben uns, wenn auch nur eine entfernte Vorstellung über die Bildungsweise jener Metamorphosen, die in viel entlegenerer Zeit die Ur- und Übergangsgebirge in der mannichfachsten Weise durchdrungen haben, und zeigen die Möglichkeit, dass auch in diesen dunkeln Theilen der Geologie neue Lichtblicke zu erwarten sind.

So schliesse ich denn diese Untersuchungen, die fünf Jahre lang fast alle meine Gedanken erfüllt, und mir näher gestanden haben, als das gesetzlose Getreibe einer verworrenen oft in Eigennutz versunkenen Zeit, mit der Hoffnung, dass sie nach der einen oder der andern Seite hin zur Förderung der Mineralogie und Geologie mitwirken mögen. Die Freude an der Arbeit und der geistige Gewinn, der mir daraus hervorgegangen, machen den lebendigen Wunsch in mir rege, auch andere Theile dieser Wissenschaft einer ähnlichen Behandlungsweise zu unterwerfen. Ein jeder Geist, der zu forschen gewohnt ist, kennt das glückliche Bewusstsein, wenn in einer verwickelten Untersuchung sich ein Punkt nach dem andern zu lichten beginnt, aber er fühlt auch zugleich, dass für ein gelöstes Räthsel tausend neue, ungelöste, tieferliegende sich seinem Streben auf's Neue entgegen stellen.

Dieses Gefühl hat mich auch hier von der ersten bis zur letzten Seite begleitet, und öfter habe ich daher den Weg anzudeuten versucht, den künftige Forschungen auf diesem Felde zu nehmen haben. Ein und das andere Hinderniss wird wohl demnächst noch glücklich überwunden werden, doch wird auch indessen der Kreis des Lebens immer enger und enger, und mit Wehmuth stehen wir, wenn der Abend graut, am Anfang unseres Wissens und am Ende unseres Tagewerkes.

Göttingen,
Druck der Dieterichschen Univ.-Buchdruckerei.
(W. Fr. Kästner.)

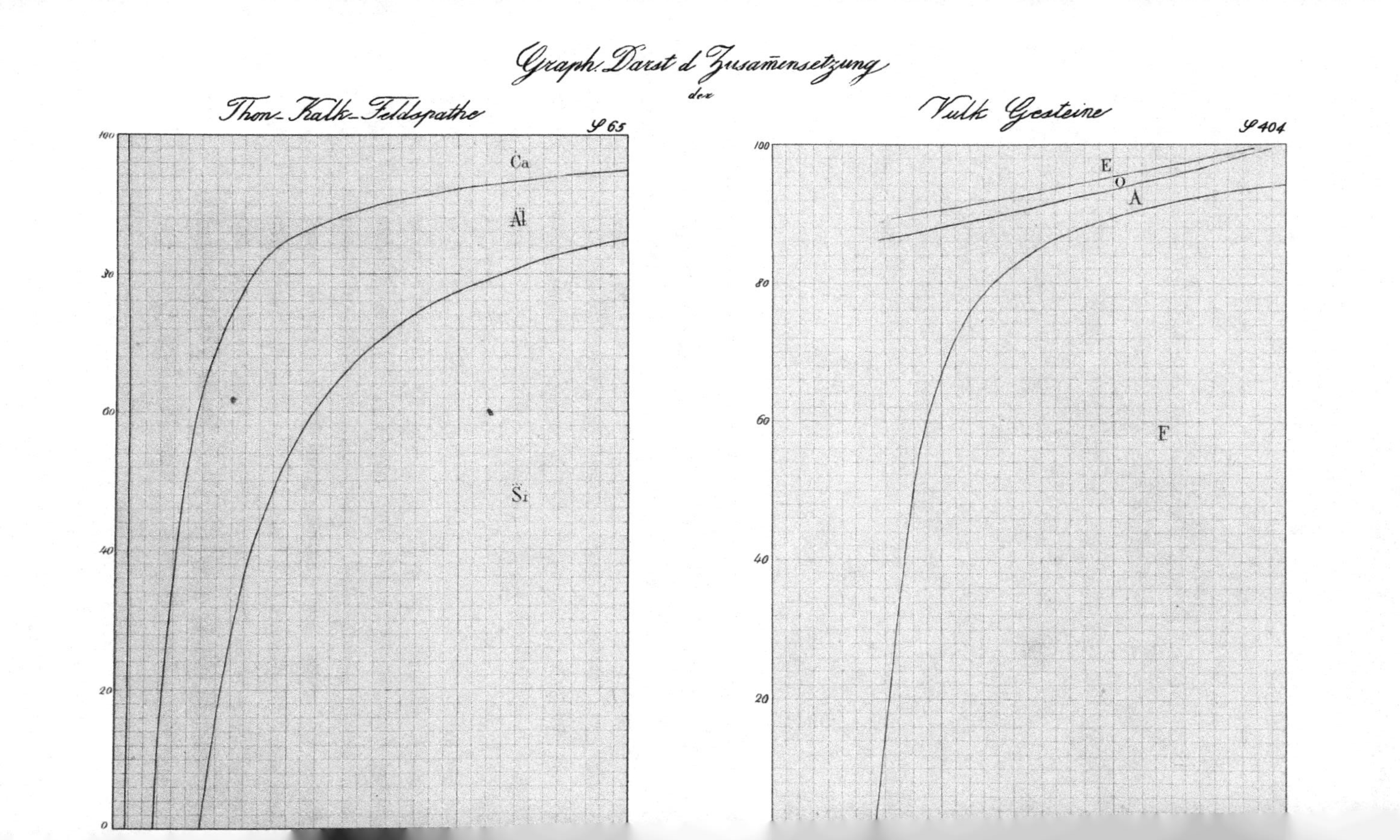

Graph. Darst d Zusam̄ensetzung
der
Thon-Kalk-Feldspathe
S 65
100
80
60
40
20
0
Ca
Äl
S̈i
Vulk Gesteine
S 404
100
80
60
40
20
E
O
A
F

Ueber

die submarinen vulkanischen Ausbrüche

in der Tertiär-Formation

des Val di Noto

im Vergleich

mit verwandten Erscheinungen am Aetna.

Von

W. Sartorius von Waltershausen.

Abgedruckt aus den Göttinger Studien. 1845.

Göttingen

bei Vandenhoeck und Ruprecht.

1 8 4 6.

Ueber

die submarinen vulkanischen Ausbrüche

in der

Tertiär-Formation des Val di Noto

im Vergleich

mit verwandten Erscheinungen am Aetna.

Von

W. Sartorius von Waltershausen.

Im Herbste des Jahres 1840 unternahm ich in Begleitung des Herrn Dr. Peters aus Flensburg von Catania aus eine Reise in das südliche Sicilien, vornehmlich in der Absicht, um die vulkanischen Verhältnisse dieses Landes näher zu untersuchen, und mit denen zu vergleichen, welche ich seit mehreren Jahren nach allen Richtungen hin am Aetna zu erforschen Gelegenheit hatte. Die Zeit von kaum anderthalb Monaten, die ich zu dieser Reise verwenden konnte, war nicht ausreichend, um alle Gegenden des Val di Noto auf eine detaillirte Weise kennen zu lernen, um so mehr da ein Unwohlsein meinerseits und eine ernste Krankheit meines Reisegefährten, auf das Ende dieses Ausfluges störend eingewirkt und die Fortsetzung unserer Untersuchungen unmöglich gemacht hat. Einen allgemeinen Ueberblick über die geologischen Verhältnisse dieses Landes glaube ich dennoch erhalten zu haben, da es mir möglich wurde, mich mit der Umgebung von Militello und Palagonia näher zu befreunden, wo die vulkanischen Bildungen der Beobachtung am deutlichsten aufgeschlossen sind, und gleichsam den geologischen Typus für alle andern Theile des Val di Noto enthalten. Zwar ist es anfänglich nicht meine Absicht gewesen, diesen Gegenstand, den ich nur zu eigner Belehrung untersuchte, der Oeffentlichkeit zu übergeben; nur das Erscheinen der Göttinger Studien hat mich veranlafst schon zur Seite gelegtes Material wieder hervorzusuchen, und einer ausführlichern Bearbeitung zu unterwerfen.

Gewifs nur wenige Länder Europa's zeigen wie dieses mit solcher Bestimmtheit das Eingreifen vulkanischer Formationen in die neusten Sedimente des Meeres, und geben uns über das relative Alter des Basaltes, der sich jünger herausstellt, als die meisten derselben, einen genügenden Aufschlufs.

Das südliche Sicilien ist in neuerer Zeit allein von F. Hoffmann untersucht worden, doch unterbrach sein frühzeitiger Tod die Herausgabe seiner Arbeiten. Später hat Herr von Dechen, wenigstens um gewonnene Beobachtungen vom Untergange zu retten, mit möglichster Umsicht und Kritik, Hoffmanns zurückgelassene Papiere in der Form eines Tagebuches veröffentlicht [1]; eine vollständige Bearbeitung dieses Materials schien ihm im Sinne des Verstorbenen nicht thunlich, der Sachkenner wenigstens wird die Schwierigkeit eines solchen Unternehmens begreifen.

In dem vorliegenden Aufsatze werden die geologischen Verhältnisse des Val di Noto aufs Neue beleuchtet, zum

---

[1]) Siehe „Archiv für Mineralogie, Geognosie, Bergbau und Hüttenkunde von C. J. B. Karsten und H. von Dechen, 13ter Band. Berlin 1839.

Theil aber von einer andern Seite, als in der eben genannten Arbeit, auch werde ich es versuchen sie in genauer Wechselbeziehung mit denen des noch thätigen Vulkanes der Nachbarschaft darzustellen; ein wesentlicher Punkt, der von Hoffmann weniger berücksichtigt worden ist. Es kann wohl nicht meine Absicht sein, hier in wenigen Bogen eine vollständige Bearbeitung dieses Gegenstandes zu liefern, welche spätern Zeiten vorbehalten bleibt, wenn einmal die geodätische und topographische Grundlage, ein ganz unentbehrliches Erfordernifs für alle geologischen Untersuchungen, eine definitivere Gestalt gewonnen haben wird. Der Leser erblickt daher hier nur eine vorläufige Recognoscirung des Terrains, keineswegs eine abgeschlossene, in allen Stücken vollkommen befriedigende Untersuchung.

Die beste jetzt bekannte Karte von Sicilien ist die des topographischen Bureaus zu Neapel [1]) in vier Blättern, und ohngefähr im Mafsstabe von 1 : 263000 ausgeführt; die Hoffnung bald etwas Besseres an ihrer Stelle zu sehen, scheint noch ziemlich fern zu liegen, und bis dahin wird eine gründliche Bearbeitung der vulkanischen Ausbrüche im Val di Noto wohl ihr Bewenden haben. Das Verhältnifs dieser Karte zur natürlichen Gröfse ist nicht genau zu ermitteln; die Küstenumrisse sind mit weniger Sorgfalt aus dem bekannten Werke [2]) des Capitain Smyth entlehnt; die innern Gegenden der Insel hat man nach einer alten Karte von Schmettau zusammengetragen und vielleicht durch einige neuere Nachträge erweitert. Es würde hier zu weit führen in eine ausführliche Kritik dieser Karte einzugehen, nur mag

[1]) Carta generale della Isola di Sicilia, compilata, disegnata ed incisa nell' officio topografico di Napoli, su i migliori materiali esistenti e sulle recenti operazioni fatti dal Cavaliere Guglielmo Errico Smyth, Capitano della reale marina Brittannica, Napoli 1826.

[2]) The Hydrography of Sicily, Malta and the adjacent islands by W. H. Smyth. London 1823

es beiläufig bemerkt werden, dafs derselben weder eine Triangulation, noch eine sorgfältige Detailmessung zu Grunde liegt; die Hauptpunkte besitzen daher eine fehlerhafte Lage gegeneinander und die einzelnen Localitäten sind entweder ganz unrichtig gezeichnet oder wenigstens sehr mangelhaft dargestellt. So finden sich in derselben eine Menge der gröbsten Fehler, welche auch ohne alle Vermessungen zu Hülfe zu ziehen, dem nur einiger Mafsen aufmerksamen Beobachter nicht entgehen können.

Auf diese einzige sehr wenig befriedigende Grundlage war Hoffmann leider genöthigt, während seiner Reise im Jahre **1830** und **1831** seine geologische Karte von Sicilien zu gründen, welche in verkleinertem Mafsstabe erschienen, und dem obenerwähnten Aufsatze in Karstens und von Dechens Archiv beigegeben ist. In Ermangelung exacterer Karten verweisen wir unsere Leser, die sich über die Verbreitung der vulkanischen Gebilde in der Tertiär-Formation des Val di Noto zu unterrichten wünschen, auf dieselbe, glauben aber zugleich auf ihre Mängel im Voraus aufmerksam machen zu müssen. Ohne eine feste geodätische und topographische Grundlage hat eine geologische Karte nie einen besondern und dauernden Werth; doch ist es nicht das Werk eines Augenblicks die topographischen Arbeiten eines Landes gänzlich umzugestalten, oder auch nur die wesentlichen Mängel einiger Mafsen zu verbessern.

Wir führten zwar auf unserer Reise durch das südliche Sicilien einen kleinen Theodolithen mit uns, mit welchem wir von mehreren hochgelegenen Punkten, von Chiaramonte, vom Monte Lauro di Buccheri, und von manchen andern, eine ziemlich grofse Anzahl von Winkeln gemessen haben, die aber leider nicht ausreichen, um daraus ein selbstständiges Dreiecksnetz zu berechnen. Immerhin werden sie dazu dienen verschiedene Fehler in der neapolitanischen Karte zu entdecken und könnten bei einer neuen Herausgabe derselben vielleicht zweckmäfsig benutzt werden.

Der Simeto, der gröfste Flufs Siciliens, bildet die natürliche Grenze zwischen dem Val Demone und dem Val di Noto [1]); er nimmt in den Sandsteingebirgen von Cesarò und Troina seinen Ursprung, und nachdem er die west- und südwestlichen, flachauslaufenden Abhänge des Aetna bespühlt, und durch uralte basaltische Laven zwischen Bronte und Adernò seinen Weg gebahnt hat, durchströmt er in schlangenförmigen, oft fast in sich zurücklaufenden Windungen die Ebene von Catania. Etwa 8000 Meter südlich von den letzten Lavaströmen des Aetna erreicht er das Meer, und seine Mündung „La bocca del fiume“ liegt auf einer hervorspringenden Landzunge, welche sich im Laufe der Zeit aus Alluvionsbildungen, durch die Strömung des Flusses und den Wogenschlag der See gebildet hat.

Das Val Demone ist in seiner ganzen Erscheinung vom Val di Noto wesentlich verschieden. Während das erstere mit hohen, steilen Gebirgen, meist secundären Formationen durchzogen wird, aus deren weiten Halbkreise der dampfende, schneebedeckte Aetna hervorragt, besteht das andere nur aus flachen Terrassen und nackten, baumlosen Hochebenen, die stufenweise vom Meere emporsteigen und nur an wenigen Punkten die Höhe von sechs und siebenhundert Metern erreichen. Die Bergschichten dieser Terrassen sind ausschliefslich der sogenannten tertiären Formation zuzurechnen, gehören aber, wie dieses viele Untersuchungen zeigen, in ihrer Bildung sehr verschiedenen Zeiten an, indem sie sich auf der einen Seite an die Kreide von Capo Passaro, auf der andern den noch jetzt fortdauernden Bildungen des Meeres anreihen, und vielleicht im Laufe der Jahrtausende noch eine gewifse Erweiterung zu erwarten haben.

---

[1]) Die alte im Ganzen naturgemäfse Eintheilung von Sicilien, in das Val di Noto, Demone und Mazzara, ist der neuen politischen in sieben Districte „Intendenze“ gewichen, wiewohl die ältern Benennungen immer noch üblich geblieben sind.

Die Ebene von Catania schiebt sich auf beiden Seiten des Simeto fortlaufend, gleichsam in der Form eines Keiles, zwischen das Val Demone und Val di Noto, und bewirkt zwischen beiden Landschaften eine characteristische Trennung. Diese weite, mehrere Quadratmeilen einnehmende, wegen Malaria fast ganz unbewohnte Ebene wird im Norden durch die Laven des Aetna und im Süden durch tertiäre Kalksteingebirge begrenzt; sie selbst besteht aus horizontalgeschichteten, dunkelgrauen, fetten Thonlagern, welche in Sicilien unter dem Namen Creta bekannt sind. Der gröfste Theil der Masse des Aetna und seines riesigen, aus tausend über einander geströmten Lagen gebildeten Mantels bedeckt diese Schichten, welche jetzt unter demselben vergraben liegen, oder nur hier und da wie Inseln aus den vulkanischen Bildungen hervorragen.

Der Poggio di Cifali bei Catania, die Poii della Catira bei St. Gregorio, und die Umgebung von Trezza und Nizzeti, so wie die Inseln der Cyclopen zeigen solche von Laven umgebene und zuweilen sogar vom Feuer veränderte Thonlager in verschiedenem Niveau. Während man sie in der Ebene von Catania kaum 10 bis 20 Meter über dem Meere antrifft, findet man sie bei Cifali 100, bei Nizzeti 200, und an der Catira 350 Meter über dem Spiegel der See. Ueber dieses Niveau hinaus sind sie am Aetna bis jetzt noch nicht beobachtet worden, obgleich es zu vermuthen ist, dafs sie an noch höhern Punkten unter den ältern Lavaströmen aufzufinden wären. Häufig bemerkt man in ihnen Ueberreste von Conchylien und Corallen der mannichfaltigsten Art, die der gröfsern Zahl nach entweder mit den noch jetzt im Meere lebenden übereinstimmen oder nur wenig von ihnen verschieden sind. Es ist gewifs beachtenswerth, dafs man hier in einer Höhe von oft mehr als 300 Metern, eine grofse Anzahl von Conchylien findet, welche ihren Perlmutterglanz und ihre eigenthümlichen, rothen, blauen und gelben Farben mit solcher Frische bewahrt haben, als ob sie erst vor wenigen Tagen oder Wochen den Wogen des Meers entstiegen wären. Besonders merkwürdig sind in dieser Hinsicht mehrere Arten von Trochus, die sich eben nicht selten auf dem Hügel Timpa Rossa oberhalb von Aci Castello finden, und alle andern an Farbe und Glanz übertreffen.

Es würde nicht am Platze sein, hier ein ausführliches Verzeichnifs tertiärer Conchylien der verschiedenen Localitäten mitzutheilen, da man in den ausgezeichneten Werken von Philippi [1]) diesen Gegenstand so gut als erschöpft findet. Das vorher angeführte Thonlager von Cifali bei Catania enthält nach Philippi 109 Species von Conchylien, von denen 8 Species als für die Erde ausgestorben zu betrachten und 9 andere bis jetzt noch nicht an der sicilianischen Küste, wohl aber in andern Gegenden gefunden sind. Die übrigen 92 Species sind denen, welche man noch täglich am Strande von Catania findet, so vollkommen gleich, dafs selbst das geübteste Auge zwischen beiden nicht den geringsten Unterschied entdecken kann. In der Umgebung von Nizzeti und Timpa Rossa finden sich 76 Species, von denen 5 noch nicht an der sicilianischen Küste aufgefunden und 4 als ausgestorben zu betrachten sind. Durch meine eigenen Nachsuchungen werden diese Angaben wohl noch vermehrt werden.

Die Formation der Creta ist nicht selten in der Terra-forte von Catania mit Sand gemischt, welcher mit ihr in schmalen Lagern wechselt, oder wie am Sordo südlich vom Monte Cardillo, innig mit ihr verbunden, einen rostbraunen versteinerungslosen Sandmergel bildet.

Ueber diesen letzten tertiären Bildungen bemerkt man in der Ausdehnung einiger Meilen, dem südwestlichen Fufse des Aetna entlang, von Paternò bis Catania eine Ablagerung von Geröllen, die mit dem sicilianischen Namen „Ciottoli"

[1]) Enumeratio molluscorum Siciliae auctore R. A. Philippi, Berol. 1838 und Fauna molluscorum regni utriusque Siciliae Halis Saxonum 1844.

bezeichnet werden. Sie bestehen meist aus einem bräunlichen Quarzfels und gelbem Sandsteine, seltener aus Tertiärkalk; ihre Gestalt nähert sich flachen Ellipsoiden und ihre Gröfse übersteigt nur selten zwei Decimeter; scharfe Ecken und Kanten besitzen sie fast nie, so dafs sie ohne Zweifel durch Wasser an einander abgerieben und in Folge davon in ihre gegenwärtige Gestalt gebracht worden sind. Nach ihrer Zusammensetzung zu urtheilen, stammen sie aus den Gebirgen her, welche im Westen und Nordwesten den Aetna umgeben, und steigen nach unsern Messungen nicht ganz zur Höhe der Cretalager empor. Am Monte Po, einem Hügel westlich von Catania, finden sie sich in einer Höhe von 160 Metern; ohngefähr zu derselben Höhe steigen sie am Monte S. Sofia nördlich von Catania; allein auf der Strafse zwischen Misterbianco und Paternò erreichen sie bei Fenicia und Valcorrente die gröfste von uns beobachtete Höhe von 220 Metern.

Dafs diese Gerölle durch die Strömung des Wassers, sei es nun durch die Wogen der See, oder durch Flufs-Ueberschwemmungen, auf ihre jetzigen Lagerplätze geführt sind, kann nicht bezweifelt werden, bemerkenswerth bleibt es jedoch, dafs ihre Lagerstätten, bei der gegenwärtigen Gestaltung der Erdoberfläche, weder von Flüssen noch vom Meere erreicht werden können, und es ist unumgänglich nothwendig, dafs dieselbe bei der Bildung jener eine von der gegenwärtigen verschiedene Gestalt besessen habe.

Wie in andern Gegenden, sowohl im Val di Noto als auch vorzüglich im Val Demone diese Alluvionsbildungen in grofsem Mafsstabe noch gegenwärtig fortdauern, zeigen unzählige Bergströme „Fiumare“ und der Strand der See. So sieht man zum Beispiel die Fiumara di Noara, welche bei Francavilla in das Thal des Alcantara einmündet, in einer Breite von mehrern hundert Metern, mit aus den benachbarten Gebirgen herstammenden Geröllen ausgefüllt. Aehnliche Bildungen schafft sich das Meer noch alle Tage, und die Ebene und der Strand zwischen Taormina und Riposto besteht aus solchem Alluvium, das zum Theil vom gegenüberliegenden Calabrien herbeigeführt worden zu sein scheint. Diese Thatsache wird auch vielfach an andern Küsten wahrgenommen; so findet man am Strande von Elba Bronzitgesteine von Corsica, und an der Küste von Terra Nova und Sciacca Grünsteinporphyre, welche nur der Insel Pantellaria zuzuschreiben sind.

Ob diese Alluvionsbildungen dem Meere oder der Ueberschwemmung von Fiumaren ihren Ursprung verdanken, kann nicht immer mit Sicherheit ermittelt werden; die Ueberreste von Schalthieren, wenn sie sich noch vorfinden, können über den einen oder den andern Fall den nöthigen Aufschlufs gewähren.

Auch am nördlichen Fufse des Aetna erscheint das Alluvium, theils in der Ebene von Toarmina, theils an den Hügeln von Giardini in einer ungewöhnlichen Lage, und weist auf eine wesentliche Veränderung des Bodens hin. Diese Erscheinung ist namentlich bei Giardini so auffallend, dafs sie näher beschrieben zu werden verdient. Bevor man vom Flusse Alcantara aus die Kalkberge von Taormina erreicht, bemerkt man zur Linken vom Meere emporsteigend eine Reihe von Hügeln, aus denen zwei besonders spitze Köpfe mit einer Höhe von etwa 60 Metern hervorragen. Sie bestehen in der Sohle aus einem sehr neuen Tertiärkalkmergel voller Versteinerungen, in derselben Weise als der nah gelegene Poio von S. Brasio bei Calatapiano. Darüber folgt ein starkes Lager von Alluvium, welches wechselnde, gegen das Meer hin unter einem Winkel von 25^0 aufgerichtete Schichten von Sand und Geröllen zeigt, die aus weifsem Quarz, Schiefer, Gneufs und Kalksteinen bestehen, und sich durch nichts als durch die Lage von denen unterscheiden, die etwas tiefer unten am Strande von der bewegten See, Jahr aus Jahr ein hin- und her gerollt werden. Bei näherm Nachsuchen findet man zwischen den einzelnen Steinen entweder ganz wohlerhaltene Muscheln oder wenigstens ihre Bruchstücke und es ist nun aufser Zweifel, dafs der frühere Meeresboden vollkommen trocken gelegt, sich in einer solchen Höhe und Entfernung vom Wasserspiegel befindet, zu der selbst bei den gröfsten Stürmen der Schaum der Wellen auch nicht bis zur Hälfte hinauf reichen kann. Ob das jetzige Ufer, auf welchem sich in derselben Weise fortdauernd Sand, Gerölle und Conchylien mischen, ähnlichen Veränderungen unterworfen sein wird, was ich nicht für unwahrscheinlich halte, mufs die Zukunft ausweisen.

Nach dieser kurzen Uebersicht der Tertiär- und Alluvionsschichten auf der Nordseite des Simeto, fangen wir an diejenigen näher zu betrachten, welche sich auf seiner Südseite vorfinden und den gröfsern Theil des Val di Noto überdecken.

Wenn man von einem hoch gelegenen Punkte in der Nähe von Catania mit Aufmerksamkeit die fernen Rücken des Hybla betrachtet, wie sie vom Cap S. Croce beginnen und mit langgestreckten blauen Umrissen den Golf und die Ebene begrenzen, so bemerkt man mehrere vor einander liegende Terrassen und Höhenzüge, in denen weitfortlaufende horizontale Linien, mit hin und wieder sehr steilen, obgleich nicht hohen Absätzen, erscheinen. Nur an einem einzigen Punkte erhebt sich aus diesem flachen Contur ein etwas höherer Kopf, der Monte Lauro von Buccheri, bis zu einer Höhe von 733 Metern.

Nachdem man den Simeto bei der Barke von Primasole überschritten hat, und die fernen Gebirge des Val di Noto sich aufzulösen beginnen, bleibt sich im Wesentlichen der eben beschriebene Character der Landschaft gleich. Man bemerkt nämlich weit ausgedehnte, kahle Plateaubildungen, welche aus einem weifsen, dichten, in horizontalen Bänken geschichteten Kalksteine bestehen, die den gröfsern Theil des südlichen Siciliens einnehmen, und sich von Modica bis zum Simeto und von Syracus bis Chiaramonte erstrecken. Hoffmann bezeichnet dieses Gebirge, welches in allen Uebergängen die ältesten Tertiärschichten Siciliens bis zu den neuesten hin in sich begreift, mit dem Namen der Syracusaner Kalksteinformation, eine Benennung, welche auch wir im Laufe unserer Erzählung beibehalten werden. Aufserhalb Sicilien zeigen die Inseln Malta und Gozzo ausschliefslich diese Formation; sowohl die Schichtenverhältnisse, als auch die in ihr enthaltenen organischen Reste, stimmen in Syracus und Malta so vollkommen überein, dafs der aufmerksamste Beobachter zwischen beiden keinen Unterschied anzugeben vermag.

Als eine besondere Eigenthümlichkeit dieses Kalksteingebildes ist die ziemlich allgemein wiederkehrende horizontale Schichtenbildung, von welcher nur hin und wieder Abweichungen von einigen Graden vorkommen, anzusehen. Die Plateaus, die oft mehr als meilenbreite Oberflächen einnehmen, sind entweder von einander durch steile, oft felsige Absätze getrennt, oder werden von engen, an den Rändern sehr steilen, oft weit fortlaufenden Thälern durchschnitten, deren gegenüber liegende Wände früher einmal sich berührt zu haben scheinen, und durch ungewöhnliche Ereignisse von einander getrennt sein müssen. Besonders bemerkenswerth sind in dieser Art das Val di Calema [1]) und Cava de' Monaci bei Militello; die Pässe von Floridia, das Thal von Modica, und die Cava d'Ispica und Cava di Spaccaforno. Das durch Alterthümer bekannte Thal, Cava d'Ispica, zieht sich ohne Unterbrechung bis Spaccaforno fort, und durchschneidet ein zwei Meilen breites, ödes, baumloses Kalksteinplateau. In den das Thal begrenzenden Felsenwänden bemerkt man in mehrern Stockwerken über einander eine Reihe von Zellen, Höhlen und Gemächern, über deren Ursprung nichts Sicheres bekannt ist, welche aber

---

[1]) Dieses Thal ist uns auch Taddema genannt worden, während ihm Hoffmann den Namen Lodiera gibt, den ich nie gehört zu haben mich erinnere.

in den ersten christlichen Zeiten, wie einige Inschriften zeigen, zu Grabstätten benutzt worden sind. Wie öde und fast von aller Cultur entblöfst auch die Hochebene auf beiden Seiten des Thales erscheint, so kräftig sprossen Bäume mit dunkelgrünem Laube, von fliefsendem Wasser begünstigt, aus dem engen Spalte des graugelben Felsens hervor, und zeigen den südeuropäischen Pflanzenwuchs in unübertroffener Schönheit.

Der Kalkstein der Syracusaner Formation ist je nach den verschiedenen Localitäten von wesentlich verschiedenem Aussehen, und beurkundet auf das Deutlichste, dafs er nach und nach unter sehr ungleichartigen Verhältnissen entstanden sei. Zu den ältesten Gliedern desselben rechnen wir die Gebirge von Chiaramonte, Licodia, und Buccheri, welche sich 500 bis 600 Meter über die See erheben, und entschieden den Mittelpunkt der ganzen Formation darstellen. Der Kalkstein zeigt sich hier sehr dicht oder feinkörnig, von hellgrauer, weifser oder schwachgelblicher Färbung, und ist äufserst arm an organischen Ueberresten. So findet man im Arcibes, dem Berge, an welchem Chiaramonte erbaut ist, in vielen Reihen horizontal über einander liegender, sehr gleichartig aussehender Kalksteinschichten, äufserst selten Spuren von Versteinerungen. Nur einmal, wo ich dergleichen wahrgenommen habe, waren sie schon ganz in die Kalkmasse des Gebirges verwandelt, wie man es in der Regel bei den Petrefacten der ältern Flötzformationen bemerkt, und trugen keineswegs den Character der neuern Tertiär-Conchylien an sich; weder Farbe noch Glanz, noch jene scharfe Ausbildung der äufsern Form, war ihnen eigenthümlich.

In andern Gegenden der Syracusaner Formation treten die organischen Reste schon häufiger und wohlerhaltener auf. So finden sich in der Umgebung von Ragusa viele sehr vollkommene Fischzähne, und verschiedene Species von Pecten, welche diesen Tertiärkalk besonders characterisiren, und in allen neuen Schichten häufiger und häufiger gefunden werden. Endlich nehmen die organischen Reste in solchem Mafse überhand, dafs gewisse Lager fast ausschliefslich aus ihnen zusammengesetzt sind, und nur den Kalk als ein schwaches Bindemittel zwischen unzähligen Mollusken Wohnungen zeigen. Das Gestein wird dann weniger dicht, es zerfällt selbst an der Luft und wechselt häufig mit Lagen eines bräunlichen oder grauen Kalktuffes, der oft über den Kalkstein selbst die Ueberhand gewinnt und durch verschiedene Zwischenstufen in ihn übergeht. Dieser Kalktuff, der häufig in der Nähe von Militello und Palagonia, und in nicht sehr verschiedener Art bei Syracus erscheint, ist von gelblicher Farbe, feinkörnig, zerreiblich, enthält eine nicht unbedeutende Menge von Thon und Kieselerde, und verwahrt in sich zahllose, gröfsere und kleinere Conchylien, von denen mehrere, wenn auch in schwächerm Grade als in der Creta, ihre natürliche Färbung besitzen. Dafs solche Schichten aus ungleich neuerer Zeit herstammen, als die vorher beschriebenen von Chiaramonte, kann wohl nicht bezweifelt werden.

Die weite Ebene von Fontanazza, welche sich unterhalb Chiaramonte gegen Biscari und Terranova hin verbreitet und scharf den Fufs jener oben beschriebenen ältesten Tertiärgebirge begrenzt, wird aus einem dem Kalktuff von Militello nicht unähnlichen Tertiärmergel oder einer Muschelbreccie gebildet. Es finden sich darin Pecten und frische Austerschalen in Menge, so wie eine nicht geringe Anzahl anderer Conchylien, die zugleich mit ihren Schichten einer viel neuern Zeit angehören als die des Arcibes von Chiaramonte; auch ist es nicht zu verkennen, dafs dieses ältere Tertiärgebirge im Wesentlichen in der jetzigen Form über den Spiegel des Meers hervorragte, während die Ebene von Fontanazza, in der sich nach und nach der bräunliche Mergel mit seinen Conchylien abzusetzen begann.

noch von der Fluth bedeckt wurde. Auch mehrere andere Theile vom südlichen Sicilien werden mit diesem neuen Tertiärtuff und Mergel überlagert, so zum Beispiel die Ebene des Flusses Abisso, zwischen Pachino und Noto; auch die Umgebung von Girgenti zeigt Kalktuffe, die sich mit der Cretaformation zu mischen beginnen und offenbar in einander übergehen.

Beim Cap St. Croce von Augusta endlich erblickt man die Kalksteinformation unmittelbar von den Wellen des Meeres bespühlt; sie besteht daselbst aus frischen Schalen des Pecten Jacobaeus, die leicht mit tuffartigem Kalke und Muschelbreccie verbunden sind. Wie viel jünger und wie wesentlich verschieden diese Formation von jenen ist, die wir vorhin mehr im Innern der Insel beschrieben, kann selbst dem ungeübtesten Auge nicht entgehen, und man möchte glauben, dafs ihre Fortbildung bis jetzt noch nicht aufgehört habe. Nach den mitgetheilten Erfahrungen und nach manchen andern hier zu weit führenden Beobachtungen über die Zusammensetzung und Ablagerung der sicilianischen Tertiärschichten stellen sich folgende allgemeine Resultate heraus.

Es gibt im südlichen Sicilien drei verschiedene Tertiärgruppen: erstens die des Syracusaner Kalksteins, die entschieden die älteste ist; zweitens die des Kalktuffs, des Mergels und der Muschelbreccie, und drittens die Formation des plastischen Thons oder der Creta. Alle drei gehen mit mannichfaltigen Zwischenstufen in einander über, und die Bildung der beiden letzten hat bis in die neuesten Zeiten fortgedauert. Philippi gewinnt ohngefähr dasselbe Resultat aus der nähern Untersuchung der organischen Ueberreste. Er hat nämlich die Conchylien aus 26 verschiedenen Localitäten beider Sicilien untersucht, und dieselben mit denen verglichen, welche noch gegenwärtig die Küsten dieser Länder bewohnen. Aus dieser Vergleichung ergibt sich, dafs in den meisten Tertiärschichten gewisse Species existirt haben, die gegenwärtig entweder nicht mehr lebend an der sicilianischen Küste gefunden werden und jetzt nur noch wärmere Meere bewohnen, oder für die ganze Erde als ausgestorben zu betrachten sind. In einigen Tertiärschichten ist eine verhältnifsmäfsig grofse Anzahl von Species erloschen, in andern stellt sich dieses Verhältnifs geringer heraus, und in noch andern herrscht eine vollkommene Uebereinstimmung zwischen den fossilen und den noch jetzt im Meere lebenden Conchylien. Setzen wir das Aussterben der Species gewissen grofsen Zeiträumen proportional, so folgt daraus, dafs es Tertiärschichten von sehr verschiedenem Alter geben müsse.

In enger Verbindung mit der Tertiärformation des Val di Noto erscheint vornehmlich in der Umgebung von Militello, Palagonia, Vizzini, Buccheri und Capo Passaro eine ganz andere Klasse von Gesteinen, welche ihren vulkanischen Character keinen Augenblick verläugnen kann. Bei etwas näherer Betrachtung bemerkt man, dafs sie sich bald den ältern aetneischen Laven, bald den Doleriten und Basalten des nördlichen Deutschlands und Irlands anschliessen oder selbst gar nicht von ihnen zu unterscheiden sind.

Man begegnet, im Süden der Insel anfangend, diesen Gesteinen zuerst am Capo Passaro, wo sie mit der dortigen Kreideformation in Berührung treten; darauf findet man sie, bald anstehend, bald in der Form erratischer Blöcke in den nördlichen Gegenden des Val di Noto, bei Militello, Palagonia, Buccheri und Scordia, von wo aus sie sich gegen den See von Lentini und den Pantano verbreiten und dann in das Val Demone übergehen. Sie zeigen sich in dieser Landschaft bei Paternò, am Felsen der Motta S. Anastasia, am Castell und der Scala von Aci, und an den Inseln der Cyclopen; endlich erscheinen sie im Centralkörper des Aetna mit Tuffen, trachytähnlichen Gesteinen und ältern Laven innig verstrickt.

Die Basalte des Val di Noto, mit welchem Namen wir

künftig diese vulkanischen Massen belegen werden, sind in vielen Fällen von den ältern Laven des Aetna so gut als nicht zu unterscheiden. Sie sind dicht oder feinkörnig, crystallinisch, von schwarzer, dunkelgrauer oder röthlichbrauner Färbung, Feldspath und Augit erscheinen innig gemengt; der Olivin ist nicht selten in Körnern ausgeschieden. In andern Fällen sind diese basaltischen Massen lockerer, schwammiger, selbst schlackig, und schliefsen in ihren Blasenräumen und Zellen nicht selten Crystalle von Kalkspath, Arragonit, Sphaerosiderit und verschiedene Zeolithe ein.

Wenn wir die Lagerungsverhältnifse des Basaltes näher betrachten, so müssen die unzähligen erratischen Blöcke, die wir nur aufgelösten Lavenströmen zuschreiben können, unsere Aufmerksamkeit besonders auf sich ziehen. Man findet sie am südlichen Ufer des Simeto zuerst am Pantano und am Biviere di Lentini, dann stellen sie sich häufiger und häufiger ein und überdecken weit ausgedehnte Gegenden, z. B. die Ebene von Scordia und die flachgeneigten Anhöhen des Tertiärkalks bei Vizzini. Die erratischen Basaltblöcke erreichen nur selten die Länge eines Meters und zeigen fast ohne Ausnahme stumpfe, abgerundete Kanten und Ecken.

Am Fufse des Aetna bemerkt man ganz ähnliche erratische Gebilde, die mit denen des Val di Noto verglichen zu werden verdienen. Dafs dieselben alten Lavaströmen dieses Vulkans ihren Ursprung verdanken, kann wohl nicht in Zweifel gezogen werden, wenn auch weder ihr Lauf vollständig zu verfolgen, noch ihre durch spätere Laven überdeckten Ausflufsstellen zu ermitteln sind.

Einen in erratische Blöcke aufgelösten Lavastrom sieht man am südwestlichen Fufse des Aetna in der Nähe von Valcorrente, von wo ab er gegen den Poio la Guardia sich verbreitet und dann in das Thal von S. Biaggio bei den Salinelle von Paternò herabstürzt. Er bedeckt mit weit zerstreut liegenden Trümmern die Ablagerungen der Creta und der Ciottoli. Merkwürdiger Weise werden einzelne ganz isolirte Blöcke dieser Lava auf der Spitze eines flach konischen, aus Alluvium bestehenden Hügels gefunden, der sich an der Südseite des Thales etwa 40 Meter über die nächste Umgebung erhebt. Diese Thatsache ist bei der gegenwärtigen Gestaltung des Bodens und dem freien Laufe der Lava, die der Tiefe des Thales folgt, nicht aber ohne Widerstand zu den benachbarten Höhen emporsteigen würde, nicht zu erklären, und alles deutet darauf hin, dafs auch hier in spätern Zeiten nach dem Ausbruche dieses Stromes bedeutende Niveauveränderungen in der Oberfläche der Abhänge des Aetna stattgefunden haben.

Ganz etwas ähnliches beobachtet man auf das allerunzweifelhafteste an den drei Hügeln della Catira, die am Rande einer gegen Catania hin abfallenden Terrasse nicht weit von dem kleinen Orte S. Gregorio liegen. Auch hier finden sich auf den Gipfeln conchylienführender Thonhügel, tausend oft wunderbar übereinandergestürzte Lavablöcke, die eine ganz ungewöhnliche und eben so auffallende Lage einnehmen, als die im Vallone di S. Biaggio. Zwischen dem Aetna und den Hügeln der Catira dehnt sich eine 5000 Meter breite und ohngefähr doppelt so lange, fast ganz horizontale Ebene aus, in welche sich die von den Seiten des Vulkanes hervorbrechende Lava leicht verbreiten, und ohne alle Hindernisse auf der einen Seite derselben gegen die Cyclopen-Felsen hin, auf der andern nach Catania zu, über die unterliegende Terrasse herabstürzen konnte. Hügel, welche sich 60 Meter hoch über ihre nächste Umgebung erheben, können unmöglich von einem Lavastrome, der kaum ein Viertheil so hoch ist, und der sich nach allen Seiten hin frei verbreiten konnte, überwältigt werden. Auch in diesem Falle bleibt nichts übrig als anzunehmen, der aus Creta bestehende Untergrund des Plateaus habe sich in spätern Zeiten nach der Bildung der Lava um ein Wesentliches verändert.

Ein dritter nicht minder interessanter Fall derselben Art

wird an dem in der Ebene von Fiume Freddo rings freistehenden Hügel von S. Ambrosio an der Ostseite des Aetna wahrgenommen. Auf dem Rücken desselben liegen isolirte Lavamassen, von denen es nicht zu begreifen ist, wie sie ohne eine spätere Erhebung des Bodens in die jetzige Lage gekommen sind.

Auf ähnliche Weise scheint es sich mit den erratischen Basaltblöcken zu verhalten, die auf dem isolirten Plateau von Palazzuolo, auf der Burg des alten Akrae, über Lagern von tertiärem Kalkstein und Tuff zerstreut liegen [1]).

Wir wenden uns nun zur Beschreibung der anstehenden vulkanischen Bildungen und werden bemüht sein, über ihr merkwürdiges Eingreifen in die Tertiärformation einiges Licht zu verbreiten.

Bei näherm Nachsuchen findet man vornehmlich bei Militello, Palagonia und Buccheri anstehende vulkanische Formationen, wiewohl sie auch an manchen andern Orten ziemlich allgemein über das Val di Noto verbreitet sind. Ein bestimmter Sitz vulkanischer Thätigkeit, der die erste Anlage eines Centralvulkanes bedingt, von dem aus sich die Wirkung des Feuers nach allen Seiten hin über die Oberfläche verbreitet, ist hier nicht zu erkennen, und es besteht darin ein wesentlicher Unterschied zwischen den vulkanischen Erscheinungen des Aetna und denen des Val di Noto. Während sich am Aetna alle vulkanischen Aeufserungen auf einen oder einige sehr nah gelegene Centralpunkte beziehen und in bestimmten Localitäten ein periodisches Wiederkehren vulkanischer Thätigkeit beurkunden, scheint es im Val

[1]) Hoffmann hält die basaltischen Gesteine der Burg von Akrae für daselbst anstehend; ich habe bei meinem dortigen Aufenthalte keinen Ort wahrgenommen, wo dieses der Fall gewesen wäre. Auch hat Cavallari, dem wir eine erweiterte Kenntnifs sicilianischer Alterthümer verdanken, während seines Aufenthaltes in Palazzuolo, im Jahre 1839, die Terrasse von Akrae in der Nähe des Theaters umarbeiten lassen, bei welcher Gelegenheit sich keine anstehenden Basaltmassen, sondern nur isolirt liegende Blöcke gefunden haben.

di Noto mehr von Zufälligkeiten abgehangen zu haben, ob bald hier bald da ein Durchbruch geschmolzener Massen in oder über die tertiären Schichten erfolgte, nach dessen Erlöschen das Spiel der Vulkane in dieser Landschaft vielleicht für alle Zeiten aufgehört hat. Die vulkanischen Ausbrüche des Val di Noto sind daher eeher denen zu vergleichen, die sich über grofse Flächen im westlichen Deutschland verbreiten, und namentlich in der Eifel und dem rheinischen Schiefergebirge characteristisch auftreten, doch mit dem wesentlichen Unterschiede, dafs in Deutschland die Ausbrüche gröfstentheils über, in Sicilien aber unten dem Niveau des Meeres erfolgt sind.

Isolirte Kuppen oder basaltische Kegel, die man in Hessen und in der Eifel so allgemein verbreitet findet, erscheinen nur ausnahmsweise im Val di Noto. Der Monte Roccato nicht weit vom Dorfe Monte Rosso und der Poio Pizzuto zwischen Mineo und Favarotta zeigen allein, soweit mir bekannt ist, mit den norddeutschen Basaltkegeln analoge Erscheinungen. Der von seinem Gipfel bis zu seinem Fufse mit grofsen Lavablöcken überdeckte Monte Roccato ist dem kleinen Gleichberge bei Römhild, der Poio Pizzuto, obgleich viel spitzer und steiler, der blauen Kuppe von Eschwege vergleichbar. Der basaltische Mandelstein des Poio Pizzuto wird dadurch beachtenswerth, dafs er gröfsere und kleinere Massen des Tertiärmergels selbst bis in die einzelnen Blasenräume des Gesteines einschliefst, die in Folge der Erhitzung wesentliche Aenderungen erlitten haben [1]).

---

[1]) Der Basalt umwickelt hier einzelne Massen und Blöcke von tertiärem Kalkmergel, dann kleinere und kleinere Fragmente desselben, welche zuletzt von der vulkanischen Substanz rings umschlossen werden und ihre Blasenräume vollstandig ausfüllen. In einigen dieser Mandeln ist der kieselhaltige Kalktuff scheinbar wenig, in andern mehr verändert; er wird nach und nach weifser, dann crystallinisch und zuletzt ein crystallisirtes Mineral, welches unter dem Namen Gismondin oder Phillipsit bekannt ist.

Aufser den kegelförmigen basaltischen Durchbrüchen gibt es eine andere Art vulkanischer Formationen, welche mit der Gangbildung im innigsten Zusammenhang stehen und im Val di Noto von ungleich gröfserer Wichtigkeit und Verbreitung sind, als jene. Wir werden die Beschreibung derselben versuchen, wenn auch der Mangel an guten Plänen und Karten, der Mangel an jeder exacten Grundlage so wohl im Detail, als bei allgemeinern Betrachtungen störend einwirkt, und kaum eine genügende Behandlung des Gegenstandes zuläfst.

Der Monte Lauro bei Buccheri ist ohne Zweifel einer der bedeutendsten Berge, in dem sich die frühere vulkanische Thätigkeit des Val di Noto Luft zu machen begann, und zwar in einer Zeit, als der gröfsere Theil des südlichen Siciliens noch vom Wasser bedeckt war. Wenn man von der Südwestseite den Monte Lauro besteigt, bemerkt man zuerst bei dem Dorfe Monte Rosso die Basaltmassen beginnen, immer häufiger werden, und nach und nach die horizontalen Schichten der Kalksteine tiefer und tiefer unter sich begraben. Der Weg führt darauf beim Emporsteigen zum Gipfel dieses Berges, über ein anstehendes, aus vulkanischen Bomben gebildetes Gestein, welches auch in andern basaltischen Gebirgen, bei Aci Castello in Sicilien, an der Küste von Ballycastle in Irland, und ganz ausgezeichnet an der Küste von Loch Seridan auf der Insel Mull gefunden wird. Die einzelnen, ein viertel bis ein halbes Meter im Durchmesser haltenden Bomben sind mit einem schwarzen Obsidianglase [1]) überzogen, welches nach Innen allmälig in

[1]) Bei einer etwas nähern Untersuchung zeigt sich dieses vulkanische Glas, welches öfter im Val di Noto, und besonders häufig zwischen Militello und Palagonia als krustenartiger Ueberzug oder in schmalen Gängen in den Basalten gefunden wird, dem Tachylit von Gmelin nahe verwandt. Das Mineral wird von Salzsäure mit Rückstand der Kieselerde vollkommen aufgelöst; die Eigenschaften vor dem Löthrohre stimmen im wesentlichen mit denen des Tachylits überein.

die Masse des Gesteines übergeht, und beim Erkalten wie aus derselben ausgeschieden zu sein scheint.

Der Gipfel des Monte Lauro, der die ganze syracusaner Kalksteinformation und die Ebene von Catania beherrscht, bildet ein aus basaltischen Blöcken bestehendes Bergplateau, in dessen nordöstlicher Seite ein weiter, auf eine zerstörte Craterbildung hinweisender Thaleinschnitt liegt, aus dem die bei Buccheri abgelagerten vulkanischen Tuffmassen ihren Ursprung genommen zu haben scheinen. Deutlich erhaltene Crater, oder auch nur die Ueberreste derselben, sind mir mit Ausnahme dieses einen, eben angegebenen, doch zweifelhaften Falles, nirgend im Val di Noto vorgekommen; ob dieselben nie da gewesen oder vom Meere zerstört worden sind, ist nicht mehr zu ermitteln.

Die Umgebung von Militello und Palagonia ist für das Eingreifen vulkanischer Formationen in die Tertiärschichten von ganz besonderm Interesse, da die Lagerungsverhältnisse beider durch mehrere sehr tiefe Thaleinschnitte deutlicher als in den meisten andern Gegenden dieser Landschaft aufgeschlossen sind. Militello liegt am Rande eines Kalkstein-Plateaus, in welches sich zwei Thäler versenken von denen das erstere den Namen dieses Ortes führt, das andere mit dem Namen Val di Calema bezeichnet wird. Durch das erstere führt die von Militello nach Catania gehende Landstrafse; es ist fast eine halbe Meile lang und wird auf beiden Seiten durch steile Bergwände begrenzt, die einen doppelten Wechsel basaltischer Lava mit gegen Osten etwas geneigten tertiären, sehr conchylienreichen Kalkschichten zeigen. Das Val di Calema, welches in nordöstlicher Richtung ohngefähr parallel mit dem Val di Militello fortzieht, legt an seinen steilen, tiefen, oft unzugänglichen Wänden ein jenem ähnliches, doch viel merkwürdigeres

---

eine chemische Analyse wird vielleicht später von Herrn Dr. Merklein geliefert werden.

Schichtenprofil an den Tag, welches wir zur deutlichen Erklärung mit einem beigedruckten Holzschnitte erläutern werden.

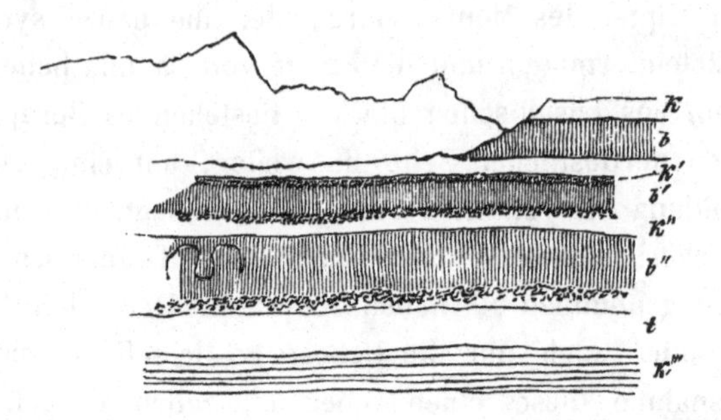

Diese Figur stellt die südliche Seite des Val di Calema vor, deren oberer Rand unmittelbar neben dem Capuzinerkloster von Militello beginnt. Die erste Schicht dieses Profils (*K*) wird von einem lockern, sehr mürben, conchylienreichen Kalkstein-Lager gebildet, eine Gebirgsart, die in der Umgebung von Militello besonders vorherrscht, und sowohl in der Richtung gegen Scordia als auch gegen Palagonia und Cava de' Monaci hin gefunden wird. Der unendliche Reichthum an Conchylien in diesen Schichten mufs den Beobachter in Staunen versetzen und ich erinnere mich, kaum je eine Formation gesehen zu haben, welche wie diese gleichsam aus einer untergegangenen Schöpfung erbaut ist.

Die Conchylien in diesem Kalktuffe sind weniger gut erhalten, als viele, welche in den vulkanischen Tuffen liegen, von denen weiter unten die Rede sein wird; sie zerfallen gewöhnlich leicht an der Luft und haben ihren eigenthümlichen Glanz und ihre frühere Färbung verloren.

Bei dem Herabsteigen in das Thal folgt unter der ersten Kalksteinschicht ein vier bis fünf Meter dickes Basaltlager (*b*), unter welchem eine zweite schmale, der obern vollkommen ähnliche Kalksteinschicht gefunden wird; unter derselben folgt ein anderes mächtiges Basaltlager *b'*, welches hin und wieder eine ziemlich deutliche Säulenbildung zeigt, die im Val di Noto äufserst selten erscheint und nie mit solcher Bestimmtheit auftritt, als in so manchen andern Gegenden des nördlichen Europas. An der untern Berührungsfläche zwischen Basalt und Kalk findet sich ein eigenthümliches Gemisch beider Gebirgsarten, bald mehr locker zusammenhaltend und conglomeratartig, bald innig verbunden, so dafs eine Breccie entsteht, auf deren Zusammensetzung wir später noch einmal zurückkommen werden. Unter diesem Basalte findet sich ein drittes Kalksteinlager (*K''*), welches den beiden vorhergehenden *K'* und *K* vollkommen ähnlich ist; dann folgt ein drittes mächtiges Basaltlager (*b''*) mit ziemlich deutlicher Säulenstructur. An der untern Berührungsfläche dieses Lagers mit der nächsten Schicht findet sich wiederum ein Conglomerat und eine Breccie, wie in dem vorigen Lager. Darunter folgt eine meterdicke Schicht (*t*) eines gelblich grauen Mergels, der an Tertiärconchylien, welche noch zum gröfsern Theil ihre wenn auch etwas abgeblafste natürliche Farbe besitzen, aufserordentlich reich ist und von dessen Beschaffenheit weiter unten ausführlicher die Rede sein wird. Der Schlufs dieses Profils wird in der Sohle des Val di Calema aus einem aus Tertiärconchylien bestehenden Kalkstein (*K'''*) gebildet.

Die gegenüberliegende, ebenfalls sehr steile Wand des Val di Calema zeigt ein ganz ähnliches Profil, läfst aber einen vierfachen Wechsel von Basalt zwischen den tertiären Schichten gewahr werden.

Am Eingange des Val di Calema ist das Vorkommen der Basaltbreccien sehr belehrend, wenn auch manche Erscheinungen so räthselhafter Art sind, dafs sie die Bildungsweise derselben einigermafsen im Dunkeln lassen. Man bemerkt hier zuerst grofse Klumpen von Kalkstein rings vom Basalte umschlossen in ähnlicher Weise, als am Poio Pizzuto bei Favarotta; diese Kalktrümmern nehmen dann nach und nach überhand und schliefsen zuletzt einzelne Fragmente von Basalt so ein, wie zuerst der Basalt den Kalk umschlossen hat. In einigen Fällen scheint man genöthigt, annehmen zu müssen, der Basalt sei früher da gewesen und später durch den Kalk verkittet worden, in andern Fällen ist es auf das unzweifelhafteste umgekehrt. Besonders instructiv sind mehrere grosse Breccienblöcke, die theils am Eingange des Val di Calema liegen, theils in der Nähe des Capuzinerklosters gefunden werden, wo man verschiedene Mauern aus ihnen construirt hat.

Ein Fragment eines solchen Breccienblockes zeigt der beigefügte Holzschnitt. Man bemerkt hier vom Kalk umge-

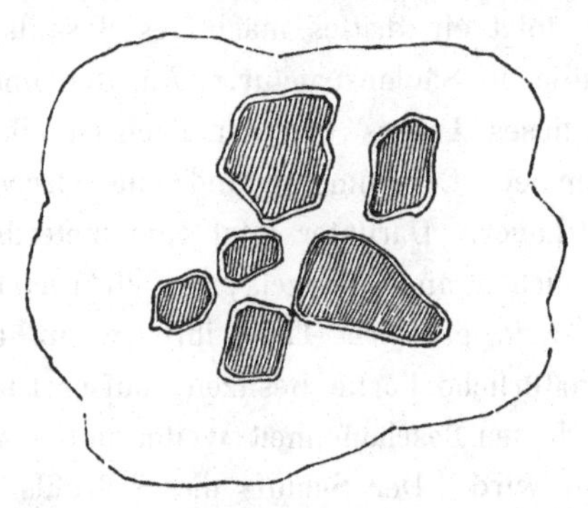

bene Basalttrümmern, welche durch die dunkele Schattirung hervortreten. Diese Basaltstücke zeichnen sich gewöhnlich durch äufserst eckige und scharfe Umrisse aus, die keineswegs das Gepräge von abgerundeten Geröllen besitzen, sondern durch eigen wirkende Ursachen in diese besondere Gestalt gebracht sein müssen. Oft sollte man glauben, sie seien mit Gewalt zersprengt und mit dem in noch weichem Zustande befindlichen Kalk cementirt worden. Besonders auffallend ist es, dafs die in der Breccie erscheinenden Basalttrümmern in ihrer nächsten Nähe mit einer Zone von entschieden verändertem und viel dichterm Kalksteine umgeben sind, während in etwas geringerer Entfernung der Kalk grobkörnig und poröser wird, und dann zahllose meist kleine, aber sehr wohl erhaltene Conchylien in sich einschliefst.

Ich erinnere mich nie eine Gebirgsart gesehen zu haben, die eine so innige Verbindung zwischen neptunischen und vulkanischen Elementen bis in die kleinsten Handstücke hinein aufwiese, als die eben beschriebene Breccie.

Bemerkenswerth bleibt es, dafs man dieselbe nur an den Berührungsflächen zwischen Basalt und Kalk auffindet, und nirgend im Val di Noto in dem Grade characteristisch, als im Val di Calema. In andern Localitäten, namentlich im Thale von Giardinelli bei Palagonia zeigen sich manche ähnliche Verhältnisse, die zur Erklärung der Breccienbildung beitragen, die jedoch weniger unerklärlich sind, als im Val di Calema und uns auf das jüngere Alter des Basaltes hinweisen. Auf dem Wege von Militello nach Cava de' Monaci beobachtet man folgendes Profil, welches durch den hier beigegebenen Holzschnitt erklärt wird und über die Verwickelung zwischen Kalktuff und Basalt belehrend ist.

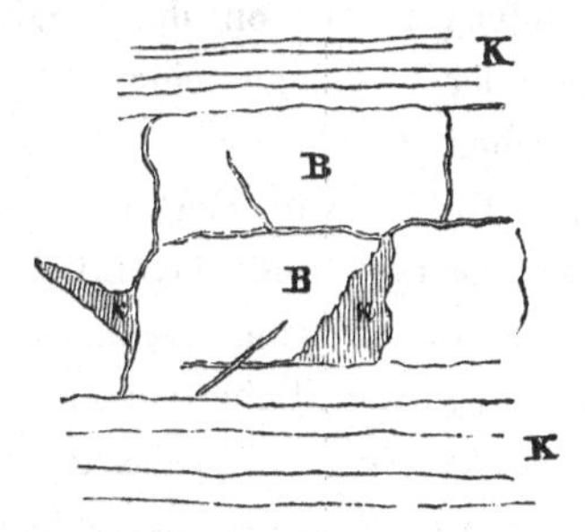

Der Basalt liegt auch hier mitten zwischen dem Kalktuff, von dem er bei K u. K mehrere Gruppen in sich verschliefst, und dadurch eine Breccienbildung einleitet. Der Basalt, der mit Gängen von conchylienführendem Kalkstein und mit schmalen Bändern von crystallisirtem Kalkspath durchsetzt wird, ist von blasigem Ansehen und im Zustande der Verwitterung begriffen.

Aehnliche Profile, als die bereits angegebenen, zeigen sich bald einfacher, bald zusammengesetzter in der ganzen Umgebung von Militello, bei der Kirche S. Maria la vetera, bei Buccheri, und in manchen andern Localitäten des Val di Noto, deren detaillirte Beschreibung hier zu weit führen würde.

Von ganz besonderm Interesse für die geologische Constitution dieser Gegend sind die grofsen vulkanischen Tufflager, welche in Verbindung mit der Basaltformation auftreten, und welche vorzugsweise geeignet scheinen, über die frühere vulkanische Thätigkeit im Val di Noto wesentliche Aufschlüsse zu geben. Man kann sich auf Hoffmanns geologischer Karte über ihre Gröfse und Ausdehnung unterrichten, doch ist für eine nur einigermafsen genaue Darstellung der Mafsstab derselben viel zu klein, die Topographie viel zu unrichtig, und die Einzeichnung derselben daher nicht ohne Fehler.

Diese vulkanische Tuffformation zeigt sich bei Buccheri, Sortino und besonders ausgedehnt bei Militello und Palagonia; an allen diesen verschiedenen Orten überdeckt sie, im Allgemeinen zu reden, die tertiären Schichten, obgleich sie an einigen andern auch von ihnen gedeckt wird.

Sehr häufig aber erscheint eine so innige Mischung zwischen vulkanischen Producten und Meeressedimenten, dafs dadurch eine Klasse von Gesteinen entsteht, welche zwischen tertiärem Mergel und eigentlichen vulkanischen Tuffen, die oft mit denen vom Aetna vollkommen übereinstimmen, alle möglichen Uebergänge bildet. Wir bezeichnen diese Gruppen von Gebirgsarten mit dem Namen Tuffmergel, und verweilen etwas länger bei ihrer Beschreibung, da sie über das erste Auftreten der vulkanischen Thätigkeit in dieser Gegend die wichtigsten und sichersten Aufschlüsse gewährt.

Die Tuffformation von Militello ist in den verschiedenen Localitäten von sehr verschiedener Beschaffenheit, im Ganzen aber kann man vier hauptsächliche Gruppen aus derselben hervorheben, welche in manchen Zwischenstufen in einander übergehen, und nur in ihren Extremen selbstständig hervortreten.

Diese vier Unterabtheilungen sind:

1. Der Tuffmergel vom Val di Calema u. s. w.

2. Der Peperin von Palagonia [1]).
3. der braune, conchylienführende Tuff von Militello, Buccheri und Sortino.
4. der schwarze Basalttuff von Militello.

1) Der Tuffmergel.

Der Tuffmergel, welcher mit schönen, farbigen Conchylien gemischt schon vorhin in der vorletzten Schicht (*t*) des Val di Calema (siehe den ersten Holzschnitt) erwähnt wurde, ist in der Umgebung von Militello, auf dem Wege nach Cava de' Monaci und an manchen andern Plätzen allgemeiner verbreitet. Er ist im Ganzen feinkörnig, von gelblicher Färbung, wenn die vulkanischen Substanzen sehr untergeordnet in ihm auftreten, von grauer dagegen, wenn dieselben herrschender zu werden beginnen und selbst bis zu einem Fünftheil der Masse die ganze Gebirgsart mit constituiren.

Herr Doctor Merklein, der die Güte gehabt hat, im Laboratorio des Herrn Hofrath Wöhler verschiedene chemische quantitative Analysen einiger Gesteine aus der Nachbarschaft von Militello und Palagonia mit grofser Sorgfalt anzustellen, deren Resultate in Verbindung mit meinen Beobachtungen in dieser Abhandlung niedergelegt sind, hat auch zwei verschiedene Tuffmergel von Militello einer genauern und ausführlichen Prüfung unterworfen. Es sind bei dieser Gelegenheit zuerst die in dem Tuffmergel äufserst fein zertheilten und von Kalk und Kieselerde gänzlich eingehüllten vulkanischen Bestandtheile, welche dem schärfsten und geübtesten Auge eines Mineralogen ihrer Kleinheit und Verborgenheit wegen entgehen müssen, entdeckt worden, nachdem alle neptunischen Bestandtheile zuerst durch Salzsäure, dann durch kohlensaures Natron aufgelöst und entfernt worden waren.

Eine Analyse des conchylienführenden Tuffmergels aus

---

[1]) Der Name Peperino ist zuerst einem vulkanischen Tuffe des albaner Gebirges gegeben worden, und von mir auch auf eine ähnliche Formation des Val di Noto übertragen.

der vorletzten Schicht im Val di Calema zerfällt in drei verschiedene Theile, indem zuerst der Körper mit Wasser ausgezogen, darauf in Salzsäure gelöst, und der Rückstand mit kohlensaurem Natron behandelt worden ist.

1. Durch Wasser ausgezogen	
Kochsalz mit einer Spur von Gyps	0,44
2. Löslich in Salzsäure	
Kieselerde	1,45
Thonerde	2,65
Eisenoxyd	5,20
Eisenoxydul	0,78
Kali	0,17
Natron	0,40
Phosphorsäure	0,76
Kohlensaurer Kalk	72,64
Kohlensaure Bittererde	0,44
Kohlensaures Manganoxydul	0,13
3. Mit kohlensaurem Natron behandelt	
Kieselerde	9,38
Unauflöslicher Rückstand	5,02
	99,46

In dieser Analyse ist vornehmlich auf den Gehalt an Kochsalz aufmerksam zu machen, auch ist die Gegenwart von Kali, Natron und Bittererde zu berücksichtigen. Dafs diese Substanzen aus dem Meerwasser herrühren, in dem der Tuffmergel mit den eingeschlossenen Conchylien einst präcipitirt wurde, ist im hohen Grade wahrscheinlich. Die Phosphorsäure dagegen, welche in allen conchylienführenden Gesteinen von Militello durch Herrn Dr. Merklein aufgefunden ist, scheint ohne Zweifel den untergegangenen Mollusken ihren Ursprung zu verdanken. Endlich verdient der unauflösliche Rückstand, der nach der Behandlung mit kohlensaurem Natron übriggeblieben ist, eine besondere Prüfung und Aufmerksamkeit. Er zeigt sich dem freien Auge als ein graues oder graubräunliches, zuweilen etwas glänzendes, körniges Pulver, das, unter dem Mikroskope betrachtet, als eine Sammlung kleiner, oft crystallisirter vulkanischer Mineralien erscheint, und einen nicht erwarteten und überraschenden Anblick gewährt. Man bemerkt zuerst eine grofse Anzahl wohl ausgebildeter Olivin-Crystalle, die die Länge von einem zehntel Millimeter nur selten übersteigen; aufserdem sieht man etwa von derselben Gröfse grüne und schwarze Augite, vielleicht auch Hornblenden.

Ferner zeigen sich kleine halbdurchsichtige weifse Täfelchen und unvollkommene Crystalle von einem feldspathartigen Minerale, wahrscheinlich von Labrador, das dem, welches man am Aetna findet, nahe verwandt zu sein scheint. Leider sind die Crystalle zu klein, zu wenig ausgebildet, und auch vielleicht durch die Behandlung mit Säure und kohlensaurem Natron etwas angegriffen, so dafs eine zuverlässige Bestimmung der Formen nicht zu erhalten war.

Aufser den beschriebenen crystallisirten Substanzen wurden in diesem Rückstande mehrere amorphe Körper von weifser, grauer, röthlicher und brauner Färbung bemerkt. Ich halte sie ebenfalls von vulkanischer Herkunft, da sie mit blasigen Schlackenstückchen die gröfste Aehnlichkeit haben.

Ein anderer ziemlich ähnlicher Tuffmergel, von etwas gröberm Korne und grauerer Färbung, der ebenfalls Conchylien enthält, von einer etwas verschiedenen Localität aus der Nähe von Militello, ist auf dieselbe Weise von Herrn Dr. Merklein zerlegt worden und enthält folgende Bestandtheile:

1.	Durch Wasser ausgezogen	
	Chlorkalium mit Spuren von Gyps	0,95
2.	Löslich in Salzsäure	
	Kieselerde	0,76
	Thonerde	1,86
	Eisenoxyd [1])	4,40

[1]) In diesem Eisenoxyd ist jedenfalls noch etwas Eisenoxydul

Phosphorsäure	0,19
Kohlensaurer Kalk	66,45
Kohlensaure Bittererde	1,18
Kohlensaures Manganoxydul	0,15
3. Behandelt mit kohlensaurem Natron	
Kieselerde	5,81
Unauflöslicher Rückstand	18,94
	100,69

Zwischen der Zusammensetzung dieses und des vorhin angegebenen Tuffmergels findet kein wesentlicher Unterschied statt, mit Ausnahme, dafs der unauflösliche Rückstand vulkanischer Natur um fast 14 Procent gewachsen ist. Bei mikroskopischer Untersuchung zeigt sich derselbe, ganz wie er vorhin beschrieben, als ein Gemisch crystallisirter und amorpher vulkanischer Substanzen.

Es verdient wohl bei Gelegenheit dieser Analysen bemerkt zu werden, dafs der Boden in der Umgebung von Militello durch seine aufserordentliche Fruchtbarkeit bekannt ist. In den Thälern von Calema, Fiume Freddo u. s. w. wachsen die gröfsten und besten Orangen und Citronen Siciliens; es gedeiht hier mit unerschöpflichem Reichthum jede Art von Getreide, Reis, Baumwolle, Oel, Wein und Sumach, welcher letztere in Militello für einen lucrativen Handelsartikel angesehen wird.

Herr Dr. Merklein machte mich nach beendeter Analyse, ohne im mindesten die Localität zu kennen, auf die eigenthümliche chemische Zusammensetzung dieses Bodens aufmerksam, mit der Bemerkung, derselbe müsse überaus fruchtbar und zur Hervorbringung einer aufserordentlichen Vegetation geeignet sein.

Es wäre sowohl für die Entstehung der Tertiärgebilde, als auch für das erste Auftreten der vulkanischen Ausbrüche in derselben von der gröfsten Wichtigkeit, diesen eben be-

enthalten, welches durch den Gang der Analyse oxydirt wurde; es gebrach jedoch zu einer zweiten Analyse an Zeit.

tretenen Weg an Ort und Stelle aufs Neue zu verfolgen. Die Tuffmergel und Kalksteine der wichtigsten Localitäten müfsten in Rücksicht auf ihre Bestandtheile gründlich untersucht werden. Es würde sich dann sehr bald herausstellen, in welche Gegend der Tertiärschichten das erste Erscheinen vulkanischer Bildungen fiele, indem in gewissen Lagern durchaus noch keine Spur vulkanischer Substanzen enthalten sein würde, während in andern diese fremdartigen Beimischungen häufiger und häufiger gefunden werden müfsten. Ebenso würde die obere Grenze, insofern sie überhaupt existirt, auf eine sichere Weise zu ermitteln sein.

Die Quantität der vulkanischen Beimengungen nach Procenten gerechnet, insofern sie constant bliebe, könnte vielleicht die verschiedenen Schichten wesentlich characterisiren, und in Verbindung mit genauen Beobachtungen des Terrains und guten Höhenbestimmungen, die bis jetzt noch fast gänzlich fehlen, würde es möglich werden, über manche andere geologische Vorgänge eine erweiterte Kenntnifs zu erhalten.

2) Der Peperintuff überdeckt die nächste Umgebung von Palagonia und die wagerechte Ebene, welche sich südlich von hier bis unterhalb Mineo erstreckt. Er unterscheidet sich von den andern Tuffen des Val di Noto dadurch, dafs seine Theile fester mit einander verbunden sind, dafs er weniger aus conglomeratartigen Massen, als aus crystallisirten oder crystallinischen Mineralkörpern besteht, und mit Ausnahme einer basaltischen conchylienhaltigen Breccie, der vom Val di Calema ähnlich, die ich nur einmal eingeschlossen in ihm gefunden habe, nie Spuren von organischen Ueberresten enthält.

Bei einer näheren und etwas aufmerksameren Untersuchung zeigt sich eine innige Mischung sehr verschiedener Bestandtheile. Eine braune, matte, zuweilen schwach glänzende, körnige Grundmasse, die wir sogleich näher beschreiben werden, wird mit sehr kleinen, aber wohlgebildeten, schwarzen Augit und wasserhellen oder blafsgrünen Olivincrystallen, die selten die Länge eines Millimeters erreichen, gemischt und mit Gängen, Bändern und nesterartigen Einschlüssen des vorhin erwähnten vulkanischen Glases (Tachylit) durchzogen. Ferner ist dieses Gestein mit verschiedenen, oft wasserhaltigen Silicaten innig verbunden, welche zugleich mit Kalkspath, in Spalten oder Gängen in sehr vollkommenen Crystallen ausgeschieden erscheinen. So finden sich ziemlich allgemein verbreitet Analcime, Gismondin, Philippsit, Nephelin, Natrolith und Kiselerdehydrat.

Die braune Grundmasse des Tuffes, welche in der letzten Zeit von mir vielfach untersucht worden, zeigt sich als ein neues, von allen jetzt bekannten verschiedenes Mineral, dem ich den Namen Palagonit beigelegt habe. Eine vorläufige, wenn auch nicht vollständige Beschreibung dieses Körpers theile ich hier einstweilen mit, bis ich später eine abgeschlossene und genügende Arbeit darüber veröffentlichen kann. Schon mit blofsem Auge bemerkt man, dafs derselbe aus feinen Körnern und ausgesonderten Massen von gelber und brauner Färbung besteht, und auf den ersten Anblick einem gewissen Granat, dem norwegischen Colophonit ähnlich ist. Bei mikroskopischer Betrachtung fallen die Eigenschaften desselben noch deutlicher ins Auge.

Der Palagonit ist vollkommen durchsichtig, von weingelber bis colophoniumbrauner Farbe, von Glasglanz und muschlich-splittrigem Bruche. In der äufsern Erscheinung hat er mit arabischem Gummi oder braunem Zucker grofse Aehnlichkeit.

Seine Härte übersteigt kaum die des Kalkspaths. Sein specifisches Gewicht ist 2,64; doch halte ich diese Angabe aus Mangel an reinem Material nur angenähert richtig. Ueber seine Crystallisation hat trotz alles Nachsuchens bis jetzt noch gar nichts ermittelt werden können.

Vor dem Löthrohre wird der Palagonit undurchsichtig, schmilzt leicht zu einem schwarzen, glänzenden Korne, welches dem Magnete folgt; in Salzsäure ist er mit Rückstand der Kieselerde löslich. Es ist für den Augenblick nicht möglich, eine zuverlässige quantitative Analyse dieses Minerals mitzutheilen; doch enthält es nach provisorischen Versuchen 16 Procent Wasser, dann vorherrschend Eisenoxyd, Kieselerde und eine geringere Quantität Thonerde. Der chemischen Zusammensetzung zu Folge steht der Palagonit dem Hisingerit und Thraulit nahe, von denen er sich aber in manchen wesentlichen Eigenschaften unterscheidet.

Bei aufmerksamer Beobachtung findet man den Palagonit in verschiedenen Tuffen des Val di Noto ziemlich allgemein verbreitet, worauf wir unten noch einmal zurückkommen werden. Der vulkanische Tuff von Aci Castello, am Strande des Meeres nördlich von Catania, enthält als einen wesentlichen Bestandtheil diesen Körper, in Begleitung von Augit, wasserhellem Olivin, Philippsit u. s. w. und gleicht dem Peperin von Palagonia in einem solchen Mafse, dafs man glauben sollte, beide seien an demselben Tage und unter denselben Verhältnissen, gleichsam in einem Troge gebacken worden, während die Entfernung beider Orte von einander über 8 geographische Meilen beträgt.

Es ist aus verschiedenen Gründen wahrscheinlich, dafs diese Gebirgsart nach ihrem Entstehen durch vulkanische Einflüsse noch wesentliche Veränderungen erlitten habe; der Mangel an Versteinerungen, das häufige Vorkommen des Tachylits und das Auftreten mächtiger vulkanischer Gänge sind geeignet, diese Ansicht noch zu bestärken.

Der Peperintuff von Palagonia schliefst in der Nähe der Basaltgänge, welche ihn senkrecht durchsetzen, sehr zeolithreiche Basaltmassen in sich ein, die dem Gestein der Gänge sehr ähnlich sind. Unmöglich ist es jedoch zu bestimmen, ob dergleichen Einschlüsse einer weit frühern Zeit, ältern vulkanischen Ausbrüchen angehören, oder ob sie kurz vor dem Durchbruche der Gänge mit dem Tuff gemeinsam gebildet sind, und mit den Gängen selbst zu einer und derselben Eruption gerechnet werden müssen. Es ist dieses ein noch nicht hinreichend aufgeklärter Punkt, der eine fernere und gründlichere Untersuchung verdienen würde.

Bei näherm Nachsuchen finden sich in der Ebene von Palagonia auf einer kleinen Strecke Weges fünf verschiedene Gänge, die sich mit ihren Köpfen nicht merklich über die Tuffschichten erheben.

Wir theilen hier das Streichen derselben mit, und zählen sie auf dem Wege von Palagonia nach Militello hin, von der Biegung des nach Scorcia Lupo führenden Weges an.

Gang	1	N 64 O
-	2	N 30 O
-	3	N 16 O
-	4	N 53 O
-	5	N 38 W

Der Gang 4 steht also auf Gang 5 ziemlich senkrecht, wiewohl der Durchschnittspunkt beider von uns nicht aufgefunden worden ist. Der Gang 1 besitzt eine Breite von 1,5 Meter, die andern kommen einem Meter nah.

Diese Gänge sind horizontal geklaftert, oder ihre Absonderungen stehen normal auf den vertical stehenden Abkühlungsflächen. Für die detaillirtere Aufklärung der vulkanischen Phänomene im Val di Noto wäre es sehr wünschenswerth alle diese, und vielleicht noch manche von uns nicht bemerkte Gangverhältnisse weiter zu verfolgen und in einer genauen Karte von hinreichend grofsem Mafsstabe zu construiren. Man würde dann leicht sehen, ob die Gänge von einem gewissen Centrum abstammen, oder ob sie ohne alle Gesetzmäfsigkeit den Tuff nach allen Richtungen hin durchkreuzen.

3) Der braune Tuff von Militello, Buccheri und Sortino ist wenig zusammenhängend, und besteht aus feinern oder grobkörnigen basaltischen Fragmenten, Schlackenstückchen, vulkanischen Aschen und Palagonit; aufserdem wird er nicht selten mit kleinen, aber wohlerhaltenen Conchylien oder ihren Bruchstücken ganz innig vermischt und es unterliegt keinem Zweifel, dafs er am Boden der See gebildet sei. Abgesehen von dem Vorkommen der Conchylien ist der

braune Tuff von Militello dem ähnlich, welcher einen sehr wesentlichen Theil des Centralkörpers des Aetna bildet und besonders eigenthümlich in der Wand der Concazzen im Val del Bove auftritt.

Bei der Portella von Scorcia Lupo ist der Uebergang des braunen Tuffs in dem vorhin beschriebenen Peperin ziemlich sicher wahrzunehmen. Er liegt hier vollkommen horizontal stratificirt, und ist in sehr deutlichen, oft nur in wenigen zolldicken Schichten abgesetzt, die mit kleinen Conchylien untermengt und mit schmalen, augenscheinlich auf nassem Wege gebildeten Kalkspathgängen nach allen Richtungen durchzogen werden. Ganz ähnlich zeigen sich die Verhältnisse an der Portella di Palagonia, wo der Tuff mit schmalen Mergelschichten wechselt.

4) Besonders merkwürdig und im höchsten Grade eigenthümlich ist der schwarze Basalttuff, der sich nahe bei Militello findet, und der aufser einer grofsen Anzahl der ausgezeichnetsten Conchylien mit frischen Farben und besonderm Glanze, auch Seeigel, Seekrebse und manche andere Reste des Meeres in sich verwahrt.

Bei dem Bau einer Cisterne, Cebbia auf Sicilianisch genannt, die zur Bewässerung der Orangengärten benutzt wird, ist zufälliger Weise im Fondo del Gallo ein mächtiges Lager von schwarzem Basalttuff entdeckt, das, so weit man sieht, von einem grauen Tuffmergel überlagert wird.

Dieses Gestein erscheint dem Auge ziemlich homogen, es ist entweder von schwarzgrauer Farbe und von mattem Ansehen, oder von dunkelbrauner, dann schwach schimmernd und an den Kanten durchscheinend. Vor dem Löthrohre schmilzt es leicht zu einem glänzenden, schwarzen Korne, welches dem Magnete nicht folgt. Die Härte ist dem Kalkspath gleich; das specifische Gewicht beträgt 2,70, und kommt ohngefähr dem des Palagonits gleich.

Mit Salzsäure behandelt, braust es stark mit Entwicklung von Kohlensäure, beim Glühen in einem Glaskolben entweicht Wasser. Herr Dr. Merklein hat sich seit längerer Zeit mit der Analyse dieses merkwürdigen Körpers beschäftigt, den er nach allen Seiten hin genauen Prüfungen unterworfen hat.

Das Endresultat der Analyse ist:

1)	Durch Wasser ausziehbar	
	Kohlensaures Natron	0,89
	Chlornatrium	0,47
2)	Aufgelöst in Salzsäure	
	Kieselerde	1,48
	Thonerde	12,83
	Eisenoxyd mit einer Spur von Oxydul	20,72
	Manganoxydul	0,23
	Bittererde	0,48
	Kali	1,97
	Natron	2,22
	Kalk	9,50
	Kohlensäure	7,14
	Phosphorsäure	0,91
3)	Behandelt mit kohlensaurem Natron	
	Kieselerde	31,04
	Unauflöslicher Rückstand von Olivin, Augit u. s. w.	1,49
4)	Wassergehalt	8,99
		100,36

An die vorliegende Analyse reihen sich folgende Bemerkungen: Das Kochsalz und kohlensaure Natron scheinen Rückstände des Meerwassers zu sein, die Kohlensäure ist gröfstentheils an den Kalk gebunden, so wie die Phosphorsäure, die wahrscheinlich von den Mollusken abstammt, mit dem Kalk oder Eisenoxyd zusammengehört. Es ist wahrscheinlich, dafs nach Beseitigung dieser Körper die noch übrig bleibenden Bestandtheile von zwei in Säuern löslichen Silicaten herrühren, nämlich von einem feldspathartigen Mineral (Nephelin), dem der Gehalt von Kali und Natron zuzuschreiben ist, und dem vorhin beschriebenen Palagonit, dessen braune Körner bereits unter dem Mikroskope als Hauptbestandtheil dieses Tuffes bemerkt wurden. Unter dieser Voraussetzung hat Herr Dr. Merklein nach Abzug der Bestandtheile des Nephelins für den Palagonit provisorisch folgende Formel berechnet:

$$\ddot{R}^3 \ddot{Si}^4 + 8\dot{H}$$

Endlich mufs auf den ganz unauflöslichen Rückstand von 1,49 aufmerksam gemacht werden, der ähnlich wie bei dem Tuffmergel vulkanischer Natur ist und hauptsächlich Olivin und Augitcrystalle enthält, die zwar meist mikroskopischer Natur sind, doch ab und an auch mit freiem Auge beobachtet werden können.

Insofern wir den Palagonit, oder die ihn zusammensetzenden Körper mit Ausnahme des Wassers von vulkanischer Abkunft betrachten, hingegen Kalk, Kohlensäure, Wasser, Phosphorsäure und Natron auf die neptunische Seite stellen; so ist die Quantität der erstern bei weitem überwiegend, etwa umgekehrt als in dem Tuffmergel, wo die neptunischen Substanzen den Vorrang hatten.

Die vulkanischen Körper, welche den Basalttuff mit constituiren, sind offenbar in der Gestalt von sehr feinem Pulver oder Staub mit dem im Meere noch aufgelösten kohlensauren Kalke und mit zahllosen Conchylien zu einer Art von hydraulischem Mörtel cementirt worden, wobei ein bedeutender Theil des Gesteins eine feste chemische Verbindung eingegangen ist.

Nachdem wir die vier verschiedenen Klassen vulkanischer Tuffe, die, wie schon bemerkt worden, durch verschiedene Zwischenstufen in einander übergehen, näher beschrieben haben, bleibt uns über ihre Lagerungsverhältnisse im Vergleich zu den Tertiär- und Basaltschichten noch einiges zu bemerken übrig.

Ein lehrreiches Profil, welches über die Verbindung zwischen vulkanischen Tuffen und der Kalkformation manche Aufschlüsse gewährt, zeigt sich bei dem Uebergange über die Höhe von Militello nach Palagonia. Man erblickt hier zuerst ein Lager von abgerundeten Basaltblöcken und Geröllen, welche die Spuren der Einwirkung des Wassers an sich tragen; darunter liegt eine sehr dünne Schicht von weifsem Tertiärmergel; darauf folgt ein Lager von schwarzem Basalttuff, welchen man hier durch verschiedene Stufen in den braunen Tuff von Militello übergehen und Bruchstücke des weissen Mergels in sich einschliefsen sieht; darunter liegt endlich weifser Mergel. Aus diesem Profile stellt es sich deutlich heraus, dafs die Bildung des Basalttuffes, als ein Niederschlag im Meere gebildet, später vor sich ging als die Bildung des untern und früher als die Bildung des obern Mergellagers, und dafs zuletzt die basaltischen Gerölle beide Formationen bedeckt haben.

Nicht ohne Interesse für den Zusammenhang zwischen vulkanischen und neptunischen Formationen, und namentlich zwischen Tuff und Basalt ist ein schöner Durchschnitt, welchen man an der steilen Thalwand von Giardinelli zwischen Palagonia und Militello beobachtet.

Die oberste Schicht dieses Profiles besteht aus einem sehr lockern, modernen, kalkigen, gröfstentheils aus Corallen zusammengesetzten Meeressedimente; darunter folgt eine mehr als meterhohe Schicht eines Conglomerats, welches aus abgerolltem, schwarzem, braunem und rothem Basalt, Mandelsteintrümmern und versteinerungsreichem Kalk und Korallen besteht. Unter diesem Conglomerate liegt eine starke, schwarze Basaltschicht, mit einer Einlagerung eines sehr merkwürdigen rothen Basaltes, der so dicht und feinkörnig ist, dafs er in Catania zu Steinschleiferarbeiten und sogenannten etruscischen Verzierungen auf eine vortheilhafte Weise verwendet wird.

Dieser bis jetzt noch nicht hinreichend untersuchte Körper, der vielleicht unpassend rother Basalt in Sicilien genannt ist, wird demnächst von Herrn Dr. Merklein einer Analyse unterworfen werden. Seine Entstehungsweise ist jedenfalls sehr räthselhaft und es scheinen dabei Verhältnisse obgewaltet zu haben, die jenseits aller unserer Erfahrungen liegen. Vor dem Löthrohre ist er zu einer schwarz und weifs gefleckten Perle schmelzbar, welche dem Magnete nicht folgt; bei seiner Erhitzung in einer Glasröhre entweicht merkwürdiger Weise Ammoniak und eine nicht geringe Quantität Wasser. Der rothe Basalt schliefst öfter Streifen von weifsem, ziemlich verändertem Kalkmergel in sich ein, welche kaum 15 Millimeter breit, sich in Adern und schmalen Gängen in die benachbarte Basaltmasse verzweigen, wodurch eine der vorher beschriebenen ähnliche Breccienbildung eingeleitet wird. Eine chemische Untersuchung des den rothen Basalt berührenden Kalkmergels gab folgendes Resultat:

In Salzsäure löslich	
Kieselerde	0,86
Thonerde	4,13
Kali	0,51
Natrum	0,31
Kohlensaurer Kalk	73,68
Bittererde	0,79
Eisenoxydul	5,21
Manganoxydul	0,37
Phosphorsäure	1,28
In Salzsäure unlöslich	12,14
	99,28

Der unlösliche Rückstand enthält gröfstentheils Kieselerde; Olivin und Augitcrystalle wurden bei der mikroskopischen Betrachtung nicht bemerkt, wie in dem Tuffmergel und Basalttuff.

Unter der Basaltmasse, welche bald ziegelroth und dicht, dann mit Körnern von Labrador und Schuppen von Eisenglanz gemischt, bald aber schwarz, porös und mandelsteinartig erscheint, liegt ein Lager von braunem vulkanischen Tuff, der an der Berührungsfläche mit dem Basalte roth gebrannt worden ist.

Wir haben bereits vorhin bemerkt, dafs in der Ebene von Palagonia die Basaltgänge durch den Peperintuff brechen, woraus sich die Praeexistenz desselben ergibt; die entschiedene Einwirkung des Basalts auf den Tuff bestätigt in etwas verschiedener Weise dieselbe Thatsache.

Aufser der nächsten Umgebung von Militello und Palagonia, bei deren geologischer Beschreibung wir vielleicht schon zu lange verweilt haben, müssen wir noch zwei Punkte, in denen die Basaltformation characteristisch auftritt, etwas näher beleuchten, nämlich das Thal von S. Giacomo bei Mineo und die Südspitze von Sicilien, das Capo Passaro.

Das Val di S. Giacomo, etwa eine Stunde südlich von Mineo, zeigt an seiner westlichen sehr steilen Thalwand einen merkwürdigen und sehr deutlichen Querschnitt, der zwar im Wesentlichen mit den vorher angegebenen übereinstimmt, aber auch manches Eigenthümliche besitzt, und daher hier näher beschrieben und mit einem Holzschnitte erläutert werden mag.

Es sind in diesem Profile 11 verschiedene Schichten wahrnehmbar. Die Hauptmasse der Thalwand, die unten und in der Mitte aus weifsgelblichem Kalkmergel (*a*), weiter oben aus Gyps (*g*) besteht, der vielleicht schon der grofsen sicilianischen Schwefelformation zuzurechnen ist, wird durch zwei mächtige Basaltlager B, B unterbrochen. Zwischen beiden Basaltlagern sind 6 verschiedene schmalere Schichten zu beobachten, von denen 3 demselben weifsen Kalkmergel, 3 andere aber (*b*) der Basaltformation angehören.

Der Basalt erscheint bei (B und B) ganz von derselben Beschaffenheit, wie wir ihn bereits an allen Punkten bei Militello und Buccheri kennen gelernt haben; die Lager von *b* sind etwas davon verschieden; sie sind weder fester Basalt noch Basalttuff, von weicherer Beschaffenheit, öfter conglomeratartig und scheinen durch Verwitterung oder Zersetzung gewisse Aenderungen erfahren zu haben.

Besonders zu beachten ist das mittlere Lager von *b*, welches zwischen zwei Mergelschichten *a*, *a*, die sich weiter seitwärts zu einer einzigen verbinden, eindringt.

Es geht daraus auf das Deutlichste hervor, dafs die Schichten von *a*, welche schon ihrer ganzen Zusammensetzung nach ihre Gleichartigkeit anzeigen, erst später, in Folge vulkanischer Katastrophen, durch die Schichten (B) und (*b*) von einander getrennt worden sind; eine Erscheinung, welche weiter unten näher erklärt und mit der Bildung vulkanischer Gänge in Zusammenhang gebracht wird.

An dem südlichsten Punkte Siciliens, dem Capo Passaro, erscheinen ganz isolirt von den andern Ausbrüchen des Val di Noto noch einmal vulkanische Gebilde. Hoffmann hat dieser Gegend, die auch von mir besucht wurde, eine besondere Aufmerksamkeit geschenkt und so ausführlich beschrieben [1]), dafs es überflüssig erscheinen möchte, von Neuem in die verschiedenen Details einzugehen.

Die Basaltformation wird hier nämlich in einer nicht geringen Ausdehnung von der Kreide, einem Hippuritenkalke, der mit horizontalen Schichten über den vulkanischen Massen verbreitet ist, gedeckt.

---

[1]) Karstens Archiv Band 3. Berlin 1831.
„ „ Band 12. Berlin 1839.

Hoffmann folgert aus der Horizontalität der Schichten, so wie aus der unveränderten Beschaffenheit der Kreide an den Contactflächen des Basalts, dafs sich jene in spätern Zeiten auf dem Basalte abgelagert habe. Ohne einen bestimmtern Grund als den der Analogie gegen diese Meinung vorbringen zu können, mufs ich vermuthen, dafs die Entstehungsweise beider Gebirgsarten sich gerade umgekehrt verhalte; dafs nämlich die Kreide zuerst am Boden des Meeres gelegen und darauf durch den Basalt in ihre gegenwärtige Lage hineingehoben sei.

Dafs dergleichen Durchbrüche und Hebungen vor sich gehen, ohne auf die Horizontalität der Schichten störend einzuwirken, zeigt sich im Val di Noto ebensowohl als in verschiedenen Gegenden des nördlichen Europas. So zum Beispiel bemerkt man an der irländischen Küste bei Belfast und zwischen Ballycastle und Giantscauseway horizontale Basaltlager in längerer Erstreckung zwischen der Kreide liegen, ohne dafs an den Berührungsflächen eine bemerkbare Veränderung stattgefunden hat.

So weit meine Erfahrungen, die ich in den verschiedensten Theilen Europas gemacht habe, ausreichen, hat sich der Basalt immer jünger als die Kreide und die meisten Tertiärschichten herausgestellt, und es mufs daher auch Hoffmanns Annahme in Betreff der Bildung des Capo Passaro wenigstens als zweifelhaft erscheinen. Der Basalt hat dabei durchaus nicht den Character eines Lavastromes, sondern den einer secundären Schicht, was von einem mit diesen Erscheinungen vertrauten Auge nicht verkannt werden kann. Ein Bohrversuch könnte vielleicht über diesen zweifelhaften Punkt die gewünschten Aufschlüsse geben. Nach meiner Ansicht würde man unter dem Basalt aufs Neue ganz auf denselben Kreide-Kalkstein stofsen, der jetzt oberhalb desselben in Gestalt eines steilen, wenn auch nicht hohen Absatzes die südliche Küste von Sicilien bildet.

Nach der Beschreibung der Basalte, Breccien und Tuffe

kehren wir noch einmal zur Nordseite des Flusses Simeto zurück, um auch hier die verwandten Formationen etwas ausführlicher zu verfolgen und sie mit jenen mehr gegen Süden gelegenen zu vergleichen.

Zuerst begegnen wir am Rande der Piana di Catania und der Terra Forte dem Basaltfelsen der Motta S. Anastasia, der durch ein im Wasser geschlämmtes Tufflager emporgedrungen ist. Der Tuff, der theils aus neptunischen, theils aus vulkanischen Stoffen, aus Basalttrümmern, Aschen, Schlackenstücken, Quarzfels und Sandstein-Ciottoli zusammengesetzt ist und conglomeratartig wird, gleicht besonders dem, welcher sich an der Bergterrasse von Licatia, nördlich von Catania, abgesetzt hat. Ob der Tuff der Motta gleich dem von Licatia eine Süfswasserbildung sei, oder unter dem Meere wie der Tuff von Militello und Palagonia seinen Ursprung genommen hat, ist aus Mangel an fossilen Conchylien als zweifelhaft anzusehen, doch bin ich geneigt, mich für die erste Ansicht zu entscheiden. Jedenfalls fällt die Bildung dieser Schichten in die allerneueste Zeit, und es mögen nur wenige Localitäten in Europa angetroffen werden, in welchen der Basalt sich auf die allerdeutlichste Weise jünger als das Alluvium herausstellt [1]).

An der Ostseite des Felsens, wo man den Durchbruch des Basaltes am Besten beobachtet, sind die einst ho-

---

[1]) Nach Mittheilungen, die Herr Oberbergrath v. Schwarzenberg in Cassel mir kürzlich zu machen die Güte hatte, sollen sich im Thale der Edder ähnliche Verhältnisse wie an der Motta zeigen, indem gewisse Alluvionsgeschiebe von den dort vorkommenden Basalten nicht selten umschlossen werden. Die geologische Constitution des Habichtwaldes verdiente überhaupt eine nähere Vergleichung mit der des südlichen Siciliens, da an beiden Orten der Basalt mit der Tertiärformation und dem Alluvium auf eine höchst characteristische Weise in Berührung tritt; es liegt indessen nicht in meiner Absicht, einen so weit umfassenden Gegenstand, der hier nur angedeutet sein mag, in diese Abhandlung aufzunehmen.

rizontal gelegenen Tuffschichten vertical emporgerichtet und parallel neben einander gestellt; etwas weiter gegen Süden stehen sie zwar nicht mehr senkrecht, sind aber immer noch stark geneigt. Die Structur des Basaltes ist hier nicht sehr regelmäfsig; grofse unförmige Massen von undeutlicher Absonderung werden an einigen Stellen bemerkt, während an andern aus Säulen gebildete Büschel hervorschiefsen. An der südlichen Wand der Motta erblickt man die Säulen in der Gestalt eines umgekehrten Fächers zusammengesetzt, der sich gleichsam gangförmig durch die übrige Masse von Basalt und Tuff verbreitet.

Unweit der auf dem Felsen gelegenen Kirche, doch etwas unter derselben, beobachtet man einen 2,5 Meter dicken Gang, der das Conglomerat von oben bis unten durchbricht und sich an die Wände desselben anlehnt. Die vom Basalte auf seine Nebenlager hervorgebrachten Veränderungen sind nicht sehr bedeutend, nur hin und wieder ist der Tuff schwach roth gebrannt. Der Gang sondert sich in zwei oder drei verticale Lager und ist an seinen Rändern mit rauhen Schlacken bekleidet. Sein Streichen ist N 32 W. (astronomisch orientirt), so dafs seine Richtung noch westlich am Centralkegel des Aetna vorübergeht. Es ist daher nicht mit Bestimmtheit zu ermitteln, ob die Motta in derselben Verbindung mit diesem Vulkane stehe, als die Hunderte von Lateralcratern, welche sich an seinem Fufse verbreiten.

Ein dem Felsen der Motta ganz ähnlicher Basaltstock ist der etwas mehr westlich von hier gelegene Felsen von Paternò, der ebenso ganz isolirt aus der Ebene hervorragt, dem Aetna aber etwas näher steht und im Norden, Osten und Westen von seinen Laven berührt wird, während ihn im Süden die neuesten Geröll- und Travertinbildungen begrenzen. Mit diesen beiden Basaltstöcken der Motta und dem Felsen von Paternò dürfen die Terrassen von Valcorrente, Biancavilla und Adernò nicht verwechselt werden, wie dieses auf Hoffmanns Karte von Sicilien und auf Elie de Beaumonts Karte vom Aetna geschehen ist. Die einen sind in Gängen da aus der Erde emporgestiegen, wo sie sich jetzt vorfinden, die andern sind ungeachtet ihrer basaltischen Absonderungen sehr alte, aus dem Fufse des Vulkans hervorgebrochene Laven, die wir mit dem Namen Terrassenströme bezeichnen.

Anders verhält es sich mit den Basalten an der Küste von Aci und Trezza, die bis in die kleinsten Details mit denen des Val di Noto übereinstimmen. Der vom Meere unmittelbar aufsteigende Felsen von Aci Castello verdient etwas ausführlicher beschrieben und mit den Formationen von Palagonia verglichen zu werden. Sein Fufs liegt fast im Niveau der See und besteht aus einem schwarzen, unregelmäfsig zerklüfteten Mandelstein.

Die steilen Abhänge des Felsens sind aus einem, aus tausend grofsen Basaltbomben zusammengesetzten Conglomerate gebildet, das mit gehärtetem Thonmergel vermischt ist, und mit einem schief aufsteigenden und geklafterten Basaltgange durchsetzt wird. Die andere Hälfte des Felsens besteht aus einem Tuffe, dessen bräunliche Grundmasse, die mit Schlackenstücken, Mandelsteinen, Zeolithen u. s. w. gemischt ist, sich als Palagonit zu erkennen gibt.

Dieser Tuff, an dem der Basalt senkrecht in die Höhe steigt, ist noch südwestlich von Aci Castello am Ufer des Meeres zu verfolgen, wird aber bald von einer neuern Lava, die in seine Spalten eindringt, überdeckt.

Die Basaltformation erstreckt sich darauf dem Ufer entlang gegen Trezza und die cyclopischen Inseln hin, und steigt in einzelnen Säulenbündeln, bald hie bald da an der Küste oder im Meere empor, indem sie in allen Fällen jünger als die Thon- und Mergelformation erscheint, deren Schichten wesentliche Veränderungen erlitten haben.

Unter etwas von den eben beschriebenen verschiedenen Verhältnissen, tritt die Basaltformation an der Grotta delle Palombe auf und bildet hier eine der tiefsten Schichten jener steilen Terrasse, an deren Rande die Stadt Aci Reale erbaut ist.

Die Formation erscheint bei der ersten Betrachtung sehr räthselhaft; durch die Untersuchung des Val di Bove wurden schon manche Zweifel aufgeklärt und bei einer näheren Bekanntschaft mit der Küste von Giants-Causeway in Irland vollständig beseitigt.

Ueber die Terrasse der Scala von Aci besteht eine ebenso allgemein verbreitete als irrige Ansicht, dafs nämlich dieselbe aus sieben regelmäfsigen Lavaschichten oder Strömen zusammengesetzt sei, die jedesmal mit mächtigen Lagern von Dammerde abwechseln. Diese Zwischenlager denkt man sich im Laufe der Zeit durch die Verwitterung an der Oberfläche eines jeden Stromes in Verbindung mit Cultur und Vegetation entstanden; sie stellen eine gleichsam begrabene Schöpfung vor und zeugen für das hohe Alter dieser Terrasse.

Recupero, der diese Ansicht wahrscheinlich schon von seinen Vorgängern traditionell erhalten, theilt dieselbe in seinem kritiklosen Werke „Storia dell' Etna" mit, von welchem aus sie als unumstöfsliche Wahrheit in die meisten, später über denselben Gegenstand geschriebenen Bücher und Abhandlungen aufgenommen ist und ohne das Factum auch nur im Mindesten zu prüfen, von vielen sogenannten sicilianischen Naturforschern, von Generation zu Generation bis zum heutigen Tage nachgesprochen wird.

Die Unkenntnifs mit allen nur etwas tiefer liegenden vulkanischen Phaenomenen und der gänzliche Mangel an aller Beobachtung lassen allein einen solchen Mifsgriff erklären. Es ist bekannt, dafs die Laven nach ihrem Erkalten, bald früher, bald später, der Cultur zugänglich werden, und dafs die Hand des Menschen, wenn sie an der Bebauung des Bodens Interesse nimmt, im Laufe der Zeit sterile Lavafelder in wohlbebaute, mit üppigem Pflanzenwuchs überkleidete Gegenden verwandeln kann, wie dieses am Aetna und Vesuv zahlreiche Beispiele beweisen. Jedenfalls werden zur vollständigen Urbarmachung eines Lavastromes Jahrtausende erfordert.

So trägt die Lava von 1381 zwischen Catania und Longina nach beinahe 500 Jahren kaum einen Grashalm und zeigt uns die Spuren einer fast unauslöschbaren Zerstörung. Mehr noch mufs man über den Culturzustand der Laven verwundert sein, die, wie es griechische und römische Monumente darthun, vor unserer christlichen Zeitrechnung gebildet sind und bisjetzt so gut wie gar keine Dammerde auf sich angesetzt haben.

Zu der Bildung von sieben Lavaströmen und sieben Decken von Ackerkrume würde dann allerdings eine ungeheure Reihe von Jahren verlangt werden, doch würde die Annahme solcher Zeiträume weiter keine Hindernisse darbieten, wenn das oben angeführte Factum in irgend einer Art begründet wäre. Allein eine nur etwas nähere Betrachtung der Scala von Aci zeigt keine Lager verdeckter Dammerde, sondern eine ganz verschiedene Schichtenconstruction, die im Wesentlichen von der, welche die Ränder des Val del Bove zeigen, nicht verschieden ist.

Die steile Wand der Scala wird aus zwei dicht über einander liegenden Absätzen, die in einander verlaufen, gebildet. Der obere besteht aus einer grauen, dichten, feinkörnigen Lava, darunter folgt in dem zweiten eine graue, grobkörnige an Augit und Olivin reiche Lava, welche manchen neuern Ganggesteinen im Val del Bove verwandt scheint. Unter derselben liegt ein wenig mächtiges Tufflager, etwa 40 Meter über dem Meere, welches denen im Centralkegel des Aetna sehr nahe kommt und wahrscheinlich von Nichtkennern für Dammerde angesprochen ist. Darauf zeigt sich eine dritte Lavastratification, die der vorhergehenden, den mineralogischen Characteren nach, vollkommen gleich ist und für dieselbe Bildung gehalten werden mufs. Diese

Schicht ruht etwa 15 Meter über der See auf einem mächtigen Tufflagerconglomerat, welches aus Schlacken, Lavablöcken, braunen Aschen u. s. w. gebildet wird. Es ist da wo es fast das Niveau des Meeres erreicht, der Küste entlang mit gestürzten Massen und Lavablöcken überdeckt, so dafs der nächste Wechsel mit crystallinischen Gesteinen nicht mehr wahrgenommen werden kann, obgleich er ohne Zweifel schon in geringer Tiefe folgen würde.

Bemerkenswerth und besonders eigenthümlich ist die Schichtenbildung der Scala neben der Grotta Palombe am Molo von Aci Reale, wo man zwei verschiedene Lager basaltischer Lava, die sich von einem gröfsern aus in ein schlackiges Conglomerat verzweigen, beobachtet; eine Erscheinung, welche das gemeinsame Entstehen zweier über einander liegender, durch Tuff getrennter Lavaschichten deutlich erklärt und auch in ähnlicher Weise in dem vorhin mitgetheilten Profile des Val di S. Giacomo bei Mineo zu bemerken war.

Die Grotta delle Palombe nebst dem im Meere frei stehenden Bogen zeigt zwischen zwei Tufflagern in der untersten Schicht der Scala eine sehr regelmäfsige basaltische Säulenbildung, welche sich weiter am Ufer hin bald verliert.

Der letzte Punkt, wo wir das Auftreten des Basaltes auf der Nordseite des Simeto zu beschreiben haben, liegt im Kerngebilde des Aetna selbst und zwar an seiner östlichen Seite in dem Val di S. Giacomo oberhalb Zafarana. Man findet hier einen vertical stehenden Basaltgang, der die verschiedenen Conglomerate und crystallinischen Schichten durchsetzt und mit einigen horizontalen oder wenig geneigten Lagern von Basalt in Verbindung steht. Das mächtigste Lager dieses Gesteines steht an der nördlichen Thalwand an und zeigt schon eine Tendenz zur regelmäfsigen Säulenbildung. Unmittelbar oberhalb des Wasserfalls, der über eine quer durch das Thal ziehende Terrasse herabstürzt, bildet jenes Basalt-Stratum die Sohle des Thales.

Die Absonderungen erscheinen hier vollkommen regelmäfsig, und die eben hervorragenden Köpfe von meist sechsseitigen Prismen bilden ein natürliches Pflaster, welches dem von Giants-Causeway vergleichbar ist. Der mineralogische Character des Basalts ist dabei in diesem Thale so bestimmt und unzweifelhaft ausgesprochen, dafs man über die Natur dieses Gesteines keinen Augenblick in Zweifel sein kann. Der Basalt des Val di S. Giacomo ist dicht, schwarz, feinkörnig, schwachglänzend und dem aus Hessen oder dem von den Ufern des Rheins so vollkommen ähnlich, dafs selbst das geübteste Auge keinen Unterschied zwischen beiden anzugeben vermag. Das Vorkommen von Analcim, Zeolith und Aragonit deutet auf die Verwandtschaft hin, welche zwischen dieser Formation und jener der Cyclopen und der des Val di Noto existirt; so dafs wir die verschiedenen vulkanischen Gebilde auf beiden Seiten des Simeto, deren Beschreibung uns so eben beschäftigt, sowohl nach ihrer mineralogischen als geologischen Beschaffenheit für eine und dieselbe Formation halten und in eine einzige Gruppe von Erscheinungen stellen müssen.

Nachdem wir im Vorhergehenden eine Reihe von Thatsachen und Beobachtungen hingestellt haben, die scheinbar gar keinen oder nur einen sehr losen Zusammenhang unter sich besitzen, mag es zum Schlusse dieser Arbeit versucht werden, die verschiedenen bereits gewonnenen Resultate näher unter einander zu verknüpfen, um ein deutliches Bild von der Entstehung der Basalte und ihrem Eingreifen in die Tertiärformation zu entwerfen.

Es ist aufser Zweifel, dafs das südliche Sicilien in einer im Vergleich zur ganzen Bildung unserer Erdrinde von uns nicht sehr entfernten Zeit unter dem Niveau des Meeres gelegen habe, und erst später in Folge allgemeiner Erhebung nach und nach über den Wasserspiegel emporgestiegen sei. Die Hauptpuncte, die für diese bis in die neuesten Zeiten und vielleicht noch gegenwärtig fortdauernde allmälige Erhebung dieser Insel sprechen, und die wir im Vorhergehenden wenigstens zum Theil angegeben, sind folgende:

1) Die Lagerungsstätten der fossilen Conchylien in sehr verschiedenem Niveau und das ununterbrochene Auftauchen neuer und das Wiederaussterben früher geschaffener Molluskenarten.
2) Die Aufrichtung der jüngsten Geröllschichten am Strande von Giardini und ihr Gemischtsein mit den Conchylien der neuesten Zeit, sowie die Verbreitung der Ciottoli am Nordrande der Ebene von Catania.
3) Die isolirten Lavablöcke auf den Thon oder den Alluvionshügeln, an der Catira, bei Paternò und Fiume Freddo.
4) Die Bildung der Scala von Aci mit ihren offen liegenden, eigenthümlichen Stratificationen, sowie die Decken von umgeändertem Tertiärmergel auf den Cyclopenfelsen.
5) Die Bohrlöcher der Pholaden in dem secundären Kalkstein von Taormina [1]).
6) Die Lage gewisser basaltischer Laven an der Küste von Trezza, die von der See angefressen sind und noch Spuren von Conchylien an sich tragen.

Dieses allmälige Hervorsteigen der Continente, welches wir mit dem Namen säculäre Hebung bezeichnen, ist als ein Cardinalpunkt aller geologischen Erscheinungen anzusehen und allein dem langsamen Erkaltungsprocesse, der im

[1]) Am Cap von S. Andrea unterhalb Taormina bemerkt man, nicht weit von der kleinen Kirche gleiches Namens, gewisse Kalksteine der Juraformation, welche mit einer kaum einige Millimeter dicken Schicht von Tertiärkalk überzogen sind. In diesem tertiären Sedimente, welches sich ganz innig mit dem ältern Kalkstein verbindet, zeigen sich in einer Höhe von etwa 45 Metern über dem Meere eine Menge der schönsten Tertiärconchylien und einige Bohrlöcher mit den noch darin liegenden Pholaden, die 60 bis 80 Millimeter tief in den Felsen, ähnlich wie in die Säulen des Serapistempels von Puzzuoli eingedrungen sind.

Innern der Erde continuirlich fortdauert, zuzuschreiben. Wir können die Ansicht derer nicht theilen, welche das Emporsteigen ganzer Ländermassen unterirdischen Mächten überweisen und dabei an den Druck einer Gasblase denken, in der zu vielen Atmosphären gespannte Wasserdämpfe verschlossen sind. Zwar ist das bewegte Spiel der Vulkane nur auf eine befriedigende Weise aus der Einwirkung des Wasserdampfes auf den noch flüssigen Erdkern zu erklären, und es ist ein bekanntes Factum, dafs die Risse und Spalten-Systeme in den Vulkanen allein dieser Ursache ihr Entstehen verdanken.

Wenn nun auch bei der Bildung eines jeden Spaltes seinem Rande entlang eine unmerkliche Erhebung bewirkt wird, so ist diese allein nicht ausreichend, die Erhebung vulkanischer Kegel oder gar ganzer Continente zu erklären.

Die Wirkung der Wasserdämpfe im Innern der Erde ist nur momentan und local, wenn auch einzelne Erdbeben in Folge heftiger Explosionen zuweilen auf gröfsere Entfernungen fühlbar sind, und ist dem plötzlichen Auffliegen einer Pulvermine in einem Steinbruche ähnlich, wodurch allerdings eine örtliche Zerstörung, aber keine allgemeine Umgestaltung in den Lagerungsverhältnissen der Umgebung herbeigeführt wird. Die möglicher Weise durch Dämpfe hervorgebrachte Erhebung ist daher von einer gleichsam verschwindenden Ordnung gegen jene, die von der allgemeinen Erkaltung unseres Planeten abhängt. Nicht allzutief unter der Oberfläche der Erde wird man zu einer Grenze kommen, an der die schon festen Gebirgsarten zuerst erglühen und dann in einen feurigflüssigen Zustand übergehen. Bei dem langsamen Erkalten und Crystallisiren der flüssigen Materie verlangt diese, wie das frierende Wasser in einem Gefäfse, einen gröfsern Raum und drängt so nach und nach die höher liegenden Schichten der Erdrinde nach oben.

Aufser den säculären Erhebungen giebt es noch eine

andere Art, die instantanen, welche dadurch entstehen, dafs die noch flüssigen Massen des Erdkerns, aus Mangel an Raum in die bereits erkalteten Schichten eindringen, und diese aufs Neue emportreiben. Bei den Vulkanen, und auch vielleicht bei vielen andern Gebirgen combiniren sich beide Erhebungsarten zusammen und haben gemeinsam auf die Gestaltung der Oberfläche des Festlandes gewirkt.

Am Aetna sowohl als im Val di Noto haben die instantanen Erhebungen sehr wesentlich mit gespielt, und sowohl das Eingreifen des Basalts in die Tertiärschichten, als das Wechseln der Tuffe und crystallinischen Gesteine, in der Centralmasse dieses Vulkans, steht mit jenen im genauesten Zusammenhang.

Ein detaillirtes Studium der offen liegenden Wände des Val del Bove hat diese im Ganzen verwickelten geologischen Verhältnisse auf das Klarste und Bestimmteste an den Tag gelegt; eine genauere Auseinandersetzung derselben mufs einer andern Gelegenheit vorbehalten bleiben, während hier nur die Ursachen instantaner Erhebung im Allgemeinen erwähnt werden mögen.

Die Vulkane erhalten, wenigstens in der Zeit ihrer Ausbrüche, eine offene Verbindung mit den flüssigen Massen im Innern der Erde, und der in geschlossenen Räumen entwickelte Wasserdampf prefst eine Säule geschmolzener Lava im Centralkegel empor, die während der Eruption, wie das Quecksilber im Barometer, um einen mittleren Stand auf und abwogt und in die Tiefe der Erde zurücksinkt, sobald jener einen Ausweg gefunden und seine frühere Spannung entweder ganz, oder doch zum gröfsern Theile nachgelassen hat. Indem die flüssige Lava in die durch Dämpfe gebildeten, von bestimmten Punkten ausgehenden Spalten eindringt, bilden sich jene vulkanischen Gänge, die in den Centralkegeln der Vulkane wesentliche Revolutionen bewirken. Die Lava übt nun, so lange sie sich in einem Gange in noch flüssigem Zustande befindet, auf die Wände desselben einen so mächtigen Seitendruck aus, dafs sie diese in horizontaler Richtung aufs Neue zerspaltet, die Nachbarschichten wie ein Buch aufblättert und in die neugebildeten Oeffnungen hineindringt.

Das Val del Bove zeigt dieses merkwürdige Einwirken der vulkanischen Gänge auf die Seitenwände auf die allerevidenteste Weise und setzt die instantane Erhebung aufser Zweifel. So sieht man die Gänge durch die Tuffe und Conglomerate gegen 1000 Meter emporsteigen und sich in verschiedenen Stockwerken mit horizontalen Aesten durch die ältern Gesteine, wie Adern im Körper des Vulkanes verzweigen. Ob zur Hebung solcher geschmolzenen Massen in den Gängen der Druck von Dämpfen durchaus erforderlich ist, oder ob auch dieselbe Erscheinung durch andere mit der Erkaltung zusammenhängende Druckkräfte herbeigeführt werden kann, ist bis jetzt nicht bekannt, aber nach der Construction der Granitgebirge wohl glaublich.

Die innige Verbindung zwischen einem Gange und seinen horizontalen Seitenschichten ist nicht immer deutlich wahrzunehmen, und häufig sind die Gebirge in einer Art aufgeschlossen, dafs dieser Zusammenhang nicht erkannt oder mit Bestimmtheit nachgewiesen werden kann, und dafs nur eine Reihefolge von Lava oder Basaltschichten, die mit Tuffen oder Flötzgebirgen abwechseln, bemerkt wird.

Aufser am Aetna wird ein deutlicher Zusammenhang zwischen den Gängen und den horizontalen Ausläufern auf den Inseln Mull und Skye nicht selten beobachtet, wo sich die basaltischen Gebilde durch verschiedene Formationen älterer Flötzgebirge in ähnlicher Art verbreiten, wie im Val del Bove durch die Tuffe, oder im Val di Noto durch die Tertiärformation.

Nach diesen allgemeinern Betrachtungen über vulkanisches Wirken richten wir unsere Aufmerksamkeit, in Verbindung mit diesen Erfahrungen, auf die vorhin beschriebene Basaltformation des südlichen Siciliens.

Es unterliegt keinem Zweifel, dafs das Val di Noto und der jetzige Fufs des Aetna in der Zeit, als die basaltischen Eruptionen dieser Gegenden begannen, zum gröfsern Theile unter dem Niveau der See gelegen haben. Nur einzelne Gebirge, namentlich die ältern Theile der Syracusaner Kalksteinformation ragten wie Inseln, die sich erst später zu einem Ganzen verbunden haben, über den allgemeinen Wasserspiegel hervor, wie auch der Aetna, doch niedriger wie jetzt, ohne seinen weitauslaufenden Fufs, und zum gröfsern Theile vom Meere umgeben, schon als ein selbstständiger Vulkan existirte.

Die ganze übrige Syracusaner Formation lag mit ihren Mergel- und Muschelbreccien gröfstentheils fertig unter dem Wasser, als die vulkanische Thätigkeit plötzlich hervorbrach und mit ungeheuern Aschenregen und Schlackenauswürfen ihr Spiel begann. Diese Eruptionen müssen wohl denen ähnlich gewesen sein, welche bei der ersten Anlage des Aetna erfolgten, und wie wir sie in den neuesten Zeiten in vielen Orten im Meere, wie z. B. zwischen Sciacca und der Insel Pantellaria im Jahre 1831 haben hervorbrechen sehen. Das in dichten Wolken hoch empor geschleuderte Material fiel in der nächsten Umgebung der Ausbruchstellen in die See herab, wurde am Boden unter dem Wasser geschlämmt, mit Conchylien vermischt, und so zu jenen vulkanischen Tuffen verarbeitet, die wir aus der Umgebung von Militello und Palagonia beschrieben haben.

Es darf nicht befremden, bei der nahen Verwandtschaft, welche zwischen den Tuffen des Val di Noto und denen des Aetna herrscht, dafs sich in den letztern nie eine Spur von fossilen Conchylien findet. Dieser Umstand wird jedoch dadurch erklärt, dafs man die aetnäischen Tuffe in einer Höhe von 1500 bis 3000 Metern antrifft, wodurch es im höchsten Grade wahrscheinlich wird, dafs die, welche jetzt an der Oberfläche des Berges oder in den Wänden des Val del Bove gefunden werden über dem Meere gebildet sind, während die conchylienführenden Schichten weit unter den jetzt aufgeschlossenen Lagern vergraben liegen.

Auch im Val di Noto habe ich mehrere Tufflager wahrgenommen, welche keine Spur von Seeüberresten enthalten, und daher auch über dem Meere, welches damals nur noch eine geringe Tiefe besessen zu haben scheint, gebildet worden sind. Durch eine genaue, mit einer guten Topographie verbundene Untersuchung würde man im Val di Noto wahrscheinlich mit Schärfe nachweisen können, welche Tuffe sich über, und welche sich unter dem Meere gebildet haben, wodurch sich manche andere wichtige Punkte rücksichtlich der Entstehung des Val di Noto aufklären dürften.

Aus mehrern oben mitgetheilten Profilen, die den Wechsel zwischen den vulkanischen Tuffen und dem gelben Mergel nachweisen, geht hervor, dafs der letztere schon im Wesentlichen gebildet war, als jene durch die vulkanischen Auswürfe entstanden. Indessen haben die Tuffschichten, wenigstens an gewissen Punkten einige Zeit unter dem Wasser gelegen, so dafs in der Mergelbildung noch spätere, wenn auch im Ganzen sehr geringe Niederschläge erfolgen konnten, die jetzt mit dem Tuff wechseln oder denselben noch überlagern.

Nach beendigter Bildung der Tuffschichten fing die feurig geschmolzene Basaltmasse an, in den Gängen, von denen wir mehrere in der Ebene von Palagonia beschrieben haben, emporzusteigen und in den Tuffen und Kalksteinen eine instantane Erhebung zu bewirken. Im Val di Calema wurden die verschiedenen Basaltlager *b b' b''* durch den conchylienreichen Mergel von einem Gange aus in die Nachbarschichten horizontal injicirt und dadurch eine instantane Erhebung bewirkt, die der Summe der Dicke dieser drei Schichten gleichkommt.

An der südlichen Wand des Val di Calema erblicken wir vier solcher Basaltschichten, und es ist zu vermuthen, dafs im Innern der Erde in derselben Gegend ein häufigerer

Wechsel zwischen Basalt und Kalk stattfinden mag, wodurch die instantane Erhebung noch ungleich bedeutender wird, als sie den blofsen Beobachtungen im Val di Calema zu Folge ausfallen müfste. Auch in der Umgebung von Buccheri und Mineo wirkten dieselben instantanen Erhebungen, und namentlich ist in dem Profile des Val di S. Giacomo das gleichzeitige Eingreifen des Basaltes in den aufgespaltenen Mergel nicht zu verkennen, wenn auch die Gangbildung selbst nicht am Tage liegt.

Wie unhaltbar die Ansicht derer ist, welche aus dem blofsen Uebereinanderliegen der Schichten auf ihr Alter schliefsen wollen, und welche die untern immer als die ältern betrachten, mufs aus dem Hervorbrechen der Gänge und ihren Seitenwirkungen vollkommen einleuchten; bei Flötzgebirgen allein, nicht bei vulkanischen Stratificationen ist diese Regel gültig. Mit der allgemein verbreiteten Ansicht, dafs die zwischen den Flötzschichten liegenden Basaltlager Lavaströme seien, die sich am Boden des Meeres gebildet und darauf mit einem Sedimente von Tertiärkalk überdeckt haben, und dieses wiederum mit einem Lavastrom übergossen sei, worauf eine neue Tertiärschicht präcipitirt worden, kann ich mich nicht befreunden; sie ist allen Beobachtungen direct widersprechend und wird durch den Zusammenhang verschiedener, übereinanderliegender, vulkanischer Schichten schlagend widerlegt.

Lavaströme, welche sich am Boden des Meeres, oder auch in Berührung mit der Luft an der Oberfläche der Erde fortbewegt haben, können nicht leicht mit injicirten Lavaschichten verwechselt werden.

Die eigentlichen Lavaströme, die nach unsern Beobachtungen am Aetna eine Dicke von 5 bis zu 30 Metern und mehr erreichen, sind immer mit einer mächtigen Schicht von Trümmergestein und übereinandergestürzten Blöcken bedeckt, die beim Erkalten der Oberfläche wie die Eisschollen eines Stromes bald sich senkend, bald sich emporthürmend von der unten noch flüssigen Masse fortgeschoben werden.

Die injicirten Lavaschichten hingegen sind viel weniger mächtig und übersteigen am Aetna wie im Val di Noto nur ausnahmsweise die Dicke von einigen Metern; nicht selten erscheinen dieselben nur von der Dicke einer Spanne, verzweigen sich sogar in den feinsten Aesten und Adern in das Seitengestein, und sind an ihren Berührungsflächen mit einer verhältnifsmäfsig dünnen Schlackenkruste, die sich bald mit der dichten Kernmasse der Lava verbindet, überdeckt.

Aus der Homogeneität der in verschiedenen Höhen liegenden basaltischen Massen, welche sich so gleichen, als ob sie aus einem Schmelztiegel hervorgegangen wären, und aus der Homogeneität der deckenden und vom Basalt gedeckten Kalklager geht aufserdem zu deutlich hervor, dafs die Flötzgruppe zusammengehört und die Basaltgruppe ein anderes, für sich bestehendes gleichzeitiges Ganze bildet.

Dafs die eigenthümliche, sich an den Berührungsflächen zwischen Tertiär- und Basaltschichten findende Breccie manches sehr Räthselhafte hat, ist schon im Vorhergehenden erwähnt worden, doch scheint es mir am wahrscheinlichsten, dafs sie auf eine doppelte Weise gebildet worden, theils durch eine innige Berührung des Basalts mit dem Kalkstein, theils durch secundäre Einwirkung des Wassers, welche so lange fortdauern konnte, als die Tertiärschichten noch unter dem Meere lagen.

Durch die von mir mitgetheilten Untersuchungen wird es einleuchten, dafs die vulkanischen Ausbrüche innerhalb mäfsiger Grenzen an das Ende der Bildungsperiode des Syracusaner Mergels fallen. Wenn wir aber das Auftreten des Basaltes in eine Epoche verlegen, so ist damit nicht gesagt, dafs wir die verschiedenen Durchbrüche z. B. am Capo Passaro, am Monte Lauro, bei Palagonia und Militello, in demselben Monate oder Jahre uns entstanden denken: es ist sogar wahrscheinlich, dafs zwischen den einzelnen Erscheinungen im Vergleich mit historischen Ereignissen verhältnifsmäfsig grofse Zeiträume gelegen haben. So ist es aus mehreren Gründen zu vermuthen, dafs die Tuffe und Basalte von Palagonia und Aci Castello früher entstanden sind, als jene der Motta und des Castells von Paternò; da aber zwischen zwei isolirten und oft weit von einander entfernten Gliedern dieser Formation kein Zusammenhang irgend einer Art existirt, so wird über die relative Altersfolge der verschiedenen Basaltdurchbrüche nie etwas sicheres ermittelt werden können.

In der Regel ist mit einer Eruption und einer instantanen Erhebung das bewegte Spiel der Vulkane im Val di Noto eröffnet und vielleicht für alle Zeiten beendigt worden; ausnahmsweise scheinen bei Militello und Palagonia einige Ausbrüche nach gewissen Intervallen sich wiederholt zu haben.

Das entscheidenste und sicherste Criterium wiederholter vulkanischer Thätigkeit ist aus den Gängen und ihrem gegenseitigen Durchsetzen zu entnehmen. So sehen wir im Centralkegel des Aetna, an den aufgeschlossenen Wänden des Val del Bove, von verschiedenen Mittelpunkten ausgehende, verschiedenen Zeiten angehörende Gangsysteme, die sich ihrem Alter nach ordnen und unterscheiden lassen. Ganz dieselben Verhältnisse zeigen sich in allen Centralvulkanen, am Stromboli, am Vesuv, an der Rocca Momfina u. s. w.; auch werden auf der Insel Arran in Schottland an einem und demselben Orte, sowohl nach der Beschaffenheit des Gesteines, als nach der Gangdurchsetzung drei verschiedene Epochen vulkanischer Thätigkeit wahrgenommen.

Ganz anders und namentlich viel einfacher sind die Verhältnisse im Val di Noto, wo die vulkanischen Gebirgsarten in engen Grenzen denselben mineralogischen Character tragen und sich durchkreuzende Gänge verschiedener Epochen bis jezt noch nicht beobachtet sind.

Wir müssen jedoch noch einmal darauf aufmerksam machen, dafs die chemische Analyse in den Tuffmergeln des Val di Calema das Vorkommen verborgen liegender Olivin-, Augit- und Labradorcrystalle, so wie die Ueberreste vulkanischer Aschen nachgewiesen hat. Es geht daraus auf das Deutlichste hervor, dafs schon vor der Injection der Basaltlager *b*, *b'*, *b''* in die Tertiärschichten vulkanische Ausbrüche in dieser Gegend, die sich aber vornehmlich auf Aschenregen beschränkt zu haben scheinen, stattgefunden haben.

Den Erfahrungen gemäfs ereignen sich noch bis in unsere Tage am Aetna von Zeit zu Zeit gewaltsame Aschenauswürfe, die nicht immer mit Lavaergüssen und der Bildung neuer Spaltensysteme verbunden zu sein brauchen, und gewöhnlich schon längere Zeit den eigentlichen Eruptionen voraufgehen.

Aehnlich mag es sich auch schon damals im Val di Noto verhalten haben, denn nach unsern Beobachtungen sind in allen oder doch gewifs in den meisten Fällen die Tufflager älter als der Basalt. Endlich ist zu vermuthen, dafs Schichten von Tuffmergel, welche nur, wie im Val di Calema, wenige Procente vulkanischer Aschen enthalten, den Ausbruchstellen entfernter gelegen haben als die, welche mit gröfsern Quantitäten derselben geschwängert sind.

Das südliche Sicilien hat durch diese instantane Erhebung einen bedeutenden Zuwachs gewonnen, wiewohl nach derselben ein nicht unwesenlicher Theil des jetzigen Val di Noto und der Ebene von Catania immer noch von der See überdeckt wurde. In jener Zeit bildeten sich die Basaltgerölle und einige grobe Basaltconglomerate, die wir durch die Meerfluth zerstörten Lavaströmen und submarinen vulkanischen Bildungen zuschreiben müssen, und deren Lagerplätze über dem Syracusaner Kalk und Mergel bereits beschrieben sind.

Wenn wir auf die im Vorhergehenden mitgetheilte Beschreibung des Val di Noto zurückblicken, so werden sich folgende Hauptpunkte unserer Untersuchung herausstellen, die wir der deutlichern Uebersicht halber noch einmal am Schlusse dieser Abhandlung in der Kürze zusammenstellen:

1) Die grofse, aus drei Hauptgruppen bestehende Sicilianische Tertiärablagerung geht in verschiedenen Zwischenstufen, von der Kreide beginnend, in die neuesten Bildungen des Meeres über und ist durch säculäre Erhebung in sehr langen Zeiträumen allmälig mit horizontal bleibenden Schichten aus der See emporgestiegen, bei welcher Gelegenheit ein Aussterben gewisser Geschlechter von Meerbewohnern und das Aufleben neuer Arten derselben bemerklich wird.

2) Der Anfang der vulkanischen Thätigkeit fällt im Val di Noto an das Ende der Bildung des Syracusaner Mergels, welchen Hoffmann mit dem Namen Quaternärmergel bezeichnet, und in die Bildung des Alluviums und der Ciottoli in der Ebene von Catania; die Basaltformation ist daher die uns zunächst liegende, weit verbreitete geologische Revolution, und nur einer Epoche angehörend.

3) Die Tuffbildungen gehen den basaltischen Durchbrüchen vorauf und wechseln mit den letzten Bildungen des Mergels.

4) Die in Gängen emporgestiegenen Basalte greifen abwechselnd in die Tertiärschichten ein und bewirken dadurch eine instantane Erhebung.

5) Die säculären Erhebungen haben, bis in die neuesten Zeiten wirkend, die Schichten des Alluviums erhoben, und dauern vielleicht noch gegenwärtig fort.

6) Der Fufs des Aetna, mit der Formation der Creta und der Terrasse der Scala von Aci, ist den säculären Erhebungen so gut gefolgt, als das Val di Noto oder die secundären Gebirge von Taormina. An der

Scala von Aci wird in Folge des Basaltdurchbruchs zugleich auch eine instantane Erhebung bemerkbar.

Eine genauere und über gröfsere Länderstrecken fortgesetzte Untersuchung wird uns wahrscheinlich künftig belehren, dafs überall der Basalt der neuesten Zeit der Bildungsgeschichte unseres Planeten angehört, wenn auch nicht immer so günstige Umstände vorhanden sind als eben im Val di Noto, um auf sein relatives Alter mit Sicherheit schliefsen zu können.

Man sieht ihn quer durch Europa, in einem breiten, von Sicilien bis Island sich erstreckenden Gürtel, alle möglichen Gebirgsformationen sowohl neptunischer als plutonischer Art durchsetzen. Er durchbricht die Granite auf der Insel Mull, die Porphyre auf Skye und Arran, die Trachyte am Aetna; er durchbricht in derselben Art die Flötzschichten von den Silurischen Gebirgen an bis zum neuesten Tertiär und Alluvium, und dann erst finden sich die Grenzen, zwischen welche sein Entstehen fällt.

Die weitere Begründung dieser Ansichten und zugleich eine Beschreibung der nordeuropäischen Basaltformation wird den Gegenstand einer für sich bestehenden, später zu veröffentlichenden Arbeit ausmachen.

Druck von E. A. Huth in Göttingen.

Printed in the United States
By Bookmasters